I0001900

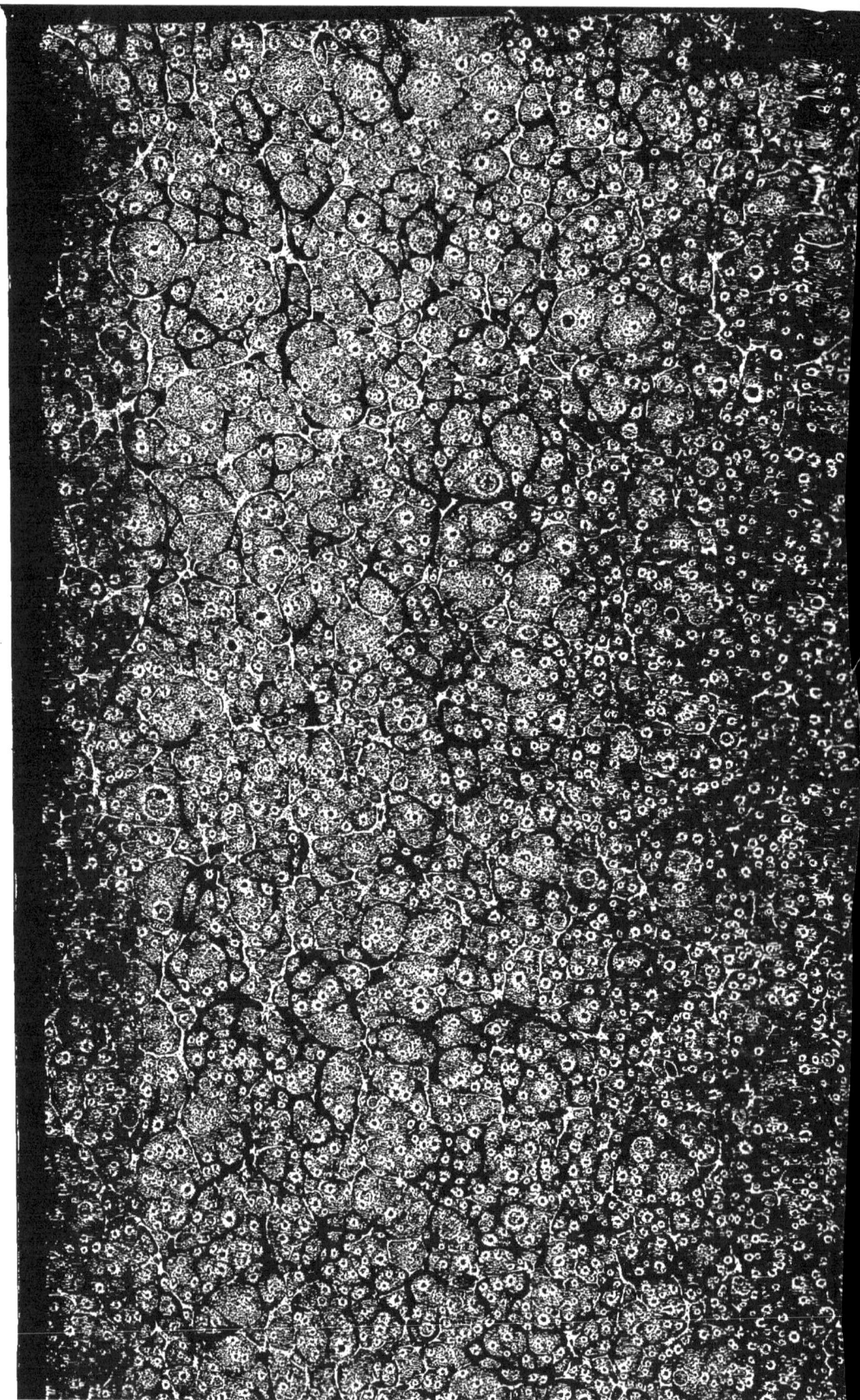

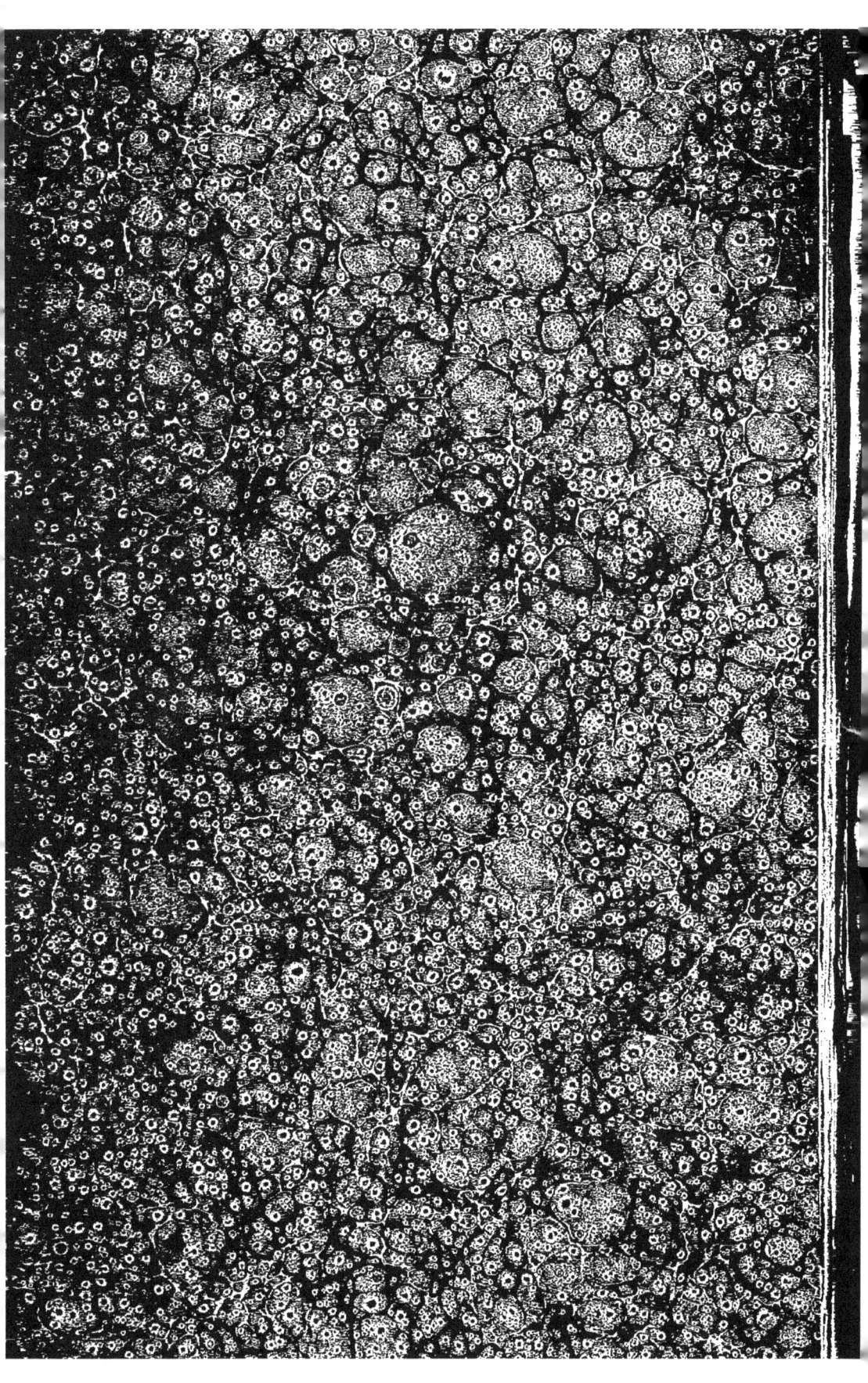

V

C.

MANUEL

DES ASPIRANTS

AU GRADE

D'INGÉNIEUR DES PONTS ET CHAUSSÉES.

PARIS. — IMPRIMERIE DE MALLET-BACHELIER,
rue du Jardinet, 12.

MANUEL
DES ASPIRANTS

AU GRADE

D'INGÉNIEUR DES PONTS ET CHAUSSÉES.

GUIDE

DU CONDUCTEUR DES PONTS ET CHAUSSÉES, DE L'AGENT VOYER,
DU GARDE DU GÉNIE ET D'ARTILLERIE,

RÉDIGÉ

D'APRÈS LE NOUVEAU PROGRAMME OFFICIEL,

Par J. REGNAULT,

Bachelier ès Sciences Mathématiques.

Tome premier. — Partie théorique.

PARIS,

MALLET-BACHELIER, IMPRIMEUR-LIBRAIRE

DU BUREAU DES LONGITUDES, DE L'ÉCOLE POLYTECHNIQUE,

QUAI DES AUGUSTINS, 55.

1854

AVERTISSEMENT.

En publiant ce livre, rédigé d'après le *Programme officiel*, nous n'avons eu d'autre prétention, d'autre but que d'être utile aux jeunes gens qui parcourent la carrière des travaux publics dans les Ponts et Chaussées, dans les Chemins vicinaux, dans les Chemins de fer et dans les Travaux du génie militaire; il économisera leur peine, leur temps et leur argent, puisqu'il les dispensera de démêler laborieusement, dans des ouvrages fort chers, ce qui correspond soit aux besoins de l'épreuve qu'ils doivent subir, s'ils prétendent au grade d'Ingénieur, soit aux connaissances qu'ils doivent posséder dans la pratique journalière des travaux qui leur sont confiés.

Nous avons divisé cet ouvrage en deux Parties : la *Partie théorique* et la *Partie pratique*.

La Partie théorique, composée de deux volumes, comprend l'Algèbre, la Géométrie analytique, la Géométrie descriptive, la Coupe des Pierres, la Charpente, la Physique, la Chimie, des Notions de Géologie, la Mécanique des Corps solides et l'Hydraulique (*).

(*) Dans notre *Manuel du Conducteur des Ponts et Chaussées*, nous avons donné les éléments d'Algèbre jusqu'aux équations du deuxième degré, la première partie de la Géométrie descriptive jusqu'à la plus courte distance de deux droites dans l'espace, et en Géométrie analytique les propriétés essentielles des courbes du deuxième degré. Dans cet ouvrage nous donnons les suites et nous ne répétons pas les matières contenues dans notre premier livre. Les personnes qui voudront avoir un ouvrage complet devront se procurer notre *Manuel du Conducteur des Ponts et Chaussées*, chez Mallet-Bachelier et Paul Dupont, libraires.

La Partie pratique, également composée de deux volumes, comprend les Machines, les Routes, les Ponts, les Chemins de Fer, la Navigation intérieure, des notions sur les Desséchements et les Irrigations, les Ports maritimes, des notions d'Architecture et l'exécution des Travaux (*).

Cet ouvrage en quatre volumes forme, avec le *Manuel du Conducteur des Ponts et Chaussées*, un *Cours complet de Mathématiques élémentaires et de Mathématiques pures*, et il résume *la science de l'Ingénieur*.

Nous espérons que ce livre sera favorablement accueilli par tous ceux qui prennent part à l'exécution des travaux d'utilité publique; nous éprouverons une bien vive satisfaction s'il nous est donné de reconnaître que cette publication a rendu quelques services aux Praticiens, en facilitant aux uns l'étude des connaissances théoriques et pratiques si indispensables pour la bonne exécution des travaux, et en rappelant aux autres le souvenir des principes qu'ils ont possédés, mais qui feraient défaut à leur mémoire.

(*) Chaque Partie, composée de deux volumes, se vend séparément.

PROGRAMME

DES

CONNAISSANCES A EXIGER DES CONDUCTEURS DES PONTS ET CHAUSSÉES

QUI SE PRÉSENTERONT AU CONCOURS

POUR L'ADMISSION AU GRADE D'INGÉNIEUR ORDINAIRE,

Conformément à la loi du 30 décembre 1850.

L'examen préparatoire portera sur les matières des paragraphes 1, 2, 3, 4, 5, 7 et 17.

§ Ier. — ALGÈBRE.

(L'algèbre, jusqu'aux équations du deuxième degré, est comprise dans le programme d'examen pour l'admission au grade de conducteur.)

Théorie des exposants fractionnaires et des exponentielles. — Théorie algébrique des logarithmes. — Questions d'intérêts composés, d'annuités.

Combinaisons, arrangements, permutations. — Développements des puissances entières et positives d'un binôme, terme général.

§ II. — GÉOMÉTRIE ANALYTIQUE.

1. *Géométrie à deux dimensions.* — Définition de la position d'un point sur un plan au moyen de coordonnées ; divers genres de coordonnées. — Transformations des coordonnées.

Expression des lignes par des équations. — Ligne droite. — Cercle. — Équations, propriétés principales et constructions géométriques des courbes du deuxième degré ; aire de l'ellipse et d'un segment parabolique. — Formule de Simpson pour la mesure des aires planes.

2. *Notions de géométrie à trois dimensions.* — Définition de la position d'un point dans l'espace au moyen de trois coordonnées. — Équations de la ligne droite et du plan. — Représentation des surfaces et des lignes par des équations.

§ III. — GÉOMÉTRIE DESCRIPTIVE.

1. *Surfaces.* — Plans tangents au cône et au cylindre par un point quelconque ou parallèlement à une ligne donnée.

I.   *b*

Plan tangent à une surface de révolution par un point de la surface.

Intersection d'un cône, d'un cylindre et d'une surface de révolution par un plan ; tangente à la courbe d'intersection. — Intersection de deux cônes, de deux cylindres, d'un cône et d'un cylindre ; développement de la courbe d'intersection.

Mode de génération et de représentation graphique des surfaces développables et des surfaces gauches. — Propriétés principales des divers genres d'hélicoïdes.

2. *Coupes des pierres.* — Principales formes des murs et des voûtes. — Taille de la pierre par équarrissement, par panneaux. — Tracé et vérification des épures d'exécution.

Appareil des murs en aile, des avant-becs et couronnements des piles de ponts.

Appareil des berceaux droits, en talus, légèrement biais ; des berceaux en descente. — Appareil orthogonal et appareil hélicoïdal des arches biaises. — Appareil des voûtes à intrados gauche. — Pénétration de voûtes.

3. *Charpente.* — Composition d'un pan de bois, d'un comble, d'un escalier, de la ferme d'un cintre ou d'un pont. — Divers modes d'assemblage, d'enture et de liaison, suivant la nature des efforts que supportent les pièces. — Tracé et vérification des épures d'exécution.

§ IV. — NOTIONS DE PHYSIQUE.

1. *Objet de la physique.* — Propriétés générales des corps. — Mesure de l'étendue, du temps et de la vitesse.

Lois de la pesanteur. — Mesure des poids et des forces ; balances ; dynamomètres. — Poids spécifiques des solides et des liquides. — Élasticité et compressibilité des solides.

2. *Hydrostatique.* — Pression des liquides. —Vases communicants ; presse hydraulique. — Principe d'Archimède ; aréomètres. — Notions sur les phénomènes capillaires.

Pression des gaz. — Baromètres ; mesure des hauteurs. — Loi de Mariotte. — Machines pneumatique et de compression ; pompes. Siphon. Gazomètre. — Poids spécifiques des gaz.

3. *Chaleur.* — Thermomètres. — Dilatation des solides, des liquides et des gaz.

Sources de chaleur. Émission et propagation de la chaleur rayonnante. — Unité de chaleur ; chaleurs spécifiques. — Conductibilité. — Réchauffement et refroidissement.

Changements d'état des corps. — Tension et densité des vapeurs. — Chaleur latente.

Mélange des gaz et des vapeurs. Évaporation. Hygrométrie. — Vents. Pluie; udomètre.

4. *Notions sur le magnétisme, l'électricité et l'électro-magnétisme.* — Aimants naturels et artificiels. — Magnétisme terrestre. Aiguille aimantée; boussole.

Machine électrique. — Électrophore. — Bouteille de Leyde. — Électricité atmosphérique; effets de la foudre; paratonnerre.

Pile voltaïque. — Effets physiques et chimiques des courants.

Action réciproque des courants et des aimants. — Multiplicateur. — Électro-aimants. — Télégraphe électrique.

5. *Notions sur la production et la propagation du son.*

6. *Notions sur la production et la propagation de la lumière.* — Photométrie. — Lois de la réflexion et de la réfraction simple; miroirs et lentilles. — Dispersion des couleurs; achromatisme.

Bésicles, loupe, microscope — Lunette de Galilée, lunette astronomique, lunette terrestre. — Appareil lenticulaire des phares.

§ V. — NOTIONS DE CHIMIE.

1. *Objet de la chimie.* — Corps simples et composés. — Différents états des corps. — Force d'agrégation et de cohésion. — Affinité chimique. — Lois des proportions multiples. — Équivalents.

Nomenclature chimique : acides, bases, sels. — Division des corps simples en métaux et corps non métalliques ou métalloïdes.

2. *Métalloïdes.* — Oxygène, hydrogène, azote, soufre, chlore, iode, phosphore, arsenic, carbone, bore, silicium. — État naturel, préparation, propriétés physiques, caractères distinctifs. Usages industriels.

Air atmosphérique. Principales combinaisons de l'oxygène et de l'hydrogène avec les autres métalloïdes, et de ces métalloïdes entre eux (*).

3. *Métaux.* — Leur classification. Métaux alcalins et terreux; métaux usuels; manganèse, fer, chrome, zinc, étain, plomb, cuivre, mercure, argent, or, platine. — État naturel, préparation, propriétés physiques et chimiques. Usages industriels.

Métallurgie des fers, fontes et aciers.

Combinaison des métaux entre eux et alliages utiles à l'industrie; monnaies; dorure et argenture.

Action de l'oxygène et des métalloïdes sur les métaux. — Oxydes,

---

(*) Dans l'étude des corps composés, on se bornera à ceux qui entrent dans la constitution des roches, qui forment des minerais ou qui sont employés dans les arts.

b.

hydrates, chlorures, sulfures, cyanures métalliques; leurs caractères distinctifs (*).

Sels neutres, acides, basiques. — Cristallisation, fusion, solubilité des sels. — Action de la pile sur les dissolutions salines : galvanoplastie. — Action des acides et des bases sur les sels. Action des sels les uns sur les autres; lois de Berthollet. — Caractères distinctifs des sels, d'après leurs acides et d'après leurs bases (*).

4. *Chimie organique.* — Nature des substances organiques; leur analyse élémentaire. — Matières constituantes des végétaux : ligneux, cellulose, sucre, amidon, tannin, gommes et résines.

Fermentation alcoolique. — Alcool, éther, acide acétique, acétates.

Corps gras. Saponification. — Stéarine. — Graisses animales et végétales. — Huiles siccatives et non siccatives.

§ VI. — NOTIONS DE GÉOLOGIE.

1. *Objet de la géologie.* — Ses applications aux travaux publics. — Définition des mots : minéral, roche, couche, terrain, formation.

Division des terrains en terrains cristallisés et terrains stratifiés. Terrains métamorphiques. Terrains de transport. Terrains volcaniques. — Soulèvements. — Chaînes de montagnes. Vallées.

Principes sur lesquels est fondée la division des terrains stratifiés : superposition et concordance des couches; débris organiques.

Topographie. — Cartes géologiques; coupes. — Échantillons.

2. *Minéraux.* — Composition et caractères des minéraux qui constituent les roches principales : chaux carbonatée, dolomie, chaux sulfatée. — Quartz, feldspath, mica, talc, amphibole, pyroxène, argile. — Combustibles minéraux : anthracite, houille, lignite, tourbe.

3. *Roches.* — Composition et caractères des roches principales : granites, gneiss, schistes, porphyres, trachytes, basaltes, laves; calcaires, dolomies; brèches, poudingues, conglomérats, argiles, marnes, sables. — Modes divers de formation des roches.

4. *Terrains.* — Description sommaire des terrains; leur distribution sur le sol de la France; leur aspect général; leurs étages principaux.

Terrains granitiques et porphyriques.

Terrains trachytiques, basaltiques, laviques. — Volcans de l'époque actuelle. Tremblements de terre.

Terrains de gneiss et de schistes primitifs, de transition, carbonifère, permien, du trias, jurassique, crétacé, tertiaire.

(*) *Voir* la note de la page ix.

Terrains de diluvium et d'alluvion. — Modifications actuelles des rivages et des cours d'eau. Dunes, plages, barres, deltas.

§ VII. — Mécanique des corps solides.

Nota. — On laisse aux candidats toute latitude pour le choix des méthodes ; mais ils devront justifier des connaissances analytiques ou autres sur lesquelles reposent les démonstrations qu'ils donneront.

1. *Du mouvement.* — Mouvement uniforme ; vitesse. — Mouvement varié ; accélération. — Représentation graphique et expression du mouvement d'un point. — Mouvement relatif. — Composition et décomposition des vitesses et des accélérations.

Divers mouvements d'un corps solide ; translation, rotation ; roulement. — Mouvements composés.

Transformation des mouvements. — Poulies, chaînes, courroies, engrenages, vis. Manivelles, excentriques, cames. Parallélogrammes articulés.

2. *Des forces.* — Inertie de la matière. — Mode d'action et mesure des forces ; unité de force. Travail des forces mouvantes et résistantes ; unité de travail.

Masse d'un corps ; unité de masse. — Quantité de mouvement et force vive d'un corps en mouvement. — Centre de gravité. — Force vive d'un corps tournant autour d'un axe ; moment d'inertie.

Travail des forces appliquées à un corps solide en mouvement. — Travail dû à la pesanteur dans un mouvement quelconque.

3. *Dynamique d'un point matériel.* — Mouvement varié rectiligne produit par une force constante. Relation entre la masse, la force et l'accélération. Relation entre la quantité de mouvement, la force et le temps. — Relation entre le travail et la force vive. — Application à la chute des corps pesants.

Mouvement curviligne d'un point sous l'influence de forces quelconques. — Mouvement et décomposition des forces concourantes ; parallélogramme et polygone des forces. — Effets du travail des forces ; force tangentielle ; force centripète. — Applications : trajectoire d'un point pesant dans le vide ; oscillations du pendule simple ; pendule conique circulaire.

4. *Dynamique générale.* — Principe de la réaction égale à l'action. — Relation entre l'impulsion des forces et la quantité du mouvement d'un système matériel. — Loi du mouvement du centre de gravité. — Relation entre le travail des forces et la force vive du système.

5. *Statique générale.* — Théorème des vitesses virtuelles ou du travail virtuel. — Conditions d'équilibre d'un système solide ; cas

particuliers des forces situées dans un plan et des forces parallèles.
— Composition des forces appliquées à des points différents.

Emploi de la statique dans les questions de dynamique; principe
de d'Alembert. — Application au cas d'un corps solide assujetti à
tourner autour d'un axe fixe; calcul de l'accélération angulaire et des
pressions sur les appuis; centre d'oscillation. — Pressions mutuelles
des corps tournant autour d'axes fixes.

§ VIII. — HYDRAULIQUE.

1. *Écoulement de l'eau par des orifices.* — Mouvement d'un liquide
homogène. — Effets des changements de section. — Écoulement par
des orifices évasés. — *Écoulement par des orifices en mince paroi;
contraction de la veine fluide.*

Perte de force vive par l'effet d'un élargissement brusque de section. — *Ajutages cylindriques et coniques.*

Écoulement par des vannes et des déversoirs.

2. *Mouvement de l'eau dans les tuyaux de conduite.* — Relation
entre la vitesse, le diamètre et la charge perdue par le frottement. —
Détermination de la pression en un point quelconque de la conduite.
— Calcul des éléments d'une distribution d'eau.

3. *Mouvement de l'eau dans les canaux découverts.* — Mouvement
uniforme. — Mouvement varié permanent sans changement brusque
de section. — Effet d'un changement brusque de section; gonflement produit par un barrage : dans un canal dont la pente et le profil
transversal sont constants, dans une rivière; gonflement produit par
un pont.

4. *Jaugeage des cours d'eau.* — Divers procédés employés. —
Usage des formules de l'hydraulique.

5. *Notions sur la résistance de l'eau ou de l'air au mouvement des
corps solides.*

§ IX. — MACHINES.

1. *Objet des machines.* — Moteur, récepteur, organes de transmission, outil. — Effet dynamique et effet utile. — Mouvement uniforme
ou périodique; régulateurs, volants. — Principe de la transmission
du travail appliqué au calcul de l'effet des machines.

2. *Des résistances passives.* — Lois générales des frottements de
glissement et de roulement. — Équilibre dynamique du plan incliné,
de la presse à coin, des pièces maintenues par des guides, du treuil,
de la vis à filets carrés; travail absorbé par les frottements. — Frein
de Prony; son emploi. — Frottement des engrenages.

Roideur des cordes. — Équilibre de la poulie et des moufles. —

Frottement d'une corde ou d'une courroie glissant sur un cylindre.

Notions sur le choc des corps. Centre de percussion. — Marteaux mus par des cames ; travail absorbé par l'effet des chocs et du frottement.

3. *Des moteurs animés.* — Efforts exercés par l'homme en agissant sur divers appareils ou instruments ; quantités de travail journalier. — Quantités de travail journalier du cheval et d'autres animaux attelés à différents genres de voitures ou à des manéges.

4. *Des roues hydrauliques et des pompes.* — Travail moteur d'une chute d'eau. — Action de l'eau sur les récepteurs hydrauliques. — Roues en dessous ; roues de côté ; roues à aubes courbes de M. Poncelet. — Roues à augets. — Roues pendantes. — Roues horizontales. Turbines.

Organes spéciaux des pompes ; soupapes et pistons. — Pompe foulante, aspirante, aspirante et foulante ; effets dynamiques, perte de force vive et déchets dans ces diverses pompes. — Machine à colonne d'eau.

5. *Des machines à vapeur.* — Chaudières : à bouilleurs, à foyer intérieur, tubulaires ; surface de chauffe. — Dimensions des grilles, carneaux, cheminées. — Vapeur produite par kilogramme de combustible consommé.

Appareils de sûreté. — Alimentation des chaudières ; indicateur de niveau. — Épaisseur des chaudières. — Dispositions réglementaires sur l'emploi des appareils à vapeur.

Machines à vapeur à condensation : formes et dispositions des principales pièces. — Quantité d'eau nécessaire à la condensation. — Effet utile avec ou sans détente.

Machines à vapeur sans condensation. — Machines locomotives. — Détente variable ; effet utile.

Notions sur l'établissement de machines à vapeur et sur les frais de construction, d'entretien et de conduite.

§ X. — ROUTES.

1. *Tracé.* — Considérations économiques et commerciales. — Considérations techniques. Influence des pentes et des courbes sur le travail des moteurs ; distribution des pentes, rampes et paliers. — Choix de l'exposition ; configuration et nature du terrain.

Tracé : en pays de plaines, en pays de montagnes. — Comparaison de deux tracés ayant les mêmes points de départ et d'arrivée.

Divers profils de routes adoptées en France ; largeur et bombement des chaussées.

Plans d'alignement des traverses.

2. *Construction.* — Ouverture de la route ; talus, fossés, encaissement de la chaussée, accotements. — Préparation, réception et emploi des matériaux.

Chaussées d'empierrement, avec ou sans fondation. — Leur consolidation. Emploi des détritus. Pilonage ; cylindrage.

Chaussées pavées, avec ou sans fondation. Forme de sable. — Bordures, pavés de diverses natures ; cailloux roulés. — Conditions d'un bon pavage.

Influence du mode de construction de la chaussée sur l'intensité du travail des moteurs.

Ouvrages accessoires : banquettes et trottoirs ; aqueducs et cassis. — Bornes kilométriques ; poteaux et tableaux indicateurs. — Plantations.

3. *Entretien.* — Cantonniers ; organisation du travail et de la surveillance.

Chaussées d'empierrement. Enlèvement des matières usées, éboulement, balayage. — Approvisionnement, réception et emploi des matériaux de réparation.

Chaussées pavées. — Triage et retaille des vieux pavés : approvisionnement et réception des matériaux neufs. — Relevés à bout, repiquage ; soufflages ; organisation et surveillance des ateliers.

§ XI. — Ponts.

1. *Questions préliminaires.* — Choix de l'emplacement d'un pont. — Débouché. — Hauteur et largeur des arches ou travées. — Largeur du pont entre les têtes.

2. *Ponts en maçonnerie.* → Diverses formes de voûtes. — Conditions de stabilité de ces voûtes, en tenant compte de la résistance des matériaux ; détermination de l'épaisseur à la clef, de l'épaisseur des culées et des piles (*).

Construction des culées et des piles ; forme des avant-becs.

Construction des arches en pierres de taille, en moellons ou meulières, en briques. — Tassement des voûtes, courbe de pose. — Appareil des voûtes et des têtes. — Chapes ; écoulement des eaux. — Profil de la voie ; trottoirs, parapets.

Cintres retroussés, cintres fixes. — Levages des cintres. — Efforts

---

(*) Les théories physico-mathématiques de la résistance des matériaux ne seront pas exigées des candidats ; mais on leur posera des questions numériques pour s'assurer qu'ils possèdent l'intelligence des formules et sont en état de les appliquer.

supportés par les bois aux divers degrés d'avancement de la construction. — Décintrement.

Abords des ponts; murs en aile, murs en retour. — Chemins de halage sous les ponts.

3. *Ponts en charpente.* — Fermes en bois composées de pièces droites. — Arcs formés de pièces posées de champ, de pièces posées à plat. — Système américain.

Formule pour évaluer la résistance des pièces d'une ferme en charpente; résistance des poutres : tirées ou comprimées dans le sens de leur longueur, fléchies par des forces transversales, soumises à des forces de direction quelconque. — Flexion et résistance des pièces courbes (*).

Construction sur piles et culées en maçonnerie, sur palées; brise-glaces. — Levages des fermes. — Plancher, chaussées; garde-corps.

4. *Ponts en fer et en fonte.* — Ferme en fer forgé ou en tôle. — Pont tubulaire.

Poutres droites en fonte. — Fermes en fonte avec arcs inférieurs, composés de voussoirs, de panneaux pleins ou évidés, de tuyaux avec ou sans âme en bois. — Entretoises, contrevents; remplissage des tympans.

Construction sur piles en maçonnerie; sur piliers en fonte. — Sujétion imposée par les conditions de la fonte au tracé des pièces. — Modes d'assemblage. — Levage des fermes. — Ajustage et calage.

Plancher, chaussée; garde-corps.

5. *Ponts suspendus.* — Détermination des courbes qu'affectent les câbles d'un pont suspendu. — Longueur des câbles ou des chaînes de suspension et de retenue des tiges verticales de suspension.

Résistance par millimètre carré des câbles en fil de fer ou des barres en fer forgé; calcul de la section des câbles ou chaînes et des tiges de suspension

Disposition des câbles ou chaînes. — Passage sur les piliers. — Amarrage sur les piles. Haubans. — Amarrage dans les puits. — Formes et dimensions des puits. — Résistance des piliers et des culées.

Fabrication des câbles en fils de fer. — Ajustement des chaînes en fer forgé. — Levage et pose. — Tablier; garde-corps.

Épreuve et réception. — Visites et vérifications.

6. *Ponts mobiles.* — Pont-levis. — Pont tournant.

§ XII. — CHEMINS DE FER.

1. *Tracé.* — Conditions du mouvement uniforme d'une locomotive

---

(*) *Voir* la note de la page xiv.

sur un chemin de fer. — Influence exercée par les pentes et rampes. — Influence des courbes. — Déclivités et rayons de courbure que l'on peut admettre suivant les différents cas. — Tracés établis dans des conditions exceptionnelles : notions sur les plans automoteurs, sur les plans inclinés, sur le système atmosphérique.

2. *Construction de la voie.* — Profil transversal des chemins de fer, largeur de la voie, entre-voies, accotements, fossés, talus. — Profils exceptionnels dans les terrains difficiles. — Établissement de la voie : ballast, traverses; rails mobiles, coins.

Changements de voies; aiguilles, rails mobiles. Croisement de voies. — Gares d'évitement. — Plaques tournantes.

Passages en dessus du chemin de fer. — Passages en dessous. — Passages à niveau, barrières.

Ouvrages d'art; viaducs. — Souterrains : modes d'exécution. — Puits et galeries; blindages. — Revêtements. — Têtes.

Gares terminales; stations. — Gares de marchandises. — Ateliers de réparations. Magasins. Réservoirs. — Travaux accessoires : clô-tures, maisons de gardes, guérites de cantonniers.

3. *Entretien et police de la voie.* — Organisation du personnel d'entretien et de surveillance. — Outils employés à l'entretien de la voie; approvisionnements. — Opérations d'entretien.

4. *Notions sur les frais de construction, d'entretien et d'exploitation des chemins de fer.*

§ XIII. — Navigation intérieure.

1. *Rivières.* — Divers états d'un cours d'eau naturel. Hauteurs variables des eaux; fixation de l'étiage. — Régime d'un cours d'eau. Action des eaux sur leur lit et sur leurs rives; corrosion des berges, affouillements, atterrissements. Marche des matières entraînées.

Lever du plan et des profils d'un cours d'eau.

Divers modes de locomotion des bateaux; navigation à la voile; remorquage; touage; halage. — Chenal navigable; chemins et ponts de halage. — Balises et bouées. — Échelles de navigation.

Ouvrages de navigation dans la traversée des villes : ports de déchargements, docks et gares. — Murs de quai.

Condition de stabilité de ces murs. — Poussée des terres sèches et humides. — Contre-forts et voûtes de décharge.

Amélioration des rivières en laissant un libre cours aux eaux. — Dragages.

Défense et redressement des rives. — Resserrement du lit; digues longitudinales, épis transversaux. — Barrage des bras secondaires.

Amélioration des rivières en diminuant leur pente. Barrages fixes à paroi verticale ou inclinée. Barrages mobiles : à vannes, à poutrelles, à fermettes mobiles. — Moyens d'échappement : ponts éclusés; pertuis.

Écluses à sas : dispositions et dimensions des diverses parties d'une écluse. — Portes d'écluse en bois, en tôle ou en fonte. — Mode d'attache ou de manœuvre des portes.

2. *Canaux.* — Tracé d'un canal latéral. — Profil en travers. — Alimentation, introduction et évacuation des eaux. — Passage des affluents. — Ponts-canaux.

Tracé d'un canal à point de partage. — Détermination de la traversée du faîte et de la hauteur du plan d'eau du bief de partage. — Quantité d'eau nécessaire pour pourvoir à l'évaporation, à l'infiltration, au remplissage des biefs et autres pertes.

Rigoles : leur tracé, leur pente, leur section. — Réservoirs : choix de l'emplacement, construction des digues; moyens de vidange.

Moyens employés pour remplir et vider les biefs.

Étanchement des digues et de la cuvette.

Curage et entretien des canaux ; chômage.

§ XIV. — Notions sur les desséchements et les irrigations.

1. *Desséchements.* — Différentes causes de la trop grande humidité des terres. — Curage des cours d'eau. — Rigoles d'assainissement ouvertes et couvertes; drainage, canaux de ceinture.

Desséchements : 1° par l'exhaussement du sol; colmatage; 2° par l'abaissement du plan d'eau général ; 3° par l'endiguement des cours d'eau, l'ouverture des fossés latéraux et des rigoles transversales; 4° à l'aide de machines, avec réservoirs inférieurs.

Principaux ouvrages à construire dans ces divers systèmes de desséchements.

2. *Irrigations.* — Irrigations : 1° par submersion sur les terrains à peu près horizontaux ; 2° par déversements sur les terrains en pente; 3° sur un sol disposé en ados. — Limonages. — Quantité d'eau nécessaire dans ces différents cas.

Divers moyens de se procurer les eaux d'irrigation; prises d'eau. — Canaux et rigoles pour la dérivation et la répartition des eaux. — Ouvrages d'art.

Distribution des eaux entre les intéressés : appareils de jaugeage. — Reprises d'eaux.

§ XV. — Notions sur les ports maritimes.

1. *Des marées et des vents.* — Causes qui produisent les marées. — Vives eaux, mortes eaux ; marée d'équinoxe. — Heures des hautes et basses mers; établissement d'un port; marée totale; marée moyenne. — Unité de hauteur; coefficients des marées; causes qui modifient la hauteur des marées. Propagation de la marée dans les fleuves, mascaret ou barre.

Courants de flot et de jusant. — Étale.

Vents régnants; force du vent. — Marche, vitesse, hauteur des vagues; limite d'action en profondeur.

2. *Des ports.* — Classification des ports. — Différence entre les ports de l'Océan et ceux de la Méditerranée.

Indication des principaux ouvrages qui composent un port, de leurs dispositions générales et de leur utilité.

§ XVI. — NOTIONS D'ARCHITECTURE.

1. *Maçonnerie.* — Construction et proportions des murs; refends; bossages. — Colonnes, pilastres, arcades; portes et fenêtres. — Voûtes employées dans la construction des bâtiments.

2. *Charpente.* — Disposition et proportions : des pans de bois; remplissage en maçonnerie. Poteaux. — Disposition et proportions des planchers; des combles à deux et à plusieurs égouts. — Étayement des bâtiments.

3. *Menuiserie et serrurerie.* — Planchers, parquets; cloisons; portes, châssis vitrés. — Principales applications du fer à la construction des bâtiments; planchers et fermes en fer forgé ou en fonte; poutres armées.

4. *Couvertures.* — En tuiles, en ardoises, en zinc et en fer galvanisé. — Chéneaux et tuyaux de descente.

5. *Escaliers.* — En pierre, en bois et en fonte; proportion des marches.

6. *Mode d'évaluation des divers genres d'ouvrages.*

§ XVII. — EXÉCUTION DES TRAVAUX.

1. *Terrassements.* — Déblais; fouille et charge. — Jet à la pelle; banquettes. — Déblais de rochers : au pic, à la pioche; à la mine.

Transport à la brouette, au tombereau. — Relais, rampes. — Transport au wagon, par chevaux ou par locomotives.

Remblais. — Régalage et pilonage. — Dressement des talus.

Exécution des tranchées profondes. — Moyens employés pour prévenir les éboulements ou les glissements : asséchement des talus, gazonnements et plantations, perrés.

Dragages : en lit de rivière, dans une enceinte. — Dragues à mains; bateaux dragueurs : à manége, à vapeur. — Transport des terres par bateau.

2. *Ouvrages d'art.* — Conduite des travaux; matériel. — Dessins d'exécution. — Tracé des ouvrages. — Approvisionnements. Métrés. — Attachements. — Surveillance.

Appareils employés pour le transport, le bardage et la mise en place des matériaux. — Rouleaux et madriers. Chariots. Fardiers. — Treuils. Chèvres. Crics. Grues. — Échafaudages. Ponts de service. Chemins de fer.

3. *Fondations.* — Moyens de constater la nature du terrain. — Système à adopter dans le cas d'un terrain : 1° incompressible; 2° compressible sur une certaine épaisseur et superposé à un terrain incompressible; 3° compressible jusqu'à une certaine profondeur. Précautions à prendre pour les terrains affouillables.

Répartition de la charge des constructions sur l'étendue des fondations. — Empatements.

Battage des pieux et palplanches. — Sonnettes à tiraude et à déclic. — Recepage, arrachage.

Exécution des grillages, plates-formes et basses palées. — Exécution et emploi des caissons.

Batardeaux. — Épuisements. — Machines à épuiser : norias, chapelets, tympans, pompes, vis d'Archimède.

Coulage du béton : divers procédés. — Moyen d'étouffer ou de détourner les sources.

Enrochements.

4. *Mortiers et bétons.* — Cuisson des chaux et ciments : fours intermittents, fours à feu continu.

Composition des chaux grasses, maigres, plus ou moins hydrauliques, éminemment hydrauliques ou ciments. — Fabrication des chaux artificielles et des pouzzolanes.

Modes divers d'extinction des chaux vives.

Essai des pierres à chaux, des argiles, des chaux et des pouzzolanes.

Sables, argiles, tuileau. — Cailloux et pierres cassées.

Composition des mortiers et bétons. — Leur fabrication : à bras d'hommes; au moyen de diverses machines.

Notions sur la solidification des mortiers et bétons. — Action de l'eau de mer sur les bétons.

Résultats d'expériences sur leur résistance à l'écrasement et sur leur adhérence.

Plâtre; cuisson, broyage. Emploi.

Mastics bitumineux; roche asphaltique et goudron minéral. Préparation et emploi pour chapes et pour trottoirs.

5. *Maçonnerie.* — Qualités et défauts des pierres de différentes natures. — Pierres d'appareils; tailles diverses des parements, des lits et joints; ravalements; outils du tailleur de pierre; sciage de la pierre. — Moellons piqués, smillés, de remplissage. — Libages.

Briques; choix des terres, moulage, séchage; cuisson.

Résultats d'expériences sur la résistance des pierres et des briques à la rupture et à l'écrasement.

Exécution des maçonneries en pierres de taille, en moellons, en briques, en béton.

Restauration des anciennes constructions; rejointoiements. Emploi du ciment romain.

Exécution des maçonneries en pierres sèches.

6. *Bois et métaux.* — Abatage des bois. — Bois en grume, bois équarris; aubier. — Usage des diverses espèces de bois; leurs qualités et leurs défauts. — Causes de destruction, procédés de conservation.

Taille ou sciage et mise en œuvre des bois; outils du charpentier.

Fer forgé ou laminé. Tôle. — Notions sur le travail du forgeron. — Fers doux, fers durs, leurs qualités et leurs défauts.

Diverses espèces de fontes. — Leurs usages, leurs qualités et leurs défauts.

Résultats d'expériences sur la résistance du bois, du fer et de la fonte dans leurs divers modes d'emploi.

Emplois, défauts et qualités de l'acier, du cuivre, du plomb et du zinc.

Peinture sur bois, sur fer. — Couleurs à l'huile à base de plomb et de zinc; préparation et emploi.

§ XVIII. — Administration et droit administratif.

1. *Notions générales sur la division et l'organisation des pouvoirs publics en France.* — Circonscriptions administratives. — Administration centrale, départementale et communale; fonctionnaires et corps constitués appelés à y participer; leurs attributions.

Administration de certains intérêts spéciaux; chambres de commerce; chambres consultatives des arts et manufactures.

Organisation et attribution des tribunaux ordinaires, des tribunaux administratifs et du tribunal des conflits.

2. *Formes diverses des actes de l'autorité publique.* — Lois, règlements d'administration publique, décrets du pouvoir exécutif, instructions ministérielles; arrêtés préfectoraux, arrêtés pris par les préfets en conseil de préfecture; caractère et objet de chacun de ces actes.

3. *Anciens règlements.* — Ordonnances du roi, arrêts du conseil;

ordonnances des bureaux des finances ou des trésoriers de France ; caractère général ou local de ces règlements, confirmés par la loi des 19-22 juillet 1791.

4. *Notions élémentaires du droit civil.* — Distinction des biens, en meubles et immeubles. Domaine de l'État, domaine public. — Droit de propriété ; droit d'accession relativement aux choses immobilières ; usufruit, servitude. — Délits et quasi-délits. — Principes généraux du contrat de vente et du contact de louage et d'ouvrage ; prescription.

5. *Actes nécessaires pour autoriser l'exécution des travaux publics.* — Déclaration d'utilité publique ; formes de l'enquête qui doit la précéder. — Expropriation pour cause d'utilité publique.

Extraction des matériaux nécessaires pour l'exécution des travaux publics : 1° dans des propriétés particulières ; 2° dans des terrains soumis au régime forestier.

Occupation temporaire des terrains et dommages résultant de l'exécution des travaux.

Échange ou aliénation des terrains devenus inutiles.

Affectation d'immeubles domaniaux à un service public.

6. *Détermination de la direction et des limites des routes.* — Classement des routes, rectification des routes.

Fossés pour l'écoulement des eaux ; passage dans les bois. — Plantation des routes.

Distance et dispositions à observer pour l'ouverture des carrières et autres excavations le long des routes.

Plans généraux des alignements des traverses ; alignements partiels, permissions de voirie ; bâtiments menaçant ruine.

7. *Police de la grande voirie.* — Police et conservation des routes et de leurs plantations. — Police du roulage. — Police des chemins de fer. — Police des rivières et canaux navigables. Chemin de halage, marchepied ; conservation des ouvrages.

Constatation et répression des délits et contraventions de grande voirie ; compétence ; procès-verbaux ; pénalité ; prescription ; contraventions permanentes.

8. *Moulins et usines.* — Établissement d'usines sur les cours d'eau, et modifications des usines existantes ; droit de règlement appartenant à l'administration ; principes qui doivent la diriger dans l'instruction des affaires de ce genre ; manière de procéder à cette instruction. — Ordonnances ou décrets portant règlement des usines ; récolements.

9. *Desséchements et irrigations.* — Desséchements ; dispositions spéciales pour la suppression des étangs insalubres. — Irrigations.

— Curage et entretien des cours d'eau qui ne sont ni navigables ni flottables.

10. *Traités administratifs les plus usités dans les travaux publics.* — Actes d'acquisition de terrains. — Marchés passés avec les entrepreneurs. — Baux pour l'amodiation de la pêche et des francs-bords des canaux et pour l'exploitation des passages d'eau. — Concession des ponts à péage. — Forme des adjudications et conditions principales du cahier des charges. — Clauses et conditions générales imposées aux entrepreneurs de travaux publics.

11. *Compétence et procédure.* — Compétence de l'administration, des tribunaux administratifs et des tribunaux ordinaires. — Manière de procéder devant les conseils de préfecture, devant le conseil d'État et en matière de conflits; pourvois. — Mode de signification et d'exécution des arrêtés des conseils de préfecture.

12. *Travaux publics considérés dans leur rapport avec la défense du territoire.* — Zone de défense. Commission mixte, procès-verbaux de conférence entre les ingénieurs des deux services civil et militaire.

Attributions respectives de ces ingénieurs dans les travaux de routes, de navigation, de ports maritimes de commerce, à exécuter dans la traversée des fortifications ou dans le rayon kilométrique des places fortes.

13. *Comptabilité des travaux publics.*

Arrêté par le Ministre des travaux publics, en exécution de l'art. 4 du règlement d'administration publique du 23 août 1851.

Paris, 24 août 1851.

P. MAGNE.

MANUEL DES ASPIRANTS

GRADE D'INGÉNIEUR DES PONTS ET CHAUSSÉES.

ALGÈBRE [1].

ANALYSE INDÉTERMINÉE DU PREMIER DEGRÉ.

Lorsque le nombre des inconnues surpasse celui des équations, ces dernières admettent une infinité de solutions, car on peut donner des valeurs arbitraires à plusieurs des inconnues, de manière qu'il ne reste plus qu'un nombre d'inconnues égal à celui des équations. Mais quelquefois la nature du problème impose aux inconnues des conditions particulières qui ne sont pas susceptibles d'être exprimées par des équations, alors on ne peut plus admettre indistinctement toutes les valeurs des inconnues qui satisfont aux équations du problème, et le nombre des solutions diminue; de sorte que le problème peut n'admettre qu'un nombre limité de solutions, et qu'il peut même n'en admettre qu'une.

Lorsque des nombres entiers, positifs ou négatifs, mis à la place des inconnues, satisfont à des équations, ces nombres forment ce qu'on nomme une *solution entière* des équations proposées.

L'objet de l'analyse indéterminée du premier degré est de résoudre les équations indéterminées du premier degré en *nombres entiers*.

Toute équation du premier degré à deux inconnues peut être ramenée à la forme

$$ax + by = c,$$

a, b, c désignant des nombres entiers, positifs ou négatifs.

Nous ferons d'abord observer *que si les coefficients a et b ont un facteur commun qui ne divise pas le second membre c, l'équation ne peut être satisfaite par des nombres entiers.*

Car, soit $a = ha'$, $b = hb'$, l'équation devient

$$ha'x + hb'y = c,$$

d'où l'on tire

$$a'x + b'y = \frac{c}{h},$$

équation qui ne peut être satisfaite par aucun système de valeurs entières de x et de y, tant que c n'est pas divisible par h.

Nous supposerons, dans tout ce qui va suivre, que a et b soient des nombres premiers entre eux, puisque, s'ils avaient un facteur

[1] Cet ouvrage faisant suite au *Manuel à l'usage des Candidats aux emplois de Conducteur des Ponts et Chaussées et d'Agent voyer*, que nous avons publié l'an dernier (prix : 7 fr., chez MALLET-BACHELIER, libraire), nous ne donnons dans ce volume que la suite de l'Algèbre, qui se trouvera complète en réunissant les deux ouvrages.

I.

1

commun, il faudrait que c renfermât aussi ce facteur, auquel cas on pourrait le supprimer dans l'équation.

Première question. — Partager 159 en deux parties dont l'une soit divisible par 8 et l'autre par 13 ?

Désignons par x et y les quotients de la division des deux parties cherchées par les nombres respectifs 8 et 13 ; il est clair que $8x$ et $13y$ expriment ces deux parties, et que l'on a l'équation

(1)
$$8x + 13y = 159,$$

qui, d'après l'énoncé, doit être résolue en nombres entiers et positifs pour x et pour y.

On déduit d'abord de cette équation,

$$x = \frac{159 - 13y}{8},$$

ou, effectuant la division autant que possible,

$$x = 19 - y + \frac{7 - 5y}{8}.$$

Observons maintenant que la valeur de x sera entière, si l'on donne à y une valeur telle, que $\frac{7 - 5y}{8}$ soit un nombre entier ; d'ailleurs, cette condition est nécessaire : ainsi, il faut et il suffit que $\frac{7 - 5y}{8}$ soit égal à un nombre entier quelconque. Soit t ce nombre entier (t est une indéterminée), il en résulte

$$\frac{7 - 5y}{8} = t,$$

d'où

(2)
$$5y + 8t = 7,$$

et, en remplaçant la valeur de x, il vient

$$x = 19 - y + t.$$

Toute valeur entière de t qui, substituée dans l'équation (2), en donnera une semblable pour y, satisfera à la condition que $\frac{7 - 5y}{8}$ soit entier ; ainsi les deux valeurs de x et de y correspondantes seront entières et satisferont à l'équation qui résulte évidemment de l'élimination de t entre les deux équations

$$\frac{7 - 5y}{8} = t, \quad x = 19 - y + t.$$

La question est donc ramenée à résoudre en nombres entiers l'équation (2), dont les coefficients sont plus simples que ceux de l'équation (1).

On tire de l'équation (2),

$$y = \frac{7 - 8t}{5},$$

ou, effectuant la division en partie,

$$y = 1 - t + \frac{2 - 3t}{5};$$

toute valeur entière de t, qui rendra $2 - 3t$ un multiple de 5, donnera aussi pour y un nombre entier et sera par conséquent convenable. Posons donc

$$\frac{2 - 3t}{5} = t',$$

t' étant une nouvelle indéterminée ; il vient

(3) $3t + 5t' = 2,$

et la valeur de y se réduit à

$$y = 1 - t + t'.$$

La question est donc encore ramenée à résoudre en nombres entiers l'équation (3) de laquelle on tire

$$t = \frac{2 - 5t'}{3},$$

ou bien, en effectuant la division en partie,

$$t = -t' + \frac{2 - 2t'}{3}.$$

Posons

$$\frac{2 - 2t'}{3} = t'',$$

il en résulte

(4) $2t' + 3t'' = 2,$

et

$$t = -t' + t''.$$

De l'équation (4), on déduit

$$t' = \frac{2 - 3t''}{2} = 1 - t'' - \frac{t''}{2}.$$

Posons enfin,

$$\frac{t''}{2} = t''',$$

il en résulte

(5) $t'' = 2t''',$

et

$$t' = 1 - t'' - t'''.$$

Comme dans l'équation (5) le coefficient de t'' est égal à l'unité, il s'ensuit que toute valeur entière attribuée à t''' en donnera une semblable pour t''. D'ailleurs, les deux inconnues principales x et y, et les indéterminées t, t', t'' et t''' sont liées entre elles par les cinq équations

$$x = 19 - y + t,$$
$$y = 1 - t + t',$$
$$t = -t' + t'',$$
$$t' = 1 - t'' - t''',$$
$$t'' = 2t'''.$$

Ainsi, en donnant à t''' une valeur entière quelconque, et remontant de la dernière de ces équations aux deux premières, on obtiendra pour x et y des valeurs entières correspondantes qui vérifieront nécessairement l'équation proposée ; car, d'après les raisonnements

1.

qui ont été faits plus haut, cette équation résulte de l'élimination de t, t', t'', t''' entre les cinq équations que l'on vient d'établir.

Mais, afin de n'attribuer à t''' que des valeurs auxquelles correspondent des valeurs entières et positives pour x et y, il convient d'exprimer x et y en fonction immédiate de l'indéterminée ou inconnue auxiliaire t'' à l'aide des cinq équations ci-dessus.

Or l'expression de t' devient, lorsqu'on remplace t'' par sa valeur en t''',

$$t' = 1 - 2t''' - t''' \quad \text{ou} \quad t' = 1 - 3t'''.$$

Remontant à l'expression de t',

$$t = -t' + t'' = -1 + 3t''' + 2t''',$$

donc

$$t = -1 + 5t''';$$

on trouvera de même

$$y = -(-1 + 5t''') + 1 - 3t''',$$

d'où

$$y = 3 - 8t''';$$

enfin

$$x = 19 - (3 - 8t''') + (-1 + 5t''')$$

ou

$$x = 15 + 13t'''.$$

Il est facile de vérifier que ces deux dernières équations reproduisent l'équation proposée par l'élimination de t'''. En effet, si l'on multiplie la première équation par 13 et la seconde par 8, et qu'on ajoute les deux résultats, il vient

$$13y + 8x = 159.$$

Faisons successivement

$$t''' = 0, 1, 2, 3, \ldots, \quad \text{ou bien} \quad t'' = -1, -2, -3, \ldots,$$

les formules précédentes donneront toutes les valeurs de x et de y en nombres entiers soit positifs, soit négatifs, propres à vérifier la proposée; mais si, comme l'exige l'énoncé, on ne doit tenir compte que des solutions entières et positives, t''' ne peut recevoir que les valeurs qui rendent $3 - 8t'''$ et $15 + 13t'''$ positifs. Or il n'y a, évidemment, que $t''' = 0$ et $t''' = -1$ qui satisfassent à cette condition; car toute valeur positive de t''' rend y négatif, et toute valeur négative, numériquement plus grande que 1, rend x négatif.

Si l'on fait successivement

$$t''' = 0, \quad t''' = -1,$$

il en résulte

$$\left. \begin{array}{l} y = 3 \\ x = 15 \end{array} \right\}, \quad \left. \begin{array}{l} y = 11 \\ x = 2 \end{array} \right\}.$$

Donc les deux systèmes $x = 15$, $y = 3$; $x = 2$ et $y = 11$ sont les seuls qui vérifient l'équation

$$8x + 13y = 159.$$

Quant à la question dont cette équation est la traduction algébrique, puisque $8x$ et $13y$ représentent les deux parties cherchées, il s'ensuit que $8 \times 15 = 120$ et $13 \times 3 = 39$ forment une première solution, que 8×2 ou 16, et 13×11 ou 143, forment une seconde solution; c'est-à-dire que 159 peut être partagé soit en 120 + 39, soit en 16 + 143.

On peut résumer ainsi la méthode précédente :

Soit $ax + by = c$ l'équation qu'il s'agit de résoudre ; tirez de cette équation la valeur de l'inconnue qui a le plus petit coefficient, de x par exemple, vous obtenez une expression de x en y composée d'une partie entière et d'une partie fractionnaire qu'il faut tâcher de rendre entière. Égalez cette seconde partie à une indéterminée t, il en résulte une nouvelle équation en y et t, et dont les coefficients sont plus simples que ceux de la première équation ; la valeur de x se trouve d'ailleurs exprimée en fonction entière de y et t, et l'équation proposée résulte de l'élimination de t entre la seconde équation et celle qui donne la valeur de x en y et t.

Tirez de la seconde équation la valeur de y, et effectuez la division autant que possible. Égalez la partie fractionnaire à une seconde indéterminée t', d'où il résulte une troisième équation en t et t' plus simple que les deux premières équations. La valeur de y se trouve ainsi exprimée en fonction entière de t et t', et la proposée résulte de l'élimination de t et t' entre l'équation (3) et les deux équations qui donnent x en fonction entière de y et t, puis y en fonction entière de t et t'.

Opérez sur la troisième équation comme sur les deux premières, et continuez cette série d'opérations jusqu'à ce qu'enfin vous parveniez à une dernière équation entre deux indéterminées dont l'une ait pour coefficient l'unité.

Remontez ensuite de cette dernière équation aux précédentes, et cherchez, par des substitutions successives, à exprimer x et y en fonction de la dernière déterminée.

Vous obtenez ainsi deux formules à l'aide desquelles, en donnant à l'indéterminée restante des valeurs arbitraires, vous trouvez tous les systèmes de valeurs entières, tant positives que négatives, propres à vérifier l'équation proposée

$$ax + by = c.$$

Si l'on ne veut que des valeurs entières et positives pour x et y, les deux formules indiquent, par leur composition, entre quelles limites doivent être comprises les valeurs de la dernière indéterminée pour que cette condition soit remplie.

La marche du calcul est maintenant assez claire, et l'on voit qu'elle doit toujours conduire à une dernière équation dans laquelle une indéterminée aura pour coefficient l'unité ; or c'est ce qui ne peut manquer d'arriver. Car les coefficients des indéterminées qui entrent dans les équations auxiliaires sont les restes successifs qu'on obtient en opérant comme si on cherchait le plus grand commun diviseur de a et de b.

Deuxième question. — Soit l'équation

$$3x - 8y = 43.$$

Comme le multiplicateur de x est moindre que celui de y, je cherche la valeur de x ; il vient

$$x = \frac{8y + 43}{3}.$$

En divisant 8 par 3 on trouve le quotient 2 avec le reste 2, et en divisant 43 par 3 on trouve le quotient 14 avec le reste 1; donc on a

$$x = 2y + 14 + \frac{2y + 1}{3} = 2y + 14 + t;$$

t représente la valeur de $\frac{2y + 1}{3}$, c'est-à-dire que l'on a

$$t = \frac{2y + 1}{3}, \quad \text{ou bien} \quad 3t = 2y + 1.$$

De cette équation on tire

$$y = \frac{3t - 1}{2} = t + \frac{t - 1}{2} + t + t', \text{en posant } t' = \frac{t - 1}{2}.$$

Comme dans cette équation le coefficient de t est l'unité, on aura

$$t = 2t' + 1,$$

et l'on pourra donner à t' toutes les valeurs entières possibles.

Au moyen de cette valeur on trouve

$$y = t + t' = 2t' + 1 + t' = 3t' + 1.$$

Puis, en remontant à x, il vient

$$x = 2y + 14 + t = 2(3t' + 1) + 14 + 2t' + 1 = 8t' + 17.$$

Ainsi, les formules qui expriment y et x en fonction de t' sont

$$y = 3t' + 1, \quad x = 8t' + 17.$$

En donnant à t' les valeurs $t' = 0, 1, 2, 3$, etc., on trouvera

$$y = 1, 4, 7, 10, 13, \ldots,$$
$$x = 17, 25, 33, 41, 49, \ldots;$$

On pourrait aussi donner à t' les valeurs $-1, -2, -3$, etc.

Dans l'exemple ci-dessus les valeurs de y et de x forment deux progressions par différence, dont la première a pour raison 3, coefficient de x dans l'équation proposée, et dont la seconde a pour raison 8, qui est le coefficient de y pris avec un signe contraire. On peut reconnaître que cette proposition est générale. En effet, l'équation

(1) $ax + by = c$

doit admettre une infinité de solutions entières, quels que soient les signes et les grandeurs des nombres a et b, pourvu qu'ils soient premiers entre eux. Supposons qu'une de ces solutions soit

$$x = A, \quad y = B.$$

Ces nombres devant satisfaire à l'équation (1), on aura

$$aA + bB = c;$$

en retranchant cette égalité de l'équation (1), il vient

$$a(x - A) + b(y - B) = 0,$$

et de là on tire

$$y = B + \frac{a(A - x)}{b}.$$

Les valeurs de x doivent être entières, et telles, que y soit aussi un nombre entier; donc le produit $a(A - x)$ doit être divisible par b. Or a est premier avec b, donc $A - x$ doit être un multiple de b.

On posera donc $A - x = bt$, t désignant un nombre entier quelconque, et par suite on aura

$$x = A - bt, \quad y = B + at.$$

Ces formules font apercevoir la loi des valeurs qu'on obtient pour x et y, quand on donne à t successivement toutes les valeurs entières. Si on prend $t = 0, 1, 2, 3$, etc., il vient

$$x = A, \quad A - b, \quad A - 2b, \quad A - 3b, \ldots,$$
$$y = B, \quad B + a, \quad B + 2a, \quad B + 3a, \ldots;$$

et si l'on prend $t = -1, -2, -3$, etc., il vient

$$x = A + b, \quad A + 2b, \quad A + 3b, \ldots,$$
$$y = B - a, \quad B - 2a, \quad B - 3a, \ldots$$

En général, quand t croît d'une unité, y augmente de a, et x augmente de $-b$. Donc les solutions entières de l'équation $ax + by = c$ sont les termes correspondants de deux progressions par différence. Dans la progression relative à chacune des indéterminées x et y, la raison est égale au coefficient de l'autre indéterminée. Mais il faut avoir soin de prendre l'un de ces coefficients avec le signe qu'il a dans l'équation, et l'autre avec un signe contraire.

Il est d'ailleurs tout à fait indifférent que ce soit le coefficient de x ou celui de y qu'on prenne avec un signe contraire ; car, dans les formules qui expriment x et y, on peut changer les signes des termes $+ bt$ et $- at$, attendu que l'indéterminée t peut recevoir toutes les valeurs possibles, positives et négatives.

La proposition qui vient d'être démontrée donne le moyen d'obtenir sur-le-champ toutes les solutions entières d'une équation de la forme $ax + by = c$, dès qu'on en connaît une seule.

Ainsi, l'équation $7x - 5y = 9$ étant proposée, on reconnaît, après quelques tâtonnements, qu'elle est satisfaite par $x = 2$ et $y = 1$; et dès lors, en observant que 7 et -5 sont les coefficients de x et y dans l'équation, on pourra poser les formules générales

$$x = 2 + 5t, \quad y = 1 + 7t.$$

En faisant $t = 0, 1, 2, 3$ et $t = -1, -2, -3$, on aura les solutions des équations.

Supposons dans l'équation générale $c = 0$, elle devient

$$ax + by = 0;$$

elle admet évidemment la solution $x = 0$, $y = 0$, et les formules générales seront

$$x = bt, \quad y = -at.$$

Si l'on veut trouver directement ces résultats, on tirera la valeur $y = -\dfrac{ax}{b}$; puis on remarquera que a et b étant premiers entre eux, les valeurs entières de x qui rendent y entier doivent être multiples de b. Donc t désignant un nombre entier quelconque, on doit avoir

$$x = bt \quad \text{et, par suite,} \quad y = -at.$$

Exemple·

$$31x - 22y = 0;$$

on aura
$$x = 22\,t, \quad y = 31\,t.$$

Supposons enfin que c soit multiple de a ou de b. Soit $c = bd$, l'équation à résoudre sera
$$ax + by = bd.$$

Elle a évidemment pour solution
$$x = 0, \quad y = d;$$

donc les valeurs générales seront
$$x = bt, \quad y = d - at.$$

De l'équation on peut tirer
$$x = b\left(\frac{d - y}{a}\right),$$

et de là on conclut que $d - y$ doit être un multiple de a. On posera donc $d - y = at$, et, par suite, on trouve les formules
$$y = d - at, \quad x = bt.$$

Exemple.
$$5x - 7y = 21.$$

Ici la solution évidente de l'équation est $x = 0, y = -3$; et en conséquence les valeurs générales sont
$$x = 7t, \quad y = -3 + 5t.$$

Résolution de l'équation $ax + by = c$ **en nombres entiers positifs.** — **Application à des problèmes.** — **Remarques sur les inégalités.**

Soit à résoudre l'équation
$$ax + by = c$$

en nombres entiers positifs; on fait les calculs comme si les nombres devaient être entiers seulement, et, d'après ce qui précède, on trouve pour x et y des expressions de la forme
$$x = A - bt, \quad y = B + at.$$

Mais alors, au lieu d'attribuer à t toutes les valeurs entières possibles, on ne doit plus choisir que celles qui rendent x et y positifs. De là résulte pour t certaines limites qui sont toujours faciles à déterminer.

Supposons d'abord que a et b soient de même signe dans l'équation $ax + by = c$ et qu'ils sont positifs, parce que s'ils étaient négatifs on pourrait les rendre positifs en changeant tous les signes de l'équation; il est évident que c doit être aussi positif, sans quoi l'équation serait impossible en nombres entiers positifs.

Écrivons les valeurs générales de x et de y sous cette forme
$$x = b\left(\frac{A}{b} - t\right), \quad y = a\left(t - \frac{-B}{a}\right).$$

Pour rendre x positif, il faut et il suffit qu'on prenne $t < \frac{A}{b}$, et pareillement, pour rendre y positif, il faut et il suffit qu'on prenne

$t > \dfrac{-B}{a}$. Donc, pour n'avoir que des solutions entières et positives, on ne devra attribuer à t que les valeurs entières comprises entre les deux limites $t > \dfrac{-B}{a}$, $t < \dfrac{A}{b}$.

Il faut remarquer toutefois que les signes $>$ et $<$ n'excluent pas le signe d'égalité.

De ce que t doit être entier et choisi entre deux limites, il s'ensuit que le nombre de solutions de l'équation doit être limité, et c'est ce qui est évident sur l'équation même. En effet, a et b étant positifs, si l'on substitue pour x et y des nombres positifs, les deux termes ax et by seront toujours positifs, et comme leur somme doit rester constamment égale à c, il est impossible qu'aucun des deux termes augmente indéfiniment.

Il pourra arriver qu'il n'y ait aucun nombre entier entre les limites assignées pour t, alors on conclura que l'équation est impossible.

Supposons, en second lieu, le cas où a et b ont des signes contraires. Soit l'équation

$$ax - by = c,$$

dans laquelle a et b représentent deux nombres positifs. Alors les valeurs générales de x et de y sont de la forme

$$x = A + bt, \quad y = B + at.$$

Or, on peut les écrire ainsi,

$$x = b\left(t - \dfrac{-A}{b}\right), \quad y = a\left(t - \dfrac{-B}{a}\right),$$

et l'on reconnaît sur-le-champ que pour rendre x et y positifs, il faut avoir à la fois

$$t > \dfrac{-A}{b} \quad \text{et} \quad t > \dfrac{-B}{a},$$

c'est-à-dire qu'on peut attribuer à t toutes les valeurs entières au-dessus de la plus grande de ces limites (sans exclure l'égalité si cette limite est un nombre entier).

On voit par là que l'équation

$$ax - by = c$$

admet toujours un nombre infini de solutions entières et positives, tandis que l'équation

$$ax + by = c$$

n'en a jamais qu'un nombre limité, et même peut n'en avoir pas du tout.

Applications.

PROBLÈME I. — *Une société d'hommes et de femmes a dépensé dans une fête* 1000 *francs; les hommes ont payé* 19 *francs et les femmes* 11 *francs. Combien y avait-il d'hommes et de femmes?*

Soient x le nombre des hommes et y celui des femmes, on aura l'équation

$$19\,x + 11\,y = 1000.$$

Effectuant les calculs, on a successivement

$$y = \frac{1000 - 19\,x}{11} = 91 - 2x + \frac{32 - 1}{11} = 91 - 2\,x + t,$$

$$3\,x - 1 = 11\,t, \quad x = \frac{11\,t + 1}{3} = 4\,t + \frac{1 - t}{3} = 4\,x + t', \quad 1 - t = 3\,t',$$

d'où

$$t = 1 - 3\,t'.$$

Revenant à x et à y, il viendra

$$x = 4\,t + t' = 4\,(1 - 3\,t') + t' = 4 - 11\,t'$$
$$y = 91 - 2\,x + t = 91 - 2\,(4 - 11\,t') + (1 - 3\,t') = 84 + 19\,t.$$

Ainsi les formules générales qui expriment x et y en t' sont

$$x = 4 - 11\,t', \quad y = 84 + 19\,t'.$$

Pour que x soit positif, il faut et il suffit qu'on ait

$$11\,t' < 4 \quad \text{ou} \quad t' < \frac{4}{11},$$

et pour que y soit aussi positif, il faut et il suffit qu'on ait

$$19\,t' > -84 \quad \text{ou} \quad t' > -4 + \frac{8}{19};$$

donc on devra prendre pour t' l'une des valeurs

$$t' = 0, \quad -1, \quad -2, \quad -3, \quad -4.$$

A ces valeurs correspondent

$$x = 4, \quad 15, \quad 26, \quad 37, \quad 48,$$
$$y = 84, \quad 65, \quad 46, \quad 27, \quad 8.$$

Le nombre des solutions est limité, et cela devait être, puisque, dans l'équation, les termes en x et y sont de même signe, et comme l'on voit, il y en a cinq en tout.

Première solution,	4 hommes	et 84	femmes.
Deuxième solution,	15 »	65	»
Troisième solution,	26 »	46	»
Quatrième solution,	37 »	27	»
Cinquième solution,	48 »	8	»

PROBLÈME II. — *Quelqu'un achète des chèvres et des moutons. Chaque chèvre lui coûte* 8 *francs et chaque mouton* 27 *francs; il se trouve qu'il paye pour les chèvres* 97 *francs de plus que pour les moutons. Combien y a-t-il de chèvres et combien de moutons ?*

Soient x le nombre des chèvres et y celui des moutons, on aura l'équation

$$8x - 27\,y = 97.$$

Résolvant l'équation, on en tire

$$x = \frac{27\,y + 97}{8} = 3y + 12 + \frac{3y + 1}{8} = 3y + 12 + t,$$

$$3y + 1 = 8\,t,$$

d'où

$$y = \frac{8\,t - 1}{3} = 3\,t - \frac{t + 1}{3} = 3\,t - t',$$

en faisant
$$t + 1 = 3 t', \quad t = 3 t' - 1.$$

En faisant $t' = 0$, il vient
$$t = -1, \quad y = -3, \quad x = 2.$$

Par suite, les valeurs générales de x et de y sont
$$x = 27 t' + 2, \quad y = 8 t' - 3.$$

Les valeurs de x et de y devant être positives, ces formules montrent que t' doit être lui-même positif, et assez grand pour qu'on ait
$$8 t' > 3 \quad \text{ou} \quad t' > \frac{3}{8}.$$

On peut donc donner à t' toutes les valeurs $t' = 1, 2, 3$, etc., jusqu'à l'infini, et, par conséquent, on formera ce tableau :
$$t' = 1, \quad 2, \quad 3, \quad 4, \cdots,$$
$$x = 29, \quad 56, \quad 83, \quad 110, \cdots,$$
$$y = 5, \quad 13, \quad 21, \quad 29, \cdots.$$

Le problème admet, comme on voit, une infinité de solutions; et l'on doit répondre qu'il y avait 29 chèvres et 5 moutons, ou 56 chèvres et 13 moutons, ou 83 chèvres et 21 moutons, etc.

Résolution en nombres entiers de plusieurs équations du premier degré, dont le nombre est moindre que celui des inconnues.

Premier exemple. — Considérons d'abord le cas de deux équations à trois inconnues; soit le système des deux équations

(1) $5 x + 4 y + z = 272,$
(2) $8 x + 9 y + 3 z = 656,$

dans l'une desquelles l'inconnue z est affectée d'un coefficient égal à l'unité. Éliminons cette inconnue; pour cela, multiplions tous les termes de la première équation par 3, et retranchons la seconde du résultat; il vient

(3) $7 x + 3 y = 160,$

équation qui peut remplacer l'équation (2).

Appliquant à l'équation (3) la méthode de résolution démontrée plus haut, on trouve les deux formules
$$x = 1 - 3 t,$$
$$y = 51 + 7 t.$$

Reportant ces deux expressions de x et de y dans la première équation, on obtient
$$5 (1 - 3 t) + 4 (51 + 7 t) + z = 272,$$
ou, réduisant,
$$z = 63 - 13 t.$$

Les trois inconnues se trouvent actuellement exprimées en fonction entière de l'indéterminée t. Ainsi, en donnant à t des valeurs entières quelconques, on en obtiendra de semblables pour x, y, z, et ces valeurs satisferont aux deux équations proposées; car, d'après ce qui vient d'être dit, le système des trois formules équivaut aux deux équations.

Si l'on demande des valeurs entières et positives pour x, y, z, il est évident que t ne peut être positif, car x serait négatif; mais on peut supposer

$$t = 0, \quad -1, \quad -2, \ldots,$$

jusqu'à

$$t = -\frac{51}{7} \quad \text{ou} \quad -7\frac{2}{7}.$$

Faisant donc

$$t = 0, \quad -1, \quad -2, \quad -3, \quad -4, \quad -5, \quad -6, \quad -7,$$

on trouve

$$x = 1, \quad 4, \quad 7, \quad 10, \quad 13, \quad 16, \quad 19, \quad 22,$$
$$y = 51, \quad 44, \quad 37, \quad 30, \quad 23, \quad 16, \quad 9, \quad 2,$$
$$z = 63, \quad 76, \quad 89, \quad 102, \quad 115, \quad 128, \quad 141, \quad 154,$$

d'où l'on voit que le problème est susceptible de huit solutions différentes.

Deuxième exemple. — Soient les deux équations

(1) $$\qquad 6x + 7y + 4z = 122,$$
(2) $$\qquad 11x + 8y - 6z = 145.$$

Pour éliminer z entre ces deux équations, multiplions tous les termes de la première par 3, et tous les termes de la seconde par 2, puis ajoutons les résultats membre à membre; il vient

(3) $$\qquad 40x + 37y = 656,$$

équation pour laquelle on trouve

$$x = 37t'' + 9,$$
$$y = 8 - 40t'.$$

Reportons ces expressions de x et de y dans l'équation (1), elle devient

$$6(37t + 9) + 7(8 - 40t) + 4z = 122,$$

ou, effectuant les calculs et réduisant, on obtient

(4) $$\qquad 2z - 29t = 6.$$

Ici, l'inconnue z n'est pas comme les deux autres x et y exprimée en fonction entière de l'indéterminée t.

Ainsi, il faut encore appliquer à l'équation (4) la méthode connue. On a donc, pour les formules relatives à cette équation,

$$t = 2t',$$
$$z = 29t' + 3.$$

Comme d'ailleurs toute valeur entière de t, substituée dans les expressions de x et de y, en donnera de semblables pour ces inconnues, il s'ensuit que, si l'on met $2t'$ à la place de t dans ces expressions, ce qui donne

$$x = 74t' + 9,$$
$$y = 8 - 80t,$$

ces formules réunies à celle-ci, $z = 29t' + 3$ comprendront tous les systèmes de valeurs entières de x, y, z propres à vérifier les équations proposées.

Si l'on ne veut que des solutions directes, il est visible que t' ne peut être positif, puisque y serait négatif; et t' ne peut être négatif, puisque z et x seraient négatifs. Mais l'hypothèse $t' = 0$ donne

$$x = 9, \quad y = 8, \quad z = 3;$$

donc ce système est le seul qui satisfasse aux deux équations.

En résumant la marche des opérations, on en conclut cette règle générale : Éliminez l'une des inconnues entre les équations proposées, et cherchez pour l'équation qui résulte de cette élimination les deux formules qui donnent les deux inconnues qui y entrent, en fonction entière d'une indéterminée t. Substituez ces expressions dans l'une des équations proposées, ce qui donne une nouvelle équation ne renfermant plus que t et l'inconnue que l'on avait d'abord éliminée. Déterminez pour cette nouvelle équation, les deux formules qui donnent les expressions des deux inconnues qui y entrent, en fonction entière d'une seconde indéterminée t'. Substituez enfin l'expression de t dans celles des deux premières inconnues. Les valeurs des trois inconnues se trouvent ainsi exprimées en fonction entière de t', et il ne s'agit plus après cela que de déterminer pour t' les limites entre lesquelles ces valeurs doivent se trouver pour que celles des inconnues principales soient entières et positives.

Si l'on avait trois équations et quatre inconnues, il faut, après avoir éliminé une des inconnues, exprimer à l'aide des deux équations résultantes, et d'après ce qui vient d'être dit, les trois autres inconnues en fonction entière d'une même indéterminée, et l'on substitue ces valeurs dans l'une des équations proposées. Si dans la nouvelle équation les coefficients des deux inconnues qui y entrent sont différents de l'unité, on établit deux formules qui donnent ces inconnues en fonction entière d'une seconde indéterminée, puis on remplace, dans les expressions des trois premières inconnues, la première indéterminée en fonction de la seconde, et l'on obtient ainsi les quatre inconnues primitives en fonction entière de la seconde indéterminée.

Même raisonnement pour quatre équations à cinq inconnues, etc.

DES FRACTIONS CONTINUES.

On nomme *fraction continue* une expression composée d'un nombre entier et d'une fraction qui a pour numérateur un nombre entier, et pour dénominateur un nombre entier plus une fraction, et ainsi de suite. Les fractions continues sont de la forme

$$(1) \qquad q + \cfrac{1}{q' + \cfrac{1}{q'' + \dots}},$$

dans lesquelles q, q', q'', etc., désignent des nombres entiers positifs.

Les quantités

$$q, \quad q + \frac{1}{q'}, \quad q + \cfrac{1}{q' + \cfrac{1}{q''}}, \dots,$$

peuvent se mettre sous la forme de fractions ordinaires. En effet,

$$q = \frac{q}{1}, \quad q + \frac{1}{q'} = \frac{qq' + 1}{q'}.$$

Changeant dans la dernière égalité q' en $q' + \dfrac{1}{q''}$ et multipliant les

deux termes de la fraction qui en résulte par q'', on trouve

$$q + \cfrac{1}{q' + \cfrac{1}{q''}} = \frac{(qq'+1)q'' + q}{q'q''+1},$$

et ainsi de suite.

Les fractions ordinaires

$$\frac{q}{1}, \quad \frac{qq'+1}{q'}, \quad \frac{(qq'+1)q''+q}{q'q''+1}, \ldots,$$

ont reçu le nom de *fractions convergentes* ou de *réduites*, parce qu'elles approchent de plus en plus de la valeur de la fraction continue totale, et qu'elles sont réduites à leurs plus simples expressions.

Les nombres entiers q, q', q'' sont appelés *quotients incomplets*, parce qu'ils sont les quotients entiers successifs que l'on obtiendrait en cherchant le plus grand commun diviseur entre a et b.

La comparaison des trois premières réduites conduit, par analogie, à cette règle générale :

Pour obtenir les réduites successives qui correspondent à la fraction continue (1), écrivez les quotients incomplets q', q'', q''', q^{iv}, etc., par ordre, sur une ligne horizontale ; calculez les deux premières réduites $\dfrac{q}{1}$, $\dfrac{qq'+1}{q'}$; posez-les sous q' et q'' ; multipliez les deux termes de la deuxième réduite par q'' : les produits augmentés respectivement des deux termes de la première réduite donneront le numérateur et le dénominateur de la troisième réduite. Pour obtenir la quatrième réduite, multipliez les deux termes de la troisième par q''' ; les produits augmentés respectivement des deux termes de la deuxième réduite donneront le numérateur et le dénominateur de la quatrième réduite. Posez la quatrième réduite sous q^{iv} ; la cinquième réduite se déduira de même des deux précédentes, et ainsi de suite.

Prenons pour exemple la fraction $\dfrac{159}{493}$ dont les deux termes sont premiers entre eux.

En laissant la fraction sous cette forme, on s'en fait difficilement une idée bien nette ; mais si, en vertu d'un principe connu, on divise ces deux termes par 159, ce qui n'en change par la valeur, elle devient

$$\cfrac{1}{\cfrac{493}{159}},$$

ou, effectuant la division indiquée au dénominateur,

$$\cfrac{1}{3 + \cfrac{16}{159}}.$$

Cela posé, négligeons pour un moment la fraction $\dfrac{16}{159}$, la fraction $\frac{1}{3}$ qui en résulte est plus grande que la proposée, puisque l'on a diminué le dénominateur.

D'un autre côté, si, loin de négliger $\frac{16}{159}$, on remplace cette fraction par 1, ce qui donne alors

$$\frac{1}{3+1} \quad \text{ou} \quad \frac{1}{4},$$

cette nouvelle fraction est à son tour plus petite que la proposée, puisqu'on a augmenté le dénominateur.

D'où l'on peut conclure que la fraction $\frac{159}{493}$ est comprise entre $\frac{1}{3}$ et $\frac{1}{4}$. Ceci donne une idée assez exacte de la fraction.

Si l'on veut une plus grande approximation, il n'y a qu'à opérer sur $\frac{16}{159}$ comme on a opéré sur $\frac{159}{493}$, et il vient

$$\frac{16}{159} = \frac{1}{\left(\frac{159}{16}\right)} = \frac{1}{9+\frac{15}{16}},$$

et la proposée devient

$$\frac{1}{3+\dfrac{1}{9+\dfrac{15}{16}}}.$$

Si l'on néglige $\frac{15}{16}$, $\frac{1}{9}$ est plus grand que $\frac{16}{159}$, d'où il suit que $\frac{1}{3+\frac{1}{9}}$ est plus petit que $\frac{159}{493}$; mais $\frac{1}{3+\frac{1}{9}}$ revient à $\frac{1}{\frac{28}{9}}$ ou $\frac{9}{28}$; ainsi la proposée est encore comprise entre $\frac{1}{3}$ et $\frac{9}{28}$.

La différence de ces deux dernières fractions réduites au même dénominateur est $\frac{28-27}{84}$ ou $\frac{1}{84}$. Donc l'erreur que l'on commet en prenant $\frac{1}{3}$ pour la valeur de la proposée, est moindre que $\frac{1}{84}$.

Opérant sur $\frac{15}{16}$ comme on a opéré précédemment, on a

$$\frac{15}{16} = \frac{1}{\left(\frac{16}{15}\right)} = \frac{1}{1+\frac{1}{15}},$$

et la fraction proposée peut se mettre sous la forme

$$3 + \cfrac{1}{9 + \cfrac{1}{1 + \cfrac{1}{15}}}.$$

Négligeons $\frac{1}{15}$, le nombre $\frac{1}{1}$ ou 1 est plus grand que $\frac{15}{16}$; donc $\cfrac{1}{9 + \cfrac{1}{1}}$ ou $\frac{1}{10}$ est plus petit que $\frac{16}{159}$. Donc

$$\cfrac{1}{3 + \cfrac{1}{9 + \cfrac{1}{1}}} \quad \text{ou} \quad \cfrac{1}{3 + \cfrac{1}{10}} \quad \text{ou} \quad \frac{10}{31}$$

est plus grand que $\frac{159}{493}$; d'où l'on voit que $\frac{159}{493}$ est compris entre $\frac{9}{28}$ et $\frac{10}{31}$. La première est trop petite et la seconde trop grande. Or la différence de ces deux fractions est $\frac{10}{31} - \frac{9}{28}$ ou $\frac{1}{868}$; ainsi l'erreur que l'on commet, en prenant soit $\frac{9}{28}$, soit $\frac{10}{31}$ pour la valeur de la fraction proposée, est moindre que $\frac{1}{868}$.

On voit comment, par cette suite d'opérations, on parvient à trouver, en termes plus simples, des fractions qui donnent des valeurs approchées d'une autre fraction dont les termes sont très-considérables.

On entend donc, en général, par fraction continue une fraction qui a pour numérateur l'unité et pour dénominateur un nombre entier plus une fraction qui a elle-même pour numérateur l'unité et pour dénominateur un entier plus une fraction, et ainsi de suite.

Souvent le nombre proposé est plus grand que l'unité. Ainsi, pour généraliser davantage la définition d'une fraction continue, il faut dire : une fraction continue est une expression composée d'un entier plus une fraction qui a pour numérateur l'unité et pour dénominateur, etc.

Telle est l'expression

$$a + \cfrac{1}{b + \cfrac{1}{c + \cfrac{1}{d} \ldots}}$$

En observant la marche qui a été suivie pour réduire $\frac{159}{493}$ en fraction continue, on voit que l'on a divisé d'abord 493 par 159, ce qui a donné 3 pour quotient et pour reste 16. On a divisé ensuite 159 par 16, ce qui a donné pour quotient 9 et pour reste 15; puis on a divisé 16 par 15, ce qui a donné 1 pour quotient et 1 pour reste. De là, il est facile de conclure le procédé suivant pour réduire une fraction ou un nombre fractionnaire en fraction continue : Opérez sur les deux termes de la fraction proposée comme pour trouver le plus grand commun diviseur. Poussez l'opération jusqu'à ce que vous obteniez un reste égal à zéro, et les quotients successifs auxquels vous serez parvenu seront les dénominateurs des fractions qui constituent la fraction continue.

Dans l'hypothèse où le nombre proposé est plus grand que l'unité, le premier quotient représente la partie entière qui entre dans l'expression de la fraction continue.

Propriétés des réduites.

Première propriété. — Si l'on prend la fraction continue

$$\frac{65}{149} = \frac{0}{1} + \cfrac{1}{2 + \cfrac{1}{3 + \cfrac{1}{2 + \cfrac{1}{2 + \cfrac{1}{1 + \cfrac{1}{2}}}}}}$$

on voit que la différence entre deux réduites consécutives quelconques, en convenant de retrancher toujours une réduite de celle qui la suit, aura pour numérateur $+ 1$ ou $- 1$, suivant que la seconde des deux réduites que l'on considère est de rang pair ou impair. Le dénominateur de cette différence est d'ailleurs toujours égal aux produits des dénominateurs des deux réduites.

Ainsi, dans l'exemple ci-dessus, on a

$$\frac{1}{2} - \frac{0}{1} = \frac{+1}{2 \times 1}; \quad \frac{3}{7} - \frac{1}{2} = \frac{-1}{2 \times 7}; \quad \frac{7}{16} - \frac{3}{7} = \frac{+1}{16 \times 7}; \ldots$$

Pour le démontrer, prenons dans la fraction continue générale, trois réduites consécutives quelconques $\frac{P}{P'}, \frac{R}{R'}, \frac{Q}{Q'}$; on a

$$\frac{R}{R'} - \frac{Q}{Q'} = \frac{RQ' - QR'}{R'Q'}.$$

Mais $R = Qr + P$, $R' = Q'r + P'$; mettant pour R et R′ ces valeurs dans le numérateur de la différence précédente, on obtient

$$\frac{R}{R'} - \frac{Q}{Q'} = \frac{(Qr + P)Q' - Q(Q'r + P')}{R'Q'},$$

ou, effectuant les calculs et réduisant,

$$\frac{R}{R'} - \frac{Q}{Q'} = \frac{PQ' - QP'}{R'Q'}.$$

D'où l'on voit que le numérateur de la différence $\dfrac{R}{R'} - \dfrac{Q}{Q'}$ est égal

et de signe contraire au numérateur de la différence $\dfrac{Q}{Q'} - \dfrac{P}{P'}$ ou

$\dfrac{QP' - PQ'}{Q'P'}$. C'est-à-dire que les numérateurs de deux différences consécutives sont égaux et de signes contraires.

Mais si l'on considère les deux premières réduites $\dfrac{a}{1}$ et $\dfrac{ab+1}{b}$, on a

$$\frac{ab+1}{b} - \frac{a}{1} = \frac{+1}{b \times 1};$$

donc, d'après ce qui vient d'être dit, le numérateur de la différence
suivante doit être — 1; le numérateur de la troisième différence doit
être + 1; et ainsi de suite.

En général, le numérateur d'une différence quelconque est + 1 si
la seconde des deux réduites que l'on considère est de rang pair, et — 1
si elle est de rang impair; quant au dénominateur, il est évidemment
égal au produit des dénominateurs des deux réduites.

Deuxième propriété. — Reprenons la fraction continue générale

$$x = a + \cfrac{1}{b + \cfrac{1}{c + \cfrac{1}{d + \cfrac{1}{e + \dots}}}}$$

En considérant les premières fractions intégrantes $\dfrac{1}{b}, \dfrac{1}{c}, \dfrac{1}{d}, \dfrac{1}{e}$, etc.,
il est facile de reconnaître que la valeur de x est comprise entre la
première et la seconde réduite, entre la seconde et la troisième
réduite; et ainsi de suite.

En effet, on a d'abord évidemment

$$x > a;$$

je dis ensuite que l'on a

$$x < a + \frac{1}{b}.$$

Car pour avoir la valeur de x il faut augmenter le dénominateur b
du reste de la fraction continue; ainsi la fraction $\dfrac{1}{b}$ est plus grande
que celle qu'on devrait ajouter à a; donc $a + \dfrac{1}{b}$ est trop grand.

Maintenant, si l'on considère la réduite

$$a + \cfrac{1}{b + \cfrac{1}{c}},$$

comme le dénominateur c est trop petit, il s'ensuit que

$$a + \cfrac{1}{b + \cfrac{1}{c}}$$

est une fraction plus petite que la vraie valeur de x.

On pourrait pousser ce raisonnement aussi loin que l'on voudrait, mais nous allons en donner une démonstration indépendante du rang de la fraction intégrante à laquelle on s'arrête.

Soient, pour cet effet, deux réduites consécutives $\dfrac{P}{P'}$, $\dfrac{Q}{Q'}$ de rang quelconque ; et proposons-nous d'évaluer les différences

$$x - \frac{P}{P'}, \quad x - \frac{Q}{Q'}.$$

Remarquons que si dans l'expression de la réduite suivante $\dfrac{R}{R'}$ ou $\dfrac{Qr+P}{Q'r+P'}$, on met à la place du quotient incomplet r, le quotient complet

$$y \quad \text{ou} \quad r + \cfrac{1}{s + \cfrac{1}{t + \ldots}}$$

dont r n'est que la partie entière, on reproduira la valeur du nombre réduit en fraction continue ; puisque alors on a la réduite de la fraction continue totale, on aura donc, d'après cette remarque,

$$x = \frac{Qy+P}{Q'y+P'},$$

d'où

$$x - \frac{P}{P'} = \frac{Qy+P}{Q'y+P'} - \frac{P}{P'} = \frac{(QP'-PQ')y}{(Q'y+P')P'}$$

et

$$x - \frac{Q}{Q'} = \frac{Qy+P}{Q'y+P'} - \frac{Q}{Q'} = \frac{PQ'-QP'}{(Q'y+P')Q'}.$$

Or, si l'on examine attentivement ces deux différences, on voit que les dénominateurs sont essentiellement positifs ; quant aux numérateurs, y est positif et $QP' - PQ'$, $PQ' - QP'$ sont égaux et de signes contraires : ainsi ces numérateurs sont de signes différents.

D'où il suit que si l'on a $x >$ ou $< \dfrac{P}{P'}$ on doit avoir nécessairement $x <$ ou $> \dfrac{Q}{Q'}$: c'est-à-dire que si le nombre réduit en fraction continue est plus grand ou plus petit que la réduite $\dfrac{P}{P'}$, ce même nombre est plus petit ou plus grand que $\dfrac{Q}{Q'}$; donc, enfin, la valeur du nombre réduit en fraction continue est toujours comprise entre deux réduites consécutives de rang quelconque.

Remarque. — Si la réduite $\frac{Q}{Q'}$ est de rang pair, $QP' - PQ'$, qui est le numérateur de la différence entre $\frac{Q}{Q'}$ et $\frac{P}{P'}$, est positif et égal à $+1$; ainsi l'on a

$$x > \frac{P}{P'} \quad \text{et} \quad x < \frac{Q}{Q'}.$$

Donc, *toutes les réduites de rang pair sont des fractions plus grandes, et toutes les réduites de rang impair sont des fractions plus petites que le nombre réduit en fraction continue.*

Troisième propriété. — Les différentes réduites donnent des valeurs approchées de x, et il est aisé de déterminer le degré d'approximation fourni par chacune d'elles.

En effet, la valeur de x est comprise entre deux réduites consécutives $\frac{P}{P'}$ et $\frac{Q}{Q'}$, d'où la différence entre x et l'une des réduites est moindre que $\frac{1}{P' \times Q'}$, qui est la différence entre les deux réduites; par conséquent, l'erreur commise lorsqu'on prend l'une de ces deux réduites pour la valeur de x, est moindre que l'unité divisée par le produit de leurs dénominateurs.

Si l'on considère la différence $x - \frac{Q}{Q'} = \frac{PQ' - QP'}{(Q'\gamma + P')Q'}$ obtenue précédemment, comme on a $PQ' - QP' = 1$, abstraction faite du signe, il en résulte

$$x - \frac{Q}{Q'} = \frac{1}{(Q'\gamma + P')Q'}.$$

Or le quotient complet γ est, par sa nature, plus grand que 1, donc $(Q'\gamma + P')Q'$ est plus grand que $(Q' + P')Q'$, et, à plus forte raison, plus grand que Q'^2. D'où

$$x - \frac{Q}{Q'} < \frac{1}{(Q' + P')Q'},$$

et, à fortiori,

$$x - \frac{Q}{Q'} < \frac{1}{Q'^2}.$$

Ainsi, la différence entre x et $\frac{Q}{Q'}$, ou l'erreur commise lorsqu'on prend $\frac{Q}{Q'}$ pour la valeur de x, est moindre que l'unité divisée par le produit du dénominateur de la réduite multiplié par la somme faite de ce même dénominateur et de celui qui précède, ou moins exactement, mais en termes plus simples, moindre que l'unité divisée par le carré du dénominateur de la réduite considérée.

Quatrième propriété. — Une réduite de rang quelconque donne

une valeur plus approchée de x qu'aucune de celles qui la précèdent.
En effet, considérons encore les deux différences

$$x - \frac{P}{P'} = \frac{(QP' - PQ')\gamma}{(Q'\gamma + P')\,P'} \quad \text{et} \quad x - \frac{Q}{Q'} = \frac{PQ' - QP'}{(Q'\gamma + P')\,Q'};$$

comme on a $Q' > P'$, il s'ensuit que le dénominateur $(Q'\gamma + P')\,Q'$ est plus grand que le dénominateur $(Q'\gamma + P')\,P'$; d'ailleurs $\gamma > 1$, donc, abstraction faite du signe, le numérateur $PQ' - QP'$ est moindre que le numérateur $(QP' - PQ')\gamma$. Ainsi, par cette double raison, la différence entre x et $\frac{Q}{Q'}$ est numériquement moindre que la différence entre x et $\frac{P}{P'}$.

Cinquième propriété. — Une réduite de rang quelconque approche plus de la valeur de x, non-seulement qu'aucune des réduites précédentes, mais encore qu'aucune autre fraction dont le dénominateur est moindre que celui de la réduite considérée, en sorte que l'on peut assurer qu'il n'existe pas d'autre fraction qui, en termes plus simples, donne une valeur plus approchée de x.

Soient $\frac{Q}{Q'}$ la réduite, et $\frac{m}{m'}$ une fraction quelconque telle, que l'on ait $m' < Q'$; je dis que $x - \frac{m}{m'}$ est plus grand (abstraction faite du signe) que $x - \frac{Q}{Q'}$.

En effet, remarquons que la fraction $\frac{m}{m'}$ ne saurait être comprise entre $\frac{Q}{Q'}$ et $\frac{P}{P'}$, car, pour que cela fût, il faudrait que la différence entre $\frac{P}{P'}$ et $\frac{m}{m'}$, savoir $\frac{Pm' - P'm}{P'm'}$, fût numériquement moindre que la différence $\frac{1}{P'Q'}$ entre $\frac{Q}{Q'}$ et $\frac{P}{P'}$, ce qui est impossible, puisque $Pm' - mP'$, nombre entier, est au moins égal à 1, et que $m'P'$ est plus petit que $P'Q'$, à cause de l'hypothèse $m' < Q'$; car si l'on supposait $Pm' - mP' = 0$, il en résulterait $\frac{P}{P'} = \frac{m}{m'}$, et cette dernière fraction étant égale à la réduite qui précède $\frac{Q}{Q'}$, la proposition serait déjà démontrée.

Il suit de là que $\frac{P}{P'}$ et $\frac{Q}{Q'}$ sont à la fois $>$ ou $< \frac{m}{m'}$; donc les différences $\frac{P}{P'} - \frac{m}{m'}$ et $\frac{Q}{Q'} - \frac{m}{m'}$, ou leurs numérateurs $Pm' - mP'$, $Qm' - mQ'$, sont nécessairement de même signe.

Cela posé, on sait que

$$x - \frac{Q}{Q'} = \frac{PQ' - QP'}{(Q'y + P')Q'} = \frac{1}{(Q'y + P')Q'}.$$

Prenons actuellement la différence entre x et $\frac{m}{m'}$, nous aurons

$$x - \frac{m}{m'} = \frac{Qy + P}{Q'y + P'} - \frac{m}{m'} = \frac{(Qm' - mQ')y + Pm' - mP'}{(Q'y + P')m'}.$$

Or, par hypothèse, $m' < Q'$; ainsi le dénominateur de cette seconde différence est moindre que celui de la première. D'un autre côté, le numérateur $(Qm' - mQ')y + Pm' - mP'$ se composant de deux termes additifs ou soustractifs à la fois, est numériquement plus grand que 2. Donc, par cette double raison, $x - \frac{m}{m'}$ est plus grand que $x - \frac{Q}{Q'}$.

Pour terminer la théorie élémentaire des fractions continues, nous indiquerons l'usage qu'on peut en faire dans l'évaluation approximative d'une fraction irréductible dont les termes sont très-grands.

On réduit d'abord le nombre proposé en fraction continue, d'après le procédé indiqué; puis on forme les réduites consécutives. On obtient ainsi une série de fractions alternativement plus grandes et plus petites que le nombre proposé, et parmi ces fractions, on choisit celle qui donne le degré d'approximation que l'on désire avoir pour les fractions; ce degré est marqué par $\frac{1}{(Q' + P')Q'}$ ou $\frac{1}{Q'^2}$ si $\frac{Q}{Q'}$ est la réduite considérée. La réduite doit être d'un rang d'autant plus éloigné, qu'on veut avoir un plus grand degré d'approximation.

Soit proposé, pour exemple, d'évaluer approximativement le rapport de la circonférence au diamètre. On sait que ce rapport exprimé en décimales a pour valeur, à moins d'un cent-millième près, $3,14159$ ou $\frac{314159}{100000}$. On trouve pour la valeur de ce nombre réduit en fraction continue,

$$\frac{314159}{100000} \quad \text{ou} \quad x = 3 + \cfrac{1}{7 + \cfrac{1}{15 + \cfrac{1}{1 + \cfrac{1}{25 + \cfrac{1}{1 + \cfrac{1}{7 + \frac{1}{4}}}}}}};$$

ce qui donne pour les réduites consécutives, d'après la loi connue,

$$\frac{3}{1}, \ \frac{22}{7}, \ \frac{333}{106}, \ \frac{355}{113}, \ \frac{9208}{2931}, \ \frac{9563}{3044}, \ \frac{76149}{24239}, \ \frac{314159}{100000}.$$

En prenant d'abord $\frac{22}{7}$ pour la valeur du nombre proposé, on commettrait une erreur moindre que $\frac{1}{7(7+1)}$ ou $\frac{1}{56}$; mais cette réduite donne encore un degré d'approximation plus considérable : car, puisque le nombre proposé est compris entre $\frac{22}{7}$ et $\frac{333}{106}$, il s'en-suit que $\frac{22}{7}$ diffère de ce nombre d'une quantité moindre que $\frac{22}{7} - \frac{333}{106}$ ou $\frac{1}{742}$; ainsi l'erreur commise est beaucoup moindre que $\frac{1}{100}$. Aussi ce nombre $\frac{22}{7}$ ou $3\frac{1}{7}$ est-il fréquemment employé pour exprimer le rapport de la circonférence au diamètre. C'est le rapport donné par Archimède.

La quatrième réduite $\frac{355}{113}$, qui n'est pas beaucoup plus compliquée que $\frac{333}{106}$, donne une valeur bien plus approchée; car le nombre proposé étant compris entre $\frac{355}{113}$ et $\frac{9208}{2931}$, la différence entre ce nombre et $\frac{355}{113}$ est moindre que $\frac{1}{113 \times 2931}$, fraction évidemment plus petite que 0,00001. Il est à remarquer que les deux fractions $\frac{355}{113}$ et $\frac{314159}{100000}$; dont la première est exprimée en termes plus simples, donne la même approximation évaluée en décimales pour le rapport de la circonférence au diamètre. C'est le rapport donné par Adrien Metius.

PUISSANCES ET RACINES EN GÉNÉRAL.

Puissances et racines des monômes. — **Premier principe.** — On élève un produit à une puissance en élevant chaque facteur à cette puis-sance. En effet, soit le produit abc à élever à la puissance $n^{ième}$, n étant un nombre positif quelconque; on a

$$(abc)^n = abc\ldots \times abc\ldots \times abc\ldots \times \ldots$$
$$= aaa\ldots \times bbb\ldots \times ccc\ldots \times \ldots$$
$$= a^n \times b^n \times c^n \ldots.$$

Deuxième principe. — On élève à une puissance une quantité qui est déjà affectée d'un exposant, en multipliant cet exposant par le degré de la puissance.

Ainsi, soit a^m, qui a déjà un exposant, à élever à la puissance $n^{ième}$, on aura

$$(a^m)^n = a^m \times a^m \times a^m \times a^m \times \ldots = a^{m+m+\cdots} = a^{mn}.$$

Troisième principe. — Pour élever à une puissance un monôme quelconque, il faut le regarder comme un produit, et en consé-quence élever tous ses facteurs à cette puissance, ce qui revient à élever le coefficient à cette puissance, et à multiplier tous les exposants par le degré de cette puissance.

Ainsi, soit à élever le monôme $+ 3\, a^2\, b^3\, c^5$ à la quatrième puissance, on aura

$$(+ 3\, a^2\, b^3\, c^5)^4 = 81\ a^8\, b^{12}\, c^{20};$$

on aurait aussi

$$(- 3\, a^2\, b^3\, c^5)^4 = 81\ a^8\, b^{12}\, c^{20}.$$

On doit, en effet, se rappeler que lorsqu'une quantité est positive, toutes ses puissances sont positives ; mais si elle est négative, d'après la règle des signes, toutes les puissances paires seront positives, et les puissances impaires seront négatives.

Quatrième principe. — En renversant ces règles pour l'extraction des racines, on obtiendra les suivantes :

1°. On extrait la racine d'un produit en extrayant la racine de chaque facteur ;

2°. On extrait la racine d'une quantité qui a un exposant en divisant cet exposant par le degré ou l'indice de la racine ;

3°. On extrait la racine d'un monôme quelconque en extrayant celle du coefficient, et en divisant les exposants de chaque lettre par l'indice de la racine ;

4°. Quand la racine à extraire est d'indice pair, elle a le signe $\pm$, et quand elle est d'indice impair, elle a le même signe que la puissance.

Au moyen de ces principes on trouve

$$\sqrt[3]{64\, a^9\, b^{12}} = 4\, a^3\, b^4, \qquad \sqrt[5]{- 32\, a^5\, b^{15}} = - 2\, ab^3.$$

Cinquième principe. — Pour simplifier un radical quelconque, on décompose la quantité sous le radical en deux facteurs, dont l'un ne renferme que des puissances exactes de même ordre que la racine à extraire, et dont l'autre n'en renferme aucune ; puis on extrait la racine du premier facteur et l'on indique celle du second.

Ainsi on aura

$$\sqrt[5]{224\, a^8\, b^5\, c^7} = \sqrt[5]{2^5\, a^5\, b^5\, c^5 \times 7\, a^3\, c^2} = 2\, abc\, \sqrt[5]{7\, a^3\, c^2}.$$

Sixième principe. — Toute expression composée d'un radical de degré pair placé sur une quantité négative, représente une quantité imaginaire. En effet, on sait qu'une quantité réelle, soit positive, soit négative, étant élevée à une puissance paire, ne peut donner de résultat négatif.

Si a et b sont des grandeurs positives, les expressions $\sqrt{-a}$, $\sqrt[4]{-b^3}$, $\sqrt[6]{-8\, a^3\, b^2}$ sont des quantités imaginaires.

Mais ces quantités de même que les radicaux carrés imaginaires peuvent se transformer en produits dans lesquels il n'entre d'autre imaginaire qu'une racine de -1 ; ainsi on a

$$\sqrt[4]{-b^3} = \sqrt[4]{b^3 \times -1} = \sqrt[4]{b^3} \times \sqrt[4]{-1}.$$

Septième principe. — Pour extraire la racine $n^{\text{ième}}$ d'une quantité qui a un exposant, on doit diviser l'exposant par n, et si l'exposant n'est pas divisible, on se borne à indiquer la division par l'indice de la racine. Ainsi, soit à extraire la racine cinquième de a^{10}, on aura

$$\sqrt[5]{a^{10}} = a^{\frac{10}{5}} = a^2.$$

Soit encore à extraire la racine $n^{ième}$ de a^m, on aura

$$\sqrt[n]{a^m} = a^{\frac{m}{n}}.$$

Arrangements. — Permutations. — Combinaisons.

Il existe une différence essentielle dans la signification des mots arrangements, permutations, combinaisons.

On appelle *arrangements*, les résultats qu'on obtient en disposant les unes à la suite des autres, et dans tous les ordres possibles, 2 à 2, 3 à 3, 4 à 4,..., n à n, un nombre m de lettres, pourvu que le nombre des lettres qui entrent dans chaque résultat soit moindre que le nombre total des lettres considérées ; car si le nombre des lettres de chaque résultat était égal au nombre des lettres considérées, les arrangements n à n deviendraient des permutations.

On donne le nom de *permutations* aux résultats qu'on obtient en disposant les unes à la suite des autres, et dans tous les ordres possibles, un nombre déterminé de lettres, de manière que toutes les lettres entrent dans chaque résultat, et que chacune n'y entre qu'une fois.

Enfin on appelle *combinaisons*, les arrangements dont deux quelconques diffèrent entre eux, au moins par l'une des lettres qui y entrent.

Il est important de se bien pénétrer de ces définitions, pour comprendre la résolution des problèmes suivants.

PROBLÈME I. — *Un nombre m de lettres a, b, c, d, e étant donné, déterminer le nombre des arrangements 2 à 2, 3 à 3,..., n à n, que l'on peut former avec ces m lettres, m étant supposé plus grand que n.*

Pour avoir les arrangements 2 à 2, il suffit de placer, à côté de chaque lettre, successivement chacune des lettres restantes ; de cette manière, on obtient des arrangements tels que

$$ab, \quad ac, \quad ad, \quad ae,$$
$$ba, \quad bc, \quad bd, \quad be,$$
$$ca, \quad cb, \quad cd, \quad ce,$$
$$da, \quad db, \quad dc, \quad de,$$
$$ea, \quad eb, \quad ec, \quad ed.$$

On voit qu'en désignant par m le nombre des lettres a, b, c, d, e, et par A_2 le nombre des arrangements 2 à 2, on aura

$$A_2 = m(m-1),$$

ou bien, en remplaçant m par sa valeur 5,

$$A_2 = 5 \times 4 = 20.$$

On passe aux arrangements 3 à 3, en plaçant, après chaque arrangement de deux lettres, successivement chacune des lettres qui n'entre pas dans cet arrangement ; il vient ainsi

$$abc, \quad abd, \quad abe, \quad bac, \quad bad, \quad bae,$$
$$cab, \quad cad, \quad cae, \quad dab, \quad dac, \quad dac,$$
$$eab, \quad eac, \quad ead, \quad acb, \quad acd, \quad ace,$$
$$bca, \quad bcd, \quad bce,...;$$

et en nommant A_3 le nombre de tous ces arrangements 3 à 3, on a

$$A_3 = A_2 (m - 2) = m (m - 1)(m - 2),$$

ou bien, en mettant 5 à la place de m,

$$A_3 = 5 \times 4 \times 3 = 60.$$

On s'élèverait semblablement aux arrangements 4 à 4, et pour en connaître le nombre, on aurait la formule

$$A_4 = A_3 (m - 3) = m (m - 1)(m - 2)(m - 3).$$

Chaque fois qu'on s'élèvera à des arrangements qui auront une lettre de plus, il est clair qu'il s'introduira dans la formule un facteur de plus, lequel sera inférieur d'une unité au facteur placé avant lui. Dès lors, on peut conclure avec certitude que l'expression générale du nombre des arrangements n à n devra renfermer n facteurs pris consécutivement dans la suite m, $m - 1$, $m - 2$, etc., le dernier facteur sera donc

$$m - (n - 1) \quad \text{ou} \quad m - n + 1,$$

et, par conséquent, en appelant A_n le nombre des arrangements de m lettres n à n, on doit avoir

$$(1) \qquad A_n = m (m - 1)(m - 2)\ldots(m - n + 1).$$

En faisant $n = 2, 3, 4$, le dernier facteur $m - n + 1$ se réduit successivement à $m - 1$, $m - 2$, $m - 3$, et l'on retrouve les valeurs de A_2, A_3, A_4.

PROBLÈME II. — *Déterminer le nombre total des permutations dont n lettres sont susceptibles.*

D'abord deux lettres a et b donnent évidemment les deux permutations ab et ba. Ainsi, le nombre des permutations de deux lettres est 2, ou bien 1×2.

Soient actuellement trois lettres a, b, c. Mettons à part une quelconque de ces lettres, c par exemple, et écrivons à la droite des deux arrangements ab et ba que donnent les deux autres, la lettre c; il en résulte les deux permutations de trois lettres abc, bac. Or, comme on peut ainsi mettre à part chacune des trois lettres, il s'ensuit que le nombre total des permutations de trois lettres est égal à $1 \times 2 \times 3$.

En général, soit un nombre n de lettres a, b, c, d; si l'on représente par P_n le nombre des permutations de n lettres, on aura, d'après ce que l'on vient de voir plus haut,

$$(2) \qquad P_n = 1 \times 2 \times 3 \ldots \times n.$$

PROBLÈME III. — *Déterminer le nombre total des combinaisons différentes que l'on peut former avec m lettres prises n à n.*

Lorsque parmi les arrangements n à n on ne conserve que ceux qui diffèrent entre eux par une ou plusieurs lettres, ceux qu'on obtient ainsi sont désignés sous le nom de combinaisons ou de produits. Par exemple, les deux arrangements abc et bca ne forment qu'une seule combinaison.

Parmi les arrangements de m lettres n à n, il est clair que chaque combinaison de n lettres doit se trouver répétée autant de fois qu'il y a de permutations possibles entre les n lettres de cette combinaison. Donc en divisant le nombre total des arrangements de m lettres de n à

n par celui des permutations de n lettres, on obtiendra le nombre des combinaisons de m lettres n à n. Ainsi, ce dernier nombre étant désigné par C_n, il sera donné par la formule

$$(3) \qquad C_n = \frac{A_n}{P_n} = \frac{m(m-1)(m-2)\ldots(m-n+1)}{1 \times 2 \times 3 \ldots \times n}.$$

Si l'on veut avoir en particulier le nombre des combinaisons 2 à 2, 3 à 3, etc., il faudra faire $n = 2$, 3, etc., et il viendra

$$C_2 = \frac{m(m-1)}{1 \times 2}, \qquad C_3 = \frac{m(m-1)(m-2)}{1 \times 2 \times 3}.$$

Le nombre des combinaisons qu'on peut faire avec des lettres étant essentiellement entier, il s'ensuit que la division indiquée dans la formule (3) doit s'effectuer exactement. Donc, un produit de n nombres entiers consécutifs est toujours divisible par le produit des n premiers nombres entiers.

Binôme de Newton.

Tout binôme peut être représenté par $x + a$, et la question est de trouver une formule générale au moyen de laquelle on puisse obtenir immédiatement une puissance quelconque de $x + a$ sans passer par toutes les précédentes; la formule qui atteint ce but est une des plus importantes de l'analyse, on l'appelle vulgairement *binôme de Newton*.

Pour en concevoir la formation, mettons pour m dans $(x + a)^m$ successivement les nombres 1, 2, 3 et 4; nous aurons par la multiplication

$$(x + a)^1 = x + a,$$
$$(x + a)^2 = x^2 + 2ax + a^2,$$
$$(x + a)^3 = x^3 + 3ax^2 + 3a^2x + a^3,$$
$$(x + a)^4 = x^4 + 4ax^3 + 6a^2x^2 + 4a^3x + a^4.$$

Ces résultats pourraient faire découvrir la loi des exposants de x, celle des exposants de a, et combien le développement de la puissance doit avoir de termes; mais il serait impossible d'y soupçonner même la loi beaucoup plus compliquée des coefficients de tous les termes. Cette difficulté vient de la réduction des termes semblables : or, c'est pour éviter l'inconvénient attaché à cette réduction, que l'on cherche d'abord le développement du produit de plusieurs facteurs binômes, tels que

$$x + a, \quad x + b, \quad x + c, \quad x + d.$$

Avec l'attention d'ordonner les termes par rapport à x, on aura successivement, pour le produit de deux facteurs $(x + a)(x + b)$,

$$\begin{array}{l} x + a \\ x + b \\ \hline x^2 + ax + ab \\ \quad + bx; \end{array}$$

pour le produit de trois facteurs $(x + a), (x + b), (x + c)$,

$$\begin{array}{l} x^3 + ax^2 + abx + abc \\ \quad + bx^2 + acx \\ \quad + cx^2 + bcx; \end{array}$$

pour le produit des quatre facteurs $(x + a)$, $(x + b)$, $(x + c)$, $(x + d)$,

$$
\begin{aligned}
x^4 &+ ax^3 + abx^2 + abcx + abcd \\
&+ bx^3 + acx^2 + abdx \\
&+ cx^3 + adx^2 + acdx \\
&+ dx^3 + bcx^2 + bcdx \\
&\qquad\quad + bdx^2 \\
&\qquad\quad + cdx^2.
\end{aligned}
$$

Ces produits peuvent se mettre sous la forme

$$
x^4 + (a + b + c + d)x^3 + (ab + ac + ad + bc + bd + cd)x^2 \\
+ (abc + abd + adc + bcd)x + abcd.
$$

On remarque :

1°. Que les exposants de x vont en diminuant d'une unité d'un terme au suivant, à commencer du premier, où l'exposant de x est égal au nombre des facteurs du produit ;

2°. Que le coefficient du premier terme est 1 ; celui du second, la somme des seconds termes des facteurs ; celui du troisième terme, la somme des produits de ces mêmes facteurs multipliés deux à deux ; celui du quatrième terme, la somme des produits des mêmes seconds termes multipliés trois à trois ; enfin, que le coefficient du dernier terme est le produit des mêmes seconds termes multipliés tous ensemble

Pour nous assurer si cette loi de composition est générale, supposons qu'elle soit déjà reconnue vraie pour le produit d'un nombre m de binômes, et voyons si elle a lieu lorsqu'on introduit un nouveau facteur dans le produit.

Soit donc

$$
x^m + A x^{m-1} + B x^{m-2} + C x^{m-3} + M x^{m-n+1} + N x^{m-n} + U,
$$

le produit de m facteurs binômes ($N x^{m-n}$ représente un terme qui en a n avant lui, et $M x^{m-n+1}$ celui qui le précède immédiatement).

Soit $x + K$ le nouveau facteur introduit, on a pour le produit ordonné

$$
x^{n+1} + \begin{vmatrix} A \\ + K \end{vmatrix} x^m + \begin{vmatrix} B \\ + AK \end{vmatrix} x^{m-1} + \begin{vmatrix} C \\ + BK \end{vmatrix} x^{m-2} + \ldots + \begin{vmatrix} N \\ + MK \end{vmatrix} x^{m-n+1} + UK.
$$

La loi des exposants est évidemment la même.

Quant aux coefficients :

1°. Celui du premier terme est l'unité ;

2°. $A + K$, ou le coefficient de x^m, est aussi la somme des seconds termes des $m + 1$ binômes ;

3°. B est, par hypothèse, égal à la somme des produits différents deux à deux des seconds termes des m premiers binômes ; AK exprime la somme des produits de chacun des seconds termes des m premiers binômes multipliée par le nouveau second terme K ; donc B + AK est encore la somme des produits différents deux à deux des seconds termes des $m + 1$ binômes.

En général, puisque N exprime la somme des produits n à n des seconds termes des m premiers binômes, et que MK représente la somme des produits $n - 1$ à $n - 1$ de ces seconds termes multipliés par le nouveau second terme K, il s'ensuit que N + MK ou le coefficient qui, dans le polynôme de degré $m+1$, en a n avant lui, est égal à la somme des produits différents n à n des seconds termes des $m+1$ binômes. Le dernier terme UK est d'ailleurs égal au produit des $m+1$ seconds termes.

Ainsi la loi de composition, supposée vraie pour le produit d'un nombre m de binômes, l'est aussi pour un nombre $m+1$; donc elle est générale.

Si dans les facteurs $x+a$, $x+b$, $x+c$, $x+d$, on fait

$$a = b = c = d,$$

les produits de ces facteurs deviendront des puissances du binôme $x+a$; alors l'exposant de la puissance étant toujours représenté par m, les exposants de x seront m dans le premier terme, $m-1$ dans le second, $m-2$ dans le troisième, ..., 1 dans l'avant-dernier. Le coefficient de x^m sera toujours 1; celui de x^{m-1}, ou du second terme, sera a pris une fois; celui de x^{m-2}, ou du troisième terme, sera a^2 pris autant de fois qu'on peut faire de produits différents avec m facteurs multipliés deux à deux; celui de x^{m-3}, ou du quatrième terme, sera a^3 pris autant de fois qu'on peut former de produits différents avec m facteurs multipliés trois à trois; et ainsi de suite jusqu'au dernier terme, qui sera a^m.

D'après la théorie des combinaisons, m facteurs multipliés n à n donnent

$$\frac{m\,(m-1)\,(m-2)\ldots(m-n+1)}{1 \times 2 \times 3 \times \ldots \times n}.$$

Mettant pour n successivement 1, 2, 3, 4, ..., n, on aura

$$\frac{m}{1}$$ pour coefficient numérique du second terme,

$$\frac{m\,(m-1)}{1 \times 2}$$ pour celui du troisième,

$$\frac{m\,(m-1)\,(m-2)}{1 \times 2 \times 3}$$ pour celui du quatrième,

et généralement,

$$\frac{m\,(m-1)\,(m-2)\ldots(m-n+1)}{1 \times 2 \times 3 \times \ldots \times n}$$

pour celui du terme dont le rang est $n+1$.

La formule cherchée est donc définitivement

$$(x+a)^m = x^m + \frac{m}{1}\,ax^{m-1} + \frac{m\,(m-1)}{1 \times 2}\,a^2\,x^{m-2}$$

$$+ \frac{m\,(m-1)\,(m-2)}{1 \times 2 \times 3}\,a^3\,x^{m-3} + \ldots$$

$$+ \frac{m\,(m-1)\,(m-2)\ldots(m-n+1)}{1 \times 2 \times 3 \times \ldots \times n}\,a^n\,x^{m-n}.$$

La loi des termes est si évidente, qu'on peut écrire immédiatement un terme de tel rang qu'on voudra.

Il est clair que chaque coefficient a pour dénominateur la suite $1 \times 2 \times 3$, etc., jusqu'au nombre qui marque combien il y a de termes qui précèdent, et pour numérateur les facteurs décroissants $m(m-1)(m-2)\ldots$, jusqu'à celui où m est diminué d'autant d'unités moins une, qu'il y en a dans le dernier facteur du dénominateur. Il est clair aussi que l'exposant de a est toujours égal au nombre des termes qui précèdent, et celui de x égal à m diminué de ce même nombre, de telle sorte que la somme des exposants de x et de a reste constamment égale à m.

En conséquence, si l'on désigne par T_n un terme quelconque dont le rang est n, on aura pour le terme T_{n+1} qui occupe le rang $n+1$ ou qui en a n avant lui,

$$T_{n+1} = \frac{m(m-1)(m-2)\ldots(m-n+1)}{1 \times 2 \times 3 \times \ldots \times n} a^n x^{m-n}.$$

Cette expression est le terme général de la formule. On l'appelle ainsi, parce que, en y supposant successivement $a = 1, 2, 3$, etc., on peut en déduire tous les termes de cette formule à partir du second. Par exemple, pour avoir le sixième terme, on y ferait $n = 5$, et il viendrait

$$T_6 = \frac{m(m-1)(m-2)(m-3)(m-4)}{1 \times 2 \times 3 \times 4 \times 5} a^5 x^{m-5}.$$

Si l'on voulait avoir le dernier terme, il faudrait observer que la formule a en tout $m+1$ termes, et que, par suite, il faut supposer $n = m$. Alors, il vient

$$T_{m+1} = \frac{m(m-1)(m-2)\ldots 1}{1 \times 2 \times 3 \times \ldots \times m} a^m x^0.$$

Or le numérateur renferme, dans un ordre inverse, les mêmes facteurs que le dénominateur, et x^0 est la même chose que l'unité; donc cette expression se réduit à a^m, ainsi que cela doit être.

Si l'on prenait pour n un nombre entier $> m$, il y aurait un facteur $m - m$ ou zéro parmi ceux du terme général, ce qui avertirait que tous les termes sont nuls au delà du rang $m+1$, c'est-à-dire que la formule du binôme n'a pas plus de $m+1$ termes.

Pour peu que l'on jette les yeux sur les différents termes de ce développement, on reconnaît une loi simple, d'après laquelle on passe d'un terme au suivant de cette manière. Multiplier le coefficient du premier par l'exposant de x dans ce terme, et diviser par le rang de ce même terme, ce sera le coefficient du suivant. L'exposant de a y sera ce même diviseur, et celui de x y sera m diminué de ce diviseur.

En effet, le premier terme étant x^m, le second sera

$$\frac{m}{1} a^1 x^{m-1} \quad \text{ou simplement} \quad max^{m-1};$$

ce second terme étant connu, le troisième sera

$$\frac{m}{1} \times \frac{m-1}{2} a^2 x^{m-2} \quad \text{ou} \quad \frac{m(m-1)}{1 \times 2} a^2 x^{m-2};$$

ce troisième terme étant connu, on en déduira le quatrième qui sera

$$\frac{m}{1} \times \frac{m-1}{2} \times \frac{m-2}{3} \, a^3 \, x^{m-3},$$

ou bien

$$\frac{m(m-1)(m-2)}{1 \times 2 \times 3} \, a^3 \, x^{m-3}.$$

En général, le terme du rang $n+1$ étant exprimé par

$$\frac{m(m-1)(m-2)\ldots(m-n+2)(m-n+1)}{1 \times 2 \times 3 \times \ldots \times (n-1) \times n} \, a^n \, x^{m-n},$$

celui du $n^{ième}$ rang sera

$$\frac{m(m-1)(m-2)\ldots(m-n+2)}{1 \times 2 \times 3 \times \ldots \times (n-1)} \, a^{n-1} \, x^{m-n+1},$$

expressions qui font voir que le coefficient du terme du rang $n+1$ est égal à celui du terme du rang n multiplié par $m-n+1$ et divisé par n; mais le multiplicateur $m-n+1$ est l'exposant de x dans le terme du $n^{ième}$ rang, et le diviseur n marque ce rang; ainsi, la règle est générale.

Applications.

Soit proposé de développer la dixième puissance de $x+a$. Ici, $m = 10$; il y aura onze termes dont

le premier sera x^{10},

le deuxième $10\,ax^9$,

le troisième $\dfrac{10}{1} \times \dfrac{9}{2} \, a^2 x^8 = 45\,a^2 x^8,$

le quatrième $\dfrac{10}{1} \times \dfrac{9}{2} \times \dfrac{8}{3} \, a^3 x^7 = 120\,a^3\,x^7,$

le cinquième $\dfrac{10}{1} \times \dfrac{9}{2} \times \dfrac{8}{3} \times \dfrac{7}{4} \, a^4 x^6 = 210\,a^4 x^6,$

le sixième $\dfrac{10}{1} \times \dfrac{9}{2} \times \dfrac{8}{3} \times \dfrac{7}{4} \times \dfrac{6}{5} \, a^5 x^5 = 252\,a^5 x^5,$

le septième $\dfrac{10}{1} \times \dfrac{9}{2} \times \dfrac{8}{3} \times \dfrac{7}{4} \times \dfrac{6}{5} \times \dfrac{5}{6} \, a^6 x^4 = 210\,a^6 x^4,$

le huitième $\dfrac{10}{1} \times \dfrac{9}{2} \times \dfrac{8}{3} \times \dfrac{7}{4} \times \dfrac{6}{5} \times \dfrac{5}{6} \times \dfrac{4}{7} \, a^7 x^3 = 120\,a^7\,x^3,$

le neuvième $\dfrac{10}{1} \times \dfrac{9}{2} \times \dfrac{8}{3} \times \dfrac{7}{4} \times \dfrac{6}{5} \times \dfrac{5}{6} \times \dfrac{4}{7} \times \dfrac{3}{8} \, a^8 x^2 = 45\,a^8 x^2,$

le dixième $\dfrac{10}{1} \times \dfrac{9}{2} \times \dfrac{8}{3} \times \dfrac{7}{4} \times \dfrac{6}{5} \times \dfrac{5}{6} \times \dfrac{4}{7} \times \dfrac{3}{8} \times \dfrac{2}{9} \, a^9 x = 10\,a^9 x,$

enfin, le onzième $\dfrac{10}{1} \times \dfrac{9}{2} \times \dfrac{8}{3} \times \dfrac{7}{4} \times \dfrac{6}{5} \times \dfrac{5}{6} \times \dfrac{4}{7} \times \dfrac{3}{8} \times \dfrac{2}{9} \times \dfrac{1}{10} \, a^{10} = a^{10},$

et, par suite, l'on aura

$$(x+a)^{10} = x^{10} + 10\,ax^9 + 45\,a^2 x^8 + 120\,a^3 x^7 + 210\,a^4 x^6$$
$$+ 252\,a^5 x^5 + 210\,a^6 x^4 + 120\,a^7 x^3 + 45\,a^8 x^2 + 10\,a^9 x + a^{10}.$$

Soit encore proposé de développer $(x + a)^6$. On trouvera, d'après cette loi,

$$(x + a)^6 = x^6 + 6ax^5 + 15 a^2 x^4 + 20 a^3 x^3 + 15 a^4 x^2 + 6 a^5 x + a^6.$$

Conséquences de la formule du binôme et de la théorie des combinaisons.

Corollaire I. — Dans le développement de toute puissance d'un binôme, les coefficients à égale distance des deux extrêmes sont égaux entre eux.

L'expression $(x + a)^m$ étant composée de la même manière en a et en x, la même chose doit avoir lieu pour son développement ; donc si ce développement renferme un terme de la forme $\mathrm{K}\, a^n x^{m-n}$, il doit en avoir un autre égal à $\mathrm{K}\, x^n a^{m-n}$ ou $\mathrm{K}\, a^{m-n} x^n$. Les deux termes y sont évidemment à égale distance des deux extrêmes ; car le nombre des termes qui précèdent un terme quelconque étant marqué par l'exposant de a dans ce terme, il s'ensuit que le terme $\mathrm{K}\, a^n x^{m-n}$ en a n avant lui, que le terme $\mathrm{K}\, a^{m-n} x^n$ en a $m - n$ avant lui, et, par conséquent, n après lui (puisque le nombre total des termes est $m + 1$). Donc, etc.

Remarque. — Si, comme dans l'exemple précédent, l'exposant de la puissance est pair, et, par conséquent, si le nombre des termes du développement est impair, il y a un coefficient qui n'est pas répété, c'est celui du terme également éloigné des extrêmes, et dans lequel a et x ont le même exposant, et cet exposant est la moitié de celui de la puissance. Cette remarque sera évidente, si l'on fait attention que le développement de $(a + x)^m$, qui doit être identique avec celui de $(x + a)^m$, se déduira de ce dernier, en y mettant a à la place de x et x à celle de a.

Corollaire II. — La somme des coefficients des différents termes de la formule du binôme est égale à une puissance de 2 d'un degré marqué par m. En effet, si dans la formule générale

$$(x + a)^m = x^m + max^{m-1} + \frac{m\,(m-1)}{1 \times 2} a^2 x^{m-2} + \dots,$$

on suppose $x = 1$, $a = 1$, elle devient

$$(1+1)^m \quad \text{ou} \quad 2^m = 1 + m + m\,\frac{(m-1)}{2} + m\,\frac{(m-1)\,(m-2)}{2 \times 3} + \dots.$$

Ainsi, dans la formule particulière

$$(x + a)^5 = x^5 + 5ax^4 + 10 a^2 x^3 + 10 a^3 x^2 + 5 a^4 x + a^5,$$

la somme $1 + 5 + 10 + 10 + 5 + 1$ des coefficients est égale à 2^5 ou 32.

Corollaire III. — Si l'on a une suite de nombres décroissants d'une unité d'un terme à l'autre, dont le premier soit m et le dernier $m - p$ (m et p sont des nombres entiers), que l'on fasse un seul produit de tous ces nombres, ce produit est divisible par le produit de tous les nombres entiers, depuis 1 jusqu'à $p + 1$, c'est-à-dire que l'on a

$$\frac{m\,(m-1)\,(m-2)\,(m-3)\dots(m-p)}{1 \times 2 \times 3 \times 4 \times \dots \times (p+1)},$$

égal à un nombre entier; en effet, cette expression représente le nombre des combinaisons différentes $p + 1$ à $p + 1$ qu'on peut former avec m lettres. Or ce nombre de combinaisons doit être par sa nature un nombre entier; donc l'expression ci-dessus est nécessairement un nombre entier.

COROLLAIRE IV. — La formule générale pourra encore servir à développer $(x + a + b)^m$; en effet, on pourra faire $a + b = c$ et l'on développera $x + c$; ensuite on mettra $a + b$ à sa place. Soit, par exemple, $m = 4$, on aura, en ordonnant les termes par rapport à x,

$$(x + a + b)^4 = (x + c)^4 = x^4 + 4cx^3 + 6c^2x^2 + 4c^3x + c^4.$$

Puis, en mettant $a + b$ à la place de c,

$$(x + a + b)^4 = x^4 + 4(a + b)x^3 + 6(a + b)^2x^2 + 4(a + b)^3x$$
$$+ (a + b)^4 = x^4 + 4(a + b)x^3 + 6(a^2 + 2ab + b^2)x^2$$
$$+ 4(a^3 + 3a^2b + 3ab^2 + b^3)x + a^4 + 4a^3b + 6a^2b^2 + 4ab^3 + b^4.$$

COROLLAIRE V. — Si l'on avait à développer $(x - a)^m$ au lieu de $(x + a)^m$, il suffirait de changer le signe du second terme, celui du quatrième, celui du sixième, et en général celui de chaque terme de rang pair; parce que l'exposant de a est impair dans chacun de ces termes, et que toute puissance impaire d'une quantité négative est elle-même négative, on a, en général,

$$(-a)^{2k+1} = -a^{2k+1};$$

$2k + 1$, où k est entier, désigne généralement un nombre impair, ainsi

$$(3a - 5b)^4 = 81a^4 - 540a^3b + 1350a^2b^2 - 1500ab^3 + 625b^4.$$

Calcul des radicaux.

Lorsque la quantité monôme ou polynôme, dont on demande une racine d'un certain degré, n'est pas une puissance parfaite, on ne peut qu'indiquer l'opération, en faisant précéder la quantité proposée du signe $\sqrt{}$ et plaçant en dedans de ce signe le nombre qui marque le degré de la racine à extraire. Ce nombre s'appelle l'*indice du radical*.

Souvent on peut faire subir à l'expression radicale quelques simplifications fondées sur ce principe, que la racine $n^{ième}$ d'un produit est égale au produit des racines $n^{ièmes}$ des différents facteurs.

En termes algébriques,

$$\sqrt[n]{abcd\ldots} = \sqrt[n]{a} \times \sqrt[n]{b} \times \sqrt[n]{c} \times \sqrt[n]{d}\ldots.$$

En effet, élevons chacune de ces deux expressions à la $n^{ième}$ puissance, on trouve, pour la première,

$$(\sqrt[n]{abcd})^n = abcd,$$

et, pour la seconde,

$$(\sqrt[n]{a} \times \sqrt[n]{b} \times \sqrt[n]{c} + \sqrt[n]{d})^n = (\sqrt[n]{a})^n \times (\sqrt[n]{b})^n \times (\sqrt[n]{c})^n \times (\sqrt[n]{d})^n = abcd.$$

Donc, puisque les $n^{ièmes}$ puissances de ces expressions sont égales, les expressions doivent l'être elles-mêmes.

Cela posé, soit l'expression $\sqrt[3]{54\, a^4\, b^3\, c^2}$ qui ne peut être remplacée par un monôme rationnel, puisque 54 n'est pas un cube parfait, et

que d'ailleurs les exposants de a et c ne sont pas divisibles par 3 ;
on a

$$\sqrt{54\ a^4\ b^3\ c^2} = \sqrt[3]{27 \times 2 \times a^3 \times a \times b^3 \times c^2} = 3\ ab\ \sqrt[3]{2\ ac^2},$$

de même

$$\sqrt[3]{8\ a^2} = 2\ \sqrt[3]{a^2} ;$$

de même encore

$$\sqrt[4]{48\,a^5\,b^8\,c^2} = \sqrt[4]{16 \times 3 \times a^4 \times a \times b^8 \times c^2} = 2\ ab^2\ \sqrt[4]{3\ ac^2}.$$

Dans les expressions $3\ ab\ \sqrt[3]{2\ ac^2}$, $2\ \sqrt[3]{a^2}$, $2\ ab^2\sqrt[4]{3\ ac^2}$, les quantités qui sont en avant du radical en signe de multiplication, sont appelées les *coefficients du radical*.

Principe. — Lorsque l'indice d'un radical est multiple d'un certain nombre n et que la quantité sous le signe radical est une puissance $n^{ième}$ exacte, on peut, sans changer la valeur du radical, diviser son indice par n et extraire la racine $n^{ième}$ de la quantité sous le signe ; ainsi on aura $\sqrt[6]{4\ a^2} = \sqrt[3]{\sqrt[2]{4\ a^2}}$: mais la quantité soumise au radical $\sqrt[2]{\ }$ est un carré parfait ; si l'on effectue cette extraction de racine carrée, on aura

$$\sqrt[6]{4\ a^2} = \sqrt[3]{2\ a} ;$$

de même

$$\sqrt[4]{36\ a^2\ b^2} = \sqrt[2]{\sqrt[2]{36\ a^2\ b^2}} = \sqrt{6\ ab}.$$

En général,

$$\sqrt[mn]{a^n} = \sqrt[m]{\sqrt[n]{a^n}} = \sqrt[m]{a}.$$

Réciproquement, on peut multiplier l'indice d'un radical par un certain nombre, pourvu que l'on élève la quantité sous le signe à une puissance d'un degré marqué par ce nombre.

Ainsi,

$$\sqrt[m]{a} = \sqrt[mn]{a^n}.$$

En effet, a est la même chose que $\sqrt[n]{a^n}$, donc

$$\sqrt[m]{a} = \sqrt[m]{\sqrt[n]{a^n}} = \sqrt[mn]{a^n}.$$

Ce dernier principe sert à ramener deux ou plusieurs radicaux à avoir le même indice, ce qui est souvent utile.

Soient, par exemple, les deux radicaux $\sqrt[3]{2\ a}$ et $\sqrt[4]{a+b}$ que l'on veut réduire au même indice ; on multipliera l'indice du premier par 4, indice du second, en ayant soin d'élever en même temps la quantité $2\ a$ à la quatrième puissance ; ensuite on multipliera l'indice du second par 3, indice du premier, en ayant soin d'élever en même temps la quantité $a+b$ au cube : de cette manière, on ne changera pas les valeurs des deux radicaux, et il viendra par ces opérations,

$$\sqrt[3]{2\ a} = \sqrt[12]{2^4\ a^4} = \sqrt[12]{16\ a^4} ; \quad \sqrt[4]{a+b} = \sqrt[12]{(a+b)^3}.$$

On peut, de ce qui précède, conclure la règle générale suivante :

Pour réduire deux ou plusieurs radicaux au même indice, multipliez l'indice de chaque radical par le produit de tous les autres indices, et élevez la quantité sous le signe à une puissance d'un degré marqué par ce produit.

Cette règle, qui a beaucoup d'analogie avec la réduction des fractions au même dénominateur, est susceptible des mêmes modifications.

Addition et soustraction des radicaux. — Deux radicaux sont dits semblables, lorsqu'ils ont le même indice, et que la quantité sous le signe est aussi la même.

Cela posé, pour ajouter ou pour soustraire deux radicaux semblables, il faut ajouter ou soustraire leurs coefficients et placer la somme ou la différence, comme coefficient, en avant du radical commun.

Ainsi,

$$3\sqrt[3]{b} + 2\sqrt[3]{b} = 5\sqrt[3]{b}; \quad 3\sqrt[3]{b} - 2\sqrt[3]{b} = \sqrt[3]{b};$$
$$3a\sqrt[4]{b} \pm 2c\sqrt[4]{b} = (3a \pm 2c)\sqrt[4]{b}.$$

Multiplication et division des radicaux. — Considérons d'abord le cas où les radicaux ont le même indice. Soit $\sqrt[n]{a}$ à multiplier ou à diviser par $\sqrt[n]{b}$; je dis que l'on a

$$\sqrt[n]{a} \times \sqrt[n]{b} = \sqrt[n]{ab} \quad \text{et} \quad \sqrt[n]{a} : \sqrt[n]{b} = \sqrt[n]{\frac{a}{b}}.$$

En effet, si l'on élève $\sqrt[n]{a} \times \sqrt[n]{b}$ et $\sqrt[n]{ab}$ à la $n^{ième}$ puissance, on trouve également pour résultat ab ; donc ces deux expressions sont égales.

De même, $\dfrac{\sqrt[n]{a}}{\sqrt[n]{b}}$ et $\sqrt[n]{\dfrac{a}{b}}$, élevées à la $n^{ième}$ puissance, donnent $\dfrac{a}{b}$;

ainsi ces deux expressions sont égales, d'où l'on conclut la règle générale suivante :

Pour multiplier ou diviser l'un par l'autre deux radicaux de même indice, il faut multiplier ou diviser l'une par l'autre les deux quantités sous le signe, et affecter le résultat du signe radical commun. S'il y a des cofficients, on commence par les multiplier ou les diviser séparément.

Ainsi,

$$2a\sqrt[3]{\frac{a^2+b^2}{c}} \times -3a\sqrt[3]{\frac{(a^2+b^2)^2}{d}} = -6a^2\sqrt[3]{\frac{(a^2+b^2)^3}{cd}}$$

ou, simplifiant,

$$= -\frac{6a^2(a^2+b^2)}{\sqrt[3]{cd}};$$

de même,

$$\frac{\sqrt[3]{a^2b^2+b^4}}{\sqrt[3]{\dfrac{a^2-b^2}{8b}}} = \sqrt[3]{\frac{8b(a^2b^2+b^4)}{a^2-b^2}} = 2b\sqrt[3]{\frac{a^2+b^2}{a^2-b^2}}.$$

Si les radicaux n'ont pas le même indice, il faut les y réduire, et opérer comme il vient d'être dit.

Formation des puissances et extraction des racines. — Par la règle de la multiplication, il est clair qu'en prenant n facteurs égaux à $\sqrt[m]{a}$, .

on a

$$\left(\sqrt[m]{a}\right)^n = \sqrt[m]{a} \times \sqrt[m]{a} \times \sqrt[m]{a}\ldots = \sqrt[m]{aaa\ldots} = \sqrt[m]{a^n};$$

donc, pour élever une quantité radicale à une puissance donnée, il faut élever la quantité sous le signe à cette puissance, et affecter le résultat du signe radical avec son indice primitif; s'il y a un coefficient, on élève séparément ce coefficient à la puissance donnée.

Exemple. — Soit $\left(3\sqrt[3]{2\,a}\right)^5$, on aura

$$\left(3\sqrt[3]{2\,a}\right)^5 = 3^5 \times \sqrt[3]{(2\,a)^5} = 243\sqrt[3]{32\,a^5} = 486\,a\sqrt[3]{4\,a^2}.$$

On élève encore un radical à une puissance en divisant, quand cela est possible, l'indice du radical par l'exposant de la puissance; ainsi

$$\left(\sqrt[nn]{a}\right)^n = \sqrt[m]{a}.$$

En effet, $\sqrt[mn]{a}$ est une quantité mn fois facteur dans a; on peut donc partager a en m groupes, chacun composé de n facteurs égaux à $\sqrt[mn]{a}$. Or chaque groupe équivaut à $\left(\sqrt[mn]{a}\right)^n$; donc cette dernière quantité est m fois facteur dans a; donc enfin

$$\left(\sqrt[mn]{a}\right)^n = \sqrt[m]{a}.$$

Pour extraire une racine d'un radical, il n'y a qu'à renverser les règles ci-dessus, et l'on trouvera

$$\sqrt[n]{\sqrt[m]{a^n}} = \sqrt[m]{a},$$

car, en élevant $\sqrt[m]{a}$ à la puissance n, on retrouve $\sqrt[m]{a^n}$. Donc on extrait la racine d'un radical en extrayant celle de la quantité qui est sous le radical.

Lors même que la quantité sous le radical n'est pas une puissance de même ordre que la racine à extraire, on peut encore appliquer cette règle, mais alors la racine à extraire ne sera qu'indiquée. Par exemple, on écrira

$$\sqrt[3]{\sqrt[5]{a^2}} = \sqrt[5]{\sqrt[3]{a^2}}.$$

En second lieu, puisqu'on a

$$\left(\sqrt[mn]{a}\right)^n = \sqrt[m]{a},$$

on doit avoir aussi

$$\sqrt[n]{\sqrt[m]{a}} = \sqrt[mn]{a}.$$

Donc on peut extraire une racine d'un radical en multipliant l'indice du radical par le degré de la racine à extraire.

Principe. — La valeur d'un radical ne change pas si l'on multiplie son indice par un nombre, et qu'en même temps on élève à la puissance marquée par ce nombre la quantité placée sous le radical. En effet, on élève un radical à une puissance, en élevant à cette puissance la quantité placée sous le radical; et, d'un autre côté, on extrait une racine d'un radical en multipliant l'indice du radical par celui de la racine qu'on veut extraire.

Cette remarque fait voir qu'on peut ramener plusieurs radicaux à un indice commun, par les mêmes règles qui servent à réduire les fractions au même dénominateur.

Calcul des exposants fractionnaires et des exposants négatifs.

L'exposant fractionnaire a été introduit dans les calculs pour indiquer l'extraction des racines. Ainsi, que l'on ait à extraire la racine $n^{ième}$ d'une quantité telle que a^m, si m est multiple de n, il faut diviser l'exposant m par l'indice n de la racine. Mais si m n'est pas divisible par n, auquel cas l'extraction de la racine n'est pas possible algébriquement, on peut convenir d'indiquer cette opération en indiquant la division des deux exposants. Donc

$$\sqrt[n]{a^m} = a^{\frac{m}{n}}.$$

Ces deux expressions indiquent également la racine $n^{ième}$ de a^m.

Il en résulte que la $n^{ième}$ puissance de chacune des quantités $\sqrt[n]{a^m}$ et $a^{\frac{m}{n}}$ est a^m.

Par exemple, 7 n'étant pas divisible par 4, la racine quatrième de a^7 n'est pas exacte; mais, en indiquant la division de 7 par 4, l'exposant de a dans la racine cherchée devient un nombre fractionnaire $\frac{7}{4}$;

de sorte que $\sqrt[4]{a^7}$ et $a^{\frac{7}{4}}$ indiquent également la racine quatrième de a^7.

De même, que l'on ait à diviser a^m par a^n, on sait qu'il faut retrancher l'exposant du diviseur de celui du dividende, toutes les fois que l'on a $m > n$, ce qui donne

$$\frac{a^m}{a^n} = a^{m-n};$$

mais si $m < n$, auquel cas la division n'est pas possible, on peut convenir d'indiquer cette division en soustrayant toujours l'exposant du diviseur de celui du dividende, et en lui donnant le signe —. Soit p la différence absolue entre n et m, on a alors

$$n = m + p;$$

d'où

$$\frac{a^m}{a^{m+p}} = a^{-p}.$$

D'ailleurs $\frac{a^m}{a^{m+p}}$ se réduit à $\frac{1}{a^p}$ en supprimant le facteur a^m commun aux deux termes; d'où l'on aura

$$a^{-p} = \frac{1}{a^p}.$$

L'expression a^{-p} est donc le symbole d'une division qui n'a pu s'effectuer, et sa vraie valeur est le quotient de l'unité divisée par la même lettre a affectée de l'exposant p pris positivement. Ainsi

$$a^{-3} = \frac{1}{a^3}, \quad a^{-5} = \frac{1}{a^5}.$$

La notation de l'exposant négatif a l'avantage de conserver une forme entière aux expressions fractionnaires.

De la combinaison d'une extraction de racine et d'une division impossibles de quantités monômes résulte une autre notation, c'est l'exposant fractionnaire négatif.

Soit à extraire la racine $n^{ième}$ de $\dfrac{1}{a^m}$: d'abord on a

$$\frac{1}{a^m} = a^{-m} ;$$

donc

$$\sqrt[n]{\frac{1}{a^m}} = \sqrt[n]{a^{-m}} = a^{-\frac{m}{n}},$$

en remplaçant le signe ordinaire du radical par un exposant fractionnaire.

Les expressions $a^{\frac{m}{n}}$, a^{-p}, $a^{-\frac{m}{n}}$ sont donc des notations équivalentes à $\sqrt[n]{a^m}$, $\dfrac{1}{a^p}$, $\sqrt[n]{\dfrac{1}{a^m}}$. Ainsi l'on peut, suivant le cas, remplacer les premières par celles-ci, et réciproquement.

L'emploi des exposants fractionnaires étant très-commode dans les calculs, nous allons démontrer que les règles relatives aux exposants entiers conviennent aux exposants fractionnaires.

Soit $a^{\frac{3}{5}}$ à multiplier par $a^{\frac{2}{3}}$; je dis qu'il suffit d'ajouter les deux exposants et que l'on a

$$a^{\frac{3}{5}} \times a^{\frac{2}{3}} = a^{\frac{3}{5}+\frac{2}{3}} = a^{\frac{19}{15}},$$

En effet,

$$a^{\frac{3}{5}} = \sqrt[5]{a^3}, \quad a^{\frac{2}{3}} = \sqrt[3]{a^2} ;$$

donc

$$a^{\frac{3}{5}} \times a^{\frac{2}{3}} = \sqrt[5]{a^3} \times \sqrt[3]{a^2},$$

ou bien, effectuant la multiplication,

$$a^{\frac{3}{5}} \times a^{\frac{2}{3}} = \sqrt[15]{a^{19}} = a^{\frac{19}{15}}.$$

Soit encore à multiplier $a^{-\frac{3}{4}} \times a^{\frac{5}{6}}$; je dis que l'on a

$$a^{-\frac{3}{4}} \times a^{\frac{5}{6}} = a^{-\frac{3}{4}+\frac{5}{6}} = a^{-\frac{9}{12}+\frac{10}{12}} = a^{\frac{1}{12}}.$$

En effet,

$$a^{-\frac{3}{4}} = \sqrt[4]{\frac{1}{a^3}}, \quad a^{\frac{5}{6}} = \sqrt[6]{a^5} ;$$

donc

$$a^{-\frac{3}{4}} \times a^{\frac{5}{6}} = \sqrt[4]{\frac{1}{a^3}} \times \sqrt[6]{a^5} = \sqrt[12]{\frac{1}{a^9}} \times \sqrt[12]{a^{10}} = \sqrt[12]{\frac{a^{10}}{a^9}} = \sqrt[12]{a} = a^{\frac{1}{12}}.$$

Soit plus généralement $a^{-\frac{m}{n}} \times a^{\frac{p}{q}}$; on a

$$a^{-\frac{m}{n}} \times a^{\frac{p}{q}} = a^{-\frac{m}{n}+\frac{p}{q}} = a^{\frac{np-mq}{nq}},$$

car

$$a^{-\frac{m}{n}} = \sqrt[n]{\frac{1}{a^m}}, \quad a^{\frac{p}{q}} = \sqrt[q]{a^p} ;$$

donc

$$a^{-\frac{m}{n}} = \sqrt[n]{\frac{1}{a^m}} \times \sqrt[q]{a^p} = \sqrt[nq]{\frac{a^{np}}{a^{mq}}} = \sqrt[nq]{a^{np-mq}} = a^{\frac{np-mq}{np}}.$$

Donc, règle générale, pour multiplier deux monômes affectés d'exposants quelconques, il faut ajouter les deux exposants d'une même lettre; c'est la règle déjà établie pour les quantités affectées d'exposants entiers et positifs.

On démontrerait de même que pour diviser deux quantités monômes affectées d'exposants quelconques, l'une par l'autre, il faut pour chaque lettre retrancher l'exposant du diviseur de celui du dividende, comme cela a été démontré pour les quantités affectées d'exposants entiers et positifs.

Formation des puissances. — Pour élever un monôme affecté d'exposants quelconques à la $n^{ième}$ puissance, il faut multiplier l'exposant de chaque lettre par l'exposant m de la puissance; car élever ce monôme à la $m^{ième}$ puissance, c'est former le produit de m facteurs égaux à ce monôme: donc, d'après la règle de la multiplication, il faut faire la somme des m exposants égaux à celui de chaque lettre, ou multiplier chacun des exposants par m.

Ainsi, soit

$$\left(a^{\frac{3}{4}}\right)^5 = a^{\frac{15}{4}}, \quad \left(a^{\frac{2}{3}}\right)^3 = a^{\frac{6}{3}} = a^2,$$
$$\left(2a^{-\frac{1}{2}}b^{\frac{3}{4}}\right)^6 = 64\,a^{-3}\,b^{\frac{9}{2}}, \quad \left(a^{-\frac{5}{6}}\right)^{12} = a^{-10}.$$

Extraction des racines. — Pour extraire la racine $n^{ième}$ d'un monôme, il faut diviser l'exposant de chaque lettre par l'indice n de la racine. En effet, l'exposant de chaque lettre dans le résultat doit être tel, que, multiplié par l'indice de la racine à extraire, il reproduise l'exposant dont la lettre est affectée dans le monôme proposé; donc les exposants, dans le résultat, doivent être respectivement égaux aux quotients de la division des exposants dans le monôme proposé par l'indice n de la racine.

Ainsi,

$$\sqrt[3]{a^{\frac{2}{3}}} = a^{\frac{2}{9}}, \quad \sqrt[4]{a^{\frac{8}{11}}} = a^{\frac{8}{44}} = a^{\frac{2}{11}}, \quad \sqrt[2]{a^{-\frac{3}{4}}} = a^{-\frac{3}{8}}.$$

L'avantage que présente l'emploi des exposants de nature quelconque, consiste principalement en ce que le calcul de ces sortes d'expressions n'exige pas d'autres règles que celles qui ont été établies pour le calcul des quantités affectées d'exposants entiers.

Démonstration du binôme de Newton dans le cas d'un exposant quelconque.

Puisque l'on doit étendre au calcul des exposants quelconques les règles du calcul des exposants entiers et positifs, il est assez naturel de penser que la formule du binôme, qui sert à développer la $m^{ième}$ puissance d'un binôme, m étant un exposant entier et positif, peut également servir lorsque m est un exposant quelconque, d'où l'on déduit des conséquences importantes pour l'extraction des racines par approximation.

Remarquons d'abord que le binôme $x + a$ peut être mis sous la forme $x\left(1+\dfrac{a}{x}\right)$, d'où il résulte

$$(x+a)^m = x^m\left(1+\dfrac{a}{x}\right)^m = x^m(1+z)^m,$$

en faisant $\dfrac{a}{x}=z$.

Si donc l'exactitude de la formule

$$(1+z)^m = 1+mz+\frac{m\times(m-1)}{1\times2}z^2+\frac{m(m-1)(m-2)}{1\times2\times3}z^3+\dots$$

peut être constatée, quel que soit m, comme en y remplaçant z par $\dfrac{a}{x}$ et multipliant par x^m, on obtient

$$(x+a)^m = x^m\left[1+m\frac{a}{x}+\frac{m(m-1)}{1\times2}\frac{a^2}{x^2}+\dots\right],$$

ou bien, effectuant les calculs,

$$(x+a)^m = x^m+max^{m-1}+\frac{m(m-1)}{1\times2}a^2x^{m-2}+\dots,$$

on pourra regarder cette dernière formule comme démontrée généralement.

Cela posé, lorsque m est entier, il est reconnu que l'on a

$$(1+z)^m = 1+mz+\frac{m(m-1)}{1\times2}z^2+\frac{m(m-1)(m-2)}{1\times2\times3}z^3+\dots;$$

mais m étant un nombre fractionnaire positif $\dfrac{p}{q}$, on ignore de quelle expression algébrique provient le développement

$$1+mz+\frac{m(m-1)}{1\times2}z^2+\frac{m(m-1)(m-2)}{1\times2\times3}z^3+\dots.$$

Désignons cette expression inconnue par y; on a l'équation

$$(1)\quad y = 1+mz+\frac{m(m-1)}{1\times2}z^2+\frac{m(m-1)(m-2)}{1\times2\times3}z^3+\dots.$$

Soit m' un autre exposant fractionnaire positif; on aura de même

$$(2)\quad y' = 1+m'z+\frac{m'(m'-1)}{1\times2}z^2+\frac{m'(m'-1)(m'-2)}{1\times2\times3}z^3+\dots.$$

Multiplions ces deux égalités membre à membre, on aura yy' pour le premier membre. Quant au second, il serait très-difficile d'en obtenir la véritable forme, d'après la règle ordinaire de la multiplication des polynômes, si l'on n'observait que la forme d'un produit ne dépend aucunement des valeurs particulières des lettres qui entrent dans les deux facteurs de la multiplication; par conséquent le produit ci-dessus doit avoir la même forme que dans le cas où m et m' sont des nombres entiers et positifs. Or on sait que dans ce cas on a

$$1+mz+\frac{m(m-1)}{1\times2}z^2\dots = (1+z)^m,$$

$$1+m'z+\frac{m'(m'-1)}{1\times2}z^2\dots = (1+z)^{m'};$$

d'où

$$\left[1 + mz + \frac{m(m-1)}{1 \times 2} z^2 + \dots \right] \left[1 + m'z + \frac{m'(m'-1)}{1 \times 2} z^2 + \dots \right]$$

$$= (1+z)^{m+m'} = 1 + (m+m')z + \frac{(m+m')(m+m'-1)}{1 \times 2} z^2 \dots ;$$

donc cette forme que l'on vient d'obtenir convient également au cas où m et m' sont quelconques, et l'on a alors

$$(3) \quad yy' = 1 + (m+m')z + \frac{(m+m')(m+m'-1)}{1 \times 2} z^2 + \dots.$$

Soit m'' un troisième exposant fractionnaire positif, et posons

$$y'' = 1 + m''z + \frac{m''(m''-1)}{1 \times 2} z^2 + \dots.$$

Multipliant cette équation par la précédente, on trouve de même

$$yy'y'' = 1 + (m+m'+m'')z \frac{(m+m'+m'')(m+m'+m''-1)}{1 \times 2} z^2 \dots$$

En général, soit $m = \dfrac{p}{q}$, et considérons un nombre q d'exposants $m, m', m'', m''',$ etc., de même espèce; on a, en faisant pour plus de simplicité $r = m + m' + m'' + m''',$

$$(4) \quad yy'y''y''' = 1 + rz + \frac{r(r-1)}{1 \times 2} z^2 + \frac{r(r-1)(r-2)}{1 \times 2 \times 3} z^3 \dots.$$

Supposons actuellement $m = m' = m'' = m''',$ d'où $r = mq$; l'équation (4) devient

$$y^q = 1 + mqz + \frac{mq(mq-1)}{1 \times 2} z^2 + \frac{mq(mq-1)(mq-2)}{1 \times 2 \times 3} z^3 \dots.$$

Or, par hypothèse, $m = \dfrac{p}{q}$, d'où $mq = p$; donc

$$y^q = 1 + pz + \frac{p(p-1)}{1 \times 2} z^2 + \frac{p(p-1)(p-2)}{1 \times 2 \times 3} z^3 + \dots.$$

Mais p est un nombre entier; ainsi le second membre de cette équation est le développement de $(1+z)^p$, ce qui donne la relation

$$y^q = (1+z)^p, \quad \text{d'où} \quad y = (1+z)^{\frac{p}{q}} = (1+z)^m;$$

donc enfin

$$(1+z)^m = 1 + mz + \frac{m(m-1)}{1 \times 2} z^2 + \frac{m(m-1)(m-2)}{1 \times 2 \times 3} z^3 + \dots,$$

m étant un nombre fractionnaire positif quelconque.

Pour démontrer cette formule, dans le cas où m est négatif entier ou fractionnaire, il suffit de poser dans l'équation (3) obtenue au moyen des équations (1) et (2) $m' = -m$, ce qui, à cause de la relation $m + m' = 0$, réduit l'équation (3) à $yy' = 1$; d'où l'on tire

$$y = \frac{1}{y'}.$$

ALGÈBRE.

Mais puisque, par hypothèse, m est négatif, m' ou $-m$ est nécessairement positif, et l'on a

$$y' = (1+z)^{m'}, \quad \text{d'où} \quad y = \frac{1}{(1+z)^{m'}} = (1+z)^{-m'} = (1+z)^{m},$$

et, par conséquent,

$$(1+z)^{m} = 1 + mz + \frac{m(m-1)}{1\times 2}z^2 + \frac{m(m-1)(m-2)}{1\times 2\times 3}z^3 + \ldots$$

Application de la formule du binôme à l'extraction des racines.

Le procédé à suivre pour extraire la racine $m^{\text{ième}}$ d'un nombre entier quelconque, se déduit de la composition des deux premiers termes $pm + mp^{m-1}\times q$ du développement de la $m^{\text{ième}}$ puissance de $p+q$.

Soit proposé d'extraire la racine cinquième d'un nombre entier.

On observe d'abord que la cinquième puissance de 10 étant 100 000, les racines cinquièmes des nombres moindres que 100 000 sont moindres que 10.

Les cinquièmes puissances des nombres

$$1, \quad 2, \quad 3, \quad 4, \quad 5, \quad 6, \quad 7, \quad 8, \quad 9,$$

sont

$$1, \quad 32, \quad 243, \quad 1\,024, \quad 3\,125, \quad 7\,776, \quad 16\,807, \quad 32\,768, \quad 59\,049.$$

On en déduit les plus petites valeurs entières approchées des racines cinquièmes des nombres moindres que 100 000.

Par exemple, 64 étant plus grand que 32 et moindre que 243, c'est-à-dire tombant entre 2^5 et 3^5, la plus petite valeur approchée de $\sqrt[5]{64}$ est 2.

Pour extraire la racine cinquième d'un nombre entier α plus grand que 100 000, on désigne le nombre des dizaines de la racine par a et le chiffre des unités par b; la racine demandée est $10\,a+b$, et la formule

$$(p+q)^5 = p^5 + 5p^4 q + \ldots$$

donne

$$\alpha = (10\,a+b)^5 = 100000\,a^5 + 5\,a^4\,b \times 10000 + \ldots$$
$$= a^5 \text{ centaines de mille} + 5\,a^4\,b \text{ dizaines de mille} + \ldots$$

La cinquième puissance de a dizaines de la racine se trouvant dans les centaines de mille de α, si l'on représente le nombre de ces centaines de mille par δ, je dis que la plus petite valeur entière approchée γ de $\sqrt[5]{\delta}$ exprime les dizaines de $\sqrt[5]{\alpha}$; car α étant compris entre γ^5 et $(\gamma+1)^5$ centaines de mille, on a

$$\alpha > \gamma^5 \times 10^5, \quad \alpha < (\gamma+1)^5 \times 10^5,$$

d'où

$$\sqrt[5]{\alpha} > \gamma \times 10, \quad \sqrt[5]{\alpha} < (\gamma+1) \times 10.$$

La racine cinquième de α tombant entre γ et $\gamma+1$ dizaines, contient γ dizaines; de sorte que $\gamma = a$.

La question est ainsi réduite à déterminer la racine cinquième d'un nombre δ, qui contient cinq chiffres de moins que α. Raisonnant d'une manière semblable sur δ, on est conduit à diviser le nombre donné α, en tranches de cinq chiffres à partir de la droite; la dernière tranche peut renfermer moins de cinq chiffres, elle contient la cinquième puissance du premier chiffre à gauche de la racine; la Table des cinquièmes puissances des nombres 1, 2, 3, 4, 5, etc., donne ce premier chiffre, et ensuite chacune des autres tranches fournit un chiffre de la racine demandée.

Exemple. — Calculer la racine cinquième de 6436343.

On divise ce nombre en tranches de cinq chiffres à partir de la droite; le nombre 2 des tranches indique que la racine a deux chiffres.

La première tranche à gauche, 64, tombant entre 32 et 243, c'est-à-dire entre 2^5 et 3^5, le chiffre a des dizaines de la racine cherchée est 2.

Cela est d'ailleurs évident, car 6436343 tombant entre 2^5 et 3^5 centaines de mille, c'est-à-dire entre $2^5 \times 10^5$ et $3^5 \times 10^5$, la racine cinquième de 6436343 est comprise entre 2×10 et 3×10, c'est-à-dire entre 2 et 3 dizaines.

Retranchant 2^5 de 6436343, le reste est 3236343; on a

$$3236343 = (10\,a + b)^5 - a^5 \text{ centaines de mille}$$
$$= 5\,a^4 b \text{ dizaines de mille} + \ldots.$$

Le terme $5\,a^4 b$ ne peut donc faire partie que des 323 dizaines de mille du reste 3236343.

Or, 323 contient $5\,a^4 b$, plus le nombre des dizaines de mille qui peut se trouver dans la somme des autres parties de $(10\,a + b)^5$ et $5\,a^4 = 5 \times 2^4 = 80$; divisant donc 323 par 80, les quatre unités du quotient exprimeront le chiffre b des unités de la racine ou un chiffre trop grand. La cinquième puissance de 24 étant plus grande que 6436343, le chiffre 4 est trop fort. Diminuant ce chiffre d'une unité et retranchant 23^5 de 6436343, le reste zéro fait voir que la racine demandée est 23.

Par un raisonnement semblable on verra comment on peut extraire les racines de tous les degrés des nombres entiers.

Application de la formule du binôme à l'extraction des racines par approximation.

Prenons la formule

$$(x + a)^m = x^m \left[1 + m\,\frac{a}{x} + \frac{m\,(m - 1)}{1 \times 2}\,\frac{a^2}{x^2} + \frac{m\,(m - 1)(m - 2)}{1 \times 2 \times 3}\,\frac{a^3}{x^3} + \ldots \right];$$

posons $m = \dfrac{1}{n}$, il vient

$$(x + a)^{\frac{1}{n}} \quad \text{ou} \quad \sqrt[n]{(x + a)}$$

$$= x^{\frac{1}{n}} \left[1 + \frac{1}{n}\,\frac{a}{x} + \frac{\frac{1}{n}\left(\frac{1}{n} - 1\right)}{1 \times 2}\,\frac{a^2}{x^2} + \frac{\frac{1}{n}\left(\frac{1}{n} - 1\right)\left(\frac{1}{n} - 2\right)}{1 \times 2 \times 3}\,\frac{a^3}{x^3} \ldots \right],$$

ou réduisant,

$$\sqrt[n]{x+a} = x^{\frac{1}{n}}\left(1 + \frac{1}{n}\times\frac{a}{x} - \frac{1}{n}\times\frac{n-1}{2n}\times\frac{a^2}{x^2} + \frac{1}{n}\times\frac{n-1}{2n}\times\frac{2n-1}{3n}\times\frac{a^3}{x^3} + \dots\right).$$

Cela posé, soit à extraire la racine cubique de 31. Le plus grand cube contenu dans 31 étant 27, faisons dans la formule ci-dessus $n = 3$, $x = 27$ et $a = 4$, ce qui donne

$$\sqrt[3]{31} = \sqrt[3]{27+4} = 27^{\frac{1}{3}}\left(1 + \frac{4}{27}\right)^{\frac{1}{3}},$$

il vient

$$\sqrt[3]{31} = 3\left(1 + \frac{1}{3}\times\frac{4}{27} - \frac{1}{3}\times\frac{1}{3}\times\frac{16}{729} + \frac{1}{3}\times\frac{1}{3}\times\frac{5}{9}\times\frac{64}{19683} - \dots\right),$$

ou bien, en effectuant les calculs,

$$\sqrt[3]{31} = 3 + \frac{4}{27} - \frac{16}{2187} + \frac{320}{531441} - \dots .$$

Le terme suivant s'obtiendrait en multipliant $\dfrac{320}{531441}$ par

$$\frac{3n-1}{4n}\times\frac{a}{x} \quad \text{ou} \quad \frac{2}{3}\times\frac{4}{27}$$

et changeant le signe, ce qui donnerait $-\dfrac{2560}{43046721}$.

On trouverait de même, pour le terme qui suit ce dernier,

$$+\frac{2560}{43046721}\times\frac{4n-1}{5n}\times\frac{a}{x} = \frac{2560}{43046721}\times\frac{11}{15}\times\frac{4}{27} = \frac{112640}{17433922005};$$

et ainsi de suite.

Mais ne considérons que les cinq premiers termes de la série et réduisons en décimales, nous obtenons d'abord pour les termes additifs

$$\left.\begin{array}{l} 3 = 3,00000 \\ \dfrac{4}{27} = 0,14815 \\ \dfrac{320}{531441} = 0,00060 \end{array}\right\} 3,14875.$$

et, pour la somme des termes soustractifs,

$$\left.\begin{array}{l} -\ \dfrac{16}{2187}\ = -0,00731 \\ -\ \dfrac{2560}{43046721} = -0,00006 \end{array}\right\} = -0,00737,$$

donc

$$\sqrt[3]{31} = 3,14138.$$

Ce résultat est exact à $0,00001$ près.

Extraction des racines des nombres décimaux et des fractions.

Le produit de plusieurs nombres décimaux contenant autant de décimales qu'il y en a dans tous ses facteurs, la $m^{ième}$ puissance d'un nombre N qui renferme n décimales, contient $m \times n$ décimales.

Par conséquent, pour trouver la racine $m^{ième}$ d'un nombre décimal, à moins d'une unité décimale du $n^{ième}$ ordre, on doit préparer ce nombre de manière qu'il renferme $m \times n$ décimales; on calcule la plus petite valeur entière approchée de la racine $n^{ième}$ du nombre entier qui résulte de la suppression de la virgule dans ce nombre ainsi préparé, et l'on sépare n décimales sur la droite de cette valeur approchée.

Soit proposé d'extraire la racine cinquième de 0,0007015833247 à moins d'un centième d'unité, c'est-à-dire avec deux décimales. Il suffit de conserver 2 fois 5 ou 10 décimales, ce qui donne 0,0007015833. Supprimant la virgule, on cherche la plus petite valeur entière approchée de $\sqrt[5]{7015833}$ qui est 23. La racine cherchée est donc 0,23. On peut s'assurer que 0,007015833247 tombe entre les cinquièmes puissances de 0,23 et 0,24.

La racine $m^{ième}$ d'une fraction peut s'obtenir en extrayant séparément la racine $m^{ième}$ du numérateur et du dénominateur.

Par exemple,

$$\sqrt[5]{\frac{32}{243}} = \frac{\sqrt[5]{32}}{\sqrt[5]{243}} = \frac{2}{3}.$$

Lorsque la racine $m^{ième}$ du dénominateur n'est pas exacte, on réduit le calcul à extraire une seule racine au moyen de la formule

$$\sqrt[m]{\frac{a}{b}} = \sqrt[m]{\frac{ab^{m-1}}{b^m}} = \frac{\sqrt[m]{ab^{m-1}}}{\sqrt[m]{b^m}} = \frac{\sqrt[m]{ab^{m-1}}}{b}.$$

Si δ désigne la racine $m^{ième}$ de ab^{m-1} à moins d'une unité, la valeur de $\sqrt[m]{\frac{a}{b}}$ sera comprise entre $\frac{\delta}{b}$ et $\frac{\delta + 1}{b}$; de sorte que chacune des fractions $\frac{\delta}{b}$, $\frac{\delta + 1}{b}$ exprimera la racine $m^{ième}$ de $\frac{a}{b}$ à moins de $\frac{1}{b}$ d'unité.

Soit proposé d'extraire la racine cinquième de $\frac{401}{3}$.

La formule donne

$$\sqrt[5]{\frac{401}{3}} = \sqrt[5]{\frac{401 \times 3^4}{3^5}} = \frac{\sqrt[5]{32481}}{3}.$$

Le nombre 32481 tombant entre 16807 et 32768, c'est-à-dire entre 7^5 et 8^5, la racine cherchée est $\frac{7}{3}$ à moins de $\frac{1}{3}$ d'unité.

Pour évaluer en décimales la racine $m^{ième}$ d'une fraction $\frac{a}{b}$, on prend la racine $m^{ième}$ du quotient de a par b, en ayant soin de calculer m fois plus de décimales au quotient qu'on ne veut en obtenir à la racine.

Exemple. — Déterminer la racine cinquième de $\dfrac{11113}{11}$ à moins de

$\dfrac{1}{100}$ d'unité, c'est-à-dire avec deux décimales.

On cherche d'abord le quotient de 11113 par 11 avec 5 fois 2 ou 10 décimales, ce qui donne 1010,2727272727. On calcule la plus petite valeur entière approchée de $\sqrt[5]{10102727272727}$, qui est 398. Séparant deux décimales, la racine demandée est 3,98.

Pour trouver la racine $m^{ième}$ d'un nombre $\dfrac{a}{b}$ à moins de $\dfrac{\alpha}{\beta}$ d'unité, on pose

$$\sqrt[m]{\dfrac{a}{b}} = \dfrac{\alpha}{\beta} x, \quad \text{d'où} \quad x = \sqrt[m]{\dfrac{a\beta^m}{b\alpha^m}}.$$

On cherche la plus petite valeur entière approchée N du quotient de $a\beta^m$ par $b\alpha^m$, et on calcule la plus petite valeur entière approchée n de $\sqrt[m]{N}$, la racine demandée est $\dfrac{\alpha n}{\beta}$; car, d'après les calculs indiqués, on a

$$x > n, \quad x < n + 1; \quad \text{donc} \quad \dfrac{\alpha}{\beta} x > \dfrac{\alpha n}{\beta}, \quad \dfrac{\alpha}{\beta} x < \dfrac{\alpha\,(n+1)}{\beta}.$$

Or

$$\sqrt[m]{\dfrac{a}{b}} = \dfrac{\alpha}{\beta} x, \quad \text{donc} \quad \sqrt[m]{\dfrac{a}{b}} > \dfrac{\alpha n}{\beta}, \quad \sqrt[m]{\dfrac{a}{b}} < \dfrac{\alpha n}{\beta} + \dfrac{\alpha}{\beta}.$$

$\sqrt[m]{\dfrac{a}{b}}$ est donc comprise entre $\dfrac{\alpha n}{\beta}$ et $\dfrac{\alpha n}{\beta} + \dfrac{\alpha}{\beta}$.

DES PROGRESSIONS.

La théorie des progressions et des logarithmes, telle que nous l'avons donnée dans notre *Cours de Mathématiques élémentaires*, était suffisante pour le but que nous nous étions proposé ; mais nous devons dans ce second volume lui donner plus de développement, afin de compléter les connaissances algébriques absolument indispensables pour l'étude de l'application de l'algèbre à la géométrie.

On distingue ordinairement deux sortes de progressions : celles qu'on nomme arithmétiques ou par différence, et celles qu'on appelle géométriques ou par quotient. Dans la première, la différence, et dans la seconde, le quotient de deux termes consécutifs sont des quantités constantes.

De la progression arithmétique.

D'après la définition précédente, les nombres naturels 0, 1, 2, 3, 4, 5, 6, 7, etc., forment une progression arithmétique dont la différence est 1. La notation, pour l'indiquer, est celle-ci :

$$\div 0.1.2.3.4.\ldots$$

On aurait pareillement une progression arithmétique si l'on écrivait les mêmes nombres dans un ordre renversé :

$$\div 5.4.3.2.1.0.$$

La première progression est dite croissante, et la seconde décroissante.

Problème général. — Désignons le premier terme d'une progression arithmétique par a, la différence par d, le nombre des termes par n, le dernier terme par u et la somme par s. Trouver deux de ces cinq quantités lorsqu'on connaît les trois autres.

Solution. — On a généralement

$$u = a + d(n-1) \quad \text{et} \quad s = \frac{(a+u)\,n}{2}.$$

En effet, soit une progression arithmétique croissante

$$\div a . a + d . a + 2\,d . a + 3\,d \ldots u.$$

Il est évident que le coefficient de d, dans un terme quelconque, est toujours plus petit d'une unité que le rang de ce terme; donc ce coefficient est $n-1$ dans le $n^{ième}$; donc ce $n^{ième}$ terme ou

$$u = a + d(n-1).$$

Pour démontrer l'équation $s = \dfrac{(a+u)\,n}{2}$, nous procéderons comme il suit :

Écrivant la progression donnée

$$\div a . a + d . a + 2\,d . a + 3\,d \ldots a + d(n-2) . a + d(n-1);$$

puis écrivant terme à terme la progresion renversée

$$\div a + d(n-1) . a + d(n-2) . a + 3\,d . a + 2\,d \ldots a + d . a ;$$

faisant la somme de ces deux progressions

$$\div 2\,a + d(n-1) . 2\,a + d(n-1) . 2\,a + d(n-1) . 2\,a$$
$$+ d(n-1) . 2\,a + d(n-1) . 2\,a + d(n-1),$$

ou

$$\div a + u . a + u . a + u . a + u,$$

donc

$$2\,s = (a+u)\,n, \quad \text{et enfin} \quad s = \frac{(a+u)\,n}{2}.$$

On voit, en effet, que l'on a ajouté ensemble, terme à terme, les deux premières progressions pour former la troisième. Tous les termes de cette dernière se trouvent nécessairement égaux entre eux, parce que la différence d est additive dans la première et soustractive dans la deuxième. Chaque terme de la troisième étant exprimé par $a + u$, la somme de tous les termes le sera par $(a+u)\,n$; mais cette somme est évidemment double de celle des termes de la première progression. Donc $s = \dfrac{(a+u)\,n}{2}$, en désignant par s la somme des termes de la première progression. Les deux équations fondamentales

$$u = a + d(n-1) \quad \text{et} \quad s = \frac{(a+u)\,n}{2}$$

se traduisent ainsi dans le langage ordinaire : le dernier terme d'une progression arithmétique croissante est égal au premier terme, plus la différence multipliée par le nombre des termes moins un, et la somme des termes est égale à la moitié du produit de la somme des extrêmes, multipliée par le nombre des termes.

Les deux équations primitives $u = a + d(n-1)$ et $s = \dfrac{(a+u)n}{2}$

ayant trois quantités communes, a, u et n, on peut en tirer trois autres équations en éliminant successivement a, u et n. Ces équations dérivées sont

$$2s = 2un - du(n-1),$$
$$2s = 2an + du(n-1),$$
$$2ds = u^2 - a^2 + ad + ud.$$

Ainsi, on aura cinq équations entre les cinq quantités a, d, n, u, s combinées quatre à quatre.

Si l'on résout chaque équation par rapport à chacune des quatre quantités qui y sont employées, il en résultera vingt formules qui résoudront le problème proposé :

CONNAISSANT	TROUVER	FORMULES.
n, d, u,	a	$a = u - d(n-1)$.
n, u, s,	a	$a = \dfrac{2s - un}{n}$.
n, d, s,	a	$a = \dfrac{2s - dn(n-1)}{2n}$.
u, d, s,	a	$a = \dfrac{d \pm \sqrt{(2u+d)^2 - 8ds}}{2}$.
a, d, n,	u	$u = a + d(n-1)$
a, n, s,	u	$u = \dfrac{2s - an}{n}$.
d, n, s,	u	$u = \dfrac{2s + dn(n-1)}{2n}$.
a, d, s,	u	$u = \dfrac{-d \pm \sqrt{(2a-d)^2 + 8ds}}{2}$.
a, u, d,	n	$n = 1 + \dfrac{u-a}{d}$.
a, u, s,	n	$n = \dfrac{2s}{a+u}$.
a, d, s,	n	$n = \dfrac{d - 2a \pm \sqrt{(2a-d)^2 + 8ds}}{2d}$.
u, d, s,	n	$n = \dfrac{2u + d \pm \sqrt{(2u+d)^2 - 8ds}}{2d}$.
a, u, n,	d	$d = \dfrac{u-a}{n-1}$.
a, u, s,	d	$d = \dfrac{u^2 - a^2}{2s - a - u}$.
a, n, s,	d	$d = \dfrac{2s - 2an}{n(n-1)}$.
u, n, s,	d	$d = \dfrac{2un - 2s}{n(n-1)}$.
a, u, n,	s	$s = \dfrac{(a+u)n}{2}$.
a, u, d,	s	$s = \dfrac{(a+u)(u-a+d)}{2d}$.
a, n, d,	s	$s = \dfrac{2an + dn(n-1)}{2}$.
u, n, d,	s	$s = \dfrac{2un - dn(n-1)}{2}$

Des progressions géométriques ou par quotient.

Dans cette espèce de progression, le quotient de deux termes consécutifs, divisés l'un par l'autre, est toujours le même. Ainsi la suite des nombres 1, 2, 4, 8, 16, où chaque terme est la moitié du suivant, et celle-ci, 15625, 3125, 625, 125, 25, 5 et 1, où chaque terme est le cinquième du précédent, forment deux progressions géométriques, la première croissante, et la seconde décroissante. On écrit

$$\div 1 : 2 : 4 : 8 : 16.$$

Problème général. — *Connaissant trois de ces cinq quantités, le plus petit terme a, le plus grand u, le nombre des termes n, la somme des termes s et le quotient q, trouver les deux autres.*

Solution. — Supposons la progression croissante et $q > 1$; nous aurons,

$$1°. \quad u = aq^{n-1} ; \qquad 2°. \quad s = \frac{uq - a}{q - 1}.$$

En effet, soit la progression croissante quelconque

$$\div a : aq : aq^2 : aq^3 : aq^4 : aq^5 : aq^6 : \dots u.$$

On voit évidemment que dans chaque terme l'exposant de q est plus petit d'une unité que le rang de ce terme; ainsi cet exposant doit être $n - 1$ dans le $n^{ième}$ terme, et par conséquent $u = aq^{n-1}$.

De l'équation

$$s = a + aq + aq^2 + aq^3 \dots + aq^{n-3} + aq^{n-2} + aq^{n-1} \quad \text{ou} \quad u$$

on tire d'abord

$$s - a = aq + aq^2 + aq^3 \dots + aq^{n-2} + aq^{n-1}$$
$$= q(a + aq + aq^2 \dots + aq^{n-2}) = q(s - u);$$

de l'équation

$$s - a = q(s - u)$$

on tire successivement

$$s - a = qs - uq, \quad \text{puis} \quad s - sq = a - uq,$$

et, en mettant s en facteur commun dans le premier membre,

$$s(1 - q) = a - uq,$$

d'où

$$s = \frac{a - uq}{1 - q}, \quad \text{ou plutôt} \quad s = \frac{uq - a}{q - 1},$$

parce qu'on a supposé $q > 1$.

Si l'on élimine successivement chacune des trois quantités a, u, q communes aux deux équations primitives

$$u = aq^{n-1} \quad \text{et} \quad s = \frac{uq - a}{q - 1},$$

on aura ces trois équations dérivées :

$$aq^n - a + s - sq = 0,$$
$$uq^n - u + sq^{n-1} - sq^n = 0,$$
$$u(s - u)^{n-1} - a(s - a)^{n-1} = 0.$$

On aura donc en tout cinq équations, renfermant chacune quatre des cinq quantités a, u, q, n et s. La résolution de ces cinq équations donnera vingt formules, et ces vingt formules résoudront le problème proposé. Voici ces formules en y employant, autant que possible, les logarithmes, dont nous parlerons après :

CONNAISSANT	TROUVER	FORMULES.
u, q, n,	a	$\begin{cases} a = \dfrac{u}{q^{n-1}}, \\ \log a = \log u - (n-1) \times \log q. \end{cases}$
u, q, s,	a	$\begin{cases} a = uq + s - sq, \\ \log(s-a) = \log q + \log(s-u). \end{cases}$
q, n, s,	a	$\begin{cases} a = \dfrac{s(q-1)}{q^{n-1}}, \\ \log a = \log s + \log(q-1) - \log\left(q^{n-1}\right). \end{cases}$
u, n, s,	a	$a(s-a)^{n-1} - u(s-u)^{n-1} = 0.$
a, q, n,	u	$\begin{cases} u = aq^{n-1}, \\ \log u = \log a + (n-1) \times \log q. \end{cases}$
a, q, s,	u	$\begin{cases} u = \dfrac{sq - s + a}{q}, \\ \log(s-u) = \log(s-a) - \log q. \end{cases}$
q, n, s,	u	$\begin{cases} u = \dfrac{sq^{n-1}(q-1)}{q^{n-1}}, \\ \log u = \log s + (n-1)\times \log q + \log(q-1) - \log(q^n - 1) \end{cases}$
a, n, s,	u	$u(s-u)^{n-1} - a(s-a)^{n-1} = 0.$
a, u, n	q	$\begin{cases} q = \sqrt[n-1]{\dfrac{u}{a}}, \\ \log q = \dfrac{\log u - \log a}{n-1}. \end{cases}$
a, u, s,	q	$\begin{cases} q = \dfrac{s-a}{s-u}, \\ \log q = \log(s-a) - \log(s-u) \end{cases}$
a, n, s,	q	$aq^n - sq + s - a = 0$
u, n, s,	q	$q^n = \dfrac{sq^{n-1}}{s-u} + \dfrac{u}{s-u} = 0.$
a, u, q,	n	$n = 1 + \dfrac{\log u - \log a}{\log q}.$
a, u, s,	n	$n = 1 + \dfrac{\log u - \log a}{\log(s-a) - \log(s-u)}$
a, q, s,	n	$n = \dfrac{\log(a + sq - s) - \log a}{\log q}.$
u, q, s,	n	$n = 1 + \dfrac{\log u - \log(s - sq + uq)}{\log q}.$
a, u, q,	s	$\begin{cases} s = \dfrac{uq - a}{q-1}, \\ \log s = \log(uq - a) - \log(q - 1) \end{cases}$

CONNAISSANT	TROUVER	FORMULES.
$a, u, n,$	s	$$s = \frac{u\sqrt[n-1]{u} - a\sqrt[n-1]{a}}{\sqrt[n-1]{u} - \sqrt[n-1]{a}};$$ On calculera séparément $$u\sqrt[n-1]{u}; \quad a\sqrt[n-1]{a}; \quad \sqrt[n-1]{u}; \quad \sqrt[n-1]{a},$$ par les formules particulières $$\log u\sqrt[n-1]{u} = \log u + \frac{\log u}{n-1},$$ $$\log a\sqrt[n-1]{a} = \log a + \frac{\log a}{n-1},$$ $$\log \sqrt[n-1]{u} = \frac{\log u}{n-1},$$ $$\log \sqrt[n-1]{a} = \frac{\log a}{n-1}.$$
$a, n, q,$	s	$$s = \frac{a(q^n - 1)}{q - 1};$$ $$\log s = \log a + \log(q^n - 1) - \log(q - 1).$$
$u, n, q,$	s	$$s = \frac{u(q^n - 1)}{q^{n-1}(q - 1)},$$ $$\log s = \log u + \log(q^n - 1) - \log(q - 1) - \log q^{n-1}.$$

Des progressions infinies par quotient.

Soit une progression décroissante
$$\div a : b : c : d : e : f \,..$$
d'un nombre infini de termes. Si l'on considère la formule
$$s = \frac{a - aq^n}{1 - q},$$
qui donne la somme d'un nombre n de termes, elle peut être mise sous la forme
$$s = \frac{a}{1 - q} - \frac{aq^n}{1 - q}.$$

Or, puisque la progression est décroissante, q est une fraction; q^n est aussi une fraction, qui sera d'autant plus petite que n sera plus grand.

Ainsi, plus on prendra de termes dans la progression, plus $\frac{a}{1-q} \times q^n$ diminuera; plus, par conséquent, la somme partielle de ces termes approchera de devenir égale à la première partie de s, c'est-à-dire à $\frac{a}{1-q}$. Enfin, si l'on prend pour n un nombre plus grand qu'aucune grandeur donnée, ou si l'on suppose $n = \infty$, $\frac{a}{1-q} \times q^n$ sera moindre qu'aucune grandeur donnée ou deviendra égale à zéro, et l'expression $\frac{a}{1-q}$ représentera la valeur de toute la série.

D'où l'on peut conclure que la somme des termes d'une progression décroissante à l'infini a pour expression

$$s = \frac{a}{1-q}.$$

C'est, à proprement parler, la limite vers laquelle tendent sans cesse toutes les sommes partielles que l'on obtient en prenant un nombre de plus en plus grand dans la progression. La différence entre ces sommes et $\frac{a}{1-q}$ peut devenir aussi petite que l'on veut, et ne devient tout à fait nulle que lorsque l'on prend un nombre infini de termes.

Applications. — Soit la progression décroissante à l'infini

$$\div 1 : \frac{1}{3} : \frac{1}{9} : \frac{1}{27} : \frac{1}{81};$$

on a, pour l'expression de la somme des termes,

$$s = \frac{a}{1-q} = \frac{1}{1-\frac{1}{3}} = \frac{3}{2}.$$

L'erreur que l'on commet en prenant cette expression pour la valeur de la somme des n premiers termes, est marquée par

$$\frac{a}{1-q} q^n = \frac{3}{2}\left(\frac{1}{3}\right)^n.$$

Soit d'abord $n = 5$, il vient

$$\frac{3}{2}\left(\frac{1}{3}\right)^5 = \frac{1}{2 \times 3^4} = \frac{1}{162}.$$

Pour $n = 6$ on trouve

$$\frac{3}{2}\left(\frac{1}{3}\right)^6 = \frac{1}{162} \times \frac{1}{3} = \frac{1}{486};$$

d'où l'on voit que l'erreur commise lorsqu'on prend $\frac{3}{2}$ pour la somme d'un certain nombre de termes, est d'autant plus petite que ce nombre est plus grand.

Lorsque la série est croissante, l'expression

$$s = \frac{a}{1-q}$$

ne peut plus être regardée comme une limite des sommes partielles; car la somme d'un nombre déterminé de termes étant

$$s = \frac{a}{1-q} - \frac{aq^n}{1-q},$$

la seconde partie $\frac{aq^n}{1-q}$ augmente de plus en plus numériquement à mesure que n augmente; c'est-à-dire qu'au contraire, plus on prend de termes, plus l'expression de la somme de ces termes diffère numériquement de $\frac{a}{1-q}$.

La formule

$$s = \frac{a}{1-q}$$

est seulement, dans ce cas, l'expression algébrique qui, par son développement, donne lieu à la série $a + aq + aq^2 + aq^3 + \ldots$.

Il se présente ici une circonstance fort singulière au premier abord.

Puisque $\frac{a}{1-q}$ est la fraction génératrice de la série dont nous venons de parler, on doit avoir

$$\frac{a}{1-q} = a + aq + aq^2 + aq^3 + \ldots.$$

Or, en faisant dans cette égalité

$$a = 1, \quad q = 2,$$

on trouve

$$\frac{1}{1-2} \quad \text{ou} \quad -1 = 1 + 2 + 4 + 8 + 16 + 32 + \ldots,$$

équation dont le premier membre est négatif, tandis que le second semble positif, et d'autant plus grand que q est lui-même plus grand.

Pour interpréter ce résultat, observons que, lorsque dans l'équation

$$\frac{a}{1-q} = a + aq + aq^2 + \ldots$$

on arrête la série à un certain terme, il faut, pour que l'égalité subsiste, compléter le quotient. Ainsi, en s'arrêtant, par exemple, au quatrième terme aq^3,

Premier reste. $+ aq$
Deuxième reste. $+ aq^2$
Troisième reste. $+ aq^3$
Quatrième reste. $+ aq^4$

$$\frac{a \mid 1-q}{a + aq + aq^2 + aq^3 + \frac{aq^4}{1-q}}.$$

On doit ajouter au quotient obtenu l'expression fractionnaire $\frac{aq^4}{1-q}$, ce qui donne rigoureusement

$$\frac{a}{1-q} = a + aq + aq^2 + aq^3 + \frac{aq^4}{1-q}.$$

Si maintenant on fait, dans cette équation exacte,

$$a = 1, \quad q = 2,$$

il vient

$$-1 = 1 + 2 + 4 + 8 + \frac{16}{-1} = 1 + 2 + 4 + 8 - 16,$$

égalité qui se vérifie d'elle-même.

En général, lorsqu'une expression en x, que l'on désigne par $F(x)$ et que l'on nomme fonction de x, est développée en une série de la forme

$$a + bx + cx^2 + dx^3 + \ldots,$$

on n'a rigoureusement

$$F(x) = a + bx + cx^2 + dx^3 + \dots$$

qu'autant que l'on conçoit, en s'arrêtant à un certain terme dans le second membre, la série complétée par une certaine expression en x.

THÉORIE DE QUANTITÉS EXPONENTIELLES ET DES LOGARITHMES.

Résolution de l'équation $a^x = b$. — On appelle ces sortes d'équations *équations exponentielles*, pour les distinguer de celles que nous avons considérées jusqu'à présent, et dans lesquelles l'inconnue est élevée à des puissances marquées par des nombres connus.

La question consiste à trouver l'exposant de la puissance à laquelle il faut élever un nombre donné a pour produire un autre nombre donné b.

Soit, par exemple, à résoudre l'équation $2^x = 64$. En élevant 2 à ses différentes puissances, il est facile de reconnaître que $2^6 = 64$; donc $x = 6$ satisfait à l'équation.

Soit encore l'équation $3^x = 243$; on a pour solution $x = 5$. En un mot, tant que le nombre b sera une puissance parfaite du nombre donné a, x sera un nombre entier que l'on obtiendra par l'élévation de a à ses puissances successives, à partir du degré 0.

Soit maintenant à résoudre l'équation $2^x = 6$. En faisant $x = 2$ et $x = 3$, on trouve $2^2 = 4$ et $2^3 = 8$; d'où l'on voit que x a une valeur comprise entre 2 et 3.

Posons donc

$$x = 2 + \frac{1}{x'} \quad (x' \text{ est } > 1).$$

On a, en substituant cette valeur dans la proposée,

$$2^{2 + \frac{1}{x'}} = 6, \quad \text{ou} \quad 2^2 \times 2^{\frac{1}{x'}} = 6;$$

donc

$$2^{\frac{1}{x'}} = \frac{3}{2},$$

ou, élevant les deux membres à la puissance x',

$$\left(\frac{3}{2}\right)^{x'} = 2.$$

Pour déterminer x', faisons successivement $x' = 1$, $x' = 2$; on trouve

$$\left(\frac{3}{2}\right)^1 = \frac{3}{2}, \text{ nombre plus petit que 2,}$$

et

$$\left(\frac{3}{2}\right)^2 = \frac{9}{4}, \text{ nombre plus grand que 2:}$$

ainsi x' est compris entre 1 et 2.

Posons donc

$$x' = 1 + \frac{1}{x''} \quad (x'' \text{ est aussi } > 1).$$

On obtient, en substituant dans l'équation exponentielle en x',

$$\left(\frac{3}{2}\right)^{1+\frac{1}{x''}} = 2 \quad \text{ou} \quad \frac{3}{2} \times \left(\frac{3}{2}\right)^{\frac{1}{x''}} = 2,$$

ou réduisant,

$$\left(\frac{4}{3}\right)^{x''} = \frac{3}{2}.$$

Les deux hypothèses $x'' = 1$ et $x'' = 2$ donnent

$$\left(\frac{4}{3}\right)^{1} = \frac{4}{3}, \text{ nombre plus petit que } \frac{3}{2},$$

et

$$\left(\frac{4}{3}\right)^{2} = \frac{16}{9} = 1 + \frac{7}{9}, \text{ nombre plus grand que } \frac{3}{2};$$

ainsi x'' est compris entre 1 et 2.

Soit donc

$$x'' = 1 + \frac{1}{x'''},$$

il en résulte

$$\left(\frac{4}{3}\right)^{1+\frac{1}{x'''}} = \frac{3}{2} \quad \text{ou} \quad \frac{4}{3} \times \left(\frac{4}{3}\right)^{\frac{1}{x'''}} = \frac{3}{2};$$

d'où, réduisant,

$$\left(\frac{9}{8}\right)^{x'''} = \frac{4}{3}.$$

Si l'on fait successivement $x''' = 1, 2, 3$, on trouve pour les deux dernières hypothèses

$$\left(\frac{9}{8}\right)^{2} = \frac{81}{64} = 1 + \frac{17}{64}, \text{ nombre} < 1 + \frac{1}{3},$$

et

$$\left(\frac{9}{8}\right)^{3} = \frac{729}{512} = 1 + \frac{217}{512}, \text{ nombre} > 1 + \frac{1}{3};$$

ainsi x''' est compris entre 2 et 3.

Soit

$$x''' = 2 + \frac{1}{x^{\text{IV}}};$$

l'équation en x''' devient

$$\left(\frac{9}{8}\right)^{2+\frac{1}{x^{\text{IV}}}} = \frac{4}{3} \quad \text{ou} \quad \frac{81}{64} \times \left(\frac{9}{8}\right)^{\frac{1}{x^{\text{IV}}}} = \frac{4}{3},$$

et, par conséquent,

$$\left(\frac{256}{243}\right)^{x^{\text{IV}}} = \frac{9}{8}.$$

En opérant sur cette équation exponentielle comme sur les précédentes, on trouverait deux nombres entiers k et $k+1$ entre lesquels

x^{iv} serait compris. Posant

$$x^{\text{iv}} = k + \frac{1}{x^{\text{v}}},$$

on déterminerait x^{v} comme on a déterminé x^{iv}; et ainsi de suite.

Rapprochons maintenant les équations

$$x = 2 + \frac{1}{x'}, \quad x' = 1 + \frac{1}{x''}, \quad x'' = 1 + \frac{1}{x'''}, \quad x''' = 2 + \frac{1}{x^{\text{iv}}} \cdots$$

Nous obtenons la valeur de x sous la forme d'une fraction continue

$$x = 2 + \cfrac{1}{1 + \cfrac{1}{1 + \cfrac{1}{2 + \cfrac{1}{x^{\text{iv}}}}}}.$$

Or nous avons vu que dans une fraction continue, plus on prend de fractions intégrantes, plus on approche de la valeur du nombre réduit en fraction continue; ainsi, l'on pourra, par ce moyen, trouver la valeur de x propre à vérifier l'équation $2^x = 6$, sinon exactement, du moins avec tel degré d'approximation que l'on voudra.

Ainsi, en formant les quatre premières réduites d'après la loi établie, on trouve

$$\frac{2}{1}, \quad \frac{3}{1}, \quad \frac{5}{2}, \quad \frac{13}{5},$$

et la réduite $\frac{13}{5}$ ne diffère de la valeur de x que d'une quantité moindre que $\frac{1}{5^2}$ ou $\frac{1}{25}$. Mais l'approximation est encore plus grande, car, si l'on calcule la valeur de x^{iv} d'après l'équation

$$\left(\frac{256}{243}\right)^{x^{\text{iv}}} = \frac{9}{8},$$

on reconnaîtra que x^{iv} est compris entre 2 et 3; ainsi

$$x^{\text{iv}} = 2 + \frac{1}{x^{\text{v}}};$$

donc la cinquième réduite est

$$\frac{13 \times 2 + 5}{5 \times 2 + 2} = \frac{31}{12}.$$

Ainsi $\frac{13}{5}$ diffère de la valeur de x d'une quantité moindre que

$$\frac{1}{12 \times 5} \quad \text{ou} \quad \frac{1}{60}.$$

La réduite $\frac{31}{12}$ en diffère de moins que $\frac{1}{12^2}$ ou $\frac{1}{144}$.

Méthode générale. — Soit $a^x = b$ l'équation à résoudre (a et b étant deux nombres absolus plus grands que 1, et a étant supposé plus petit que b). En formant les puissances successives de a, on trouve que b est compris entre a^n et a^{n+1}; alors on fait

$$x = n + \frac{1}{x'}.$$

Substituant cette valeur dans l'équation, on obtient

$$a^{n+\frac{1}{x'}} = b,$$

équation qui revient à

$$a^n \times a^{\frac{1}{x'}} = b, \quad \text{d'où} \quad \left(\frac{b}{a^n}\right)^{x'} = a,$$

ou, posant, pour plus de simplicité, $\frac{b}{a^n} = c$,

$$c^{x'} = a.$$

Opérant sur cette équation comme sur la proposée, on reconnaîtra que x' est compris entre n' et $n'+1$, ce qui donnera

$$x' = n' + \frac{1}{x''};$$

substituant cette valeur dans l'équation en x', on sera encore conduit à résoudre une équation de la forme

$$dx'' = c \left(d \text{ ayant pour valeur } \frac{a}{c^{n'}}\right);$$

et ainsi de suite. Donc enfin on obtiendra pour la valeur de x une expression de la forme

$$x = n + \cfrac{1}{n' + \cfrac{1}{n'' + \cfrac{1}{n''' + \dots}}}$$

En poussant la suite des opérations convenablement, on aura la valeur de x avec tel degré d'approximation que l'on voudra; et ce degré pourra toujours s'estimer, puisqu'il est marqué par le quotient de l'unité divisée par le carré du dénominateur de la dernière réduite à laquelle on sera parvenu.

Remarque. — $1°$. Si dans le cas de $a > 1$ et $b > 1$ on suppose $b < a$, comme on a $a^0 = 1$ et $a^1 = a$, il s'ensuivra que x est compris entre 0 et 1; il faut alors commencer par poser $x = \frac{1}{x'}$, ce qui revient à faire $n = 0$ dans le calcul précédent.

$2°$. Si b est une fraction et que a soit plus grand que l'unité, il faut poser dans l'équation

$$a^x = b, \quad x = -y,$$

ce qui donne, en substituant,

$$a^{-y} = b, \quad \text{d'où} \quad a^y = \frac{1}{b};$$

et comme $\frac{1}{b}$ est > 1, on déterminera y d'après la méthode ci-dessus, et la valeur correspondante de x sera égale à celle de y prise négativement.

Il en est de même si l'on prend $b > 1$ et $a < 1$.

Au moyen de ces remarques, l'application de la méthode n'offre aucune difficulté; seulement les calculs pour obtenir un grand degré d'approximation sont assez laborieux.

On peut demander si, en suivant la méthode précédente, on sera conduit à une fraction continue d'un nombre limité de fractions intégrantes, ce qui donnera pour x un nombre commensurable et égal à la dernière réduite de la fraction continue; ou bien, si le nombre des fractions intégrantes doit être illimité, auquel cas x sera incommensurable.

Pour répondre à cette question, supposons dans l'équation $a^x = b$, x égal à un nombre commensurable $\dfrac{m}{n}$, et voyons quelle relation il doit exister entre les nombres a et b pour que cette valeur puisse être admise, c'est-à-dire pour que x soit commensurable.

Soient en premier lieu a et b deux nombres entiers; on a l'équation $a^{\frac{m}{n}} = b$ que l'on peut mettre sous la forme $a^m = b^n$.

Il est d'abord évident que cette égalité ne peut subsister qu'autant que a et b sont composés des mêmes facteurs premiers; car si l'on suppose dans b un facteur premier qui ne se trouve pas dans a, et qu'on divise les deux membres par ce facteur, le second membre sera un nombre entier, et le premier un nombre fractionnaire, ce qui est absurde; donc si l'on a, par exemple,

$$a = \alpha^p \beta^q \gamma^r \delta^s,$$

on doit avoir aussi

$$b = \alpha^{p'} \beta^{q'} \gamma^{r'} \delta^{s'}.$$

Substituant ces valeurs dans l'équation $a^m = b^n$, on la change en celle-ci:

$$\alpha^{mp} \beta^{mq} \gamma^{mr} \delta^{ms} = \alpha^{np'} \beta^{nq'} \gamma^{nr'} \delta^{ns'}.$$

Cette nouvelle égalité ne peut évidemment subsister qu'autant que les puissances d'un même facteur premier sont égales dans les deux membres; car si elles étaient inégales, en divisant les deux membres par la plus haute puissance, on serait encore conduit à ce résultat absurde: un nombre entier égal à un nombre fractionnaire.

Ainsi l'on doit avoir séparément

$$mp = np', \quad mq = nq', \quad mr = nr', \quad ms = ns';$$

d'où l'on déduit

$$\frac{m}{n} = \frac{p'}{p} = \frac{q'}{q} = \frac{r'}{r} = \frac{s'}{s}.$$

Donc, pour que la valeur de x soit commensurable, il faut et il suffit que a et b soient composés des mêmes facteurs premiers, et que les exposants de ces facteurs forment entre eux une suite de rapports égaux. Si ces deux conditions sont satisfaites, la valeur de x est égale au rapport constant qui existe entre les exposants.

Supposons en second lieu que a et b soient fractionnaires et égaux à $\frac{h}{h'}$, $\frac{k}{k'}$; l'équation $a^m = b^n$ devient

$$\left(\frac{h}{h'}\right)^m = \left(\frac{k}{k'}\right)^n, \quad \text{d'où} \quad h^m k'^n = h'^m k^n.$$

Or h et h', k et k' étant premiers entre eux, il en est de même de h^m et h'^m, de k^n et k'^n; ainsi, pour que l'égalité précédente subsiste, il faut que l'on ait séparément $h^m = k^n$, et $h'^m = k'^n$, ce qui conduit aux mêmes considérations que ci-dessus entre les numérateurs et les dénominateurs, comparés respectivement entre eux.

Cas particuliers. — Si a et b étant des nombres entiers ne renferment qu'un seul facteur premier, x est nécessairement commensurable.

En effet, soit l'équation

$$4^x = 32,$$

qui revient à

$$2^{2x} = 2^5;$$

il en résulte

$$2x = 5, \quad \text{d'où} \quad x = \frac{5}{2}.$$

Soit encore

$$27^x = 2187 \quad \text{ou} \quad 3^{3x} = 3^7;$$

on a

$$x = \frac{7}{3}.$$

Si a n'est composé que de facteurs premiers élevés à la première puissance, il faut que b soit une puissance parfaite de a pour que x soit commensurable; en sorte que dans ce cas x est entier, ou bien incommensurable.

En effet, soit

$$a = \alpha 6 \gamma \delta, \quad \text{d'où} \quad b = \alpha^{p'} 6^{q'} \gamma^{r'} \delta^{s'};$$

l'équation $a^m = b^n$ devient

$$\alpha^m 6^m \gamma^m \delta^m = \alpha^{p'n} 6^{q'n} \gamma^{r'n} \delta^{s'n};$$

d'où l'on déduit

$$m = p'n = q'n = r'n = s'n, \quad \text{ou bien} \quad p' = q' = r' = s'.$$

Donc

$$b = \alpha^{p'} 6^{p'} \gamma^{p'} \delta^{p'} = (\alpha 6 \gamma \delta)^{p'} = a^{p'},$$

et, par conséquent, $x = p'$.

Ainsi, soit $a = 10 = 2 \times 5$, il faut que b soit une puissance parfaite de 10 pour que x puisse être commensurable.

DES LOGARITHMES.

Néper, inventeur des logarithmes, a dû en concevoir l'idée en comparant la progression arithmétique à la progression géométrique.

Les logarithmes sont des nombres artificiels qu'on emploie au lieu des nombres véritables pour simplifier les calculs. En effet, par leur moyen on ramène la multiplication à l'addition, la division à la soustraction, la formation des puissances à la multiplication, et l'extraction des racines à la division. Il peut y avoir une infinité de systèmes de logarithmes, parmi lesquels il en existe deux qui sont en usage. Nous nous bornerons d'abord aux logarithmes vulgaires, et nous en établirons la théorie sur la comparaison des progressions ; ce procédé paraît le plus simple et le plus élémentaire.

Soit la progression géométrique

$$\div 1 : 10 : 100 : 1000 : 10000 : 100000, \dots,$$

et la progression arithmétique

$$\div 0 . 1 . 2 . 3 . 4 . 5 \dots$$

Nous prendrons les termes de celle-ci pour les logarithmes des termes correspondants de la première. Ainsi log 1 = 0, log 10 = 1, log 100 = 2, etc. On voit que le logarithme a autant d'unités qu'il y a de zéros après l'unité dans le nombre correspondant.

La progression géométrique, comme on voit, est celle des puissances de 10 ; et la progression arithmétique est celle des nombres naturels. Ce sont celles qui rendent les calculs les plus simples.

Pour concevoir les logarithmes des nombres qui ne sont pas des puissances de 10, comme 2, 3, etc., on suppose qu'on a inséré un très-grand nombre de moyens géométriques entre deux termes consécutifs dans la progression géométrique, et un pareil nombre de moyens arithmétiques entre les termes consécutifs et correspondants de la progression par différence. En allant de 1 à 10 dans la progression par quotient, on aura des moyens géométriques qui équivaudront l'un à 2, l'autre à 3, un autre à 4, etc., sinon exactement, au moins d'une manière suffisamment approchée, puisque la différence entre deux moyens consécutifs est aussi petite qu'on veut. Ces moyens géométriques équivalant à 2, à 3, à 4, etc., auront pour logarithmes les moyens arithmétiques correspondants.

Par exemple, si l'on évalue les logarithmes à un cent-millième près, comme dans les Tables de Lalande, on est supposé avoir inséré 99999 moyens, tant par quotient que par différence, et la différence entre deux moyens par différence consécutifs est $\dfrac{1}{100000}$, tandis que le rapport de deux moyens par quotient consécutifs est exprimée par $\sqrt[100000]{10}$.

On voit que ce rapport se trouve par la formule précédente,

$$q = \sqrt[n-1]{\frac{u}{a}}.$$

Ici $n = 100001$, $u = 10$, $a = 1$.

La différence entre deux termes consécutifs de la progression par différence correspondante se trouve par la formule

$$d = \frac{u - a}{n - 1}.$$

Ici $u = 1$, $a = 0$.

Nous indiquerons d'autres procédés praticables pour calculer réellement les logarithmes des nombres qui ne sont pas des puissances exactes de 10.

Voyons maintenant comment, à l'aide des logarithmes, on ramène, ainsi que nous l'avons annoncé, la multiplication à l'addition, la division à la soustraction, etc.

Concevons qu'on a inséré entre les termes consécutifs de l'une et de l'autre progression, ce très-grand nombre de moyens par quotient et par différence dont nous avons parlé. Soient q le rapport de deux termes consécutifs de la nouvelle progression par quotient, y un terme quelconque de la même progression dont le rang est n; soient pareillement d la différence de deux termes consécutifs de la nouvelle progression par différence, et x un terme quelconque dont le rang est n; par conséquent, $x = \log y$. On aura

$$y = q^{n-1} \quad \text{et} \quad x = d(n-1).$$

On aura de même

$$y' = q^{n'-1} \quad \text{et} \quad x' = d(n'-1);$$

y' est un terme dont le rang est n' dans la progression par quotient; x' est le terme correspondant ou du même rang dans la progression par différence. Ainsi

$$x' = \log y'.$$

Si nous multiplions y par y', nous aurons

$$y \times y' = q^{n-1} \times q^{n'-1} = q^{n+n'-2},$$

puisque les exposants sont supposés des nombres entiers. Le produit $q^{n+n'-2}$ est un des termes de la progression par quotient, et il y occupe un rang marqué par $n + n' - 1$. Ainsi son logarithme, qui occupe la même place dans la progression arithmétique, doit être exprimée par $d(n + n' - 2)$. Or

$$x + x' = d(n + n' - 2);$$

donc

$$\log y \times y' = x + x' = \log y + \log y'.$$

Ainsi le logarithme d'un produit de deux facteurs est égal à la somme des logarithmes de ces deux facteurs.

Si le produit renferme trois facteurs, comme $y \times y' \times y''$, soit $y \times y' = z$, on aura

$$y \times y' \times y'' = zy''$$

et

$$\log y \times y' \times y'' = \log zy'' = \log z + \log y'' = \log y + \log y' + \log y'',$$

à cause de

$$\log z = \log y + \log y'.$$

Ainsi le logarithme d'un produit de trois facteurs est égal à la somme des logarithmes de ces trois facteurs. Il est facile d'étendre cette règle à un nombre quelconque de facteurs. *Donc, en général, le logarithme d'un produit est égal à la somme des logarithmes des facteurs de ce produit. Donc la multiplication, au moyen des logarithmes, se ramène à l'addition.*

La division se ramène à la soustraction. — En effet, soit $q = \dfrac{a}{b}$; donc

$$bq = a \quad \text{et} \quad \log bq = \log b + \log q = \log a.$$

Enfin

$$\log q = \log a - \log b,$$

c'est-à-dire *le logarithme d'un quotient est égal au logarithme du dividende moins le logarithme du diviseur.* Donc la division se ramène à la soustraction.

La formation des puissances se ramène à la multiplication. — Soit $y = a^2$; donc

$$\log y = \log a + \log a = 2 \log a.$$

Soit encore $y = a^3$; donc

$$\log y = \log a + \log a + \log a = 3 \log a.$$

Ainsi le logarithme du carré d'un nombre vaut deux fois celui de ce nombre; et le logarithme du cube d'un nombre quelconque vaut trois fois le logarithme de ce nombre. Il est facile de généraliser cette règle et d'en conclure *que le logarithme d'une puissance quelconque d'un nombre se trouve en multipliant le logarithme de ce nombre par l'exposant de la puissance*; règle qu'on peut traduire de cette manière en algèbre. Soit $y = a^n$, on en tire

$$\log y = n \log a.$$

Ainsi la formation des puissances se ramène à la multiplication.

L'extraction des racines se ramène à une simple division. — Soit $y^2 = a$ et, par conséquent, $y = \sqrt{a}$; on aura

$$\log y^2 \quad \text{ou} \quad 2 \log y = \log a$$

et

$$\log y = \frac{1}{2} \log a,$$

c'est-à-dire le logarithme de la racine carrée d'un nombre a est égal à la moitié du logarithme de ce nombre.

Soit encore $y^3 = a$, et, par conséquent, $y = \sqrt[3]{a}$; on aura

$$\log y^3 \quad \text{ou} \quad 3 \log y = \log a,$$

et

$$\log y = \frac{1}{3} \log a = \frac{\log a}{3},$$

c'est-à-dire le logarithme de la racine cubique d'un nombre est égal au tiers du logarithme de ce nombre. En général, soit $y^n = a$, et, par suite, $y = \sqrt[n]{a}$; on aura

$$\log y^n \quad \text{ou} \quad n \log y = a$$

et

$$\log y = \frac{\log a}{n}.$$

Donc, en général, *le logarithme de la racine quelconque d'un nombre se trouve en divisant le logarithme de ce nombre par l'exposant de la racine.* Ainsi l'extraction des racines, dont le calcul est si pénible et quelquefois presque impraticable par les règles ordinaires, se ramène à une simple division avec le secours des logarithmes.

Après avoir donné les règles qui conviennent au cas où l'on emploie séparément la multiplication, la division, la formation des puissances et l'extraction des racines, voyons celles qu'on peut en déduire quand ces opérations de calcul sont mêlées ensemble.

Soit la proportion par quotient -

$$a : b :: c : x;$$

on en tire

$$x = \frac{bc}{a} \quad \text{et} \quad \log x = \log b + \log c - \log a.$$

Donc le logarithme d'un extrême d'une proportion par quotient est égal à la somme des logarithmes des moyens moins le logarithme de l'extrême connu.

Soit la proportion continue

$$a : x :: x : b,$$

d'où $\quad x^2 = ab \quad$ et $\quad \log x = \dfrac{\log a + \log b}{2}.$

Ainsi, le logarithme du moyen terme, dans une proportion continue, est égal à la moitié de la somme des logarithmes des extrêmes.

Soit

$$x = a + \frac{b}{c} \quad \text{ou} \quad x = \frac{ac + b}{c} :$$

on aura

$$\log x = \log(ac + b) - \log c.$$

Donc pour avoir le logarithme d'un entier joint à une fraction, il faut réduire l'entier en fraction, regarder le nouveau numérateur comme dividende et le dénominateur comme un diviseur, et appliquer la règle prescrite pour la division.

Il ne faut pas confondre $\log(ac + b)$ avec $\log ac + \log b$, ce dernier étant celui du produit de ac par b, au lieu que le premier est celui de la somme de ces deux quantités ; pour l'employer, il faut évaluer ces deux quantités séparément en nombre, les ajouter ensemble, et prendre le logarithme de leur somme.

Idée de la manière de calculer les logarithmes vulgaires.

Les progressions fondamentales donnent immédiatement les logarithmes des nombres 1, 10, 100, 1000, etc., ou des puissances exactes de 10. La recherche des logarithmes des autres nombres se réduit à celle des logarithmes des nombres premiers 2, 3, 5, 7, etc.; puisque les logarithmes des nombres qui sont formés par la multiplication des nombres premiers, s'obtiennent en ajoutant ensemble les logarithmes de ces nombres premiers. Voyons comment nous pourrons calculer le logarithme d'un nombre premier, celui de 5 par exemple. On ne peut faire usage de la supposition des moyens par quotient et par différence, insérés en nombre immense entre les termes consécutifs des deux progressions fondamentales, parce que le calcul de cette manière serait pour ainsi dire impraticable; mais voici un autre procédé.

Cherchons un moyen par quotient entre 1 et 10 et un moyen par différence entre 0 et 1 : celui-ci sera le logarithme du premier. On aura, en désignant par x ce moyen par quotient,

$$x = \sqrt{10} = 3,162277 \quad \text{et} \quad \log x = \frac{\log 10}{2} = 0,5000000.$$

Cherchons de nouveau un moyen par quotient entre 10 et 3,162277;

on aura

$$\sqrt{3,162277} = 5,6234113.$$

Le logarithme correspondant est égal à la moitié de la somme des logarithmes de 10 et 3,162277 : ce logarithme égale 0,750000. On continue l'opération en cherchant toujours un moyen proportionnel entre deux moyens déjà calculés, l'un immédiatement plus grand et l'autre immédiatement plus petit que 5. On s'arrête lorsqu'on est arrivé à un moyen qui ne diffère pas de 5 d'une partie décimale d'un ordre donné ; du sixième, par exemple, si l'on se borne à cette approximation. On calcule en même temps les logarithmes correspondants ; ce qui est très-facile, puisque le logarithme d'un moyen quelconque est égal à la moitié de la somme des logarithmes des deux nombres entre lesquels on a calculé ce moyen.

C'est ainsi qu'on a trouvé que le log 5 = 0,6989700. On en conclura

$$\log 2 = \log 10 - \log 5 = 0,3010300.$$

Avec log 2 et log 5, on calculera les logarithmes des nombres qui sont une puissance de 2, ou une puissance de 5, ou le produit d'une puissance de 2 multipliée par une puissance de 5. Ainsi,

$$\log \ 4 = 2 \log 2 = 0,6020600,$$
$$\log 25 = 2 \log 5 = 1,3979400,$$
$$\text{et log } 40 = \log 5 + \log 8 = 1,6020600.$$

Si l'on calcule de même les logarithmes de tous les nombres premiers, on aura facilement les logarithmes des autres nombres qui sont ou des puissances ou des produits des puissances des nombres premiers. A la vérité, cette méthode entraînerait dans des calculs immenses ; mais heureusement ces calculs sont faits, et il en est résulté des Tables de logarithmes. Nous allons indiquer celles qui sont le plus en usage.

Des Tables de logarithmes.

Les Tables de Callet méritent la préférence par leur étendue et la manière dont on y a disposé les logarithmes vulgaires. Elles renferment, en outre, les logarithmes des lignes trigonométriques suivant la division sexagésimale et suivant la division centésimale. On y trouve aussi les logarithmes Népériens, dont l'usage est utile dans l'analyse. Nous indiquerons ensuite les Tables de Borda ; elles renferment : 1° les logarithmes vulgaires avec la même étendue et la même disposition que celles de Callet ; 2° les logarithmes des lignes trigonométriques suivant la division centésimale. A défaut de ces grandes Tables, on peut employer celles in-12 à six figures, publiées par M. Plauzoles, renfermant les logarithmes vulgaires pour tous les nombres depuis 1 jusqu'à 21750, et les logarithmes trigonométriques pour l'ancienne et la nouvelle division du quart de cercle.

Les Tables de Lalande ont aussi l'avantage d'être très-portatives ; mais elles ne donnent les logarithmes vulgaires des nombres naturels que depuis 1 jusqu'à 10000.

Nous croyons devoir renvoyer à ces différentes Tables pour apprendre la manière de s'en servir.

Il y a dans tout logarithme deux parties distinctes, la *caractéris-tique* et la *fraction décimale*. La caractéristique est le nombre entier qui précède la fraction décimale; ainsi dans 1,3979400 = log 25, la caractéristique est 1, et la fraction décimale est 3979400.

Callet et Borda ont supprimé, et avec raison, la caractéristique des logarithmes vulgaires. Cette suppression, loin d'entraîner des inconvénients, est très-avantageuse, ainsi que ces auteurs le font voir. D'abord il est facile de retrouver la caractéristique des logarithmes d'un nombre donné s'il est entier, ou s'il est composé d'un entier et d'une fraction décimale. Dans le premier cas, la caractéristique a autant d'unités qu'il y a de chiffres moins un dans le nombre donné; dans le second cas, la caractéristique a autant d'unités qu'il y a de chiffres moins un à gauche de la virgule qui sépare le nombre entier de la fraction décimale. Ainsi la caractéristique est 4 dans log 12345; 3 dans log 1234,5; 2 dans log 123,45; 1 dans log 12,345; 0 dans log 1,2345.

En effet, à cause de log 1 = 0 et de log 10 = 1, il s'ensuit que le logarithme de l'un quelconque des nombres 2, 3, 4, 5, 6, 7, 8, 9 est compris entre 1 et 0; il a donc 0 pour caractéristique. On remarquera sans peine que les logarithmes sont compris entre 1 et 2 depuis log 10 = 1 jusqu'à log 100 = 2; entre 2 et 3 depuis log 100 = 2 jusqu'à log 1000 = 3; entre 3 et 4 depuis log 1000 = 3 jusqu'à log 10000 = 4, etc. Par conséquent, la caractéristique du logarithme est 1 ou 2 ou 3 ou 4, suivant que le nombre a 2 ou 3 ou 4 ou 5 chiffres. Ainsi, en général, la caractéristique d'un nombre entier a autant d'unités que ce nombre a de chiffres moins un avant les fractions décimales.

Si l'on multiplie ou si l'on divise un nombre quelconque par une puissance de 10, la fraction décimale dans le logarithme du produit ou dans celui du quotient sera la même que dans le logarithme du nombre primitif. Ainsi

$$\log 12345 = 4{,}0914911, \quad \log 12345 \times 10 = 5{,}0914911$$

$$\text{et} \quad \log \frac{12345}{10} = \log 1234{,}5 = 3{,}0914711.$$

Il suit encore de là que la fraction décimale du logarithme d'un nombre composé d'entiers et de parties décimales est la même que s'il n'y avait point de parties décimales. Ainsi log 12345 = 4,0914911 et log 12,345 = 1,0914911, logarithmes où la fraction décimale est la même.

Usage des Tables.

Comme il est impossible de placer dans les Tables les logarithmes de tous les nombres, on y a inséré seulement les logarithmes des nombres entiers depuis 1 jusqu'à 108000 dans celles de Callet; mais si pour effectuer un calcul numérique on veut employer le secours des logarithmes, il est indispensable de savoir résoudre les deux questions suivantes :

1°. *Un nombre quelconque étant donné, déterminer son logarithme;*

2°. *Un logarithme étant donné, déterminer le nombre qui lui appartient.*

I. 5

Un nombre quelconque étant donné, déterminer son logarithme.

Premier cas. — On suppose le nombre N entier et < 108000.

De 1 à 1200, il ne faut aucune explication. Si l'on veut avoir le logarithme de 652, on cherche ce nombre dans la colonne N; on trouve à côté les huit décimales 8142 4760, et en rétablissant la caractéristique, on a

$$\log 652 = 2,8142\,4760.$$

Au delà de 1200 la disposition est moins simple. Dans la colonne N les nombres se suivent sans interruption depuis 1020 jusqu'à 108000 et leurs logarithmes se trouvent encore dans la colonne immédiatement à droite. Ainsi, soit proposé de trouver le logarithme de 3456. Après avoir trouvé ce nombre dans la colonne N, on remarquera que dans la colonne à droite les trois chiffres 358 sont censés se répéter dans l'espace vide qui est au-dessous d'eux; par conséquent on aura, en restituant la caractéristique,

$$\log 3456 = 3,5385737.$$

Jusqu'ici, il semblerait que les Tables s'arrêtent à 10800. Mais à l'aide des autres colonnes, intitulées 1.2.3...9, elles vont réellement jusqu'à 108000. D'abord si un nombre est décuple d'un autre, la partie décimale de son logarithme est la même, et de là il suit que la colonne marquée 0 donne aussi de 10 en 10 les logarithmes des nombres jusqu'à 108000. Pour avoir ceux des nombres intermédiaires, il faut recourir aux colonnes 1.2.3...9. La première sert à trouver les nombres terminés par 1; la deuxième, les nombres terminés par 2, etc. Au delà de 10200; les logarithmes des nombres qui ne diffèrent que par les chiffres des unités ayant les trois premières décimales communes, on s'est contenté d'écrire ces décimales une seule fois dans la colonne 0, et l'on n'a placé dans les colonnes suivantes que les quatre dernières décimales. Ainsi veut-on le logarithme de 34567, on fera abstraction du chiffre 7 des unités, on cherchera 3456 dans la colonne N, puis on s'avancera horizontalement à partir de ce nombre jusqu'à la colonne marquée 7 pour y prendre les derniers chiffres 6617 du logarithme demandé; et quant aux premiers, ils sont donnés par le nombre isolé 538 qui se trouve dans la colonne 0 le plus proche en montant. En rétablissant donc la caractéristique, on a

$$\log 34567 = 4,5386617.$$

Deuxième cas. — On suppose le nombre N entier et > 108000. Soit

$$N = 3456789.$$

Séparons sur la droite assez de chiffres pour que la partie restante à gauche de la virgule ne surpasse pas 108000, et nous aurons ainsi le nombre

$$N' = 34567,89,$$

qui est 100 fois plus petit que N, mais dont le logarithme a la même partie décimale que celui de N.

Ne considérant que la partie entière de N', cherchons le logarithme de 34567, comme dans le premier cas, et nous trouvons, abstraction faite de la caractéristique,

$$\log 34567 = 0,5386617.$$

Mais N′ surpassant 34567 de 0,89, le logarithme de N′ doit surpasser le précédent d'une certaine quantité qu'il faut déterminer. Admettons pour un moment que les accroissements des nombres soient proportionnels aux accroissements de leurs logarithmes ; on remarquera alors que les Tables contiennent, dans la dernière colonne à droite, les différences toutes calculées entre les logarithmes des nombres consécutifs, et que, pour les nombres 34567 et 34568, cette différence tabulaire est de 126 unités décimales du dernier ordre. C'est donc là ce qu'il faut ajouter au logarithme 34567 pour avoir celui de 34568 ; et par conséquent, lorsque le nombre 34567 n'augmente que de 0,89, on aura ce qu'il faut ajouter à son logarithme en faisant la proportion

$$1 : 0,89 :: 126 : x,$$

d'où

$$x = 126 \times 0,89 = 112,14.$$

On doit négliger la fraction 0,14, qui est moindre que l'unité principale du septième ordre, et l'on a simplement

$$x = 112.$$

On peut aussi s'épargner la multiplication de $126 \times 0,89$. En effet, dans les Tables, on voit, au-dessous de 126, une petite colonne de parties proportionnelles qui renferme les produits de cette différence par $\frac{1}{10}$, $\frac{2}{10}$, et qui donne immédiatement

$$126 \times 0,8 = 101, \quad 126 \times 0,09 = 11,3;$$

donc

$$126 \times 0,89 = 101 + 11 = 112.$$

En ajoutant ce produit au logarithme de 34567 et en rétablissant la caractéristique, on aura le logarithme cherché, savoir

$$\log 3456789 = 6,5386729.$$

La proportion entre les accroissements des nombres et ceux des logarithmes n'est point rigoureusement exacte ; seulement elle fournit une approximation suffisante quand les nombres sont grands et les accroissements peu considérables. C'est pourquoi il est essentiel de ne séparer sur la droite du nombre donné que le moins de chiffres possible.

Si l'on avait à trouver le logarithme de 345678987, il faudrait séparer quatre chiffres ; et en calculant la différence correspondante à 0,8987, on aurait

$$126 \times 0,8 \qquad = 101,$$
$$126 \times 0,09 \qquad = 11,3,$$
$$126 \times 0,008 \qquad = 1,01,$$
$$126 \times 0,0007 = 0,088.$$

Or, si l'on ajoute ces produits partiels, on voit que le dernier, celui qui résulte du chiffre 7, n'a aucune influence sur la septième décimale du logarithme.

Cet exemp'e montre qu'en général, lorsqu'il faudra séparer plus de trois chiffres pour que la partie restante à gauche ne surpasse pas 108000, on pourra compter comme zéro le quatrième chiffre et les suivants.

Troisième cas. — Supposons que N renferme des parties décimales. Soit

$$N = 34,56789.$$

On fait abstraction de la virgule, et l'on opère comme si le nombre était entier. La partie décimale du logarithme n'aura pas changé, et celui-ci donnera la caractéristique convenable, que l'on connaît d'avance et qui, dans l'exemple, est 1; on aura pour le logarithme cherché :

$$\log 34,56789 = 1,5386729.$$

Soit encore

$$N = 0,003456789.$$

En opérant sans faire attention à la virgule et en laissant toujours la caractéristique de côté, on trouverait 0,5386729. Ce serait là précisément le logarithme du nombre donné, si la virgule était placée à la droite du premier chiffre significatif 3. Mais par là le nombre serait multiplié par 1000 ; donc il faudra retrancher 3 du logarithme ci-dessus, et l'on aura

$$\log 0,003456789 = 0,5386729 - 3 = -2,4613271.$$

Ce logarithme est entièrement négatif, puisqu'au lieu de retrancher 3 du logarithme 0,5386729, c'est ce nombre qu'on a retranché de 3 ; mais on pourra, en employant la caractéristique $\bar{3}$, se dispenser de faire la soustraction, et écrire simplement

$$\log 0,003456789 = \bar{3},5386729.$$

Quatrième cas. — Supposons que N est un nombre fractionnaire quelconque. Si des entiers sont joints à la fraction, on convertit le tout en une expression fractionnaire que l'on pourra considérer comme un quotient, et, en conséquence, on retranchera le logarithme du dénominateur du logarithme du numérateur. On trouve ainsi

$$\log \frac{47}{3} = \begin{cases} + \log 47 = 1,6720986 \\ - \log\ 3 = 0,4771212\underline{5} \\ \hline 1,1949766 \end{cases}$$

Quand il s'agit d'une fraction proprement dite, on retranche encore le logarithme du dénominateur de celui du numérateur, et alors il vient un logarithme négatif. Par exemple,

$$\log \frac{3}{47} = \begin{cases} \log\ 3 = 0,4771212\underline{5} \\ - \log 47 = 1,6720986 \\ \hline -1,1949766 \end{cases}$$

Mais on peut facilement avoir, si l'on veut, un logarithme dont la caractéristique seule soit négative. Pour cela, il suffit d'ajouter au premier logarithme assez d'unités pour que la soustraction puisse se faire, et de donner ensuite au reste, pour caractéristique, ce nombre d'unités pris négativement. En effet, si dans l'exemple ci-dessus on ajoute 2 au logarithme de 3, on a évidemment

$$\log \frac{3}{47} = \left\{ \begin{array}{l} \log 3 = -2 + 2,4771225 \\ -\log 47 = -1,67209786 \end{array} \right.$$

$$2,80502339$$

Pour plus d'uniformité, on pourrait convenir d'augmenter toujours de 10 la caractéristique du numérateur; alors il faudrait diminuer de 10 celle du reste, ce qui ramènerait à une caractéristique négative.

Un logarithme quelconque étant donné, trouver le nombre correspondant.

Premier cas. — Supposons que la partie décimale du logarithme soit positive et qu'elle se trouve dans les Tables. Ainsi, soit

$$L = 5,5386617.$$

Dans la partie des Tables qui s'étend au delà de 10800, on cherche à à la colonne marquée 0 le logarithme qui approche le plus de la partie décimale de L; puis on avance dans la ligne horizontale jusqu'à la colonne marquée 7, où l'on trouve les quatre dernières décimales 6617 de L. Alors on se transporte dans la colonne N pour y prendre le nombre 3456, à la droite duquel on placera le chiffre 7, et l'on obtient ainsi le nombre 34567, lequel serait le nombre cherché si la caractéristique donnée était 4; mais comme elle est 5, il faut multiplier 34567 par 10, et on aura le nombre cherché 345670 : si la caractéristique était seulement 2, ce nombre devrait être divisé par 100, et le nombre cherché serait 345,67.

Soit encore

$$L = \overline{2},5386617.$$

(Le signe — placé au-dessus de 2 indique que cette caractéristique est seule négative). Après avoir trouvé le nombre 34567, comme si la caractéristique était 4, on remarquera que pour passer à la caractéristique — 2, il faudrait retrancher 6 de 4; donc le nombre 34567 doit être divisé par 10^6; donc le nombre cherché est 0,034567.

Deuxième cas. — Supposons que la partie décimale du logarithme soit positive et qu'elle ne se trouve point dans les Tables. Soit

$$L = 2,4971499.$$

En cherchant, comme précédemment, si la partie décimale se trouve dans les Tables, on reconnaît qu'elle est comprise entre 0,4971371 et 0,4971509. Si cette partie était exactement 0,4971371, le nombre correspondant, tel qu'il est donné par les Tables, abstraction faite de l'ordre des unités, serait 31415. Mais elle surpasse 0,4971371 de 128, ce qui doit produire une augmentation dans le nombre 31415. Or la différence tabulaire la plus voisine est 138, et elle répond à une unité d'augmentation dans le nombre 31415; donc, en admettant toujours qu'il y ait proportion entre les accroissements des nombres et ceux des logarithmes, l'augmentation cherchée se connaîtra en posant

$$138 : 128 :: 1 : x,$$

d'où

$$x = \frac{128}{138} = 0,93.$$

Par suite, le nombre cherché, abstraction faite de l'ordre des unités, serait composé des chiffres 3141593. Mais comme la caractéristique donnée est 2, ce nombre ne doit avoir que trois chiffres à sa partie entière; donc enfin le nombre cherché est 314,1593.

Les parties proportionnelles de la différence tabulaire peuvent épargner la division de 128 par 138. La partie moindre que 128 et qui en approche le plus est 124; cette partie répond à 0,9, et il y a 4 de reste. Si l'on met un zéro à droite de 4, on a 40, qui diffère très-peu de la partie 41; et comme le nombre 3 est à côté, on conclut que 40 répondrait à 0,3; donc 4 répond à 0,03. En conséquence, le nombre cherché se compose des chiffres 3141593; donc, en tenant compte de la caractéristique 2, ce nombre est 314,1593.

Quand la caractéristique est négative, cela ne change rien aux calculs. On n'y fait d'abord aucune attention, mais on y a égard à la fin pour déterminer le rang des plus hautes unités.

Troisième cas. — Supposons que le logarithme soit entièrement négatif. Soit

$$L = -1,8753145.$$

Prenons ce logarithme positivement, et cherchons le nombre N qui lui correspond. En divisant l'unité par N, on aura le nombre cherché; car le logarithme de l'unité étant 0, il est clair que le logarithme de ce quotient sera égal à — log N ou L.

Mais il vaut mieux éviter la division de 1 par N, en ramenant le logarithme donné à un autre dont la caractéristique soit seule négative; or c'est ce qu'on fera en ajoutant 2 à L, et en prenant ensuite $\bar{2}$ pour caractéristique. En effet, on a

$$L = -2 + (2 - 1,8753145) = \bar{2},1246855.$$

Alors on opère comme dans le second cas, et l'on trouve le nombre cherché égal à 0,01332556.

Compléments arithmétiques.

On appelle complément arithmétique d'un logarithme, ce qui manque à ce logarithme pour faire 10 unités entières, ou, ce qui revient au même, le résultat qu'on obtient en retranchant de 10 le logarithme proposé.

Ainsi,

     compl. 3,4725843 = 10 − 3,4725843 = 6,5274157,
     compl. 2,7325490 = 10 − 2,7325490 = 7,2674510.

On obtient un complément en retranchant le premier chiffre significatif à droite de 10 et tous les autres de 9. Les zéros qui peuvent se trouver à la droite du nombre restent dans le complément, qui peut, par conséquent, être formé, pour ainsi dire, d'après l'inspection d'un logarithme.

Usage des compléments arithmétiques.

Étant donnés des logarithmes à ajouter et à soustraire entre eux, il faut faire la somme des logarithmes additifs et des compléments des logarithmes soustractifs, puis retrancher de cette somme autant de fois 10 que l'on a pris de compléments.

Soit proposé de trouver le résultat numérique de l'expression

$$l - l' + l'' - l''' - l^{\text{iv}} + l^{\text{v}} - \ldots,$$

l, l', l'' étant des logarithmes à ajouter et à soustraire entre eux. On peut mettre cette expression sous la forme

$$l + l'' + l^{\text{v}} + (10 - l') + (10 - l''') + (10 - l^{\text{iv}}) - 30,$$

ou bien, ce qui revient au même,

$$l + l'' + l^{\text{v}} + \text{compl. log } l' + \text{compl. log } l''' + \text{compl. log } l^{\text{iv}} - 30.$$

Par le moyen ordinaire, il faudrait faire la somme des termes additifs, celle des termes soustractifs, puis soustraire la plus petite somme de la plus grande, ce qui entraînerait dans deux additions et une soustraction; tandis que par celui-ci on n'a qu'une seule addition à effectuer, sauf les opérations qui consistent à prendre les compléments, et qui sont trop simples pour entrer en ligne de compte.

DES INTÉRÊTS COMPOSÉS.

L'intérêt peut être simple ou composé. Il est simple quand on le reçoit à la fin de chaque année; il est composé lorsqu'on le laisse chaque année entre les mains de l'emprunteur pour augmenter le capital qui doit porter intérêt pendant l'année suivante. Les questions d'intérêt simple sont sans difficulté, et elles ont été traitées dans mon *Manuel aux emplois de Conducteur des Ponts et Chaussées et d'Agent voyer*; je ne m'occuperai donc ici que des questions d'intérêt composé.

Je supposerai, en général, que l'on soit convenu de donner au bout d'un an pour la somme 1 un intérêt désigné par i; il est évident que l'intérêt d'une somme 100 pendant le même temps sera 100 i, que celui d'une somme quelconque a sera exprimé par ai, et si l'on désigne ce dernier par α, on aura $\alpha = ai$.

Par cette relation il est facile de trouver l'intérêt pour une somme quelconque, lorsqu'on a celui que donnent 100 francs, ou même toute autre somme pendant un temps connu; cette question s'appelle *calcul d'intérêt simple*.

Mais si le prêteur, au lieu de retirer chaque année l'intérêt du capital qu'il a avancé, le laisse entre les mains de l'emprunteur pour le faire valoir conjointement avec la somme primitive pendant l'année suivante, au bout de cette année le capital aura acquis une valeur qu'on trouvera ainsi :

Le capital primitif étant a augmenté de l'intérêt ai, il deviendra au bout de la première année

$$a + ai = a(1 + i).$$

Si maintenant on fait

$$a(1 + i) = a',$$

l'intérêt de la somme a' pour un an étant $a'i$, celui de la somme $a(1 + i)$ sera pour une seconde année $ai(1 + i)$, et de même qu'au bout de la première année le capital a augmenté de l'intérêt qu'il devait rapporter est devenu $a(1+i)$, le capital a' deviendra à la fin de la seconde année

$$a'(1+i) = a(1+i)^2 = a''.$$

Si le prêteur ne retire point encore le capital a'' à la fin de cette année, et qu'il le laisse pendant une troisième année, au bout de celle-ci il lui sera dû, d'après ce qui précède,

$$a''(1+i) = a(1+i)^3 = a'''.$$

On voit sans peine qu'après la quatrième année a''' serait changé en

$$a'''(1+i) = a(1+i)^4,$$

et ainsi de suite, et que par conséquent la somme prêtée d'abord et les sommes à rendre à la fin de la première, de la seconde, de la troisième, de la quatrième, etc., année, forment cette progression par quotient

$$\div a : a(1+i) : a(1+i)^2 : a(1+i)^3 : a(1+i)^4 : \ldots$$

dont le quotient est $1+i$, et le terme général $a(1+i)^n = A$: le nombre n marquant celui des années écoulées depuis l'intérêt du prêt.

Soit, par exemple, le taux d'intérêt à 5 pour 100, c'est-à-dire que pour 100 francs prêtés pendant un an il faille rendre 105 francs; on a

$$100\,i = 5 \quad \text{ou} \quad i = \frac{5}{100} = \frac{1}{20} \quad \text{et} \quad (1+i) = \frac{21}{20}.$$

Si l'on voulait savoir ce que devient la somme a abandonnée, ainsi qu'on vient de le dire, pendant vingt-cinq années, on aurait alors

$$n = 25 \quad \text{et} \quad a = \left(\frac{21}{20}\right)^{25}$$

au lieu de la somme primitive. La vingt-cinquième puissance de $\frac{21}{20}$ s'évalue promptement par le moyen des logarithmes, puisque l'on a

$$\log\left(\frac{21}{20}\right)^{25} = 25\log.\frac{21}{20} = 25(\log 21 - \log 20) = 0,5297322,$$

ce qui donne

$$\left(\frac{21}{20}\right)^{25} = 3,386 \text{ environ}; \quad A = 3,386\,a;$$

et l'on voit par là que 1000 francs prêtés de cette manière vaudraient 3 386 francs au bout de vingt-cinq années, en y comprenant les intérêts, etc.

Si le placement durait 100 ans, on trouverait

$$A = a\left(\frac{21}{20}\right)^{100} = 131\,a \text{ environ.}$$

Ainsi, 1000 francs produiraient après cet espace de temps une somme de 131000 francs environ. Ces exemples montrent avec quelle rapidité les fonds s'augmentent par l'accumulation des intérêts composés.

L'équation $A = a(1+i)^n$ donne lieu à quatre questions : la première, connaisant a, i et n, trouver A, se présente toutes les fois qu'on cherche ce que devient le capital après un nombre n d'années, comme dans l'exemple qui précède.

La seconde, connaisant a, A et n, trouver i, conduit au taux d'intérêt par le moyen de la somme primitive, de celle qui a été remboursée, et du temps qu'a duré le placement; on a dans ce cas

$$1 + i = \sqrt[n]{\frac{A}{a}}.$$

La troisième, connaissant A, i et n, trouver a, et dans laquelle il vient

$$a = \frac{A}{(1 + i)^n},$$

a pour objet de déterminer le capital qu'il faut placer pour avoir droit, après un nombre n d'années, à une somme A.

Le quatrième, connaisant A, a et i, trouver n, ne peut se résoudre que par les logarithmes, en prenant celui de chaque membre de l'équation proposée; il vient

$$\log A = \log a + n \log (1 + i),$$

d'où

$$n = \frac{\log A - \log a}{\log (1 + i)}.$$

Par cette dernière, on trouve dans combien d'années le capital a doit avoir produit une somme A.

La question suivante est une des plus compliquées qu'on puisse proposer sur ce sujet. On suppose que le prêteur place chaque année une nouvelle somme qu'il joint au capital de cette année, et cela pendant un nombre n d'années; on demande quel est, au bout de la dernière, le montant de toutes ces sommes accumulées avec leurs intérêts composés.

Soient a, b, c, d, ..., k les sommes placées, la première, la seconde, la troisième, etc., année; la somme a, demeurant entre les mains de l'emprunteur pendant un nombre n d'années, deviendra

$$a (1 + i)^n;$$

la somme b, qui n'y reste que $n - 1$ années, se changera en

$$b (1 + i)^{n-1};$$

la somme c, prêtée pendant $n - 2$ années seulement, deviendra

$$c (1 + i)^{n-2},$$

et ainsi des autres; enfin la dernière k, qui n'est employée que pendant un an, ne donnera que

$$k (1 + i).$$

On aura donc

$$A = a (1 + i)^n + b (1 + i)^{n-1} + c (1 + i)^{n-2} \ldots + k (1 + i).$$

En calculant chaque terme du second membre séparément, on obtiendra la valeur de A.

L'opération se simplifie beaucoup lorsque $a = b = c = d = k$, car dans ce cas on a

$$A = a(1-i)^n + a(1+i)^{n-1} + a(1+i)^{n-2} \ldots + a(1+i).$$

Le second membre de cette équation forme une progression par quotient, dont le premier terme est $a(1+i)$; le dernier $a(1+i)^n$, le quotient $(1+i)$, et dont la somme est par conséquent

$$\frac{a(1+i)^{n+1} - a(1+i)}{i}.$$

On aura donc alors

$$\Lambda = \frac{a(1+i)[(1+i)^n - 1]}{i}.$$

Cette équation présente aussi quatre questions correspondantes à celles jusqu'ici énoncées sur l'équation $A = a(1+i)^n$.

Les placements qu'on nomme annuités sont inverses du précédent : c'est l'emprunteur qui s'acquitte d'un capital avec les intérêts, en divers payements faits à des termes également éloignés. Les payements effectués par l'emprunteur avant la fin du remboursement, peuvent être considérés comme des avances faites au prêteur sur ce remboursement, et dont la valeur dépend du temps qui s'écoule entre l'une de ces époques et l'autre. Ainsi en désignant chaque payement par a, le premier payement qui a lieu $n-1$ années avant l'expiration du dernier terme, rapporté à cette époque, vaut nécessairement $a(1+i)^{n-1}$; le second, rapporté à la même époque, ne vaut que $a(1+i)^{n-2}$; le troisième $a(1+i)^{n-3}$, et ainsi des autres jusqu'au dernier, qui n'a que la valeur a. Mais, d'un autre côté, la somme prêtée étant représentée par A, vaudra entre les mains de l'emprunteur après n années un capital $A(1+i)^n$ qui devra être égal à toutes les avances réunies que le prêteur a reçues de lui; on aura donc

$$A(1+i)^n = a(1+i)^{n-1} + a(1+i)^{n-2} + a(1+i)^{n-3} \ldots + a,$$

ou, en calculant la somme de la progression que forme le second membre,

$$A(1+i)^n = \frac{a[(1+i)^n - 1]}{i},$$

équation dans laquelle on peut prendre alternativement pour inconnue la quantité A, que j'appellerai le prix de l'annuité, parce que c'est la somme qu'elle représente; la quantité a, qui est la quotité de l'annuité; la quantité i, qui est le taux de l'intérêt, et enfin la quantité n, qui exprime la durée de l'annuité.

Pour trouver cette dernière, il faut nécessairement recourir aux logarithmes; on dégage d'abord $(1+i)^n$, ce qui donne

$$(1+i)^n = \frac{a}{a - \Lambda i};$$

et en prenant les logarithmes, il vient

$$n \log(1+i) = \log a - \log(a - \Lambda i),$$

d'où

$$n = \frac{\log a - \log(a - A i)}{\log(1+i)}.$$

GÉOMÉTRIE ANALYTIQUE.

On appelle Géométrie analytique, ou, en d'autres termes, application de l'Algèbre à la Géométrie cette branche importante des mathématiques qui apprend à faire usage de l'Algèbre dans les recherches géométriques.

On détermine un point sur un plan au moyen de coordonnées.

Il y a trois genres de coordonnées.

1°. Les coordonnées parallèles à des axes concourants, qui ne sont autre chose que des lignes menées d'un point donné parallèlement à des axes concourants. Nous dirons plus bas ce qu'on entend par abscisse et ordonnée d'un même point.

2°. Les coordonnées polaires. Elles sont composées (*fig.* 1, *Pl. I*), 1° de l'angle α que décrirait une droite po pour passer de la direction ox à la direction OM ; 2° de l'abscisse p du point M sur la droite po ; cette abscisse prend aussi le nom de rayon vecteur. Les deux quantités α et p s'appellent coordonnées polaires. On peut, en les prenant toutes deux positives, exprimer la position d'un point donné quelconque dans le plan ; mais en les prenant négatives, la position d'un même point peut être exprimée par quatre systèmes équivalents de deux coordonnées. Ainsi :

$$\begin{cases} \alpha = 120 \\ p = 0,5 \end{cases} \quad \begin{cases} \alpha = 300 \\ p = -0,50 \end{cases} \quad \begin{cases} \alpha = -240 \\ p = 0,50 \end{cases} \quad \begin{cases} \alpha = -60 \\ p = -0,50 \end{cases}$$

3°. Coordonnées focales. La position d'un point dans un plan peut être définie par ses distances à deux points donnés dans ce plan. Si F et F′ sont deux points donnés à priori, et si d et d' sont les distances respectives d'un point M à F et F′, ces deux quantités étant déterminées, appartiendront à deux points rectangulairement symétriques par rapport à la droite FF′. Une équation entre les distances p, p', considérées comme variables, peut servir à exprimer une courbe rectangulairement symétrique par rapport à la droite FF′. En effet :

1°. Si la droite dd' est constante, la courbe est une ellipse, dont les points F, F′ sont les foyers. Étant données la distance FF′ $= 2c$ et l'équation $d + d' = 2a$, il est aisé de construire la courbe par points ; on peut même la concevoir tracée d'un mouvement continu à l'aide d'un fil dont la longueur serait $2a$, et dont les extrémités seraient attachées aux foyers F, F′.

2°. Si la différence $d - d'$ est constante, la courbe est une hyperbole dont F et F′ sont les foyers. Étant données la distance FF′ $= 2c$ et l'équation $d - d' = \pm 2a$, on construit facilement la courbe par points.

La position d'un point M dans un plan pourrait encore être définie par sa distance MN à une droite donnée AB du plan (*fig.* 2, *Pl. I*) et sa distance MF à un point donné F dans le plan. La même définition dans ce cas appartiendrait à deux points rectangulairement symé-

triques par rapport à la perpendiculaire FC sur AB. Si l'on désigne
FM par p et MN par p', une équation entre p et p' considérés comme
variables exprimera une courbe symétrique par rapport à CF.

Exemple. — L'équation $p = p'$, ainsi interprétée, est celle d'une parabole facile à construire par points. On peut en décrire par un mouvement continu un arc d'une certaine étendue, à l'aide d'une équerre
KLN qui glisse selon la directrice AB et d'un fil attaché d'une part
au point L de l'équerre et de l'autre au foyer F ; la longueur de ce fil
étant NL.

*Déterminer un point sur un plan au moyen de coordonnées paral-
lèles à des axes concourants.*

Un point est donné sur un plan par ses distances à deux droites
fixes tracées dans ce plan, de même qu'il est donné dans l'espace par
ses distances à trois plans connus.

Pour fixer la position d'un point m (*fig.* 3, *Pl. I*) sur un plan, on
détermine sa position par rapport à deux droites Xx, Yy données
de position dans le plan. Pour cela, du point m menons les droites
BC, DE respectivement parallèles aux lignes Xx, Yy ; la droite qm
ou son égale Ap se nomme l'*abscisse* du point m ; pm ou son égale
qA se nomme l'*ordonnée* de ce même point ; ces lignes Ap et pm
portent conjointement le nom de *coordonnées* du point m ; Xx est
l'axe des abscisses ; Yy est l'axe des coordonnées ; les distances Ap,
Aq peuvent être désignées par x et y ; Xx est l'axe des x ; Yy est
l'axe des y ; A est l'origine des coordonnées ; Xx et Yy sont les axes
des coordonnées. L'angle yAx doit être connu : nous le désignerons
par θ. Quand θ aura reçu la valeur d'un angle droit, les coordonnées
x et y d'un point quelconque m expriment les plus courtes distances
de ce point aux axes Xx, Yy, et l'on dit que le point m est rapporté
à des axes rectangulaires ; dans ce cas les coordonnées sont rectangulaires. Lorsque l'angle θ n'est pas droit, le point m est rapporté à des
axes obliques et à des coordonnées obliques ; x et y désignent les
distances du point m aux axes, et ces distances sont mesurées sur des
parallèles aux axes mq, mp.

Il suit de là que, la distance d'un point à chacun des axes étant
mesurée sur une parallèle à l'autre axe, l'abscisse x d'un point m est
la distance de ce point à l'axe des y ; et que l'ordonnée y du point m
est la distance de ce point à l'axe des x. Par conséquent, pour tous les
points de l'axe des x, l'ordonnée y est nulle, et pour tous les points
de l'axe des y l'abscisse x est nulle ; et les coordonnées de l'origine A
sont $x = 0$, $y = 0$. Les points p et q sont les projections du point m
sur les axes Ax, Ay.

Lorsqu'un point m est donné, on en déduit ses projections sur les
axes, ainsi que les grandeurs et les positions de ses coordonnées ; car
en tirant des parallèles mq, mp aux axes Xx, Yy, les points p et q
sont les projections demandées, et l'on a

$$mq = Ap = x, \qquad mp = Aq = y.$$

Quand les projections p et q d'un point m sont données, on détermine facilement ce point ; car il suffit de mener, par ces projections,
des parallèles BC, DE aux axes Xx, Yy : leur intersection est le point
demandé.

Un point n'est pas complétement déterminé lorsqu'on connaît les grandeurs a et b de ses coordonnées. En effet, la valeur $x = a$ exprime que si l'on prend $Ap = Ap' = a$, le point cherché sera sur l'une des parallèles DpE, $D'p'E'$ à l'axe Yy; car tous les points de ces parallèles sont à la distance a de l'axe des y, et ces points sont les seuls qui jouissent de cette propriété. De même l'équation $y = b$ exprime que si l'on prend $Aq = Aq' = b$, le point demandé sera sur l'une des deux parallèles CqB, $C'q'B'$ à l'axe Xx. Le système des équations $x = a$, $y = b$ ne convient donc qu'aux quatre points m, m', m'', m''' à l'intersection des droites CB, C'B', DE, D'E'.

Mais le point serait complétement déterminé si ses projections étaient connues; la question est donc réduite à *déterminer la position d'un point sur une droite*. Le point A sera l'origine des distances x, y; la valeur de Ap sera positive, celle de Ap' sera négative; la valeur de Aq sera positive, celle de Aq' sera négative.

En général, pour que les coordonnées d'un point déterminent sa position, il suffit d'affecter les valeurs de ses coordonnées du signe $+$ ou du signe $-$, selon qu'elles tombent dans un sens ou dans le sens contraire. Le sens des coordonnées positives est arbitraire; mais lorsqu'on l'a fixé, les coordonnées négatives doivent être portées dans un sens directement opposé. Nous conviendrons que les coordonnées des points situés dans l'angle yAx seront positives; pour les points situés dans l'angle yAX, l'ordonnée y sera positive et l'abscisse x sera négative; dans l'angle XAY, les coordonnées seront négatives; enfin, dans l'angle xAY, l'abscisse x sera positive et l'ordonnée y sera négative. Ainsi, pour construire le point dont les coordonnées sont $x = 3$, $y = -4$, on prend $Ap = 3$ et $Aq' = 4$, on tire des parallèles pE et $q'B'$ aux axes; leur intersection m''' est le point cherché.

D'après ces conventions, lorsqu'on sait qu'un point inconnu est dans le plan des axes Xx, Yy, l'équation $x = a$ donne tous les points d'une parallèle DE à l'axe des y; car tous les points de la droite DE sont à la distance a de l'axe des y, et ces points sont les seuls qui jouissent de cette propriété.

L'équation d'une ligne est celle qui détermine tous les points de cette ligne.

$x = a$ est donc l'équation de la droite DE parallèle à Yy, et $y = b$ est l'équation d'une parallèle BC à l'axe Xx. Enfin, le système des équations $x = a$, $y = b$ détermine le point m d'intersection de ces deux droites. Ainsi, l'équation de l'axe des y est $x = 0$, l'équation de l'axe des x est $y = 0$, et le système $x = 0$, $y = 0$ détermine l'origine A des coordonnées.

Connaissant les coordonnées d'un point m (fig 4, Pl. 1) par rapport à deux axes Xx, Yy, déterminer la position de ce point, par rapport à deux nouveaux axes donnés $X'x'$, $Y'y'$, qui sont respectivement parallèles aux axes primitifs.

Menons une parallèle mp'' à Yy; les anciennes coordonnées du point m seront

$$Ap = x, \quad mp = y,$$

et ses nouvelles coordonnées seront

$$A_1 p' = x', \quad mp' = y'.$$

La position des nouveaux axes par rapport aux anciens étant connue, les coordonnées $AB = a'$, $BA_1 = b'$ de la nouvelle origine seront données et l'on aura

$$x = x' + a' \quad \text{et} \quad y = y' + b'.$$

On est parvenu à ces relations en supposant que la nouvelle origine était placée dans l'angle $y A x$. Si nous voulons rendre ces formules générales, il suffira de supposer que les valeurs des coordonnées de la nouvelle origine sont positives ou négatives, selon qu'elles sont portées sur $A x$ et $A y$ ou sur AX et AY. En effet, soit

$$AC = AB = a', \quad AD = AE = b';$$

si x' et y' désignent toujours les coordonnées du point m par rapport à des axes parallèles à $X x$ et $Y y$, la nouvelle origine étant en A_2, ou en A_3, ou en A_4, on aurait

$$x = x' - a', \quad y = y' + b', \quad \text{origine } A_2;$$
$$x = x' - a', \quad y = y' - b', \quad \text{origine } A_3;$$
$$x = x' + a', \quad y = y' - b', \quad \text{origine } A_4;$$

a' et b' sont des quantités positives. La comparaison de ces formules démontre le principe énoncé, de sorte que, pour les comprendre en une seule, il suffit d'écrire les relations générales

$$(1) \qquad\qquad x = x' + a, \quad y = y' + b,$$

en supposant que a et b désignent les coordonnées de la nouvelle origine par rapport aux axes primitifs $X x$, $Y y$, et que les valeurs de ces coordonnées sont positives ou négatives, selon qu'elles sont portées sur $A x$ et $A y$ ou sur AX et AY.

Réciproquement, lorsqu'on donne les relations (1) entre deux systèmes d'axes parallèles, on peut toujours, connaissant un des systèmes d'axes, en déduire l'autre. En effet, si, les axes $X x$, $Y y$ étant donnés, on veut trouver l'origine A_1 des coordonnées x', y', on observera que, pour ce point, x' et y' étant nuls, les formules (1) déterminent les coordonnées $x = a$, $y = b$ de l'origine A_1 et, selon que les valeurs de a et b sont positives ou négatives, on porte ces valeurs sur $A x$ et $A y$ ou sur AX et AY.

Ainsi soit, par exemple,

$$x = x' - 3, \; y = y' + 2 \; (\text{fig. } 5, \text{ Pl. } I),$$

on fera

$$x' = 0, \quad y' = 0,$$

d'où

$$x = -3, \quad y = +2.$$

On prendra donc

$$AC = 3 \quad \text{et} \quad AB = 2;$$

les parallèles $y' CY'$, $X'B x'$ aux axes $X x$ et $Y y$ seront les axes des coordonnées x' et y', et leur intersection A' sera la nouvelle origine; car, en menant par un point quelconque m du plan $y A x$ une parallèle mp à $Y y$, on aura

$$A p = x, \quad mp = y, \quad A' p' = x', \quad p'm = y'.$$

Étant donnés les axes $X'x'$ *et* $Y'y'$ *des coordonnées* x' *et* y', *trouver l'origine* A *des coordonnées* x *et* y.

On observera que, pour ce point, x et y sont nuls; les formules (1) donneront les coordonnées $x' = -a$, $y' = -b$ de l'origine A, rapportée aux axes $X'x'$, $Y'y'$. Par exemple, si l'on avait

$$x = x' - 3, \quad y = y' + 2,$$

les hypothèses $x = 0$, $y = 0$ donneraient les coordonnées $x' = 3$, $y' = -2$ de l'origine A des x et y; on prendrait donc $A'B = 3$, $A'C = 2$, et les parallèles $y\,BY$, $x\,CX$ aux axes $y'Y'$, $X'x'$ seraient les axes des x et y et leur intersection A serait la nouvelle origine.

Lorsqu'une équation à deux inconnues admet une infinité de solutions réelles, on peut représenter toutes ces solutions par une ligne.

En effet, il suffit de supposer que les inconnues x et y sont les coordonnées d'un point par rapport à des axes connus. Par exemple, soit l'équation $ay = x^2$, dans laquelle on représente par a une longueur donnée et par x et y les coordonnées d'une ligne qu'il s'agit de construire. L'équation étant homogène, l'unité est arbitraire, et je puis prendre $a = 1$, ce qui donne $y = x^2$.

Pour avoir la ligne demandée, je donnerai à x différentes valeurs positives et négatives; je tirerai de l'équation pour y des valeurs correspondantes qui seront toutes réelles, et chaque solution de l'équation déterminera un point de la ligne cherchée. Ainsi, $x = 2$ donnant $y = 4$, si l'on prend $AB = 2\,ef$ du côté $A\,x$ (*fig.* 6, *Pl. I*), et que du côté des y positifs on mène BC parallèle à $y\,Y$ et égale à 4, le point C appartiendra au lieu géométrique de l'équation. (On appelle le lieu géométrique d'une équation la ligne déterminée par cette équation, et l'on dit que la ligne construit l'équation.) De cette manière on a autant de points qu'on veut, et à des distances d'autant plus rapprochées que les valeurs de x le sont elles-mêmes davantage.

En faisant $x = 0$, on a $y = 0$; donc la ligne représentée par l'équation $y = x^2$ passe par l'origine.

Si l'on pose

$$x = 1, 2, 3, \quad 4, \quad 5, \quad 6, \ldots,$$

on trouve

$$y = 1, 4, 9, \; 16, 25, 36, \ldots,$$

et l'ensemble de ces valeurs détermine des points situés dans l'angle $y\,A\,x$.

Si l'on fait

$$x = -1, -2, -3, -4, \ldots,$$

on a encore

$$y = \quad 1, \quad 4, \quad 9, \quad 16, \ldots.$$

Ces coordonnées déterminent des points situés dans l'angle $y\,AX$.

Pour ne pas se tromper sur la forme de la courbe dans le voisinage de l'origine, il est nécessaire d'avoir vers cette partie des points assez rapprochés. C'est pourquoi l'on pourra calculer les ordonnées correspondantes aux abscisses fractionnaires $0,1$; $0,2$; .... On obtient ainsi le tableau suivant :

$$x = 0,10, \quad 0,20, \quad 0,30, \quad 0,40,$$
$$y = 0,01, \quad 0,04, \quad 0,09, \quad 0,16.$$

Il fait connaître que l'ordonnée diminue plus rapidement que l'abscisse quand la courbe approche très-près de l'origine, et en effet le rapport $\dfrac{y}{x} = x$ est alors très-petit.

Après avoir obtenu un certain nombre de points, on les joint par un trait continu, et l'on a ainsi le lieu de l'équation proposée avec d'autant plus d'exactitude que ces points seront plus nombreux.

TRANSFORMATION DES COORDONNÉES.

Objet de cette transformation. — L'équation d'une courbe ne reste pas la même quand on change les axes auxquels on la rapporte. Le cercle en offre un exemple frappant. Si l'on prend pour axe deux diamètres rectangulaires (*fig.* 7, *Pl. I*), et qu'on désigne le rayon par R, on aura pour chaque point de la circonférence

$$x^2 + y^2 = R^2,$$

car cette équation exprime, ainsi que le montre la figure, que la distance de l'origine à chaque point de la courbe est égale à R.

Mais supposons que les axes rectangulaires auxquels on rapporte le cercle ne passent point par le centre, et désignons les coordonnées de ce centre par α et β. Soit o le centre (*fig.* 8, *Pl. I*), et m un point quelconque de la circonférence; menons oB et mp perpendiculaires à l'axe Ax, et oq perpendiculaire à mp; le triangle moq donnera

$$\overline{oq}^2 + \overline{qm}^2 = \overline{om}^2.$$

Or

$$oq = Ap - AB = x - \alpha, \quad mq = mp - oB = y - \beta \quad \text{et} \quad om = R;$$

donc on aura pour l'équation du cercle

$$(x - \alpha)^2 + (y - \beta)^2 = R^2,$$

ou, en développant les carrés,

$$x^2 - 2\alpha x + \alpha^2 + y^2 - 2y\beta + \beta^2 = R^2.$$

Cette équation est, comme on le voit, beaucoup moins simple que la première. On en aurait une moins simple encore si les axes n'étaient pas rectangulaires.

Puisque l'équation d'une ligne peut devenir plus ou moins simple, selon les axes auxquels elle est rapportée, il s'ensuit qu'on doit avoir le plus grand soin, lorsqu'on cherche l'équation d'une courbe dont on donne la génération ou une propriété quelconque, de faire choix d'un système d'axes qui n'entraîne point dans des calculs compliqués, et qui conduise à l'équation la plus propre à manifester la forme et les propriétés de la courbe.

D'un autre côté, il peut se faire qu'on connaisse déjà l'équation d'une ligne rapportée à un système d'axes déterminé, et il n'est pas moins important de savoir trouver l'équation qui représenterait cette même ligne rapportée à d'autres axes. Ce problème sera résolu quand on connaîtra, pour un point quelconque, les valeurs des anciennes coordonnées en fonction des nouvelles; car alors en substituant ces valeurs dans l'équation proposée, on obtient une relation entre les nouvelles coordonnées de chacun des points de la courbe que l'on considère. C'est en cela que consiste la transformation des coordonnées.

Formules pour la transformation des coordonnées. — Le cas général est celui où l'on change en même temps l'origine et la direction des axes. Soient Ax et Ay (*fig. 9, Pl. 1*) les axes primitifs qui forment entre eux l'angle $yAx = \theta$, et soient $A'y'$ et $A'x'$ les nouveaux axes; menons $A'E$ parallèle à Ax et $A'F$ parallèle à Ay. Pour déterminer les derniers axes, il suffit de connaître les coordonnées AB, $A'B$ de l'origine A' et les angles $x'A'E$, $y'A'E$ que ces axes font avec la droite $A'E$. Désignons ces deux coordonnées par a et b et ces deux angles par α et α'.

Soit m un point quelconque, menons mp parallèle à Ay et mq parallèle à $A'y'$; les anciennes coordonnées du point m sont $Ap = x$, $mp = y$; les nouvelles sont $A'q = x'$, $mq = y'$; par le point q menons qr parallèle à Ay et qT parallèle à Ax; on aura

$$x = Ap = a + A'S + qT,$$
$$y = pm = b + qS + mT.$$

Le triangle $A'qS$ donne

$$\frac{A'S}{\sin A'qS} = \frac{qS}{\sin qA'S} = \frac{A'q}{\sin A'qS};$$

mais on a

$$A'q = x',$$
$$\sin A'qS = \sin FA'x' = \sin(\theta - \alpha),$$
$$\sin qA'S = \sin \alpha,$$
$$\sin A'Sq = \sin(200 - \theta) = \sin \theta.$$

Donc

$$\frac{A'S}{\sin(\theta - \alpha)} = \frac{qS}{\sin \alpha} = \frac{x'}{\sin \theta},$$

d'où

$$A'S = \frac{x' \sin(\theta - \alpha)}{\sin \theta}, \quad qS = \frac{x' \sin \alpha}{\sin \theta}.$$

Semblablement, le triangle mqT donne

$$\frac{qT}{\sin qmT} = \frac{mT}{\sin mqT} = \frac{mq}{\sin mTq}.$$

Or on a

$$mq = y',$$
$$\sin qmT = \sin y'A'E = \sin(\theta - \alpha'),$$
$$\sin mqT = \sin y'A'E = \sin \alpha',$$
$$\sin mTq = \sin(200 - \theta) = \sin \theta;$$

donc

$$\frac{qT}{\sin(\theta - \alpha')} = \frac{mT}{\sin \alpha} = \frac{y'}{\sin \theta};$$

d'où

$$qT = \frac{y' \sin(\theta - \alpha')}{\sin \theta}, \quad mT = \frac{y' \sin \alpha'}{\sin \theta}.$$

Il ne reste donc plus qu'à remplacer $A'S$, qT, qS, mT par leurs va-

GÉOMÉTRIE ANALYTIQUE.

leurs, pour obtenir les formules cherchées, savoir :

$$(2) \begin{cases} x = a + \dfrac{x' \sin(\theta - \alpha) + y' \sin(\theta - \alpha')}{\sin\theta}, \\ y = b + \dfrac{x' \sin\alpha + y' \sin\alpha'}{\sin\theta}. \end{cases}$$

Elles sont rarement employées dans toute leur généralité; mais nous allons en déduire, comme cas particuliers, celles dont l'usage est le plus fréquent.

Passer d'un système de coordonnées rectangulaires à un système de coordonnées obliques.

Pour cela, il faut faire dans ces formules $\theta = 100$, et elles se réduisent à celles-ci :

$$(3) \begin{cases} x = a + x' \cos\alpha + y' \cos\alpha', \\ y = b + x' \sin\alpha + y' \sin\alpha'. \end{cases}$$

Passer d'un système de coordonnées rectangulaires à de nouvelles coordonnées rectangulaires.

Il faut faire de plus $\alpha' = 100 + \alpha$ dans les dernières formules. On remarquera que

$$\sin\alpha' = \sin(100 + \alpha) = \sin(100 - \alpha) = \cos\alpha,$$
$$\cos\alpha' = \cos(100 + \alpha) = \cos(100 - \alpha) = -\sin\alpha,$$

et, par suite, il viendra

$$(4) \begin{cases} x = a + x' \cos\alpha - y' \sin\alpha, \\ y = b + x' \sin\alpha + y' \cos\alpha. \end{cases}$$

Passer d'un système d'axes obliques à des axes rectangulaires.

Il faut, dans les valeurs générales (2), faire $\alpha' = 100 + \alpha$, et l'on aura

$$\sin\alpha' = \sin(100 + \alpha) = \sin(100 - \alpha) = \cos\alpha,$$
$$\sin(\theta - \alpha') = \sin(\theta - 100 - \alpha) = -\sin[100 - (\theta - \alpha)]$$
$$= -\cos(\theta - \alpha),$$

et les formules deviendront

$$(5) \begin{cases} x = a + \dfrac{x' \sin(\theta - \alpha) - y' \cos(\theta - \alpha)}{\sin\theta}, \\ y = b + \dfrac{x' \sin\alpha + y' \cos\alpha}{\sin\theta}. \end{cases}$$

Remarques. — Pour que ces formules aient toute la généralité dont elles sont susceptibles, il faut donner aux diverses coordonnées les signes qui conviennent à leur position, et aux angles l'extension nécessaire pour que les nouveaux axes puissent prendre toutes les inclinaisons possibles à l'égard des axes primitifs.

S'il s'agit des formules $x = a + x'$, $y = b + y'$ qui ont été déduites de la *fig.* 4, il faudra y supposer x et x' positifs dans le sens Ax, $A'x'$, et négatifs dans le sens contraire; et de même y et y' positifs dans le sens Ay et $A'y'$, et négatifs au-dessous. Par exemple, pour un point situé comme l'est le point N, il faudra prendre

$$x = AQ, \quad x' = -A'Q', \quad y = -QN, \quad y' = -Q'N.$$

En effet, ces valeurs vérifient les formules (1), car en les substituant il vient

$$AQ = a - A'Q' = AB - BQ = AQ,$$
$$- QN = b - Q'N = A'B - Q'N = Q'q - Q'N = - QN.$$

Si l'on fait occuper au point N toutes les positions possibles, on obtiendra toujours des vérifications analogues, en ayant soin de prendre les signes comme il a été dit.

Il faut encore remarquer que la figure suppose la nouvelle origine A′ située dans l'angle $y\,A\,x$. Si l'on veut la placer dans un autre angle, dans l'angle XAY par exemple, il suffira de considérer les coordonnées a et b comme ayant des valeurs négatives dans les formules (1). C'est ce qu'on pourrait facilement vérifier, en cherchant directement pour la position nouvelle de l'origine A′ les valeurs de x et de y.

DISCUSSION DE L'ÉQUATION DU PREMIER DEGRÉ A DEUX INCONNUES x ET y.

Une ligne droite indéfinie est déterminée par toute équation du premier degré à deux inconnues x et y.

En regardant x et y comme les coordonnées d'un point, toutes les solutions réelles de l'équation

(1) $$A y + B x = C$$

donnent des points qui sont situés sur une même droite. En effet, pour commencer par le cas le plus simple, construisons l'équation

(2) $$y = ax.$$

Chaque valeur réelle de x détermine une valeur réelle correspondante de y, et quand x varie d'une manière continue, y varie aussi d'une manière continue. L'équation (2) donne donc tous les points d'une ligne qui est *continue* et *indéfinie*.

La nature de cette ligne se déduit de l'équation (2). En effet, cette équation fait voir que pour tous les points de la ligne cherchée, le rapport de l'ordonnée y à l'abscisse x est égal à la constante a; par conséquent, si a étant positif, m et m' (*fig.* 10, *Pl. I*) sont deux points déterminés par l'équation (2), en menant les parallèles mp, $m'p'$ à l'axe des y, on aura

$$\frac{mp}{Ap} = \frac{m'p'}{Ap'}.$$

Les triangles $mp\,A$, $m'p'A$ sont donc semblables, d'où il suit que les angles $m\,A\,x$, $m'A\,x$ sont égaux; mais pour que cela soit, il faut que les droites A m, A m' se confondent, ainsi que toutes celles menées du point A aux différents points de la ligne (2). Tous les points de la ligne cherchée sont donc sur une droite indéfinie DD′ qui passe par l'origine A des coordonnées.

Réciproquement, les coordonnées de tous les points de la droite DAD′ *satisfont à l'équation* (2).

En effet, soit n un point déterminé par l'équation (2); si l'on mène la parallèle np' à yY, on aura

$$\frac{np'}{p'A} = a.$$

Les coordonnées de tous les points de la droite D n AD′ satisferont à l'équation (2), car x et y étant les coordonnées Ap et pm d'un point quelconque m de cette droite, les triangles mp A, $np′$ A seront semblables, et l'on aura

$$\frac{y}{x} = \frac{mp}{p\,\text{A}} = \frac{np′}{p′\text{A}} = a, \quad \text{d'où} \quad y = ax.$$

Les mêmes propriétés conviennent au prolongement AD′ de AD, car x et y devenant négatifs, le rapport $\frac{y}{x}$ reste égal à la quantité positive a. Ainsi, en menant une droite indéfinie DD′ par deux points quelconques déterminés par l'équation (2), toutes les solutions de cette équation détermineront des points de la droite DD′, et réciproquement les coordonnées de tous les points de la droite DD′ satisferont à l'équation (2).

Lorsque a est une quantité négative $- a′$, le rapport $\frac{y}{x}$ devient négatif, les coordonnées x, y sont de signes contraires, et l'équation (2) détermine une droite d A $d′$; pour la construire on prend A $p′ = \lambda = 1$, on mène une parallèle $p′ \delta′$ à y Y, on prend $p′n′ = a′$, et on tire la droite $dd′$ par les points A, $n′$.

L'équation $y = ax$ déterminant toujours une droite indéfinie, l'équation

(3) $\hspace{3cm} y = ax + b$

représente une ligne parallèle à la première, car chaque ordonnée de la première étant égale à ax, il suffit de prolonger toutes ces ordonnées d'une quantité constante b pour obtenir les ordonnées $ax + b$ de la parallèle; cette parallèle est donc une ligne droite, et on la construira en prenant AB $= b$, et en menant par le point B une parallèle EF à DD′, ou ef à $dd′$. Les valeurs de a et b pouvant être positives ou négatives, l'équation (3) est susceptible de ces quatre formes

$$y = a′x + b′, \quad y = a′x - b′, \quad y = - a′x + b′, \quad y = - a′x - b′.$$

Il est facile de voir sur la figure comment on pourrait construire ces équations; les parallèles EBF, E′B′F′, cBf, $c′$B$f′$ aux droites DD′ et $dd′$ seront les lieux géométriques de ces équations.

Lorsque A n'est pas nul, on peut ramener l'équation A$y +$ B$x =$ C à la forme $y = ax + b$, et cette dernière détermine une droite. Quand A $=$ o, l'équation (1) donne $x = \frac{\text{C}}{\text{B}}$, ce qui construit une parallèle à l'axe des y.

Ainsi dans tous les cas, l'équation A$y +$ B$x =$ C donne une infinité de points ; ces points sont sur une même droite, et les coordonnées de tous les points de cette droite satisfont à l'équation.

Équation de la ligne droite.

PROBLÈME I. — *Une droite indéfinie étant donnée de position par rapport à deux axes connus* X x, Y y, *déterminer l'équation de cette droite.*

Soit la ligne droite donnée BM (*fig.* 11, *Pl. 1*), dont il s'agit d'exprimer la nature par une équation. Puisque cette droite est connue de position à l'égard des axes Ax, Ay, faisons AB $= b$ et désignons la tangente trigonométrique de l'angle BRA par a; puis faisons AP $= x$, PM $= y$. Cela posé, le triangle rectangle BEM donnera, à cause de ME $= y - b$ et en représentant le rayon des Tables par l'unité,

$$1 : a :: x : y - b, \quad \text{d'où} \quad y = ax + b.$$

Telle est l'équation de la droite BM, ou la relation qui existe entre l'abscisse et l'ordonnée d'un point quelconque M de cette droite. Dans cette équation, les deux quantités a et b sont des constantes, et les deux autres x et y sont des variables; d'où il suit que deux conditions suffisent pour déterminer une droite.

Si dans cette dernière équation l'on fait $x = 0$, il en résulte que $y = b$; c'est la valeur de l'ordonnée positive AC du point C. Si au contraire on y fait $y = 0$, on obtient $x = \dfrac{-b}{a}$, et c'est la valeur de l'abscisse négative AR.

Si la droite donnée passait par l'origine des axes, son équation serait seulement $y = ax$, parce qu'alors l'ordonnée b correspondante au point A serait nulle; ainsi $y = ax$ est l'équation de la droite AM (*fig.* 12, *Pl. I*).

Toute droite CD parallèle à AM a donc pour équation

$$y = ax + b.$$

Ainsi lorsque deux droites sont données par les équations générales

$$y = ax + b, \quad y = a'x + b',$$

il faut qu'on ait cette équation de condition $a = a'$ pour que ces droites soient parallèles.

Problème II. — *Trouver l'équation d'une droite assujettie à passer par deux points donnés.*

Soient x', y'; x'', y'', les coordonnées respectives des points M', M''. L'équation de la droite cherchée sera généralement de la forme

$$(1) \qquad\qquad y = \mathrm{A}\, x + \mathrm{B};$$

l'équation consiste donc à déterminer les constantes A, B : or il est évident que, puisque cette droite doit passer par les points M', M'', ces deux conditions seront exprimées par les conditions

$$(2) \qquad\qquad y' = \mathrm{A}\, x' + \mathrm{B},$$
$$(3) \qquad\qquad y'' = \mathrm{A}\, x'' + \mathrm{B},$$

à l'aide desquelles on obtiendra les valeurs de A et B. Par exemple, en soustrayant ces deux équations l'une de l'autre, on a sur-le-champ

$$\mathrm{A} = \frac{y' - y''}{x' - x''}, \quad \text{et de là} \quad \mathrm{B} = \frac{x'y'' - x''y'}{x' - x''};$$

si l'on introduit ces valeurs dans l'équation (1), il viendra

$$y = \frac{y' - y''}{x' - x''}\, x + \frac{x'y'' - x''y'}{x' - x''}$$

pour l'équation de la droite cherchée. Cette formule n'est ni la plus simple ni la plus symétrique que l'on puisse obtenir; en effet, si l'on soustrait successivement l'une de l'autre les équations (1) et (2) et celles (2) et (3), on aura

$$y - y' = A(x - x') \quad \text{et} \quad y' - y'' = A(x' - x'').$$

Le premier résultat est l'équation d'une droite assujettie à passer par un des points donnés; mais en y substituant la valeur de A prise dans le second résultat, on a

$$y - y' = \frac{y' - y''}{x' - x''}(x - x')$$

pour l'équation de la droite passant par les deux points donnés.

PROBLÈME III. — *Trouver l'équation d'une droite perpendiculaire à une autre droite donnée.*

Soit BC la droite donnée (*fig.* 13, *Pl. 1*), son équation sera

(1) $$y = ax + b.$$

Il s'agit de trouver l'équation d'une autre droite telle que DE perpendiculaire à BC.

Par l'origine A, menons AG parallèle à BC et A m' perpendiculaire à AG; alors l'équation de cette dernière sera $pm = Ax$ et celle de A m' parallèle à DE sera $pm' = a'x$. Mais à cause de la similitude des triangles rectangles Apm, Apm', on a

$$pm \times pm' = \overline{Ap}^2;$$

de plus, pm et pm' sont de signes contraires, par conséquent

$$-aa'x^2 = x^2,$$

ou plus simplement

$$-aa' = 1, \quad \text{d'où} \quad a' = -\frac{1}{a}.$$

Ainsi l'équation de AG est $y = ax$; celle de la droite qui lui est perpendiculaire est $y = -\frac{1}{a}x$: donc l'équation de DE est en général

$$y = -\frac{1}{a}x + B.$$

Si cette droite était en outre assujettie à passer par un point donné $x'y'$, son équation, d'après ce qui précède, serait

(2) $$y - y' = -\frac{1}{a}(x - x').$$

Quand on a pour but de déterminer les coordonnées du point d'intersection de deux droites, il faut, dans leurs équations, attribuer aux variables x et y les mêmes valeurs; alors la question consiste à résoudre deux équations du premier degré entre deux inconnues. Qu'on se propose, par exemple, de trouver la longueur P de la perpendiculaire abaissée d'un point $x'y'$ sur la droite BC donnée par l'équation (1), alors en désignant par xy les coordonnées du pied de cette perpendiculaire, on aura

$$P = \sqrt{(x - x')^2 + (y - y')^2}.$$

Reste à éliminer x et y de cette expression, en tirant les valeurs de ces coordonnées des équations (1) et (2) qui ont lieu à la fois; mais

pour effectuer cette élimination de la manière la plus simple, on substituera d'abord dans P pour $y - y'$ sa valeur (2) et l'on aura

$$P = \frac{x - x'}{a} \sqrt{1 + a^2};$$

puis on mettra l'équation (1) sous la forme

$$y - y' = ax + b - y' + ax' - ax',$$

ou plutôt sous celle-ci

$$y - y' = a(x - x') + b + ax' - y';$$

ensuite égalant cette valeur de $y - y'$ à celle (2), on obtiendra

$$x - x' = \frac{a(y' - ax' - b)}{1 + a^2},$$

et de là

$$P = \frac{y' - ax' - b}{1 + a^2} \sqrt{1 + a^2} = \frac{y' - ax' - b}{\sqrt{1 + a^2}} :$$

telle est l'expression cherchée.

PROBLÈME IV. — *Les équations de deux droites étant données, trouver l'angle qu'elles forment.*

Soient

$$y = ax + b$$

l'équation de la droite BD (*fig. 14, Pl. 1*),

$$y = a'x + b'$$

celle de la droite B'D'.

Il s'agit de déterminer l'angle D'CD = C. Or, cet angle étant la
différence des angles DCK et D'CK que les droites données BD et
B'D' font respectivement avec l'axe des x, il est évident que l'on aura

$$\tang C = \frac{\tang D'CK - \tang DCK}{1 + \tang D'CK \times \tang DCK}.$$

Mais ici tang DCK $= a$ et tang D'CK $= a'$; donc la tangente de
l'angle cherché ou

(1) $$\tang C = \frac{a' - a}{1 + a'a}.$$

Si la première droite avait la direction bd, l'angle dCK serait
obtus, et par conséquent la tangente a serait négative; de sorte que
la tangente de l'angle D'Cb aurait pour expression

(2) $$\tang D'Cb = \frac{a' + a}{1 - a'a}.$$

La relation $a'a + 1 = 0$, qui a lieu lorsque les deux droites données
sont perpendiculaires entre elles, est un cas particulier de la formule (1). En effet, l'angle C étant alors égal au quadrant, on a
tang C $= \infty$. Or, pour que cette circonstance ait lieu, il faut que le
dénominateur $1 + a'a$ de la fraction $\frac{a' - a}{1 + a'a}$ soit égal à zéro; donc

$$a'a + 1 = 0.$$

On parvient à l'équation (1) par une autre méthode, bien moins
directe à la vérité, mais qui a l'avantage d'être générale, la voici :

Menons par l'origine a des coordonnées deux droites aM, aM' respectivement parallèles aux deux droites données BD, B'D'; leurs équations seront

$$y = ax, \quad y' = a'x.$$

Désignons par x, y, x', y', les coordonnées des points M, M', faisons a M $= a$ M' $= r$; alors les deux équations précédentes deviendront

$$y = ax, \quad y' = a'x',$$

et l'on aura en outre

$$(3) \qquad r^2 = x^2 + y^2, \quad r^2 = x'^2 + y'^2.$$

Cela posé, le carré de la droite MM' $= u$ aura généralement pour expression

$$u^2 = (x - x')^2 + (y - y')^2;$$

ou, développant et réduisant à l'aide des relations (2), on aura plus simplement

$$u^2 = 2 r^2 - 2(xx' - yy');$$

et comme le triangle a MM', dans lequel l'angle M a M' $=$ C, fournit cette relation

$$u^2 = 2 r^2 - 2 r^2 \cos C,$$

on a, en égalant ces deux valeurs de u^2,

$$\cos C = \frac{xx' + yy'}{r^2}.$$

Maintenant soient x, x' les angles que les droites a M, a M' font chacune avec l'axe des x, on aura évidemment

$$x = r \cos X, \quad y = r \sin X,$$

et, par conséquent,

$$\frac{y}{x} = \frac{\sin X}{\cos X} = \tang X = a;$$

par la même raison

$$\frac{y'}{x'} = \frac{\sin X'}{\cos X'} = \tang X' = a':$$

partant

$$\cos C = \cos X \cos X' + \sin X \sin X' = \cos X \cos X' (1 + aa').$$

Mais la première relation (3) pouvant être écrite ainsi,

$$r^2 = x^2 \left(1 + \frac{y^2}{x^2}\right) = x^2 (1 + a^2) = r^2 \cos^2 X (1 + a^2),$$

on a

$$\cos X = \frac{1}{\sqrt{1 + a^2}};$$

de même

$$\cos X' = \frac{1}{\sqrt{1 + a'^2}};$$

partant

$$\cos C = \frac{1 + aa'}{\sqrt{1 + a^2} \sqrt{1 + a'^2}}.$$

Enfin, à cause de tang $C = \dfrac{\sin C}{\cos C} = \dfrac{\sqrt{1 - \cos^2 C}}{\cos C}$, on a comme ci-dessus

$$\text{tang } C = \frac{\sqrt{(1 + a^2)(1 + a'^2)} - (1 + a'a)^2}{1 + a'a} = \frac{\sqrt{(a' - a)^2}}{1 + a'a} = \frac{a' - a}{1 + a'a}.$$

Équation du cercle.

En supposant que le cercle donné ait pour rayon R, et que les coordonnées de son centre soient a et b ($fig.$ 15, $Pl.$ I), la distance de ce point à tout autre point M pris sur sa circonférence aura pour expression

$$R = \sqrt{\overline{CD}^2 + \overline{DM}^2} = \sqrt{(x - a)^2 + (y - b)^2},$$

x et y étant les coordonnées du point M. C'est là l'équation la plus générale de la circonférence du cercle rapportée aux coordonnées rectangulaires y Y, X x. On l'écrit le plus souvent ainsi qu'il suit :

(1) $\qquad\qquad (y - b)^2 + (x - a)^2 = R^2.$

Si l'origine des coordonnées était placée à l'extrémité E du diamètre EF, l'ordonnée b serait évidemment nulle, et pour lors l'équation précédente se réduirait à

$$y^2 = 2Rx - x^2 = x(2R - x).$$

Lorsque l'on place l'origine des coordonnées au centre du cercle, l'équation (1) se simplifie davantage, parce que a et b sont nuls à la fois ; on a donc pour l'équation la plus simple du cercle

$$y^2 + x^2 = R^2,$$

laquelle peut encore s'écrire de la manière suivante :

$$y^2 = (R + x)(R - x).$$

Un cercle tangent à l'axe des x, au point pris pour origine des axes rectangulaires, a pour équation

$$(y - r)^2 + x^2 = r^2 \quad \text{ou} \quad y^2 - 2ry + x^2 = 0,$$

ou encore

$$y = r \pm \sqrt{r^2 - x^2}.$$

Cette équation peut servir à tracer par points sur le terrain un arc de cercle d'un très-grand rayon connu, tangent à une droite donnée.

LIGNES DU SECOND DEGRÉ.

Lorsque l'on suppose que x et y désignent les coordonnées d'un point par rapport à deux axes qui font entre eux un angle θ, l'équation la plus générale du premier degré à deux inconnues x et y détermine une infinité de points, et tous ces points sont en ligne droite. Réciproquement, si des points sont en ligne droite, la relation entre les coordonnées x, y de l'un quelconque de ces points est une équation du premier degré entre x et y. Par conséquent, lorsqu'une équation F $(x, y) = 0$ (*) n'est pas du premier degré, les points déter-

_____

(*) Lorsque, pour aider le raisonnement, on veut exprimer de la manière la plus générale l'équation d'une courbe en coordonnées x et y, on la représente par le symbole F $(x, y) = 0$, dont l'énoncé est : fonction de x et de y égale zéro,

minés par cette équation ne doivent pas être en ligne droite ; l'ensemble de ces points forme une certaine courbe qui est le lieu géométrique de l'équation, et cette ligne construit l'équation. Le degré de l'équation détermine le degré de la courbe. Sous ce point de vue, les lignes droites sont des lignes du premier degré.

Équation de l'ellipse.

Une des propriétés de cette courbe est que, si l'on mène de chacun de ses points M à deux points fixes F, F′, les droites MF, MF′, la somme de ces lignes sera toujours constante. De là, il est facile de décrire l'ellipse par points ou par un mouvement continu, lorsque l'on connaît les foyers F, F′ et la somme des rayons vecteurs MF, MF′.

Représentons par $2a$ la ligne donnée (*fig.* 16, *Pl. I*) et par $2c$ la distance FF′; prenons pour origine le point C milieu de FF′ et faisons CP $= x$, PM $= y$.

Les triangles rectangles FPM, F′PM donnent, à cause de FP $= c - x$ et de F′P $= c + x$,

$$MF = \sqrt{(c-x)^2 + y^2}, \quad MF' = \sqrt{(c+x)^2 + y^2};$$

et puisque, par la nature de la courbe, MF + MF′ $= 2a$, il s'ensuit que

$$2a = \sqrt{(c+x)^2 + y^2} + \sqrt{(c-x)^2 + y^2}.$$

Faisons passer la première quantité radicale dans le premier membre, et élevant les deux membres au carré, il vient en réduisant

$$a^2 + cx = a\sqrt{(c+x)^2 + y^2}.$$

Élevant encore au carré les deux membres de cette nouvelle équation, et réduisant on trouve

$$a^2 y^2 + (a^2 - c^2) x^2 = a^4 - a^2 c^2;$$

enfin, si l'on fait $a^2 - c^2 = b^2$, on aura

(1) $$a^2 y^2 + b^2 x^2 = a^2 b^2.$$

Telle est l'équation de la courbe AMB, qui jouit de la propriété énoncée.

La valeur y tirée de ce résultat étant $y = \pm \dfrac{b}{a}\sqrt{a^2 - x^2}$, et se trouvant toujours réelle tant que x, positive ou négative, sera plus petite que a, il en résulte que la courbe est entièrement fermée. On détermine les points où elle coupe les axes des coordonnées en faisant successivement $x = 0$, $y = 0$ dans l'équation (1). La première supposition donne $y = \pm b$; c'est la valeur de CD ou de CE. La deuxième supposition donne $x = \pm a$; c'est la valeur de CB ou de CA. Ainsi la courbe passe par les points A, D, B, E et ne passe pas au delà. On a donc AB $= 2a$, DE $= 2b$. Ces deux dernières lignes se nomment les axes de l'ellipse, et le point C en est le centre.

---

ou par $y = f(x)$, dont l'énoncé est: y égale fonction de x. Dans ce second cas, on suppose que l'équation est résolue par rapport à y.

Généralement, on entend par fonction d'une ou de plusieurs variables l'expression d'opérations quelconques à faire sur ces variables, combinées soit entre elles, soit avec des constantes.

Lorsque $a > b$, $2a$ est le grand axe et $2b$ est le petit axe. Mais lorsque $a = b$, on retrouve l'équation du cercle $y^2 + x^2 = a^2$. On peut donc considérer un cercle comme une ellipse dont les deux axes sont égaux. Il est clair alors que les deux foyers coïncident avec le centre, ou que l'excentricité CF est nulle.

Pour compter les abscisses à partir du sommet A de l'ellipse, on voit bien qu'il faudra, dans l'équation précédente de cette courbe, faire $x = x' - a$, puisque CP = AP — AC; ainsi l'on aura, toute réduction faite,

$$(2) \qquad y^2 = \frac{b}{a^2}(2ax' - x'^2).$$

Telle est l'équation de l'ellipse rapportée au sommet de cette courbe.

La double ordonnée qui passe par l'un des foyers de l'ellipse se nomme le *paramètre* : si on le désigne par p, l'abscisse correspondante sera $c = \sqrt{a^2 - b^2}$, et pour lors l'équation (1) ci-dessus donnera

$$p = \frac{2b^2}{a} = \frac{2b \times 2b}{2a};$$

c'est-à-dire que le paramètre est une troisième proportionnelle au grand axe et au petit axe.

THÉORÈME. — *Dans l'ellipse, les carrés des ordonnées sont entre eux comme les produits des abscisses correspondantes.*

En effet, si l'on désigne par X' et Y les coordonnées d'un point autre que celui qui a x' pour abscisse, l'équation (2) se changera en celle-ci,

$$Y^2 = \frac{b^2}{a^2}(2aX' - X'^2),$$

et l'une et l'autre fourniront la proportion
$$y^2 : Y^2 :: x'(2a - x') : X'(2a - X').$$

Si l'on circonscrit à l'ellipse BMA un cercle du rayon CB = a, et qu'on désigne par Y l'ordonnée PN correspondante à l'abscisse CP = x, on aura par la propriété du cercle
$$Y^2 = a^2 - x^2,$$
et par celle de l'ellipse rapportée à son centre
$$y^2 = \frac{b^2}{a^2}(a^2 - x^2);$$

donc

$$Y^2 : y^2 :: 1 : \frac{b^2}{a^2} \quad \text{ou} \quad Y : y :: a : b :: 2a : 2b,$$

c'est-à-dire que les ordonnées du cercle circonscrit et de l'ellipse, correspondantes à une même abscisse, sont entre elles comme le premier axe est au second axe de cette ellipse.

Quadrature de l'ellipse.

En menant à volonté des ordonnées communes à l'ellipse et au cercle circonscrit (*fig.* 16), et considérant leurs extrémités comme les sommets des angles des polygones inscrits BMM'M''..., BNN'N''...

à ces deux courbes, un quelconque des trapèzes PP′NN′ aura pour mesure

$$\frac{PN + PN'}{2} \, (PP') \quad \text{ou} \quad \frac{Y + Y'}{2} \, (x - x') = T.$$

Le trapèze correspondant PP′MM′ aura de même pour mesure

$$\frac{PM + PM'}{2} \, (pp') \quad \text{ou} \quad \frac{y + y'}{2} \, (x - x') = t.$$

Mais, par ce qui précède,

$$Y : y :: Y' : y' :: a : b;$$

par conséquent

$$\frac{Y + Y'}{2} : \frac{y + y'}{2} :: a : b :: T : t,$$

ou bien

$$\frac{T}{t} = \frac{a}{b}.$$

Pour deux autres trapèzes correspondants T′, t′, on aurait de même

$$\frac{T'}{t'} = \frac{a}{b};$$

et ainsi de suite.

Donc en désignant par P l'aire du polygone BNN′N″ ... et par p celle du polygone BMM′M″ ..., on aura, à cause de l'égalité des rapports, $\frac{T}{t}$, $\frac{T'}{t'}$, $\frac{T''}{t''}$, etc.,

$$\frac{T + T' + T''}{t + t' + t''} = \frac{P}{p} = \frac{a}{b}.$$

Or, plus on multipliera le nombre des côtés de ces polygones, moins P et p différeront respectivement de l'aire S du cercle et de celle s de l'ellipse; donc la limite du rapport

$$\frac{P}{p} = \frac{S}{s} = \frac{a}{b}; \quad \text{donc enfin} \quad S = \frac{bS}{a},$$

c'est-à-dire que l'aire de l'ellipse est égale à celle du cercle circonscrit multipliée par le rapport du second axe au premier. Mais l'aire du cercle circonscrit a pour expression πa^2, donc

$$S = \pi ab.$$

Ainsi l'aire d'une ellipse est aussi égale au produit de ses demi-axes, multiplié par le rapport de la circonférence au diamètre. Ce rapport n'étant qu'approché, il s'ensuit que l'ellipse, ainsi que le cercle, n'est pas une courbe exactement carrable.

Méthode générale pour calculer l'aire des courbes planes et le volume des solides, due à Thomas Simpson.

Les surfaces planes sont terminées souvent par des contours qui ne sont soumis à aucune loi géométrique connue, et alors il est nécessaire, pour les mesurer, d'avoir recours à des modes de quadrature approximatifs.

L'une des méthodes les plus simples et les plus exactes pour déterminer approximativement, par le calcul, la surface limitée par un contour quelconque curviligne ou composé de parties courbes et de droites, est celle qui est due au géomètre anglais Thomas Simpson.

On mène à travers la surface une ligne AB (*fig.* 17, *Pl. I*), et l'on partage la distance entre les deux points d'intersection avec le contour en un nombre pair de parties égales, et numérotées 1, 2, 3, 4, 5, 6, 7, 8; aux points de division on élève des perpendiculaires à la ligne AB appelée axe des abscisses, ce qui donne les lignes O', O'', O''', O^{IV}, etc., appelées ordonnées.

La surface S, terminée par le contour O'O^{IX}O^{IX}O', a pour valeur

$$S = \frac{1}{3} d \left[(O' + O^{IX}) + 4 (O'' + O^{IV} + O^{VI} + O^{VIII}) + 2 (O''' + O^V + O^{VII}) \right],$$

c'est-à-dire le tiers du produit qu'on obtient, en multipliant par l'intervalle constant d compris entre les ordonnées de la courbe, la somme des ordonnées extrêmes, augmentée de deux fois celle des autres ordonnées de rang impair, et de quatre fois celle des ordonnées de rang pair.

Démonstration de cette règle (*fig.* 18, *Pl. I*). — L'aire à mesurer étant limitée par le contour $aa'd'g'gda$, si l'on partage la ligne ag en six parties égales par exemple, on aura une première valeur approchée de cette aire en faisant la somme des aires des trapèzes rectilignes $aa'b'b$, $bb'c'c$, etc., ce qui donnera

$$\frac{1}{2} ab (aa' + bb') + \frac{1}{2} bc (bb' + cc') + \frac{1}{2} cd (cc' + dd') + \dots,$$

ou

$$\frac{1}{2} ab (aa' + 2 bb' + 2 cc' + 2 dd' + 2 ee' + 2 ff' + gg').$$

C'est la méthode ordinairement suivie, et qui revient à remplacer la courbe par le polygone rectiligne $a'b'c'd'e'\dots g'$.

On obtient ainsi une valeur d'autant plus approchée de l'aire cherchée qu'on multiplie davantage les points de division. Mais, sans augmenter le nombre de ces divisions, on peut avoir une valeur plus approchée par la considération suivante, sur laquelle repose la règle en question.

Considérons à part l'aire mixtiligne comprise entre deux ordonnées impaires quelconques $cc'ee'$ qui se suivent et qui comprennent entre elles l'ordonnée dd' de rang pair. Si l'on divise l'intervalle ce (*fig.* 19, *Pl. I*) en trois parties égales cm, mn, nc, on aura évidemment une valeur plus approchée de l'aire mixtiligne $cc'd'e'e$, en substituant les trois trapèzes rectilignes $cc'm'm$, $mm'n'n$, $nn'e'e$ aux deux trapèzes $cc'd'd$, $dd'e'e$. La somme des aires de ces trois trapèzes est

$$\frac{1}{2} cm (cc' + 2 mm' + 2 nn' + 2 ee'),$$

ou

$$\frac{1}{3} ab (cc' + 2 mm' + 2 nn' + ee'),$$

puisque $cm = mn = nc = \frac{2}{3} ab$.

Si l'on mène la ligne $m'n'$, qui rencontre dd' en o, on aura

$$do = \frac{1}{2}(mm' + nn'),$$

et, par conséquent,

$$2(mm' - nn') = 4\,do.$$

Substituant cette valeur dans l'expression précédente, celle de l'aire totale des trois trapèzes deviendra

$$\frac{1}{3}ab(cc' + 4\,do + ee').$$

Or cette aire est plus petite que l'aire curviligne à mesurer; et si l'on substitue à do l'ordonnée dd' un peu plus grande, et qui est connue, on établira une compensation approximative (*), en même temps qu'on pourra se dispenser de tracer les nouvelles ordonnées mm', nn'. On aura donc, pour la mesure de l'aire curviligne $cc'\,de'e$, l'expression

$$\frac{1}{3}ab(cc' + 4\,dd' + ee'),$$

dans laquelle do est remplacé par la quantité connue dd'.

On aura de même pour l'aire $aa'c'c$ (*fig.* 18, *Pl. I*)

$$\frac{1}{3}ab(aa' + 4\,bb' + ee');$$

pour l'aire $egg\acute{e}$

$$\frac{1}{3}cd(e'e + 4\,ff' + gg').$$

Donc, en faisant la somme de toutes ces aires partielles, la valeur approchée de la surface totale sera

$$\frac{1}{3}ab[(aa' + gg') + 2(cc' + ee') + 4(bb' + dd' + ff')],$$

suivant la règle énoncée.

(*) Dans l'introduction à la *Mécanique industrielle*, d'où cette démonstration est extraite, M. Poncelet fait observer qu'en prenant dd' pour od, on augmente l'aire polygonale de $\frac{1}{3}cd \times 4\,od'$. Mais en traçant les nouvelles cordes $m'd'$, $n'd'$, il sera aisé de voir que la surface du triangle rectiligne $m'n'd'$ a pour mesure $\frac{1}{2}m \times od'$; car ce triangle se compose des triangles $m'od'$, $on'd'$, dont la somme des surfaces

$$= \frac{1}{2}od' \times md = \frac{1}{2}od' \times nd + \frac{1}{2}od'(md + nd) = \frac{1}{2}od' \times mn,$$

et comme $mn = \frac{2}{3}cd$, la surface du triangle $m'd'n'$ sera

$$\frac{1}{2} \times \frac{2}{3}cd \times od' = \frac{1}{3}cd \times od'.$$

On a donc augmenté l'aire du polygone rectiligne $cc'm'n'e'e$ de quatre fois le triangle $m'd'n'$, tandis qu'il faudrait l'augmenter de la somme des aires des segments compris entre la courbe et les cordes $c'm'$, $m'n'$ et $n'e'$. Par conséquent, si cette somme équivaut à $4\,m'd'n'$, la compensation sera exacte et la méthode rigoureuse; dans tous les cas, on ne risquera de se tromper que de la différence de cette somme et de $4\,m'd'n'$, différence qui ne sera généralement qu'une petite fraction de chacune d'elles, excepté pour quelques points singuliers de la courbe.

Certaines ordonnées pourraient être nulles, ce qui n'empêcherait pas la formule d'être applicable.

Il faut diviser la ligne AB des abscisses de manière que les ordonnées ne coupent pas la courbe sous des angles trop petits, pour éviter la trop grande obliquité de ces ordonnées par rapport à cette courbe, qui laisserait de l'incertitude sur les points d'intersection.

On devra aussi multiplier d'autant plus les divisions que la courbure sera plus prononcée et plus accidentée, et qu'on voudra obtenir une plus grande exactitude dans le calcul.

Il faudra donc, s'il est nécessaire, partager l'opération en plusieurs divisions distinctes, soit qu'on multiplie davantage les ordonnées dans certaines parties, soit qu'on rapporte les courbes à plusieurs axes différents, pour que les trapèzes rectilignes ne diffèrent nulle part d'une trop grande quantité des trapèzes curvilignes correspondants.

La formule de Simpson donne évidemment un résultat plus exact et plus approché du véritable, que celle qui consiste à prendre la somme des aires des trapèzes inscrits. Mais il faut remarquer, pour l'une comme pour l'autre, que le calcul conduit à des résultats un peu trop petits pour les parties de la courbe qui présentent leur concavité à l'axe des abscisses, et un peu trop grands pour celles où cette courbe tourne sa convexité vers cet axe.

Lorsqu'il est question de solides terminés par des surfaces courbes irrégulières, et dont la loi n'est pas connue, on procède d'une manière analogue.

Après avoir coupé le solide par un plan, on le divise en un nombre impair de plans perpendiculaires au précédent, parallèles entre eux, et également espacés. Ces plans comprennent par conséquent un nombre pair d'intervalles égaux; ils déterminent dans le solide des sections ou profils dont on prend les quadratures partielles. On porte ensuite sur une ligne d'abscisse des intervalles égaux à ceux qui séparent les plans. A chaque point de division, on élève une perpendiculaire ou ordonnée dont on fixe la longueur à une échelle convenue pour représenter la surface du profil correspondant. Par les extrémités de toutes ces ordonnées, on fait passer une courbe, et l'aire comprise entre la courbe et les ordonnées extérieures de la ligne des abscisses, calculée par la formule de Simpson, donne le volume cherché.

Il est facile, au reste, de s'assurer directement que cette formule s'applique à la mesure des solides.

Si l'on considère trois des plans consécutifs indiqués ci-dessus en représentant par s' et s''' la surface des courbes extrêmes, et par $2\,l$ la distance qui les sépare, on pourra, en considérant ces courbes comme polygones, substituer à la place de la portion du solide comprise entre ces deux plans un tronc de pyramide qui aura pour expression de son volume

$$\frac{2\,l}{3}\left(s' + \sqrt{s' \times s'''} + s'''\right).$$

En appelant s'' la surface du profil intermédiaire qui est, par conséquent, à égale distance des profils extrêmes, on aura

$$s'' = \left(\frac{\sqrt{s'} + \sqrt{s'''}}{2} \right)^2.$$

Car, puisque les surfaces s', s'', s''' sont entre elles comme les carrés des côtés homologues correspondants c', c'', c''', et qu'on a

$$c = \frac{c' + c'''}{2},$$

on doit avoir

$$\sqrt{s''} = \frac{\sqrt{s'} + \sqrt{s'''}}{2} \quad \text{ou} \quad s'' = \left(\frac{\sqrt{s'} + \sqrt{s'''}}{2} \right)^2.$$

Si l'on tire de cette équation la valeur de $\sqrt{s' \times s'''}$ et qu'on la substitue dans l'expression précédente, il viendra

$$\frac{1}{3} \left(s' + 4\, s'' + s''' \right)$$

pour le volume du tronc de pyramide compris entre trois profils consécutifs. Par conséquent, si l'on a $n + 1$ profils séparés par la distance constante l et donnant lieu aux surfaces s', s'', s'''... s^n, s^{n-1}, on aura pour la somme de tous les troncs partiels que représentera le volume total V, l'équation

$$V = \frac{l}{3} \left[(s' + s^{n-1}) + 2 \left(s''' + s^{\text{v}} + s^{\text{vii}} \right) + 4 \left(s'' + s^{\text{iv}} \ldots + s^n \right) \right]$$

où tous les s à indice pair sont multipliés par 4, et tous ceux à indice impair le sont par 2, à l'exception des deux extrêmes.

Cette expression n'est autre chose que la formule précédente, dans laquelle les lignes sont remplacées par des surfaces.

Équation de l'hyperbole.

Dans cette courbe, la différence des rayons vecteurs est toujours constante. A l'aide de cette propriété, on peut donc décrire l'hyperbole, soit par points, soit par un mouvement continu.

Si F, F$'$ sont les foyers de la courbe (*fig.* 20, *Pl. I*), et que l'origine A des abscisses soit prise au milieu de FF$'$, on aura

$$\text{FM} = \sqrt{(c - x)^2 + y^2}, \quad \text{F}'\text{M} = \sqrt{(c + x)^2 + y^2},$$

et, si l'on désigne par $2\,a$ la différence F$'$M — FM, on aura

$$2\,a = \sqrt{(c + x)^2 + y^2} - \sqrt{(c - x)^2 + y^2}.$$

Faisant passer la première quantité radicale dans le premier membre, élevant ensuite les deux membres au carré et réduisant, il vient

$$a^2 + cx = a \sqrt{(c + x)^2 + y^2};$$

élevant encore au carré les deux membres de cette nouvelle équation et réduisant, on trouve

$$a^2 y^2 - x^2 \left(c^2 - a^2 \right) = a^4 - a^2 c^2;$$

enfin, si l'on fait

$$c^2 - a^2 = b^2,$$

on trouvera pour l'équation de la courbe actuelle

(1) $$b^2 x^2 - a^2 y^2 = a^2 b^2.$$

Le moyen de déterminer les points où cette courbe rencontre l'axe des x et celui des y est de faire successivement dans ce résultat

$$y = 0 \quad \text{et} \quad x = 0.$$

La première hypothèse donne

$$y = \pm a,$$

c'est la valeur du demi-grand axe AB ou AB'.

La seconde hypothèse donne

$$y = \pm \sqrt{-b^2},$$

quantité imaginaire; mais, pour conserver l'analogie entre l'hyperbole et l'ellipse, on est convenu de supposer

$$y = \pm \sqrt{b^2} \quad \text{ou} \quad y = \pm b,$$

et, dans ce cas, on fait

$$\text{AC} = b \quad \text{et} \quad \text{AC}' = -b.$$

Lorsque les deux demi-axes a et b sont égaux, l'équation (1) se réduit à

$$x^2 - y^2 = a^2.$$

Cette dernière est analogue à l'équation du cercle, et l'hyperbole qui en dérive se nomme *hyperbole équilatère*. En résolvant la même équation (1) par rapport à y, on obtient

$$y = \pm \frac{b}{a} \sqrt{x^2 - a^2},$$

et comme la quantité sous le radical est toujours positive, tant que x, positive ou négative, est plus grande que a, on doit en conclure que l'hyperbole a deux branches, MBm, M'B'm', coupées symétriquement par l'axe des x, et qui s'étendent indéfiniment à droite et à gauche du centre A de cette courbe.

Lorsque l'on veut transporter l'origine des coordonnées à l'un des sommets B' de la courbe, on fait $x = x' - a$ dans l'équation (1), laquelle devient alors

(2) $$y^2 = -\frac{b^2}{a}(2ax' - x'^2).$$

C'est l'équation de l'hyperbole, lorsque l'origine des coordonnées est au sommet de cette courbe.

On démontrerait, comme pour l'ellipse :

1°. Que le paramètre $p = \dfrac{2b^2}{a}$; c'est-à-dire que, dans l'hyperbole, il est aussi une troisième proportionnelle aux deux axes;

2°. Que les carrés des ordonnées sont entre eux comme les produits des abscisses correspondantes;

3°. Que l'aire d'une hyperbole quelconque comprise entre deux ordonnées est à l'aire de l'hyperbole équilatère correspondante, com-

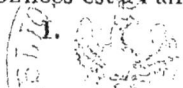

prise entre les mêmes ordonnées, comme le second axe est au premier. La méthode de Simpson, donnée plus haut pour calculer l'aire
des courbes planes, pourra être employée avec avantage pour trouver
des portions déterminées de surface hyperbolique.

Équation de la parabole.

La propriété caractéristique de cette courbe est que tous ses points
sont autant éloignés d'une droite donnée AC qu'un point fixe ou foyer
F également donné (*fig.* 21, *Pl. I*).

Soient

$$AP = x, \quad PM = y \quad \text{et} \quad AF = \frac{p}{2};$$

on aura

$$PF = x - \frac{p}{2}.$$

Puisque l'on doit toujours avoir CM = MF et que

$$MF = \sqrt{\left(x - \frac{p}{2}\right)^2 + y^2},$$

il est évident que l'on a la relation

$$x = \sqrt{\left(x - \frac{p}{2}\right)^2 + y^2}.$$

Élevant le tout au carré, développant et réduisant, on obtient

$$(1) \qquad\qquad y^2 = px - \frac{p^2}{4}.$$

Telle est l'équation de la parabole. Lorsque $y = 0$, on a pour l'abscisse du sommet B, $x = \frac{p}{4}$; ainsi, ce sommet est au milieu de la distance AF. En y plaçant l'origine des coordonnées, auquel cas

$$x = x' + \frac{p}{4},$$

l'équation précédente se réduit à la suivante,

$$(2) \qquad\qquad y^2 = px'$$

qui est l'équation au sommet de la parabole; de là on tire

$$y = \pm \sqrt{px'}.$$

De ce résultat on doit conclure que la courbe est partagée par
l'axe des x en deux parties symétriques, qu'elle s'étend à l'infini,
mais du côté des x positives seulement.

Si l'on cherchait la valeur de la double ordonnée qui passe par le
foyer, on la trouverait égale à p; en effet, on a alors

$$x' = \frac{p}{4},$$

et, par suite,

$$y^2 = p \times \frac{p}{4} = \frac{p^2}{4} \quad \text{ou} \quad 2\,y = p.$$

Concluons de là que le paramètre mm' de la parabole est le qua-druple de la distance du sommet au foyer.

Pour un autre point ayant pour coordonnées X' et Y, on aurait de même

$$Y^2 = p\, X'.$$

Ainsi,

$$y^2 : Y^2 :: x' : X',$$

c'est-à-dire que dans la parabole les carrés des ordonnées sont entre eux comme les abscisses correspondantes.

Si dans l'équation suivante de l'ellipse rapportée au sommet de cette courbe $y^2 = \dfrac{b^2}{a^2}\,(2\,ax' - x'^2)$, on met pour $\dfrac{b^2}{a^2}$ sa valeur $\dfrac{p}{2a}$, elle deviendra

$$y^2 = \frac{p}{2a}\,(2\,ax' - x'^2),$$

et si dans celle-ci on fait a infini, elle se réduira à

$$y^2 = px'.$$

Ce qui apprend que la parabole est une ellipse dont le grand axe est infini. On verra en mécanique que cette courbe représente la route que suivrait un projectile lancé dans le vide.

Quadrature de la parabole.

Par les extrémités M, M', M'' des ordonnées PM, P'M', P''M'', etc., menons les droites MN, M'N', M''N'', etc., parallèles à l'axe des x, et joignons les points MM', M'M'', etc., alors il en résultera le polygone MM'M''B inscrit à la parabole ; et si xy, $x'y'$, $x''y''$ sont les coordonnées des points M, M', M'', etc., on aura, par la propriété de cette courbe,

$$y^2 = px, \quad y'^2 = px', \quad y''^2 = px'' \ldots (m).$$

Cela posé, les aires des trapèzes intérieurs PM', PM'', etc., seront

$$\frac{y + y'}{2}\,(x - x') = Q, \quad \frac{y' + y''}{2}\,(x' - x'') = Q', \ldots,$$

et celles des trapèzes extérieurs NM', NM'', etc.,

$$\frac{x + x'}{2}\,(y - y') = q, \quad \frac{x' + x''}{2}\,(y' - y'') = q', \ldots$$

Ainsi,

$$\frac{Q}{q} = \frac{(y + y')\,(x - x')}{(y - y')\,(x + x')}, \quad \frac{Q'}{q'} = \frac{(y' + y'')\,(x' - x'')}{(y' - y'')\,(x' + x'')}, \ldots.$$

En soustrayant la deuxième équation m de la première, il vient

$$x - x' = \frac{y^2 - y'^2}{p} = \frac{(y + y')\,(y - y')}{p}.$$

Et substituant cette valeur dans le premier rapport précédent, on a, après avoir réduit,

$$\frac{Q}{q} = \frac{(y + y')^2}{p\,(x + x')}.$$

Or, comme rien n'empêche de prendre le point M' aussi près qu'on voudra du point M, il s'ensuit que les différences $x - x'$ et $y - y'$ pourront être au-dessous de toute grandeur assignable; l'expression du rapport $\frac{Q}{q}$ aura donc pour limite

$$\frac{2 y^2}{px} = 2 \, ;$$

donc alors

$$\frac{Q}{q} = 2,$$

dans la même circonstance

$$\frac{Q'}{q'} = 2, \quad \frac{Q''}{q''} = 2, \ldots.$$

Tous ces rapports étant égaux, on a

$$\frac{Q + Q' + Q'' \ldots}{q + q' + q'' \ldots} = 2.$$

Mais le numérateur $Q + Q' + Q'' \ldots$ exprime dans cette hypothèse l'aire S du segment parabolique MM'M''... BP, et le dénominateur représente l'aire s de l'espace mixtiligne MM'M'' BN. Ces deux aires réunies constituent celle du rectangle circonscrit BPMN; on a donc, en désignant simplement par P l'aire de ce rectangle,

$$\frac{S}{s} = 2, \quad P = S + s,$$

et enfin

$$S = 2 s = \frac{2}{3} P.$$

Il suit de là que l'aire de l'espace parabolique BMP est les $\frac{2}{3}$ du rectangle PN circonscrit. Ainsi le parabole est une courbe exactement carrable.

Le cercle, l'ellipse, l'hyperbole et la parabole sont des courbes du second degré, parce que leurs équations renferment les secondes puissances des variables. Nous allons donner la discussion complète d'une équation générale du second degré entre deux variables, afin de faire voir qu'une telle équation ne peut donner naissance qu'à l'une des courbes dont nous venons de parler. Ce sont ces courbes que les anciens nommaient *sections coniques*, puisqu'en effet on les obtient en coupant, suivant certaines conditions, un cône par un plan.

DISCUSSION DE L'ÉQUATION GÉNÉRALE DU SECOND DEGRÉ.

L'équation la plus générale du second degré à deux inconnues x et y étant

(1) $\qquad A y^2 + B xy + C x^2 + D y + E x + F = 0$,

cette équation détermine toutes les lignes du second degré; nous allons démontrer que l'équation (1) ne donne que trois classes de courbes, et que la nature de ces courbes ne dépend que des coefficients A, B, C des termes du second degré en x et y.

On supposera toujours que l'on donne des valeurs réelles à l'abscisse x, et que les valeurs correspondantes de l'ordonnée y sont déduites de l'équation de la courbe. Si une valeur réelle $x = \alpha$ donne $y = 6$, selon que 6 sera réel ou imaginaire, on dira que la solution $x = \alpha$, $y = 6$ est réelle ou imaginaire.

Lorsque le coefficient A de y^2 n'est pas nul, on détermine la forme des lignes représentées par l'équation (1) en résolvant cette équation par rapport à y, ce qui donne, en faisant passer tous les termes en y dans le premier membre et en divisant les deux membres de l'équation par A,

$$y^2 + \left(\frac{B}{A} x + \frac{D}{A}\right) y = \frac{C}{A} x^2 - \frac{E}{A} x - \frac{F}{A};$$

résolvant cette équation du second degré, il vient

$$y = -\frac{B}{2A} x - \frac{D}{2A} \pm \sqrt{\left(\frac{B^2 - 4AC}{4A^2}\right) x^2 + \left(\frac{BD - 4AE}{4A^2}\right) x + \frac{D^2 - 4AF}{4A^2}};$$

et faisant disparaître le dénominateur du radical, on a

(2) $y = -\dfrac{B}{2A} x - \dfrac{D}{2A} \pm \dfrac{1}{2A} \sqrt{(B^2 - 4AC)x^2 + (BD - 4AE)x + (D^2 - 4AF)}.$

Soient

$$\frac{-B}{2A} = a, \quad \frac{-D}{2A} = b, \quad \frac{B^2 - 4AC}{4A^2} = n,$$
$$\frac{BD - 2AE}{4A^2} = \alpha, \quad \frac{D^2 - 4AF}{4A^2} = 6,$$

a, b, n, α et 6 seront des nombres connus; $B^2 - 4AC$ et n seront toujours de mêmes signes, l'équation (2) deviendra

(3) $\qquad y = ax + b \pm \sqrt{nx^2 + 2\alpha x + 6}.$

La valeur de y se compose d'une partie rationnelle $ax + b$ qui exprime l'ordonnée d'une ligne droite, et d'une partie irrationnelle; par conséquent, si l'on fait

(4) $\qquad y' = ax + b$

et

(5) $\qquad Y' = \sqrt{nx^2 + 2\alpha x + 6},$

on aura

(6) $\qquad y = y' \pm Y'.$

Pour trouver les différents points de la courbe (*fig* 22, *Pl. 1*), on construira d'abord la droite HH' représentée par l'équation (4). Il sera facile d'en déduire les points M et N de la courbe qui répondent à une abscisse donnée AP $= x$. En effet, la valeur de x étant connue, les formules (4) et (5) déterminent les valeurs correspondantes de y' et Y'; l'équation (6) montre qu'on obtiendra les valeurs correspondantes de y en ajoutant Y' à y' et en retranchant Y' de y'. Par conséquent, si l'on tire une parallèle PM' à l'axe des y, on construira les deux points M et N de la courbe qui répondent à l'abscisse AP $= x$, en prenant QM $=$ QN $=$ Y', car l'ordonnée PQ de la droite

HH′ représente y', et l'on a

$$PM = PQ + QM = y' + Y' \quad \text{et} \quad PN = PQ - QN = y' - Y'.$$

Si l'on répète cette construction pour toutes les valeurs de x qui rendent Y′ réel, on obtiendra les différents points de la courbe. La forme de cette courbe dépendra des valeurs des coefficients A, B, C, etc. Nous allons discuter généralement tous les cas qui peuvent se présenter.

La droite HH′ est un diamètre de la courbe, car elle divise en deux parties égales toutes les cordes parallèles à l'axe des y. La construction de ce diamètre ne pouvant offrir aucune difficulté, on supposera toujours que le diamètre $y' = ax + b$ sera construit, et alors les différents points de la courbe (1) seront déterminés par l'équation

$$(7) \qquad\qquad Y = \pm \sqrt{nx^2 + 2\alpha x + 6}.$$

On a

$$B^2 - 4Ac = 4A^2 n.$$

Pour obtenir les points M, N de la courbe qui répondent à une abscisse donnée $x = x' = AP$, on tirera une parallèle PM′ à l'axe des y, et à partir du point Q où cette parallèle rencontre le diamètre HH′, on prendra

$$QM = QN = Y = \sqrt{nx'^2 + 2\alpha x' + 6}$$

(x' désignant une valeur particulière AP de x).

Discussion. — Il existe toujours une valeur γ de x réelle et finie, pour laquelle le signe de $nx^2 + 2\alpha x + 6$ est le même que celui du premier terme; x augmentant depuis $\pm\gamma$ jusqu'à $\pm\infty$, le polynôme $nx^2 + 2\alpha x + 6$ conserve le signe de son premier terme, et la valeur absolue de ce polynôme augmente jusqu'à l'infini. Par conséquent :

1°. Lorsque n est négatif, les valeurs de x, plus grandes que $\pm\gamma$, rendent Y imaginaire; prenant donc $AL = AL' = \gamma$ et tirant des parallèles VLZ, V′L′Z′ à l'axe des y, tous les points de la courbe seront situés entre ces parallèles. Mais des valeurs de x, moindres que $\pm\gamma$, ne peuvent donner que des valeurs finies de Y; si δ' désigne la plus grande valeur de Y, on prendra H′a = H′b', on mènera des parallèles $a'a''$, $b'b''$ au diamètre H′H; ces parallèles toucheront la courbe aux points d et c, et tous les autres points de la courbe seront situés dans l'intérieur du parallélogramme $a'b'a''b''$. Cette courbe fermée a reçu le nom d'ellipse.

2°. Quand n est positif, chaque valeur de x plus grande que $\pm\gamma$ détermine deux valeurs de Y, réelles, égales et de signes contraires; x augmentant d'une manière continue depuis $\pm\gamma$ jusqu'à $\pm\infty$, l'ordonnée Y augmente aussi d'une manière continue jusqu'à $\pm\infty$; de sorte que les branches de la courbe sont continues et s'étendent indéfiniment de part et d'autre du diamètre HH′, du côté des axes positifs et négatifs. Cette courbe indéfinie dans tous les sens est ce qu'on nomme une hyperbole; elle peut avoir diverses positions que nous indiquerons par la suite.

3°. Enfin, lorsque $n = 0$,

$$Y = \pm\sqrt{2\alpha x + 6},$$

et, selon que x est positif ou négatif, la courbe ne s'étend à l'infini que du côté des x positifs ou négatifs ; Y augmente jusqu'à $\pm \infty$. Cette courbe, indéfinie dans le seul sens des x positifs ou négatifs, se nomme une parabole.

Discussion de l'ellipse. $B^2 - 4Ac < 0$; $n < 0$.

Lorsque $B^2 - 4AC$ est négatif, n est un nombre négatif $-\delta^2$; les carrés x^2, y^2 entrent nécessairement avec le même signe dans l'équation

(1) $\qquad A y^2 + B xy + C x^2 + D y + E x + F = 0.$

Cette équation détermine une courbe fermée nommée ellipse; l'équation

$$2 A y = - B x + D$$

construit un diamètre HH' (*fig. 22, Pl. I*) de l'ellipse, et tous les points de la courbe sont donnés par l'équation

(2) $\qquad Y = \pm \sqrt{- \delta^2 x^2 + 2 \alpha x + 6}.$

Pour trouver la forme de cette courbe, on cherche d'abord les points R', R'', où elle coupe le diamètre HH'. Or, à ces points, l'ordonnée Y est nulle; les abscisses AP', AP'' des points R', R'' sont donc les racines x', x'' de l'équation

$$- \delta^2 x^2 + 2 \alpha x + 6 = 0;$$

par conséquent, on a

$$Y = \pm \delta \sqrt{(x - x')(x'' - x)}.$$

Les racines x', x'' pouvant être réelles et inégales, ou réelles et égales, ou imaginaires, discutons ces trois cas.

Premier cas. — Quand les racines x', x'' sont réelles et inégales, on prend

$$AP' = x', \quad AP'' = x'';$$

on tire des parallèles $p' P' q'$, $p'' P'' q''$ à Y y : les intersections de ces droites avec le diamètre HH' sont les points où la courbe rencontre ce diamètre.

Discutons la courbe de A en P', de P' en P'', de P'' vers x, et de A vers X.

1°. De A en P', c'est-à-dire pour les valeurs de x comprises entre zéro et x', l'abscisse x est moindre que x' et à fortiori moindre que x''; Y est alors imaginaire : il n'existe donc pas de points de la courbe entre les parallèles y Y et $p' q'$.

2°. De P' en P'', c'est-à-dire pour chaque valeur de x comprise entre x' et x'', on a

$$x > x', \quad x < x'';$$

par conséquent Y est réel; pour chaque valeur $x = AP$, on trouve deux points M, N de la courbe, en tirant une parallèle PM' à l'axe des y et en prenant

$$QM = QN = \delta \sqrt{(x - x')(x'' - x)} = \delta \sqrt{PP' \times PP'}.$$

3°. De P'' vers x, c'est-à-dire pour les valeurs de x comprises entre x'' et l'infini positif, les valeurs de x sont plus grandes que x' et que x''; Y est donc imaginaire; la courbe ne s'étend donc pas à droite de $p'' P'' q''$.

4°. Enfin, de A vers X, les valeurs de x étant négatives, Y est encore imaginaire. La courbe ne s'étend donc pas non plus dans le sens des x négatifs, c'est-à-dire qu'elle n'a aucun point à gauche de l'axe des y. La courbe est donc placée entre les parallèles $p'\,P'\,q'$, $p''\,P''\,q''$. Mais les valeurs $x = x'$, $x = x''$ donnent les points R', R'' de la courbe, et les abscisses des autres points de la courbe sont comprises entre x' et x''; les valeurs de Y ne sont donc jamais infinies; la courbe est donc fermée, et elle est composée de deux branches continues R'MR'', R'NR'' situées de part et d'autre du diamètre HH'. Cette courbe est une ellipse. L'équation (1) admet une infinité de solutions réelles. Toutes les valeurs réelles de x et de y sont finies.

Deuxième cas. — Lorsque les racines x', x'' sont égales, et par conséquent réelles, les points R', R'' se réunissent en un seul; l'équation

$$Y = \pm\, \delta\, \sqrt{(x - x')\,(x'' - x)}$$

devient

$$Y = \pm\, \delta\, (x - x')\, \sqrt{-1},$$

et la seule valeur de x qui rend Y réel étant $x = x'$, l'ellipse se réduit au point dont les coordonnées sont

$$x = x', \quad y = 0.$$

L'équation (1) n'admet qu'une seule solution réelle.

Troisième cas. — Enfin, quand les racines x', x'' sont imaginaires, aucune valeur réelle de x ne réduit $-\delta^2 x^2 + 2\alpha x + 6$ à zéro; ce trinôme ne peut donc pas changer de signe. Or l'hypothèse $x = y$ rend le trinôme négatif; il reste donc toujours négatif, quel que soit x : toutes les valeurs de Y déduites de l'équation (2) sont donc imaginaires; cette équation ne détermine donc aucune courbe, et l'on dit, dans ce cas, que l'ellipse est imaginaire. L'équation (1) n'admet aucune solution réelle.

COROLLAIRE. — *Une courbe du second degré ne peut jamais être coupée en plus de deux points par une ligne droite.*

En effet, l'équation d'une droite étant toujours de la forme

$$y = ax + b,$$

l'élimination de y entre cette dernière équation et l'équation

$$A\,y^2 + B\,xy + C\,x^2 + D\,y + E\,x + F = 0$$

donnera une équation du second degré en x, qui déterminera les deux abscisses des points de rencontre de la droite avec la courbe. L'équation

$$y = ax + b$$

donnera les deux ordonnées correspondantes de ces points; la droite ne rencontrera donc jamais la courbe en plus de deux points.

Discussion de l'hyperbole. $B^2 - 4AC > 0$; $n > 0$.

Lorsque $B^2 - 4AC$ est positif, n est une quantité positive δ^2; l'équation

(1) $$Y = \pm\, \sqrt{nx^2 + 2\alpha x + 6}$$

devient

(2) $$Y = \pm\, \sqrt{\delta^2 x^2 + 2\alpha x + 6}.$$

Cette équation détermine une courbe indéfinie dans tous les sens, qu'on nomme hyperbole. Pour discuter cette courbe, on raisonne comme dans le cas de l'ellipse; x' et x'' sont les racines de l'équation

$$(3) \qquad \delta^2 x^2 + 2\alpha x + \epsilon = 0.$$

Lorsque les racines x', x' sont réelles et inégales, on met l'équation (2) sous la forme

$$(4) \qquad Y = \pm \delta \sqrt{(x - x')(x - x'')}.$$

On prend $AP' = x'$, $AP'' = x''$ (*fig.* 23, *Pl. I*), on tire des parallèles $p'P'q'$, $p''P''q''$ à l'axe des y; elles rencontrent le diamètre HH' aux points R', R'' où l'hyperbole coupe ce diamètre.

1°. De A en P', x est positif et moindre que chacune des racines x', x''; les facteurs $(x - x')$ et $(x - x'')$ sont donc négatifs, et par suite Y est réel.

Pour découvrir si, x augmentant, Y augmente ou diminue, on rend ces facteurs positifs : ce qui donne

$$Y = \pm \delta \sqrt{(x' - x)(x'' - x)};$$

et l'on voit alors que, x augmentant depuis zéro jusqu'à x', la valeur de Y diminue depuis $\pm \delta \sqrt{x' x''}$ jusqu'à ± 0; prenant donc

$$gc = gc' = \delta \sqrt{x' x''},$$

la portion de courbe comprise entre les parallèles Yy, $p'q'$ aura la forme

$$CR'c'.$$

2°. De P' en P'', x est plus grand que x' et moindre que x'', Y est donc imaginaire; il n'y a donc pas de courbe entre les parallèles $p'P'q'$ et $p''P''q''$.

3°. De P'' vers x, x est plus grand que x' et que x''; Y est donc réel. L'équation (4) démontre que, x augmentant depuis x'' jusqu'à l'infini, Y augmente depuis zéro jusqu'à $\pm \infty$; cela détermine une branche $SMR''Ns$ qui s'étend à l'infini dans le sens des x positifs, et qui s'écarte de plus en plus du diamètre $R''H$.

Enfin de A vers X, x étant négatif, on fera $x = -z$. L'équation (4) deviendra

$$Y = \pm \delta \sqrt{(z + x')(z + x'')}.$$

Chaque valeur positive de z déterminera deux valeurs de Y réelles, égales et de signes contraires, et z augmentant indéfiniment de A vers X, l'ordonnée Y augmentera jusqu'à $\pm \infty$. Cela donnera deux arcs hyperboliques CS', $c's'$ qui s'étendront à l'infini du côté des x négatifs, en s'écartant de plus en plus du diamètre gH'. La courbe aura donc la forme indiquée (*fig.* 23), et cette courbe sera une hyperbole.

Deuxième cas. — Quand les racines x', x'' sont égales et par conséquent réelles, l'équation

$$y = ax + b \pm \sqrt{nx^2 + 2\alpha + \epsilon}$$

donne

$$y = ax + b \pm \delta(x - x'),$$

ce qui détermine deux droites GG', EE'.

Troisième cas. — Enfin lorsque les racines x', x'' sont imaginaires, le trinôme $\delta^2 x^2 + 2\alpha x + \epsilon$ reste toujours positif, et l'équation

$$Y = \pm \sqrt{\delta^2 x^2 + 2\alpha x + \epsilon}$$

démontre que chaque valeur réelle de x donne deux valeurs de Y réelles, égales et de signes contraires ; la courbe est donc formée de deux branches qui s'étendent indéfiniment au-dessus et au-dessous du diamètre HH' (*fig.* 24, *Pl. I*).

Discussion de la parabole. $B^2 - 4Ac = 0$; $n = 0$.

Lorsque $B^2 - 4AC = 0$, on a

$$n = 0 \quad \text{et} \quad Y = \pm \sqrt{2\alpha x + \epsilon}.$$

Quand α et ϵ sont positifs, chaque valeur positive de x donne deux valeurs de Y réelles, égales et de signes contraires, et x augmentant depuis zéro jusqu'a l'infini, Y augmente depuis $\pm\sqrt{\epsilon}$ jusqu'à $\pm\infty$. Prenant donc $pd = pe = \sqrt{\epsilon}$ (*fig.* 25, *Pl. I*), on voit que les valeurs positives de x déterminent deux arcs paraboliques DMd, eNE qui s'étendent à l'infini au-dessus et au-dessous du diamètre HH'; elles s'éloignent de plus en plus de ce diamètre, et toute corde MN parallèle à l'axe des y est divisée en deux parties égales par le diamètre HH'.

Pour discuter la courbe dans le sens des x négatifs, on fait

$$x = -z,$$

d'où

$$Y = \pm \sqrt{2\alpha\left(\frac{\epsilon}{2\alpha} - z\right)};$$

z augmentant depuis zéro jusqu'à $\dfrac{\epsilon}{2\alpha}$, les valeurs de Y sont réelles et diminuent depuis $\pm\sqrt{\epsilon}$ jusqu'à ± 0, et z devenant plus grand que $\dfrac{\epsilon}{2\alpha}$, Y est imaginaire.

Prenant donc $AP' = \dfrac{\epsilon}{2\alpha}$, et tirant une parallèle P'q' à yY, on voit que les valeurs négatives de x donnent l'axe parabolique DdR'eE, qui ne s'étend à l'infini que dans le sens des x positifs, et qui s'écarte de plus en plus du diamètre R'H. Cette courbe présente sa concavité à l'axe des x, car une droite ne peut jamais la couper en plus de deux points.

Quand, α étant positif, ϵ est nul, la courbe prend la position D'pE'. Lorsque α est positif et ϵ négatif, la courbe est dans la position $d'p'c'$. De sorte que, α étant positif, la courbe est toujours composée d'une branche continue, qui s'étend à l'infini dans le sens des x positifs.

Quand α est négatif, la courbe prend une position inverse, c'est-à-dire qu'elle conserve la même forme et qu'elle ne s'étend à l'infini que dans le sens des x négatifs. La *fig.* 26, *Pl. II*, indique les diverses positions $d'p'c'$, D'pE', DR'E que prend la courbe, suivant que ϵ est positif, ou nul, ou négatif. On peut s'en assurer en discutant directement la valeur de Y. Enfin, lorsque $z = 0$, on a

$$Y = \pm\sqrt{\epsilon},$$

et selon que 6 est positif, nul ou négatif, on obtient deux parallèles au diamètre HH′, ou le diamètre HH′, ou deux droites imaginaires.

Remarques sur les discussions précédentes. — On a supposé jusqu'ici que l'équation

$$(1) \qquad A y^2 + B xy + C x^2 + D y + E x + F = 0$$

contenait y^2, de sorte que A n'était pas égal à zéro ; mais lorsque A est nul, cette équation devient

$$(2) \qquad B xy + C x^2 + D y + E x + F = 0.$$

Il s'agit de déterminer la nature des courbes qui sont représentées par cette dernière équation. La quantité $B^2 - 4 AC$ n'est jamais négative, car elle se réduit à B^2. Chaque valeur réelle de x donnant une valeur réelle correspondante de y, cette équation admet une infinité de solutions réelles. Ainsi la courbe existe toujours ; elle s'étend à l'infini du côté des x positifs et des x négatifs. Cette courbe n'est donc pas du genre de l'ellipse.

Quand C n'est pas nul, l'équation (2) donne

$$(3) \qquad 2Cx = - B y - E \pm \sqrt{B^2 y^2 + 2(BE - 2CD)y + (E^2 - 4 CF)}.$$

Pour ramener la discussion de l'équation (3) à celle de l'équation

$$y = - \frac{B}{2 A} x - \frac{D}{2 A} \pm \frac{1}{2 A} \sqrt{(B^2 - 4 AC) x^2 + 2(BD - 2 AE) x + (D^2 - 4 AF)}$$

il suffit de changer x et y en y et x. On reconnaîtra par des raisonnements analogues que, B n'étant pas nul, la courbe est du genre de l'hyperbole, et que, B étant zéro, la courbe est du genre de la parabole.

Enfin, lorsque A et C sont nuls, l'équation de la courbe se réduit à

$$(4) \qquad B xy + D y + E x + F = 0 ;$$

et comme on suppose que l'équation est du second degré, B n'est pas nul : $B^2 - 4 AC$ est donc positif. On pourrait construire directement cette courbe, mais on découvrira plus facilement sa forme, en faisant d'abord disparaître les premières puissances des coordonnées. Pour y parvenir, il suffit de rapporter la courbe à des axes X′x′, Y′y′ (*fig. 27, Pl. II*) parallèles aux axes primitifs Xx, Yy. En effet, soient a et b les coordonnées de la nouvelle origine A′ ; si x et y désignent les coordonnées primitives d'un point quelconque de la courbe, et x′, y′ les nouvelles coordonnées du même point, on aura

$$x = a + x', \quad y = b + y',$$

et l'équation (4) deviendra

$$(5) \quad B x'y' + (aB + D)y' + (bB + E)x' + (B ab + D b + E a + F) = 0.$$

Les coordonnées a, b étant arbitraires, on pourra toujours supposer $aB + D = 0$, $bB + E = 0$, car B n'étant pas nul, les valeurs de a et b seront réelles et finies. Substituant ces valeurs dans l'équation (5) et désignant $\dfrac{DE - BF}{B^2}$ par c, on trouvera

$$(6) \qquad x' y' = c.$$

Pour construire les nouveaux axes on prendra

$$\text{AH} = -a = \frac{\text{D}}{\text{B}}, \quad \text{AX} = -b = \frac{\text{E}}{\text{B}}.$$

Les parallèles $y'\,\text{HY}'$, $\text{X}'\text{A}\,x'$ aux axes $y\,\text{Y}$, $\text{X}\,x$ seront les axes demandés. De sorte que si l'on tire par un point quelconque M de la courbe une parallèle MP' à $y\,\text{Y}$, on aura

$$\text{AP} = x, \quad \text{PM} = y, \quad \text{A}'\,\text{P}' = x', \quad \text{P}'\,\text{M} = y'.$$

1°. Lorsque c est positif, le produit $x'y'$ est positif; x' et y' sont donc de mêmes signes; tous les points de la courbe sont donc situés dans les angles $y'\,\text{A}'\,x'$, $\text{X}'\,\text{A}'\,\text{Y}$. Si x' augmente depuis zéro jusqu'à l'infini positif, la valeur $\dfrac{c}{x'}$ de y' diminuera depuis $+\infty$ jusqu'à zéro; la courbe s'approche donc indéfiniment des axes $\text{A}'\,x'$, $\text{A}'\,y'$; et comme une droite ne peut la couper en plus de deux points, les valeurs positives de x déterminent la portion de courbe S ms. Lorsque x' change de signe sans changer de grandeur, y' ne fait que changer de signe. De sorte qu'en prenant $\text{A}'\,\text{Q}' = \text{A}'\,\text{P}'$, les valeurs des coordonnées correspondantes $\text{P}'\,\text{M}$, $\text{Q}'\,\text{M}'$ sont égales et de signes contraires. Les valeurs négatives de x donnent donc une branche $s'\,\text{M}'\,\text{S}'$ qui est placée au-dessous de $\text{X}'\,x'$, de la même manière que la branche SMs est placée au-dessus de $\text{X}'\,x'$. Cette courbe est une hyperbole.

Le point A' est le centre de l'hyperbole. En effet, l'hypothèse $\text{A}'\,\text{Q}' = \text{A}'\,\text{P}'$ donnant $\text{Q}'\,\text{M}' = \text{P}'\,\text{M}$, les triangles $\text{A}'\,\text{Q}'\,\text{M}'$, $\text{A}'\,\text{P}'\,\text{M}$ sont égaux; les angles $\text{M}'\,\text{A}'\,\text{Q}'$, $\text{M}\,\text{A}'\,\text{P}'$ sont donc aussi égaux; $\text{A}'\,\text{M}'$ est donc le prolongement de $\text{M}\,\text{A}'$. Or $\text{A}'\,\text{M}' = \text{A}'\,\text{M}$. Chaque corde menée par le point A' y est donc divisée en deux parties égales : ce point est donc le centre de l'hyperbole. Les coordonnées α', $6'$ du centre sont donc

$$x = \alpha' = -\frac{\text{D}}{\text{B}}, \quad y = 6' = -\frac{\text{E}}{\text{B}}.$$

2°. Lorsque c devient négatif, la valeur $\dfrac{c}{x'}$ de y' ne fait que changer de signe; la courbe change donc seulement de position par rapport à l'axe des x. Cette courbe est une hyperbole, ses deux branches SMs, S'M's' (*fig.* 28, *Pl. II*) s'approchent infiniment des axes $\text{X}'\,x'$, $y'\,\text{Y}'$; elle ne les rencontre qu'à l'infini. Le point A' est le centre.

3°. Enfin, quand $c = 0$, l'équation $x'y' = 0$ détermine les axes $x'\,\text{X}'$, $y'\,\text{Y}'$, car pour tous leurs points le produit $x'y'$ est nul, et il ne peut être nul que pour ces points.

Lorsqu'une courbe a un centre, *chaque diamètre de cette courbe passe nécessairement par le centre*, car ce diamètre divise une infinité de cordes parallèles en deux parties égales, et le milieu d'une de ces cordes est le centre de la courbe. Par conséquent, *pour déterminer le centre d'une courbe, il suffit de trouver le point de rencontre de deux diamètres; ce point de rencontre est le centre demandé. Selon que deux diamètres d'une courbe se coupent ou ne se coupent pas, la courbe a un centre ou elle n'en a pas. Le milieu d'un diamètre rectiligne quelconque est donc le centre de la courbe.*

Pour trouver le centre des courbes du second degré, on résoudra l'équation

(1) $\qquad A y^2 + B xy + C x^2 + D y + E x + F = 0$

par rapport à y et x; les parties rationnelles

(2) $\qquad y = -\dfrac{B}{2A} x - \dfrac{D}{2A}$,

(3) $\qquad x = -\dfrac{B}{2C} y - \dfrac{E}{2C}$

seront les équations de deux diamètres de la courbe, les coordonnées α', β' de l'intersection de ces diamètres détermineront le centre de la courbe. On trouvera

(4) $\qquad \alpha' = \dfrac{2AE - BD}{B^2 - 4AC}, \quad \beta' = \dfrac{2CD - BE}{B^2 - 4AC}$.

Quand $B^2 - 4Ac$ ne sera pas nul, la courbe sera du genre de l'ellipse ou de l'hyperbole; les coordonnées α', β' seront réelles et finies; les formules (4) détermineront le centre de la courbe. Lorsque $B^2 - 4AC$ étant égal à zéro, $2AE - BD$ ne sera pas nul, la courbe sera une parabole; α' et β' seront infinis, les diamètres seront parallèles, et la courbe n'aura pas de centre.

Propriétés de l'ellipse rapportée à des coordonnées rectangulaires.
Des tangentes et des normales.

Les coordonnées x, y étant rectangulaires, l'équation de l'ellipse peut toujours se ramener à la forme

(1) $\qquad y^2 + m^2 x^2 = b^2$.

Pour déterminer les points de rencontre de la courbe avec les axes Xx, Yy (*fig.* 29, *Pl. II*), on fait successivement

$$ y = 0 \quad \text{et} \quad x = 0, $$

ce qui donne

$$ x = \pm \frac{b}{m} \quad \text{et} \quad y = \pm b. $$

On a donc

$$ AB = AE = \frac{b}{m}, \quad AD = ad = b. $$

Soit

$$ \frac{b}{m} = a, \quad \text{d'où} \quad m = \frac{b}{a}; $$

la substitution de cette valeur de m dans l'équation (1) donne

(2) $\qquad a^2 y^2 + b^2 x^2 = a^2 b^2$,

d'où

(3) $\qquad y = \pm \dfrac{b}{a} \sqrt{a^2 - x^2}$

et

(4) $\qquad x = \pm \dfrac{a}{b} \sqrt{b^2 - y^2}$.

D'après l'équation (3), lorsque x est positif et augmente depuis zéro jusqu'à a, y est réel et diminue depuis b jusqu'à zéro; chaque valeur de x donne deux valeurs de y égales et de signes contraires, et x devenant plus grand que a, y est imaginaire. Or la courbe a la même forme du côté des x négatifs; car x ne changeant pas de signe, y ne change pas. Mais une droite ne peut jamais couper l'ellipse en plus de deux points : cette courbe a donc la forme indiquée précédemment.

La discussion de l'équation (4) conduirait aux mêmes résultats.

Chaque valeur de x et de y déterminant deux valeurs correspondantes de y ou de x, qui sont égales et de signes contraires, *toute parallèle à un des axes* Yy, Xx, *est divisée en deux parties égales par l'autre axe.* Ces axes sont donc des diamètres de l'ellipse, leur intersection A est le centre de la courbe.

Les coordonnées étant rectangulaires, les angles MPA, NPA sont égaux. Par conséquent, si l'on conçoit que la portion BME de l'ellipse tourne autour de l'axe Xx, le point M décrira un arc de cercle dont le plan sera perpendiculaire à Xx, et quand M aura décrit une demi-circonférence, M tombera en N; l'arc elliptique BME s'appliquera sur l'arc BNE. *L'axe des x divise donc le périmètre et la surface de l'ellipse en deux parties égales.* L'équation (4) démontre que l'axe des y jouit de la même propriété. Les portions BE $= 2a$, D$d = 2b$ des axes xX, yY, comprises dans la courbe, se nomment les axes de l'ellipse, et l'on dit que dans l'équation (2) *l'ellipse est rapportée à son centre et à ses axes* $2a$, $2b$.

La distance MA *d'un point quelconque de l'ellipse au centre est facile à exprimer en fonction de l'abscisse* AP $= x$ *du point* M; car, on a

$$\text{MA}^2 = x^2 + y^2 = x^2 + \frac{b^2}{a^2}(a^2 - x^2),$$

d'où

$$\text{MA} = \frac{1}{a}\sqrt{a^2 b^2 + (a^2 - b^2) x^2} = \frac{1}{a}\sqrt{a^2 b^2 - (b^2 - a^2) x^2}.$$

Quand les axes $2a$, $2b$ ne sont pas égaux, la distance MA est une fonction irrationnelle de x. Lorsque A $> b$ (*fig.* 29, *Pl. II*), la distance MA augmente avec x; ainsi, $x = 0$ donne le minimum DA $= b$ de MA, et $x = a$ détermine le maximum BA $= a$ de MA. Le plus grand des diamètres de l'ellipse est donc BE $= 2a$, et le plus petit de ces diamètres est D$d = 2b$. On dit, par cette raison, que $2a$ est le grand axe de l'ellipse et que $2b$ est son petit axe. Il en résulte que si on décrit deux circonférences BNgH, eDf (*fig.* 30) du point A comme centre avec les rayons a et b, l'ellipse sera comprise entre ces deux circonférences, et elle les touchera aux points P, E, D, d.

Lorsque A $<$ B (*fig.* 31, *Pl. II*), x augmentant, MA diminue, de sorte que $x = 0$ donne le maximum DA $= b$ de MA, et $x = a$ donne le minimum BA $= a$ de MA. Le plus grand diamètre de l'ellipse est donc D$d = 2b$ et le plus petit est BE $= 2a$.

Enfin, quand $a = b$, on a MA $= a$; la courbe devient donc une circonférence.

Quand les axes BE $= 2a$, D$d = 2b$ (*fig.* 30, *Pl. II*) d'une ellipse sont connus, il est facile de construire les différents points de la courbe, au moyen du cercle BNEH décrit sur BE comme diamètre. En effet, si l'on mène une parallèle PN à Yγ, l'équation (3) donnera

$$PM^2 = \frac{b^2}{a^2}(a^2 - Ap^2) = \frac{b^2}{a^2} \times PN^2,$$

d'où

$$\frac{PM}{PN} = \frac{b}{a}.$$

L'ordonnée PM de l'ellipse, sera donc une quatrième proportionnelle aux lignes connues a, b, PN; ce qui déterminera le point M de l'ellipse. On pourra donc construire successivement tous les points de cette courbe.

L'hypothèse A $>b$ donne PN $>$ PM (*fig.* 30, *Pl. II*); tous les points de l'ellipse, excepté B et E, sont donc dans l'intérieur de la circonférence décrite du point A comme centre avec le rayon a. Tous les points de l'ellipse, excepté D et d, sont hors de la circonférence Dedf décrite de A comme centre avec le rayon AD $= b$, car, en tirant une parallèle QM à Xx, l'équation (4) donne

$$QM : Qn :: a : b.$$

Par conséquent, lorsque A $>$ B, le plus grand des diamètres de l'ellipse est $2a$, et le plus petit est $2b$.

Les distances PB, PE (*fig.* 29, *Pl. II*) se nomment les segments correspondants à l'ordonnée PM. Or l'équation (3) donne

$$y^2 = \frac{b^2}{a^2}(a - x)(a + x);$$

donc

$$PM^2 = \frac{b^2}{a^2} \times PB \times PE \quad \text{et} \quad pm^2 = \frac{b^2}{a^2} \times pB \times pE.$$

Les carrés des ordonnées de l'ellipse sont donc proportionnels aux produits des segments correspondants.

PROBLÈME I.— *Déterminer l'équation d'une tangente à l'ellipse.*

Pour déterminer l'équation d'une droite tm' T (*fig.* 32, *Pl. II*) qui touche l'ellipse

$$(1) \qquad a^2 y^2 + b^2 x^2 = a^2 b^2,$$

en un point m', il suffit de mener par ce point une sécante S$m's$ qui rencontre l'ellipse en un second point m''; on suppose ensuite que m'' approche de m', la sécante S$m'm''s$ approche de la tangente T$m't$ demandée, et enfin, lorsque m'' coïncide avec m', la sécante devient la tangente T$m't$. Effectuons ces calculs.

L'équation d'une droite menée par deux points m', m'' étant

$$(2) \qquad y - y' = \left(\frac{y'' - y'}{x'' - x'}\right)(x - x'),$$

on exprime que ces points appartiennent à l'ellipse (1) en posant

$$(3) \qquad a^2 y'^2 + b^2 x'^2 = a^2 b^2,$$
$$(4) \qquad a^2 y''^2 + b^2 x''^2 = a^2 b^2.$$

Pour évaluer la fraction $\dfrac{y'' - y'}{x'' - x'}$, on retranche (3) de (4), ce qui donne

$$a^2\,(y''^2 - y'^2) + b^2\,(x''^2\, x'^2) = 0,$$

d'où

$$(5) \qquad \frac{y'' - y'}{x'' - x'} = \frac{-b^2\,(x'' + x')}{a^2\,(y'' + y')}.$$

Substituant cette valeur dans l'équation (2), on exprime que les points m', m'' sont sur l'ellipse (1), de sorte que l'équation

$$(6) \qquad y - y' = \frac{-b^2\,(x'' + x')}{a^2\,(y'' + y')}\,(x - x'),$$

appartient à une sécante $S\,m'\,m''\,s$ menée par deux points quelconques m', m'' de l'ellipse (1). Pour que cette sécante devienne la tangente en m', il suffit de faire coïncider m'' avec m', en posant

$$x'' = x', \quad y'' = y'.$$

Le résultat

$$(7) \qquad y - y' = -\frac{b^2\,x'^2}{a^2\,y'^2}\,(x - x')$$

est l'équation de la tangente demandée La relation (3) réduit l'équation (7) à

$$(8) \qquad a^2\,yy' + b^2\,xx' = a^2\,b^2.$$

Réciproquement lorsque la relation (3) a lieu, l'équation (8) détermine une droite qui touche l'ellipse (1) au point x', y'.

En effet, pour les points de rencontre de la droite (8) avec l'ellipse (1), les équations (8), (3), (1) ayant lieu en même temps, il est facile de voir que ces équations donnent

$$(9) \qquad a^2\,(y - y')^2 + b^2\,(x - x')^2 = 0.$$

Or les coordonnées x et y des points communs aux lignes (1) (8) doivent satisfaire à l'équation (9), et la seule solution réelle de l'équation (9) est

$$x = x', \quad y = y';$$

ces deux lignes n'ont donc que le point x', y' commun. La droite (8) touche donc l'ellipse (1) au point x', y'.

PRINCIPE. — *Toutes les propriétés des tangentes à l'ellipse*

$$(1) \qquad a^2\,y^2 + b^2\,x^2 = a^2\,b^2$$

se déduisent de l'équation de la tangente.

En effet, l'équation de la tangente $tm'\,T$ (*fig.* 32, *Pl. II*) au point x', y' de l'ellipse peut se mettre sous la forme

$$(2) \qquad y - y' = -\frac{b^2\,x'}{a^2\,y'}\,(x - x'),$$

$$(3) \qquad a^2\,yy' + b^2\,xx' = a^2\,b^2,$$

$$(4) \qquad y = \frac{b\,(a^2 - xx')}{a\,\sqrt{(a^2 - x'^2)}}.$$

On a

$$a^2\,y'^2 + b^2\,x'^2 = a^2\,b^2.$$

Si l'on détermine les points de rencontre de la droite (3) avec les axes Xx, Xy, on trouvera

$$AT' = \frac{a^2}{x'}, \quad A t' = \frac{b^2}{y'};$$

on en déduira

$$p' T' = \frac{a^2}{x'} - x'.$$

Les longueurs $m' T'$ et $p' T'$ se nomment la tangente et la sous-tangente.

L'hypothèse $x' = o$ donne

$$AT' = \infty, \quad y' = \pm b, \quad A t' = \pm b.$$

Les tangentes à l'ellipse menées par les extrémités D, d du petit axe sont donc parallèles au grand axe BE, et $y' = o$ donnant

$$x' = \pm a, \quad AT' = \pm a, \quad A t' = \infty,$$

les tangentes à l'ellipse menées par les extrémités du grand axe sont parallèles au petit axe. Ces quatre tangentes forment un rectangle *efgh* (*fig.* 29, *Pl. II*) circonscrit à l'ellipse; la surface de ce rectangle est égale à 4 ab.

PROBLÈME II. — *Par un point donné sur l'ellipse faire passer une tangente* (*fig.* 29, *Pl. II*).

La proportion $x' : a :: a : AT'$ donne une construction très-simple pour mener la tangente au point m' de l'ellipse (1), car en tirant une parallèle $m'p'$ à Yy, AT' sera une troisième proportionnelle aux lignes connues Ap', AB; la droite $tm' T'$T sera la tangente demandée.

La valeur de AT' ne dépendant que de l'abscisse x' du point de tangence et du grand axe 2 a, si l'on décrivait des ellipses B e E e', B m' E n' (*fig.* 33, *Pl. II*) sur le même grand axe, et si l'on tirait une perpendiculaire GH à cet axe, les tangentes aux points e, e', m', n', etc., de ces ellipses rencontreraient la droite Xx en un même point T'. Or l'une de ces ellipses serait la circonférence BNEN' décrite sur le diamètre BE, et la tangente NT' à cette circonférence est perpendiculaire au rayon AN. Par conséquent, *pour construire la tangente en un point m' d'une ellipse dont le grand axe* BE *est connu*, il suffit de tirer la perpendiculaire G m' H à BE et de décrire un arc de cercle du point A comme centre avec le rayon AB = a; cet arc coupe GH en N; on mène la perpendiculaire nN au rayon AN, elle rencontre le prolongement Bx de AB en T', et la droite m' T' est la tangente demandée.

COROLLAIRE. — Il résulte de ce qui vient d'être démontré que *les tangentes à l'ellipse menées par les extrémités m', n'* (*fig.* 34, *Pl. II*) *d'un diamètre quelconque sont parallèles.*

En effet, les coordonnées de m' étant x', y', celles de n' sont — x', — y'.

Réciproquement, lorsque deux tangentes $e' m'' f'$, $h' n'' g'$ à l'ellipse sont parallèles, la droite qui joint les points $m'' n''$ de tangence passe par le centre A de l'ellipse. Car, si cela n'était pas, le diamètre passant par n'' et A ne passerait pas par m'', il passerait par un point m par exemple, et la tangente $h' n'' g'$ serait parallèle à $e'' f''$; mais $e' f'$ est

I. 8

parallèle à $h'g'$: on pourrait donc mener du même point deux parallèles $e'f'$, $e''f''$ à la droite $h'g'$, ce qui est absurde.

Théorème. — *Selon qu'un point x'', y'' est sur l'ellipse*

$$(1) \qquad\qquad a^2 y^2 + b^2 x^2 = a^2 b^2,$$

ou dans l'ellipse, ou hors de l'ellipse, la quantité $a^2 y''^2 + b^2 x''^2 - a^2 b^2$ est nulle, ou négative, ou positive, et la réciproque est vraie.

En effet, lorsque ce point est sur l'ellipse (1), ses coordonnées satisfont à l'équation (1) de cette courbe; on a donc

$$a^2 y''^2 + b^2 x''^2 - a^2 b^2 = 0.$$

Quand le point x'', y'' est dans l'ellipse, en n par exemple (*fig.* 34, *Pl. II*), en menant une parallèle mnp à γY, on a

$$Ap = x'', \qquad pn = y'';$$

la quantité $a^2 y''^2 + b^2 x''^2 - a^2 b^2$ est négative, car le point M étant sur l'ellipse (1), on a

$$a^2 \times \overline{pM}^2 + b^2 x''^2 - a^2 b^2 = 0;$$

or

$$y''^2 < \overline{pM}^2.$$

Enfin lorsque le point x'', y'' est hors de l'ellipse, $a^2 - x''^2$ peut être positif, nul ou négatif; si $x''^2 < a^2$, le point donné sera en m par exemple, et $a^2 y''^2 + b^2 x''^2 - a^2 b^2$ sera positif, car y''^2 sera plus grand que $\overline{pM}^2$; si $x''^2 \not< a^2$, la quantité $a^2 y''^2 + b^2 x''^2 - a^2 b^2$ sera positive, car elle est égale à $a^2 y''^2 + (x''^2 - a^2) b^2$, et $x''^2 - a^2$ n'est pas négatif. La proposition directe est donc démontrée. On en déduit facilement que la réciproque est vraie.

Problème. — *L'équation d'une ellipse étant*

$$(1) \qquad\qquad a^2 y^2 + b^2 x^2 = a^2 b^2,$$

mener une tangente a cette ellipse par un point donné x'', y''.

Les inconnues sont les coordonnées x', y' du point de tangence. La tangente devant passer par le point x'', y'', son équation est de la forme

$$y - y'' = -\frac{b^2 x'}{a^2 y'}(x - x'').$$

Or le point x', y' doit se trouver sur cette droite et sur l'ellipse (1); on a donc

$$(5) \qquad y' - y'' = -\frac{b^2 x'}{a^2 y'}(x' - x''),$$

$$(6) \qquad a^2 y'^2 + b^2 x'^2 = a^2 b^2.$$

Ces équations se réduisent à

$$(2) \qquad a^2 y'^2 + b^2 x'^2 = a^2 b^2,$$

$$(3) \qquad a^2 y' y'' + b^2 x' x'' = a^2 b^2.$$

L'élimination de y' entre les équations (2) et (3) donne

$$(4) \qquad x' = \frac{a^2 \left(b^2 x'' \pm y'' \sqrt{a^2 y''^2 + b^2 x''^2 - a^2 b^2} \right)}{a^2 y''^2 + b^2 x''^2}.$$

La substitution de ces valeurs de x' dans l'équation (3) détermine les valeurs correspondantes de y'. Lorsque le point x'', y'' est hors de l'ellipse, en e' par exemple (*fig.* 34, *Pl. II*), $a^2 y''^2 + b^2 x''^2 - a^2 b^2$ est positif; x' a deux valeurs réelles et inégales qui expriment les abscisses Ap' et AP des points m', m'' de tangence; les valeurs correspondantes de y', déduites de l'équation (3), sont réelles, ce qui détermine deux tangentes $e'm'$, $e'm''$. Quand le point x'', y'' est sur l'ellipse $a^2 y''^2 + b^2 x''^2 - a^2 b^2 = 0$, les valeurs de x' sont réelles et égales; les équations (4) et (5) donnent

$$x' = x'', \quad y' = y'';$$

le point de tangence se confond avec le point donné, et les deux tangentes se réunissent en une seule. Enfin, lorsque le point x'', y'' est dans l'ellipse, $a^2 y''^2 + b'' y''^2 - a^2 b^2$ est négatif; les valeurs de x' sont imaginaires; et, en effet, il est évident que, par un point pris dans l'ellipse, on ne peut mener aucune tangente à cette courbe. Pour résoudre le problème géométriquement, on pourrait construire les valeurs Ap', AP de x'; les parallèles $p'm'$, Pm'' à l'axe des y, couperaient l'ellipse aux points de tangence demandés. Mais on peut parvenir plus simplement au même résultat, car chacune des équations (2) et (3) admettent une infinité de valeurs réelles des inconnues x', y', si l'on regarde ces inconnues comme les coordonnées x, y d'un point, l'équation (2) déterminera l'ellipse (1), et l'équation (3) donnera une droite CR; les points de rencontre de cette droite avec l'ellipse seront les points de tangence demandés. Selon que le point x'', y'' sera hors de l'ellipse, ou sur l'ellipse, ou dans l'ellipse, la droite CR coupera la courbe en deux points, ou la touchera, ou ne la rencontrera pas.

Des normales. — L'équation de la tangente $t'm'T'$ au point x', y' de l'ellipse

(1) $$a^2 y^2 + b^2 x^2 = a^2 b^2$$

étant

$$a^2 y y' + b^2 x x' = a^2 b^2,$$

l'équation de la perpendiculaire $Hm'd$ à la tangente $t'T'$ sera

(2) $$y - y' = \frac{a^2 y'}{b^2 x'}(x - x').$$

La perpendiculaire $H'm'd$ à la tangente $t'm'T'$ est ce qu'on nomme une *normale* au point m', et en tirant la parallèle $m'n'$ à Yy, la droite Nm' est la longueur de la normale; $p'N$ est la sous-normale (*fig.* 35, *Pl. II*).

L'équation (2) donne

(3) $$AN = \frac{(a^2 - b^2) x'}{a^2},$$

d'où

$$p'N = \frac{b^2 x'}{a^2}, \qquad Nm' = \sqrt{y'^2 + \frac{b^4 x'^2}{a^4}}.$$

Lorsque $A > b$, AN et x' sont de mêmes signes, chaque valeur Ap' de x' détermine deux normales Nm', Nn'; x' augmentant depuis zéro jusqu'à $AB = a$, AN augmente aussi depuis zéro jusqu'à

8.

$a - \dfrac{b^2}{a} = A\,n$; de sorte que le pied N de la normale se meut de A
en n. Or N est le point commun à la normale $m'h$ et à l'axe Xx.
Quand m' devient le sommet B, la normale se confond avec BX; la
position du point N devrait donc rester indéterminée, et cependant
la formule (3) donne une valeur déterminée An de AN. Pour lever
cette difficulté, que la véritable valeur de AN déduite de l'équation (2) étant

$$AN = \frac{(a^2 - b^2)\,x'\,y'}{a^2\,y'},$$

l'hypothèse $y' = 0$ donne une valeur indéterminée de AN ; la valeur
$a - \dfrac{b^2}{a}$ de AN doit être considérée comme une limite qui exprime
que les points m', n' (dont l'abscisse est x') approchant indéfiniment
du sommet B, le point N des normales m'N, n'N, approche indéfiniment du point fixe n, de sorte qu'on peut toujours prendre les
points m', n' assez près de B pour que la distance

$$N\,n = \left(\frac{a^2 - b^2}{a^2} \right) (a - x')$$

devienne moindre que toute quantité donnée.

Quand $a = b$, l'ellipse devient une circonférence; AN = 0, l'équation (2) de la normale se réduit à $yx' = xy'$; toutes les normales à
la circonférence passent donc par le centre de cette courbe.

PROBLÈME. — *Par un point x'', y'' donné, mener une normale à
l'ellipse dont l'équation est*

(1) $a^2 y^2 + b^2 x^2 = a^2 b^2.$

Si x' et y' désignent les coordonnées du point de l'ellipse où la
normale est perpendiculaire à la tangente, l'équation de la normale
menée par le point x'', y'' sera

(2) $y - y'' = \dfrac{a^2 y'}{b^2 x'} (x - x''),$

le point x', y' étant sur l'ellipse et sur la normale, on aura

(3) $a^2 y'^2 + b^2 x'^2 = a^2 b^2,$
(4) $b^2 x' (y' - y'') = a^2 y' (x' - x'').$

Or a, b, x'', y'' sont des nombres donnés; les équations (3) et (4)
détermineront donc les valeurs des inconnues x', y'.

Soient

$$a^2 - b^2 = c^2, \quad a^2 x'^2 + b^2 y''^2 - c^4 = d.$$

L'élimination de y' entre les équations (3) et (4) donnera

(5) $c^4 x'^4 - 2 a^2 c^2 x'' x'^3 + d a^2 x'^2 + 2 a^4 c^2 x'' x' - a^6 x''^2 = 0.$

L'équation (5) fournira quatre valeurs de x', et la substitution de
ces valeurs dans l'équation (4) déterminera les valeurs correspondantes de y.

Pour chaque solution réelle des équations (4), (5), l'équation (2)
donnera une normale qui passera par le point x'', y''. Le problème peut donc admettre quatre solutions. Le dernier terme de
l'équation (5) étant toujours négatif, x' a au moins deux valeurs

réelles. Le problème admet donc toujours deux ou quatre solutions réelles, quand le point x'', y'' est sur l'axe des y, x'' est nul; l'équation (5) donne deux valeurs de x' égales à zéro; cela détermine deux normales qui passent par le centre, et selon que les deux autres valeurs de x' sont réelles ou imaginaires, on peut mener deux ou quatre normales. Lorsque le point x'', y'' est le centre, on a

$$x'' = 0, \quad y'' = 0;$$

l'équation (5) donne

$$x' = \pm 0, \quad x' = \pm a;$$

les valeurs correspondantes de y', déduites de l'équation (3), sont

$$y' = \pm b, \quad y' = \pm 0;$$

ce qui détermine les sommets B, E, D, d (*fig. 35, Pl. II*), de l'ellipse; et, en effet, les droites AB, AE, AD, Ad, sont respectivement perpendiculaires aux tangentes à l'ellipse menée par les points B, E, D, d.

Pour résoudre géométriquement le problème, on construira les courbes représentées par les équations (3), (4) [*fig. 36, Pl. II*].

Les points communs à ces deux courbes seront les points de rencontre de la normale demandée avec l'ellipse. Or l'équation (3) déterminera l'ellipse (1); l'équation (4) étant de la forme

$$B x'y' + D y' + E x' = 0,$$

donnera une hyperbole qui passera par le centre A de l'ellipse. Selon que cette hyperbole coupera l'ellipse en deux ou en quatre points, le problème admettra deux ou quatre solutions.

Propriétés de l'hyperbole rapportée à des coordonnées rectangulaires. — Des tangentes et des normales.

Les coordonnées x, y étant rectangulaires, l'équation de l'hyperbole peut toujours se ramener à la forme

$$y^2 - m^2 x^2 = -b^2;$$

l'hypothèse $y = 0$ donne

$$x = \pm \frac{b}{m};$$

prenant donc $AB = AB' = \frac{b}{m}$ (*fig. 20, Pl. I*), les points de rencontre de la courbe avec l'axe des x seront B et B'. Or $x = 0$ donne

$$y = \pm b \sqrt{-1}.$$

Ces valeurs imaginaires de y expriment que l'hyperbole ne rencontre pas l'axe des y. Soit $\frac{b}{m} = a$, d'où $m = \frac{b}{a}$, l'équation de la courbe devient

(1) $$a^2 y^2 - b^2 x^2 = -a^2 b^2.$$

On en déduit

(2) $$y = \mp \frac{b}{a} \sqrt{x^2 - a^2},$$

(3) $$x = \pm \frac{a}{b} \sqrt{y^2 + b^2}.$$

Lorsque $x < a'$, y est imaginaire, $x = AB = a$ donne $y = \pm o$; x augmentant depuis a positif jusqu'à l'infini positif, y est réel et augmente depuis zéro jusqu'à l'infini; chaque valeur de x donne deux valeurs de y égales et de signes contraires. Les valeurs positives de x déterminent donc la branche hyperbolique MB m qui s'étend à l'infini dans le sens Ax des x positifs. La courbe a la même forme du côté des x négatifs, car x ne changeant pas de signe, y ne change pas; et comme une droite ne peut pas rencontrer la courbe en plus de deux points, l'hyperbole (1) est composée de deux branches MBm, M$'$ B$'$ m' qui présentent leur convexité à l'axe des y; ces branches s'étendent à l'infini du côté des x positifs et des x négatifs. L'hypothèse $x = \pm a$ donnant $y = \pm o$, les parallèles h Be, h' B$'$ e' à Xy sont des tangentes à l'hyperbole.

La discussion de l'équation (3) conduirait aux mêmes résultats. En effet, $y = o$ donnant $x = \pm a$ pour les plus petites valeurs de x, les parallèles à l'axe des y, menées par les points B, B$'$ sont des tangentes à l'hyperbole, et la droite BB$' = 2a$ est la plus petite de toutes les cordes qui passent par le centre A. Chaque valeur réelle de y donne deux valeurs réelles de x égales et de signes contraires; y augmentant depuis zéro jusqu'à l'infini, x augmente depuis $\pm a$ jusqu'à $\pm \infty$; les valeurs positives de y déterminent donc les axes hyperboliques MB m, M$'$ B$'$ m'. La courbe a la même forme du côté des y négatifs, car y ne changeant pas de signe, x ne change pas; les valeurs négatives de y donnent donc les arcs hyperboliques MBm, M$'$ B$'$ m'. L'hyperbole a donc la forme indiquée (*fig. 20, Pl. I*).

Pour conserver de l'analogie entre l'hyperbole et l'ellipse, on prend AC = AC$' =$ B; les droites BB$' = 2a$, CC$' = 2b$ se nomment les axes de l'hyperbole; ces axes sont réels, mais $2b$ n'exprime plus la partie de l'axe des y comprise dans la courbe, et $a - b$ peut être positif, nul où négatif.

En comparant l'équation $a^2 y^2 - b^2 x^2 = - a^2 b^2$ de l'hyperbole à l'équation $a^2 y^2 + b^2 x^2 = a^2 b^2$ de l'ellipse, on voit qu'elles ne diffèrent que par le signe de b^2. On découvrira donc les propriétés de l'hyperbole qui correspondent à celles de l'ellipse, en changeant le signe de b^2 dans les formules relatives à l'ellipse, ce qui revient à remplacer b par $b\sqrt{-1}$. On en déduit que l'hyperbole jouit des propriétés suivantes : 1° l'équation (1) représente une hyperbole rapportée à son centre et à ses axes $2a$, $2b$; 2° chaque valeur de x ou de y donnant deux valeurs correspondantes de y ou de x qui sont égales et de signes contraires, toute corde MN, MN$'$ parallèle à un des axes yY, xX est divisée en deux parties égales par l'autre axe; ces axes sont donc des *diamètres*; chacun d'eux divise la courbe en deux parties qui peuvent s'appliquer exactement l'une sur l'autre, et les parallèles e Bh, c' B$'$ h' à l'axe des y sont des tangentes à l'hyperbole : les diamètres yY, xX se coupent au centre A de la courbe; 3° tous les diamètres de l'hyperbole sont des droites qui passent par le centre, et réciproquement toute droite menée par le centre est un diamètre; 4° la distance MA d'un point quelconque x, y de l'hyperbole au centre A est toujours une fonction irrationnelle de x, car

$$MA = \frac{1}{a} \sqrt{(a^2 + b^2) x^2 - a^2 b^2};$$

lorsque x augmente, MA augmente : or la plus petite abscisse des différents points de l'hyperbole est a; le minimum de MA est donc BA $= a$: de sorte que BB' $= 2a$ est la plus petite de toutes les cordes qui passent par le centre A; 5° quand $a = b$, l'équation (1) se réduit à $y^2 - x^2 = -a^2$ et l'on dit que l'hyperbole est équilatère : or l'hypothèse $a = b$ réduit l'ellipse à une circonférence; 6° les carrés des ordonnées sont proportionnels aux produits des segments correspondants.

Des tangentes et des normales. — L'équation de l'hyperbole étant

(1) $$a^2 y^2 - b^2 x^2 = -a^2 b^2,$$

l'équation de la tangente M'T' (*fig.* 37, *Pl. II*) au point x', y' de l'hyperbole (1) est

(2) $$y - y' = \frac{b^2 x'}{a^2 y'} (x - x').$$

On a

(3) $$a^2 y'^2 + b^2 x'^2 = -a^2 b^2;$$

d'où

$$y' = \frac{b}{a} \sqrt{x'^2 - a^2}.$$

D'après les relations (3), l'équation (2) de la tangente peut se mettre sous l'une quelconque des deux formes

(4) $$a^2 yy' - b^2 xx' = -a^2 b^2,$$

d'où

(5) $$y = \frac{-(a^2 - xx') b}{a \sqrt{x'^2 - a^2}}.$$

La tangente (4) coupe l'axe des x en un point dont l'abscisse est

$$AT' = \frac{a^2}{x'}.$$

Ainsi, pour construire la tangente au point M' de l'hyperbole, on mène la parallèle M'P' à yY; la proportion AP' : AB :: AB : AT' détermine AT'.

L'équation (2) démontre que les tangentes à l'hyperbole menées par les extrémités d'un diamètre quelconque sont parallèles. Réciproquement, lorsque deux tangentes à l'hyperbole sont parallèles, la droite qui joint les points de tangence passe par le centre de la courbe.

Lorsque, par un point quelconque x', y' de l'hyperbole, on mène le rayon AM' et la tangente M'T', les équations de ces deux droites sont

$$y = \delta x, \quad y = \delta' x + \delta'',$$

on a

$$\delta = \frac{y}{x}, \quad \delta' = \frac{b^2 x'}{a^2 y'}, \quad \delta\delta' = \frac{b^2}{a^2}, \quad \text{tang AM'T'} = \frac{a^2 b^2}{(a^2 + b^2) x' y'}.$$

L'abscisse x' du point de tangence n'étant jamais nulle, l'angle

AM'T' n'est droit qu'aux points B, E pour lesquels $y' = 0$. Les extrémités B, E du grand axe $2a$ sont donc les seuls points de l'hyperbole où la tangente est perpendiculaire au rayon mené par le point de tangence. Ces deux points sont les sommets de l'hyperbole. Quand $a = b$, l'hyperbole est équilatère et les angles M'Ax, M'T'x sont compléments l'un de l'autre; les angles M'Ax, P'M'T' sont donc égaux.

Quand on mène par le centre A une parallèle D'd' à la tangente M'T', les coordonnées des points de rencontre de cette droite avec l'hyperbole sont imaginaires. La droite D'd' ne rencontre donc jamais l'hyperbole.

L'équation de l'hyperbole étant $a^2 y^2 - b^2 x^2 = - a^2 b^2$, selon qu'un point x'', y'' est sur l'hyperbole, ou dans l'hyperbole, ou hors de l'hyperbole, la quantité $a^2 y''^2 - b^2 x''^2 + a^2 b^2$ est nulle, ou négative, ou positive, et la réciproque est vraie.

Cette propriété se déduirait du même principe qui a été démontré pour l'ellipse en changeant le signe de b^2; mais on peut la démontrer directement. En effet, lorsque le point x'', y'' est sur l'hyperbole, on a

$$a^2 y''^2 - b^2 x''^2 + a^2 b^2 = 0.$$

Quand le point x'', y'' est dans l'hyperbole, en n par exemple, on mène une parallèle MnP à yY; on a

$$AP = x'', \quad P n = y''.$$

La quantité $a^2 y''^2 - b^2 x''^2 + a^2 b^2$ est négative, car le point M étant sur l'hyperbole,

$$a^2 \times PM^2 - b^2 x''^2 + a^2 b^2 = 0 \quad \text{et} \quad y''^2 < PM^2.$$

Lorsque le point x'', y'' est hors de l'hyperbole, $x''^2 - a^2$ peut être positif, ou nul, ou négatif; si $x''^2 > a^2$, le point x'', y'' sera en m, on aura

$$AP = x'', \quad P m = y'', \quad \text{et} \quad a^2 y''^2 - b^2 x''^2 + a^2 b^2$$

sera positif, car $y''^2 > \overline{PM}^2$. Si $x''^2 \not> a^2$, $a^2 y''^2 + b^2 (a^2 - x''^2)$ sera nécessairement positif : ce qui démontre la proposition directe. On en déduit facilement que la réciproque est vraie.

Pour mener une tangente et une normale à l'hyperbole

$$a^2 y^2 - b^2 x^2 = - a^2 b^2$$

par un point donné, il suffit de changer le signe b^2 dans les problèmes analogues résolus pour l'ellipse.

Propriétés de la parabole rapportée à des coordonnées rectangulaires. — Des tangentes et des normales.

Les coordonnées x, y étant rectangulaires, l'équation de la parabole peut toujours se ramener à la forme

$$(1) \qquad\qquad y^2 = 2 px.$$

On dit alors que la parabole est rapportée à son grand axe xX et à son sommet A (*fig.* 38, *Pl. II*).

Lorsque x est positif et augmente depuis zéro jusqu'à l'infini, y est réel et augmente de la même manière; chaque valeur de x détermine deux valeurs de y égales et de signes contraires, et x étant négatif,

y est imaginaire : la courbe a donc la forme indiquée (*Pl. II, fig. 38*).

Chacune des cordes Mm, M′m′ parallèles à l'axe des y est divisée en deux parties égales par l'axe des x. L'axe des x est donc un diamètre de la courbe, et l'axe des y touche la courbe au sommet A.

Si le plan yAx tourne autour de l'axe Ax, à l'instant où Ay tombera sur AY la branche AM′M coïncidera avec la branche Am′m. *Le diamètre* Xx *divise donc la parabole en deux parties égales.*

La distance MA d'un point quelconque x, y de la parabole à l'origine A, est une fonction rationnelle de x, car MA $= \sqrt{x^2 + 2px}$. Cette distance augmente avec x depuis zéro jusqu'à l'infini.

L'équation (1) démontre que les carrés des ordonnées de la parabole sont proportionnels aux abscisses correspondantes. Réciproquement, lorsque les carrés des ordonnées d'une courbe sont proportionnels aux abscisses correspondantes, cette courbe est une parabole, car en nommant x′, y′ les coordonnées d'un point donné de la courbe S, et x, y les coordonnées d'un point quelconque de cette courbe, on a

$$y^2 : y'^2 :: x : x' ;$$

or $\frac{y'^2}{x'}$ est un nombre connu $2p$, l'équation de la courbe demandée est donc

$$y^2 = 2px.$$

Selon qu'un point x″, y″ est sur la parabole, $y^2 - 2px = 0$, ou dans la parabole ou hors de cette courbe, $y''^2 - 2px''$ est nul, ou négatif, ou positif. En effet, si par un point quelconque M′ de la courbe on tire une parallèle em′ à l'axe des y, on aura

$$\overline{P'M'}^2 = 2p \times AP' ;$$

donc

$$\overline{P'd}^2 < 2p \times AP' \quad \text{et} \quad \overline{P'e}^2 > 2p \times AP'.$$

Mais quand le point donné est dans l'un des angles yAX, YAX, x″ est négatif, $y''^2 - 2px''$ est donc positif. Ce qui démontre le principe énoncé. On en déduit que la réciproque est vraie.

PROBLÈME. — *Déterminer la tangente au point* x′, y′ *de la parabole.*

Pour déterminer la tangente au point x′, y′ de la parabole, on tire par ce point une sécante M′S qui rencontre la courbe en un point n″, dont les coordonnées sont x″ et y″, l'équation de cette sécante est

$$y - y' = a(x - x') ;$$

on a

$$a = \frac{y'' - y'}{x'' - x'}, \quad y''^2 = 2px'', \quad y'^2 = 2px' ;$$

d'où

$$y''^2 - y'^2 = 2p(x'' - x') = (y'' - y')(y'' + y'); \quad a = \frac{2p}{y'' + y'}.$$

A mesure que n″ approche de M′, l'ordonnée y″ de y′, la sécante approche de la tangente en M′, et quand n″ tombe en M′, y″ = y′, la sécante devient la tangente M′T′ au point x′, y′ de la parabole ;

α se réduit à $\dfrac{p}{y'}$; l'équation de cette tangente est donc

$$(2) \qquad\qquad y - y' = \frac{p}{y'}(x - x').$$

La relation $y'^2 = 2px'$ réduit l'équation (2) à

$$(3) \qquad yy' = p(x + x') \quad \text{ou à} \quad \text{tang } M'T'x = \frac{p}{y'}.$$

Lorsque y' est positif et augmente depuis zéro jusqu'à l'infini, la valeur de tangente $M'T'x$ est positive et diminue depuis l'infini jusqu'à o; l'angle $M'T'x$ diminue donc depuis 100 degrés jusqu'à zéro. La tangente au sommet A est donc une perpendiculaire $y\,Y$ à l'axe des x. Quand y' est négatif, la tangente prend la position $m'T'B$, et la tangente $BT'x$ est négative; l'angle $BT'x$ est donc obtus, et la longueur de y' augmentant depuis zéro jusqu'à l'infini, l'angle $BT'x$ augmente depuis 100 degrés jusqu'à 200. On peut en conclure que la parabole MAm présente sa concavité à l'axe Ax.

Lorsqu'on fait $y = o$, l'équation (3) donne

$$x = -x';$$

donc

$$AT' = AP'.$$

Par conséquent, pour *mener une tangente à la parabole par un point M' pris sur la courbe, il suffit de tirer une parallèle M'P' à $y\,Y$ et de prendre AT' = AP'; la droite M'T' est la tangente demandée.* La valeur de AT' ne dépendant que de l'abscisse x' du point de tangence, les tangentes à la parabole menées par les extrémités d'une corde $m'M'$ parallèle à $y\,Y$, rencontrent l'axe des x au même point T'. La sous-tangente $P'T'$ est double de l'abscisse AP' du point de tangence.

Réciproquement, la relation $y'^2 = 2px'$ ayant lieu, l'équation (3) détermine une droite qui touche la parabole $y^2 = 2px$ au point x', y'; en effet, en combinant les deux équations (1) et (3) on trouve que les abscisses des points de rencontre de la droite (3) avec la courbe (1) sont égales à x', et que les ordonnées sont égales à y'.

PROBLÈME. — *Par un point donné mener une tangente à la parabole.*

Pour mener une tangente à la parabole $y^2 = 2px$ par un point x'', y'' donné, on calcule les coordonnées x', y' du point de tangence. Or la tangente passe par le point x'', y'', son équation est donc de la forme

$$(2) \qquad\qquad y - y'' = \frac{p}{y'}(x - x'').$$

Mais le point x', y' est sur cette droite et sur la parabole, on a donc

$$y' - y'' = \frac{p}{y'}(x' - x''), \quad y'^2 = 2px',$$

d'où

$$y' = y'' \pm \sqrt{y''^2 - 2px''}.$$

Selon que le point x'', y'' est hors de la parabole, ou sur la courbe, ou dans la courbe, $y''^2 - 2px''$ est positif, ou nul, ou négatif; les valeurs de y' sont réelles et inégales ou imaginaires, de sorte que l'équation (2) détermine deux tangentes, ou une seule tangente, ou la question est impossible.

Pour construire la tangente demandée, on calcule l'angle formé par le rayon vecteur M'F avec la tangente M'T' au point x', y' de la parabole $y^2 = 2px$, on trouvera

$$\text{tang FM'T'} = \frac{p}{y'};$$

or

$$\text{tang M'T'F} = \frac{p}{y'}.$$

Les angles FM'T', M'T'F sont donc égaux. Cette propriété pouvait se déduire des relations $AT' = AP' = x'$, $M'F = x' + \frac{1}{2}p$, car

$$FT' = AT' + AF = x' + \frac{1}{2}p = FM'.$$

Mais l'angle $M'T'F = T'M'Q'$ et l'angle $M'T'F = T'M'F$, donc les angles $T'M'Q'$, $T'M'F$ sont égaux.

La tangente $t'M'T'$ divisant l'angle FM'Q' en deux parties égales, il est facile de mener par un point donné une tangente à la parabole.

1°. Quand le point donné est sur la courbe, en M' par exemple, on tire une parallèle M'Q' à x X et l'on mène la droite Q'F; la perpendiculaire M'T' à Q'F est la tangente demandée, car les droites M'F, M'Q' étant égales, les angles T'M'Q', T'M'F sont égaux. Réciproquement, la perpendiculaire t'M'T' à Q'F touche la parabole au point M'. En effet, M'F = M'Q', la perpendiculaire t'M'T' passe donc par le milieu de FQ'; les distances m''F, m''Q' d'un point quelconque m'' de cette perpendiculaire aux points F, Q' sont donc égales. Or, en tirant une perpendiculaire $m''q''$ à la directrice HK, on a

$$m''Q > m''q''; \quad \text{donc} \quad m''F > m''q''.$$

Le point m'' est donc hors de la parabole. Mais le point M' appartient à la courbe, et tous les autres points de la perpendiculaire sont hors de la parabole; cette perpendiculaire est donc tangente à la courbe au point M'.

Lorsque le point donné est hors de la parabole, en m'' par exemple, il faut construire le point M' de tangence. Or, la tangente m''M'T' étant perpendiculaire sur le milieu de FQ', les obliques m''F, m''Q'' sont égales; l'arc de cercle décrit de m'' comme centre avec le rayon connu m''F, rencontre donc la directrice HK en un point Q' tel, que la parallèle Q'c à Xx coupe la parabole au point M' de tangence. Ainsi, pour mener une tangente à la parabole par un point m'' donné hors de la courbe, on décrit un arc de cercle du point m'' comme centre avec le rayon m''F; cet arc coupe la directrice en deux points Q', Q, par lesquels on tire des parallèles au grand axe Xx; ces parallèles coupent la parabole en deux points M', M; les droites m''M', m''M sont les tangentes demandées.

Remarque. — Lorsque le point donné est hors de la courbe, sa distance δ au foyer est plus grande que sa distance δ' à la directrice ; l'arc de cercle décrit de ce point comme centre avec le rayon δ coupe donc la directrice en deux points différents ; la construction détermine donc deux tangentes. Quand le point donné est sur la parabole, $\delta = \delta'$, l'arc décrit est tangent à la directrice et les deux tangentes se confondent. Enfin, lorsque le point donné est dans la parabole, $\delta < \delta'$, l'arc décrit ne rencontre pas la directrice, ce qui indique l'impossibilité du problème.

Des normales. — L'équation de la normale $M'N'$ au point x', y', (*fig.* 38, *Pl. II*) de la parabole $y^2 = 2px$ (1) est

$$(2) \qquad y - y' = -\frac{y'}{p}(x - x').$$

Pour trouver l'abscisse x du point N' où la normale rencontre l'axe des x, on fait $y = 0$, l'équation (2) donne

$$(3) \qquad (x - x' - p)y' = 0.$$

Quand y' n'est pas nul, on a

$$x = p + x' = AN', \quad \text{d'où} \quad P'N' = p.$$

La sous-normale $P'N'$ est donc une constante p.

Remarque. — L'abscisse $AP' = x'$ d'un point quelconque M' de la parabole est toujours positive ; la plus petite valeur de AN' est donc $An' = p$. Lorsque M' approche du sommet A, x', y' approchent de zéro ; AN' diminue et approche de la constante $An' = p$. Enfin, lorsque $x' = 0$, y est nul ; M' tombe en A, l'abscisse x de N' reste indéterminée dans l'équation (3) ; ce qui devait avoir lieu, puisque la normale en A se confondant avec Xx, l'abscisse x du point N' commun à la normale et à l'axe Xx, doit rester indéterminée. Ce résultat analytique exprime que x' diminuant, le point N' de la normale approche d'un certain point fixe n' dont l'abscisse $An' = p$; mais quand M' tombe en A, la normale se confond avec l'axe des x, et ces deux droites ne se coupent pas.

Problème. — *Par un point donné mener une normale à la parabole.*

Pour mener une normale $M''N'$ à la parabole (1) par un point donné x'', y'', on cherche les coordonnées x', y' du point M' de rencontre de la normale avec la courbe. La normale passe par le point x'', y'' ; son équation est donc

$$(3) \qquad y - y'' = -\frac{y'}{p}(x - x'').$$

Or le point x', y' est sur cette droite et sur la parabole, on a donc

$$(4) \qquad y' - y'' = -\frac{y'}{p}(x' - x'')$$

$$\text{et} \qquad y'^2 = px',$$

d'où

$$(5) \qquad y'^3 + 2p(p - x'')y' - 2p^2 y'' = 0.$$

Quand $y'' = 0$, le point x'', y'' est sur l'axe des x, l'équation (5) donne

$$(6) \qquad y' = 0, \quad y' = \pm\sqrt{2p(x'' - p)}.$$

La valeur $y' = 0$ détermine la normale x AX. Lorsque $x'' - p$ est positif, le point x'', y'' est à droite de n' en N'; les valeurs (6) de y' sont réelles; l'équation (3) détermine deux autres normales N'M', N'm'. Quand $x'' - p$ est nul ou négatif, le point x'', y'' est en n' ou sur n'X; les valeurs (6) de y' sont nulles ou sont imaginaires. On ne peut donc mener que la normale X x.

TRANSFORMATION DES COORDONNÉES, APPLIQUÉE AUX COURBES DU SECOND DEGRÉ.

Les équations des courbes dont nous venons de nous occuper ont été obtenues sous des formes simples, par suite du choix convenable de la position des axes des coordonnées. De même que l'équation du cercle est plus compliquée lorsque le centre a une situation quelconque que lorsqu'il est à l'origine des coordonnées, de même il est évident que les équations de l'ellipse, de l'hyperbole et de la parabole seraient moins simples si les axes étaient pris arbitrairement et faisaient un angle quelconque. Mais il est important de constater que, dans tous les cas, les équations de ces trois courbes exprimées en coordonnées parallèles à des axes sont du second degré, c'est-à-dire toujours comprises dans la formule générale

(1) $\qquad A y^2 + B xy + C x^2 + D y + E x + F = 0;$

et que réciproquement une équation du second degré en coordonnées parallèles à des axes ne peut exprimer une autre courbe que l'ellipse (dont le cercle est un cas particulier), l'hyperbole ou la parabole.

Formules pour la transformation des coordonnées.

Puisque nous avons en vue de conserver le degré de l'équation (1), il faut nécessairement que les valeurs que nous substituerons pour x et y soient de la forme suivante :

$$x = mt + pu + \alpha, \quad y = nt + qu + \beta;$$

x et y étant les coordonnées primitives, et t, u les nouvelles coordonnées. Quant aux constantes m, n, p, q, α, β, elles déterminent la position des nouveaux axes par rapport aux premiers.

Supposons, pour plus de simplicité, que le second système seulement soit oblique et que celui-ci et le premier aient la même origine A (*fig.* 39, *Pl. II*). Soient par exemple AX et AY les axes des coordonnées rectangulaires, et AT, AU les axes des coordonnées obliques; puis désignons par x, y les coordonnées AP, PM du point M, relatives au premier système, et par t, u les coordonnées AK, KM du même point, relatives au second système. Enfin nommons φ l'angle TAX et θ l'angle UAX; on, aura à cause des triangles rectangles ARK, KGM, et en supposant le rayon des Tables $= 1$,

$$AR = t \cos \varphi, \quad RK = t \sin \varphi, \quad KG = u \cos \theta, \quad GM = u \sin \theta;$$

or

$$AP = AR + KG, \quad \text{et} \quad PM = RK + MG;$$

donc, en substituant, on aura

$$x = t \cos \varphi + u \cos \theta, \quad y = t \sin \varphi + u \sin \theta,$$

ou bien faisons, pour abréger,

$$\cos \varphi = m, \quad \sin \varphi = n, \quad \cos \theta = p, \quad \sin \theta = q,$$

on aura

$$x = mt + pu, \quad y = nt + qu.$$

Ainsi, en substituant dans une équation en x et y les valeurs mêmes de ces variables, on parviendra à une transformée en t et en u qui sera du même degré, et la courbe représentée par cette nouvelle équation sera rapportée à des coordonnées obliques faisant entre elles l'angle $\theta - \varphi$.

Si les axes du second système étaient eux-mêmes rectangulaires, cet angle $\theta - \varphi$ serait égal au quadrant, c'est-à-dire que l'on aurait

$$\theta - \varphi = 100^{\text{gr}},$$

et par conséquent

$$\theta = 100 + \varphi,$$

et à cause de sin $100 = R = 1$ cos $100^{\text{gr}} = 0$, on conclut

$$\sin \theta = \cos \varphi \quad \text{et} \quad \cos \theta = - \sin \varphi;$$

et par suite les valeurs ci-dessus de x et de y seraient simplement

$$x = t \cos \varphi - u \sin \varphi, \quad y = t \sin \varphi + u \cos \varphi,$$

ou bien

$$x = mt - nu, \quad y = nt + mu.$$

Dans la même hypothèse, si l'on changeait la position de l'origine, on aurait (*fig.* 40, *Pl. II*)

$$x = mt - nu + \alpha, \quad y = nt + mu + \beta;$$

α et β désignent les coordonnées de la nouvelle origine rapportée au système primitif. En effet, soit a l'origine primitive, et A la nouvelle origine; il est évident que l'on a

$$ap = AP + ab, \quad pM = PM + Ab.$$

Mais

$$ab = \alpha, \quad Ab = \beta \quad \text{et} \quad ap = x, \quad pM = y;$$

donc

$$x = mt - nu + \alpha, \quad y = nt + mu + \beta.$$

Des coordonnées polaires.

Dans bien des cas, il est commode de fixer la position d'un point à l'aide de sa distance à l'origine et de l'angle que cette ligne fait avec celle des x.

Soient AM $= r$, angle MAP $= \varphi$ (*fig.* 41, *Pl. II*); on aura, par la propriété du triangle rectangle,

$$AP = r \cos \varphi, \qquad PM = r \sin \varphi,$$
$$x = r \cos \varphi \quad \text{et} \quad y = r \sin \varphi.$$

Dans ce cas, la ligne AM ou r s'appelle le rayon vecteur du point M, et l'origine A de ce rayon vecteur se nomme le pôle. Lorsque dans l'équation d'une courbe on introduit ces dernières valeurs de x et de y, cette courbe est dite rapportée à des coordonnées polaires.

DISCUSSION DE L'ÉQUATION GÉNÉRALE DU SECOND DEGRÉ A DEUX VARIABLES, POUR SA SIMPLIFICATION AU MOYEN DES FORMULES PRÉCÉDENTES.

Passons maintenant à l'usage des formules que nous venons d'obtenir pour simplifier l'équation générale

$$(1) \qquad A y^2 + B xy + C x^2 + D y + E x = F.$$

Si nous transposons d'abord les axes parallèlement à eux-mêmes, on aura

$$x = x' + \alpha, \quad y = y' + \beta,$$

et l'équation (1) deviendra

$$(2) \quad \begin{cases} A y'^2 + B x' y' + C x'^2 + (2 A \beta + B \alpha + D) y' \\ + (2 C \alpha + B \beta + E) x' + A \beta^2 + B \alpha \beta + C \alpha^2 \\ + D \beta + E \alpha - F = 0. \end{cases}$$

Or, comme nous pouvons disposer des quantités α et β, qui sont absolument arbitraires, nous supposerons, afin de faire disparaître les termes affectés de x' et de y', que leurs valeurs résultent des équations

$$2 A \beta + B \alpha + D = 0, \quad 2 C \alpha + B \beta + E = 0,$$

et que l'on a, par conséquent,

$$\alpha = \frac{BD - 2 AE}{4 A c - B^2}, \qquad \beta = \frac{BE - 2 CD}{4 AC - B^2};$$

d'où il suit que l'équation (2) est ramenée à cette forme

$$(3) \qquad A y'^2 + B x' y' + C x'^2 - F = 0.$$

Il n'est donc pas possible par ce moyen de faire disparaître le rectangle $x' y'$ des coordonnées, puisque le coefficient B est indépendant des quantités α et β; mais cette transformation réussira, si dans la dernière équation (3), on introduit les valeurs

$$x' = mt - nu, \quad y' = nt + mu,$$

parce qu'alors elle deviendra

$$(4) \quad \begin{cases} (A m^2 - B mu + C n^2) u^2 + [2 (A - C) mn + B (m^2 - n^2)] ut \\ + (A n^2 + B mn + C m^2) t^2 - F' = 0, \end{cases}$$

et que l'on pourra disposer des quantités m et n qui ne doivent satisfaire qu'à l'équation

$$m^2 + n^2 = 1,$$

pour égaler à zéro le coefficient de ut; ce qui donnera cette nouvelle relation entre m et n,

$$2 (A - C) mn + B (m^2 - n^2) = 0.$$

Ainsi, l'équation (4) sera ramenée à la forme suivante,

$$(5) \qquad A' u^2 + C' t^2 = F',$$

en y faisant

$$(M) \quad \begin{cases} A m^2 + B mn + C n^2 = A', \\ A n^2 + B mn + C m^2 = C'. \end{cases}$$

Pour avoir des valeurs de A' et de C' indépendantes de m et de n, il faudra déduire celles de ces dernières quantités des équations

$$2\,(A - C)\,mn + B\,(m^2 - n^2) = 0.$$

Or de la première on tire

$$mn = \frac{B\,(m^2 - n^2)}{2\,(C - A)}.$$

Élevant cette valeur au carré, et substituant dans le résultat pour n^2 sa valeur $1 - m^2$, on obtiendra, en faisant d'ailleurs

$$\frac{B}{2\,(C - A)} = K,$$

cette équation

$$m^4 - m^2 = \frac{K^2}{1 + 4\,K^2},$$

de laquelle on tire

$$m^2 = \frac{1}{2} \pm \frac{1}{2\,\sqrt{1 + 4\,K^2}} = \frac{1}{2} + \frac{C - A}{2\,\sqrt{(C - A)^2 + B^2}},$$

et, par suite,

$$n^2 = \frac{1}{2} \pm \frac{1}{2\,\sqrt{1 + 4\,K^2}} = \frac{1}{2} - \frac{C - A}{2\,\sqrt{(C - A)^2 + B^2}},$$

par conséquent,

$$m^2 - n^2 = \frac{C - A}{\sqrt{(C - A)^2 + B^2}}, \qquad mn = \frac{B}{2\,\sqrt{(C - A)^2 + B^2}}.$$

Maintenant, si l'on combine les équations (M) par voie d'addition et de soustraction, l'on obtiendra

$$A' + C' = A + C,$$
$$A' - C' = (A - C)\,(m^2 - n^2) - 2\,B\,mn.$$

Connaissant donc la somme et la différence de deux quantités, on aura, en supposant $A' > C'$,

$$A' = \frac{1}{2}\,(A + C) + \frac{1}{2}\,\sqrt{(C + A)^2 + B^2},$$

$$C' = \frac{1}{2}\,(A + C) - \frac{1}{2}\,\sqrt{(C - A)^2 + B^2}.$$

Ces dernières expressions prouvent : 1° que A' et C' seront toujours des quantités réelles ; 2° que A' peut toujours être rendu positif ; car si A et C sont tous deux négatifs, il n'y aura qu'à changer tous les signes de l'équation (1) ; si au contraire A et C sont de signes différents, A pourra être pris positivement, et pour lors C sera négatif : d'où l'on voit que la partie radicale de A', qui devient dans ce cas

$\frac{1}{2}\,\sqrt{(C + A)^2 + B^2}$, l'emportera nécessairement sur la partie ration-

nelle $\frac{1}{2}\,(A - C)$.

Quant à la quantité C', elle sera positive lorsque A et C étant de cette nature, on aura

$$C + A > \sqrt{(C - A)^2 + B^2},$$

ou

$$(C + A)^2 > (C - A)^2 + B^2,$$

ou bien

$$2\,AC > - 2\,AC + B^2,$$

ou, ce qui est encore la même chose, lorsque

$$4\,AC > B^2,$$

expression qui constate que la quantité $4\,AC - B^2$ est positive.

Au contraire, C' sera négative si A et C sont de signes différents; car dans ce cas sa partie radicale l'emportera sur sa partie rationnelle, et la valeur de $4\,AC - B^2$ sera négative.

Il résulte de là que le signe de C' dépend uniquement de celui de l'expression de $4\,AC - B^2$.

Il reste à examiner le cas où $4\,AC = B^2$: or, cette relation donnant $C' = 0$, l'équation $A'u^2 + C't^2 = F'$ est réduite à $A'u^2 = F'$ et les valeurs précédentes α et β deviennent infinies. Il n'est donc plus possible de faire disparaître à la fois de l'équation (2) les termes en x' et en y'. Mais voici comment on évite cette difficulté :

Mettant dans l'équation (1) les valeurs $x = mt - nu$, $y = nt + mu$, on aura la transformée

$$(6) \quad \left\{ \begin{array}{l} A'u^2 + C't^2 + [2(A - C)mn + B(m^2 - n^2)]\,ut \\ + (Dn + Em)\,t + (Dm - En)\,u - F = 0 ; \end{array} \right.$$

et faisant comme ci-dessus,

$$2(A - C)mu + B(m^2 - n^2) = 0,$$

on obtiendra pour m, n, A' et C' les mêmes valeurs qu'on a trouvées précédemment; de sorte que l'équation (6) sera réduite à celle-ci :

$$(6') \quad A'u^2 + C't^2 + (Dm - En)\,u + (Dn + Em)\,t - F = 0.$$

Cette opération ne fait que changer la direction des axes; pour déplacer l'origine il faut ici supposer

$$t = t' + \alpha', \quad u = u' + \beta',$$

et l'on aura cette nouvelle transformée

$$(7) \quad \left\{ \begin{array}{l} A'u'^2 + C't'^2 + (2A'\beta' + Dm - En)\,u' \\ + (2C'\alpha' + Dn + Em)\,t + A'\beta'^2 + C'\alpha'^2 \\ + (Dm - En)\,\beta' + (Dn + Em)\,\alpha' - F = 0, \end{array} \right.$$

de laquelle il ne sera pas possible de faire disparaître le terme en t' quand on aura $C' = 0$; car dans cette circonstance α' serait infini. La réduction qui réussit est lorsque l'on a entre α' et β' les relations

$$(N) \quad \left\{ \begin{array}{l} 2A'\beta' + Dm = En = 0, \\ A'\beta'^2 + C'\alpha'^2 + (Dm - En)\,\beta' + (Dn + Em)\,\alpha' - F = 0 ; \end{array} \right.$$

c'est-à-dire lorsqu'on transporte l'origine des coordonnées à un point de la courbe; puisque cette seconde relation n'est autre chose que celle (6') dans laquelle t et u sont changées respectivement en α' et β'.

Ainsi, toutes les fois que l'équation (1) sera effectivement celle d'une courbe, elle pourra être ramenée à la forme

$$(\gamma') \qquad\qquad A'\, u'^2 + C'\, t'^2 - E'\, t' = 0,$$

en faisant dans la transformation (γ) le coefficient de u' égal à zéro, ainsi que toute la quantité indépendante de u' et de t'; c'est-à-dire que les relations précédentes (N) fourniront des valeurs réelles pour α' et β'. D'ailleurs, c'est ce qu'il est facile de prouver à priori lorsque $C' = 0$, seul cas qu'il s'agit d'examiner en ce moment, et pour lequel l'équation (γ') se réduit à

$$(8) \qquad\qquad A'\, u'^2 - E'\, t' = 0.$$

En effet, simplifions d'abord la seconde relation (N) en retranchant celle-ci de la première multipliée par β; on aura, à cause de $C' = 0$,

$$(N') \qquad \begin{cases} 2\,A'\,\beta' + D\,m - E\,n = 0, \\ A'\,\beta'^2 - (D\,n + E\,m)\,\alpha' + F = 0; \end{cases}$$

équations qui donneront nécessairement des valeurs réelles, puisque elles peuvent se résoudre comme celles du premier degré.

Si, en même temps que $C' = 0$, on avait $D\,n + E\,m = 0$, il ne resterait que l'inconnue β' dans les relations (N'), et alors il pourrait arriver qu'elles ne s'accordassent point pour de certaines valeurs particulières des constantes; mais les mêmes hypothèses réduisent la transformée $(6')$ à

$$A'\,u^2 + (D\,m - E\,n)\,u = F,$$

ou, pour abréger, à

$$A'\,u^2 + D'\,u = F,$$

résultat indépendant de la coordonnée t.

On peut conclure de cette discussion, que l'équation générale (1) peut, par des transformations convenables de coordonnées, prendre l'une des trois formes suivantes :

$$A'\,u^2 + C'\,t^2 = F',$$
$$A'\,u'^2 = E'\,t',$$
$$A'\,u^2 + D'\,u = F,$$

et que la première a lieu lorsque $4\,AC >$ ou $< B^2$, tandis que les deux autres répondent au cas où $4\,AC = B^2$.

Maintenant il importe d'assigner la forme des courbes représentées par ces dernières équations. Supposons premièrement que les quantités A', C', F' soient positives et rapportons la courbe donnée par l'équation

$$A'\,u^2 + c'\,t^2 = F'$$

à des coordonnées polaires en faisant

$$t = r\sin\varphi, \quad u = r\cos\varphi;$$

on aura

$$A'\,r^2\cos^2\varphi + C'\,r^2\sin^2\varphi = F'$$

ou

$$A'\cos^2\varphi + C'\sin^2\varphi = \frac{F'}{r^2}.$$

On a donc

$$r = \pm \sqrt{\frac{F'}{A' \cos^2 \varphi + C' \sin^2 \varphi}},$$

quantité toujours réelle, quel que soit l'angle φ; mais lorsqu'on suppose r infini, l'équation

$$A' \cos^2 \varphi + C' \sin^2 \varphi = 0$$

montre que la valeur de φ est imaginaire, puisque l'on en tire

$$\frac{\sin \varphi}{\cos \varphi} = \tang \varphi = \pm \sqrt{\frac{-A'}{C'}}.$$

Or le rayon vecteur r mesure toujours la distance de l'origine ou du pôle à un point quelconque de la courbe, et dans le cas actuel ce rayon peut prendre toutes les positions possibles autour de ce point; donc la courbe que nous discutons est fermée : c'est celle à laquelle on a donné le nom d'ellipse.

Il est remarquable que les valeurs de r sont égales et de signes contraires; par conséquent, pour chaque valeur de φ, toute corde à la courbe, qui passe par l'origine des coordonnées, est coupée en deux parties égales par ce point. Dans ce cas, cette corde se nomme un diamètre, et le point qui la partage ainsi en deux parties égales est le centre de cette courbe.

On obtient les points où elle coupe les axes des t et des u en faisant successivement dans son équation $u = 0$, $t = 0$, et l'on a

$$t = \pm \sqrt{\frac{F'}{C'}}, \quad u = \pm \sqrt{\frac{F'}{A'}}.$$

Si F' seulement était négatif, l'équation

$$A' u^2 + C' t^2 = -F'$$

n'appartiendrait à aucune courbe, cela est évident; mais si F' était nul, on aurait

$$A' u^2 + C' t^2 = 0,$$

équation qui se vérifierait en faisant à la fois $t = 0$, $u = 0$, et qui ne représenterait alors qu'un point placé à l'origine même des coordonnées.

Supposons que A' et C' soient de signes différents, auquel cas $4 AC - B^2$ est négatif, on a

$$A' u^2 - C' t^2 = F';$$

et, pour l'équation polaire,

$$(A' \cos^2 \varphi - e' \sin^2 \varphi) r^2 = F', \quad \text{ou} \quad A' \cos^2 \varphi - C' \sin^2 \varphi = \frac{F'}{r^2};$$

par conséquent,

$$r = \pm \sqrt{\frac{F'}{A' \cos^2 \varphi - C' \sin^2 \varphi}}.$$

La valeur de r sera donc positive ou négative, réelle ou imaginaire : elle sera réelle tant que, F' étant positif, on aura

$$A' \cos^2 \varphi > C' \sin^2 \varphi \quad \text{ou} \quad \tang^2 \varphi < \frac{A'}{C'};$$

9.

ou bien lorsque F', étant négatif, on aura

$$\tan^2 \varphi > \frac{A'}{C'};$$

et elle sera imaginaire dans des circonstances contraires.

De l'hypothèse $r = \infty$ on déduit

$$A' \cos^2 \varphi - C' \sin^2 \varphi = 0,$$

et, par suite,

$$\tan \varphi = \pm \sqrt{\frac{A'}{C'}}.$$

Donc dans ce cas l'angle φ a deux valeurs réelles de signes contraires; donc la courbe actuelle a des points situés à l'infini dans deux sens opposés: c'est l'hyperbole. Cette courbe a, comme l'ellipse, une infinité de diamètres; car les deux valeurs réelles de r sont égales et de signes contraires, et doivent, pour cette raison, être portées sur la même ligne à droite et à gauche de l'origine des coordonnées ou du centre de la courbe dont il s'agit.

On obtient les deux sommets réels de cette courbe en faisant dans son équation $t = 0$, ce qui donne

$$u = \pm \sqrt{\frac{F'}{A'}}.$$

Ces deux sommets sont donc sur l'axe des u à égales distances de l'origine ou du centre. L'hypothèse de $u = 0$ donne

$$t = \pm \sqrt{\frac{-F'}{C'}}.$$

Ainsi l'hyperbole ne rencontre point l'axe des t; mais en considérant cette dernière expression comme réelle, on a la grandeur du second demi-axe de cette courbe.

Si l'on avait $F' = 0$, l'équation

$$A' u^2 = C' t^2, \quad \text{ou} \quad u = \pm t \sqrt{\frac{C'}{A'}},$$

donnerait lieu à deux droites placées symétriquement au-dessus et au-dessous de l'axe des t et passant par l'origine.

Enfin, il est aisé de s'assurer que la courbe donnée par l'équation

$$A' u'^2 = E' t'$$

s'étend seulement à l'infini à droite ou à gauche de l'axe des u': c'est la parabole.

Il faut remarquer que les trois espèces de courbes que nous venons de reconnaître dans l'équation (1) sont comprises dans la transformée

$$A' u'^2 + C' t'^2 - E' t' = 0$$

qui donne l'ellipse lorsque $4 AC - B^2$ est positif, l'hyperbole dans le cas contraire, et qui comprend la parabole lorsque $4 AC = B^2$.

Il nous reste à examiner ce que peut représenter l'équation

$$A' u^2 + D' u = F.$$

En la résolvant par rapport à u, on trouve

$$u = \frac{-D' \pm \sqrt{4\,A'\,F + D'^2}}{2\,A'}.$$

Cette expression étant indépendante de l'abscisse t, et susceptible de deux valeurs, il s'ensuit qu'elle représente deux droites parallèles à l'axe des t et distantes de cet axe, l'une de la quantité

$$\frac{-D' + \sqrt{4\,A'\,F + D'^2}}{2\,A'},$$

et l'autre de la quantité

$$\frac{-D' - \sqrt{4\,A'\,F + D'^2}}{2\,A'}.$$

Propriétés des courbes du second degré déduites de la transformation des axes.

Tous les systèmes d'axes par rapport auxquels l'équation de l'ellipse conserve la forme $A\,y^2 + B\,x^2 = C$ se nomment *axes conjugués*. Ces axes sont des *diamètres*, car d'après l'équation $a^2 y^2 + b^2 x^2 = a^2 b^2$ toute corde parallèle à un des axes conjugués est divisée en deux parties égales par l'autre axe; leur intersection est le centre. Les parties des axes conjugués comprises dans la courbe sont des *diamètres conjugués*.

PROBLÈME. — *Trouver l'équation de l'ellipse rapportée à deux diamètres conjugués quelconques.*

La forme générale de l'équation $A' u^2 + C' t^2 = F'$ peut être ramenée à la forme symétrique suivante,

$$(1) \qquad a^2 y^2 + b^2 x^2 = a^2 b^2,$$

en changeant t en x, et u en y, puis faisant

$$C' = \frac{F'}{a^2}, \quad A' = \frac{F'}{b^2},$$

$2\,a$ étant, comme on sait, le grand axe et $2\,b$ le petit axe. Or, si l'on change seulement la direction des coordonnées et qu'on laisse indéterminé l'angle qu'elles forment entre elles, on aura

$$x = mt + pu, \quad y = nt + qu.$$

Mais on aussi les rélations

$$m^2 + n^2 = 1, \quad p^2 + q^2 = 1.$$

De la substitution des valeurs de x et y dans l'équation (1), il résulte que

$$a^2 (nt + qu)^2 + b^2 (mt + pu)^2 = a^2 b^2,$$

ou, en développant et ordonnant,

$$\left. \begin{array}{c} a^2 q^2 \\ + b^2 p^2 \end{array} \right| u^2 + \left. \begin{array}{c} a^2 n^2 \\ + b^2 m^2 \end{array} \right| t^2 + \left. \begin{array}{c} 2\,a^2 nq \\ + 2\,b^2 mp \end{array} \right| ut = a^2 b^2.$$

Telle est l'équation de l'ellipse rapportée à des coordonnées quelconques. Si, pour faire disparaître le terme en ut, on pose

$$2\,a^2 nq + 2\,b^2 mp = 0,$$

l'équation précédente se réduira à

$$a^2 q^2 \left| u^2 + a^2 u^2 \right| t^2 = a^2 b^2,$$
$$+ b^2 p^2 \left| + b^2 m^2 \right|$$

et la courbe sera rapportée à deux diamètres conjugués quelconques.

PROBLÈME. — *Trouver la valeur de ces diamètres.*

Pour trouver la grandeur de ces diamètres, soit fait ici successivement $u = 0$, $t = 0$; on aura, en dénotant respectivement par a' et b' les valeurs résultantes de t et de u,

$$(2) \qquad a'^2 = \frac{a^2 b^2}{a^2 n^2 + b^2 m^2}, \quad b'^2 = \frac{a^2 b^2}{a^2 q^2 + b^2 p^2},$$

et l'équation de l'ellipse sera

$$a'^2 u^2 + b'^2 t^2 = a'^2 b'^2.$$

Il ne doit y avoir aucun doute sur la possibilité de la transformation actuelle, parce que, à cause des trois équations de condition

$$m^2 + n^2 = 1, \quad p^2 + q^2 = 1, \quad a^2 nq + b^2 mp = 0,$$

entre les quatre quantités m, n, p, q, on est le maître de disposer de l'une d'elles et d'obtenir toujours des valeurs réelles pour les autres quantités. En effet, la troisième équation de condition pouvant s'écrire ainsi,

$$a^2 + b^2 \frac{mp}{nq} = 0, \quad \text{ou} \quad a^2 + b^2 \cot \varphi \cot \theta = 0,$$

nous montre que quelque valeur qu'on suppose à φ, celle de $\cot \theta$ sera toujours réelle; il y a donc une infinité de systèmes de diamètres conjugués dans lesquels l'équation de l'ellipse est absolument semblable à celle relative aux axes. Voyons maintenant si cette même propriété existe lorsque l'angle des nouvelles coordonnées est droit. Dans cette hypothèse,

$$\theta - \varphi = 100^{gr},$$

et, comme nous l'avons déjà dit,

$$\sin \theta = \cos \varphi, \quad \cos \theta = -\sin \varphi.$$

Les deux relations $m^2 + n^2 = 1$, $p^2 + q^2 = 1$ rentrent donc l'une dans l'autre, ou, ce qui revient au même, sont identiques.

Quant à l'équation de condition

$$a^2 nq + b^2 mp = 0,$$

elle devient

$$2 a^2 \sin \varphi \cos \varphi - 2 b^2 \sin \varphi \cos \varphi = 0;$$

ou, parce que

$$2 \sin \varphi \cos \varphi = \sin 2\varphi,$$

elle se change en celle-ci,

$$(a^2 - b^2) \sin 2\varphi = 0,$$

laquelle donne uniquement

$$\sin 2\varphi = 0, \quad \text{ou} \quad \varphi = 0.$$

Ce qui nous apprend que les nouveaux axes rectangulaires se confondent avec les axes primitifs; conséquemment il n'existe qu'un système de cette nature dans lequel l'équation de l'ellipse puisse avoir la forme (1). Mais si l'on avait $a = b$, auquel cas l'ellipse se changerait en cercle, la relation

$$(a^2 - b^2) \sin 2\varphi = 0$$

serait toujours satisfaite, quelle que fût la valeur de φ; donc cette dernière courbe peut être rapportée à une infinité de systèmes d'axes rectangles par rapport auxquels son équation a la forme

$$x^2 + y^2 = a^2.$$

Les relations (2) qui ont lieu entre les quantités a, b, a', b' ne sont pas les plus simples qu'il soit possible de trouver. En effet, en les multipliant l'une par l'autre, on obtient

$$a'^2 b'^2 = \frac{a^4 b^4}{a^4 n^2 q^2 + a^2 b^2 m^2 q^2 + a^2 b^2 n^2 p^2 + b^4 m^2 p^2};$$

et si l'on élève au carré l'équation de condition

$$a^2 n q + b^2 m p = 0,$$

on a

$$a^4 n^2 q^2 + 2 a^2 b^2 mnpq + b^4 m^2 p^2 = 0,$$

ou

$$a^4 n^2 q^2 + b^4 m^2 p^2 = -2 a^2 b^2 mnpq.$$

Introduisant cette valeur dans le dénominateur de la valeur de $a'^2 b'^2$, ce dénominateur deviendra un carré parfait, et l'on aura, après avoir simplifié et extrait la racine carrée des deux membres,

$$a' b' = \frac{ab}{mq - np}.$$

Mais

$$mq - np = \cos\varphi \sin\theta - \sin\varphi \cos\theta = \sin \theta - \varphi;$$

donc

$$a' b' \sin(\theta - \varphi) = ab, \quad \text{ou} \quad 4 a' b' \sin(\theta - \varphi) = 2a \times 2b.$$

Or, si l'on fait attention que $a' b' \sin(\theta - \varphi)$ est l'aire d'un parallélogramme dont les côtés faisant l'angle $\theta - \varphi$ sont a' et b', on conclura de ce résultat que le rectangle construit sur les axes d'une ellipse est équivalent au parallélogramme construit sur les diamètres conjugués (*fig.* 34, *Pl. II*).

Cherchons maintenant une propriété absolument indépendante de l'angle de ces diamètres; car, puisque nous avons les cinq équations

$$(1) \qquad m^2 + n^2 = 1,$$

$$(2) \qquad p^2 + q^2 = 1,$$

$$(3) \qquad a^2 n q + b^2 m p = 0,$$

$$(4) \qquad a'^2 = \frac{a^2 b^2}{a^2 n^2 + b^2 m^2},$$

$$(5) \qquad b' = \frac{a^2 b^2}{a^2 q^2 + b^2 p^2},$$

on conçoit que les équations (1), (2), (4), (5) doivent, par le procédé de l'élimination, faire connaître les quatre quantités m, n, p, q et que la substitution de leurs valeurs dans l'équation de condition (3) doit mettre cette propriété en évidence. Voici une manière fort simple d'effectuer ce calcul.

Les équations (1) et (4) qui ne renferment que les inconnues m et n peuvent être écrites ainsi :

$$m^2 + n^2 = 1,$$

$$a'^2 a^2 n^2 + a'^2 b^2 m^2 = a^2 b^2.$$

Or, en traitant n^2 et m^2 comme des inconnues au premier degré, puis procédant comme il a été dit en algèbre, on aura

$$m^2 = \frac{a^2 (a'^2 - b^2)}{a'^2 (a^2 - b^2)}, \quad n^2 = \frac{b^2 (a^2 - a'^2)}{a'^2 (a^2 - b^2)}.$$

Le second système d'équations

$$q^2 + p^2 = 1, \quad b^2 a^2 q^2 + b'^2 b^2 p^2 = a^2 b^2$$

étant parfaitement semblable au premier système, il suffit pour déterminer p^2 et q^2 de changer a' en b' dans les valeurs précédentes de m^2 et n^2; ainsi l'on a de suite

$$p^2 = \frac{a^2 (b'^2 - b^2)}{b'^2 (a^2 - b^2)}. \quad q^2 = \frac{b^2 (a^2 - b'^2)}{b'^2 (a^2 - b^2)}.$$

Cela posé, puisque l'équation de condition (3) revient à

$$a^2 n q = - b^2 m p,$$

on a, en la carrant,

$$a^4 n^2 q^2 = b^4 m^2 p^2.$$

Substituant ici pour n^2, m^2, p^2, q^2 leurs valeurs, et effaçant les dénominateurs, puisqu'ils sont les mêmes dans les deux membres, on obtiendra

$$(a^2 - a'^2)(a^2 - b'^2) = (a'^2 - b^2)(b'^2 - b^2).$$

Développant, réduisant et décomposant en facteurs, on trouvera

$$(a^4 - b^4) - (a^2 - b^2)(a'^2 + b'^2) = 0 ;$$

puis, supprimant le facteur commun $a^2 - b^2$, on aura enfin

$$a'^2 + b'^2 = a^2 + b^2,$$

ou

$$4 a'^2 + 4 b'^2 = 4 a^2 + 4 b^2 ;$$

donc, dans l'ellipse, la somme des carrés des diamètres conjugués est égale à la somme des carrés des axes.

Propriétés analogues de l'hyperbole.

L'équation de cette courbe rapportée à ses axes est, par ce qui précède,

$$A' u^2 - C' t^2 = F'.$$

En changeant u en y, t en x, et faisant

$$C' = \frac{-F'}{a^2}, \quad A' = \frac{-F'}{b^2} ;$$

cette équation prend la forme

$$a^2 y^2 - b^2 x^2 = - a^2 b^2,$$

qui est celle que nous avons obtenue précédemment, et qui dérive de l'équation analogue de l'ellipse, en y faisant b^2 négatif. On doit penser alors que si, pour l'hyperbole, on change la direction des coordonnées, on parviendra aux mêmes conséquences que pour l'ellipse. Aussi, en faisant le calcul, trouve-t-on d'abord

$$(a^2 n^2 - b^2 m^2) t^2 + 2 (a^2 nq - b^2 mp) ut$$
$$+ (a^2 q^2 - b^2 p^2) u = - a^2 b^2 ;$$

puis, pour l'équation de condition,

$$a^2 nq - b^2 mp = 0 ;$$

enfin, pour les valeurs des carrés des demi-diamètres conjugués,

$$a'^2 = \frac{- a^2 b^2}{a^2 n^2 - b^2 m^2}, \quad b'^2 = \frac{- a^2 b^2}{a^2 q^2 - b^2 p^2}.$$

Il ne faut pas croire que ces valeurs soient toutes deux de même signe; car si l'on suppose que la seconde soit négative, ce qui a lieu lorsque $a^2 q^2 > b^2 p^2$, on aura, au contraire,

$$a^2 n^2 < b^2 m^2.$$

En effet, il résulte de cette hypothèse que

$$\frac{p^2}{q^2} < \frac{a^2}{b^2} \quad \text{ou} \quad \frac{p}{q} < \frac{a}{b} :$$

et comme de l'équation de condition ci-dessus on tire

$$\frac{p}{q} = \frac{a^2 n}{b^2 m},$$

il s'ensuit que

$$\frac{a^2 n}{b^2 m} < \frac{a}{b} \quad \text{ou} \quad \frac{a}{b} < \frac{m}{n} ,$$

ou enfin,

$$an < bm ;$$

donc alors a'^2 est positif et b'^2 négatif; donc, en admettant que

$$- a'^2 = \frac{a^2 b^2}{a^2 n^2 - b^2 m^2}, \quad b'^2 = \frac{a^2 b^2}{a^2 q^2 - b^2 p^2},$$

l'équation de l'hyperbole rapportée à ses diamètres conjugués deviendra

$$a'^2 u^2 - b'^2 t^2 = - a'^2 b'^2.$$

Ainsi cette courbe a elle-même une infinité de diamètres conjugués, mais elle ne coupera jamais l'axe des u.

En continuant de procéder pour l'hyperbole comme pour l'ellipse, on parviendrait à ces deux conséquences, savoir :

1°. Dans l'hyperbole (*fig.* 42, *Pl. II*), le parallélogramme construit sur les diamètres conjugués est égal au rectangle des axes ;

2°. La différence des carrés des diamètres conjugués est égale à celle des carrés des axes.

Propriétés de la parabole rapportée à ses diamètres conjugués.

L'équation de la parabole peut être mise sous la forme

$$y^2 = kx.$$

Elle ne peut être transformée en une autre de même forme par le simple changement de direction des coordonnées, parce que les équations de condition ramèneraient aux coordonnées primitives ; mais, en déplaçant en même temps l'origine, la transformation a lieu comme on va voir.

Soient donc

$$x = mt + pu + \alpha, \quad y = nt + qu + \beta ;$$

on aura

$$m^2 + n^2 = 1, \quad p^2 + q^2 = 1,$$

et l'équation précédente deviendra

$$u^2 t^2 + 2 nqut + q^2 u^2 + (2 \beta n - K m) t + (2 \beta q - k p) u$$
$$+ \beta^2 - \alpha k = 0.$$

Telle est celle de la parabole rapportée à deux axes quelconques. Pour la ramener à la forme

$$u^2 = k t,$$

faisons

$$n = 0, \quad nq = 0, \quad 2 \beta q - K p = 0, \quad \beta^2 - \alpha K = 0,$$

ce qui est permis, puisque les indéterminées sont au nombre de six. L'hypothèse $n = 0$ ou $\sin \varphi = 0$ satisfait à la seconde équation

$$nq = 0,$$

et de la troisième on tire

$$\frac{q}{p} = \frac{k}{2 \beta}.$$

Il suit de là que tous les diamètres de la parabole sont parallèles à son axe principal, et que la position de l'axe des u est donnée par l'équation

$$\frac{q}{p} = \frac{k}{2 \beta},$$

dont le second membre exprime la tangente trigonométrique de l'angle des nouvelles coordonnées ; or la relation

$$\beta^2 - \alpha k = 0 \quad \text{ou} \quad \beta^2 = k \alpha$$

signifie que la nouvelle origine, dont les coordonnées rectangulaires sont α et β, est un des points de la courbe ; et parce que α reste indéterminé, cette nouvelle origine peut être prise partout où l'on voudra sur les branches de la parabole ; donc la valeur de l'angle des t, u dépendra de celle qu'on attribuera à l'abscisse ou à l'ordonnée de cette nouvelle origine ; donc l'équation de la parabole rapportée à ses diamètres conjugués est

$$u^2 = \frac{k m}{q^2} t ;$$

donc enfin, les carrés des ordonnées de cette courbe sont proportionnels aux abscisses correspondantes, quel que soit l'angle des coordonnées.

DES ASYMPTOTES.

Quand deux lignes qui ne se rencontrent qu'à l'infini se rapprochent indéfiniment l'une de l'autre, de manière que leur distance peut devenir moindre que toute quantité donnée, on dit que ces deux lignes sont asymptotes l'une de l'autre (*fig.* 43, *Pl. II*).

On sait, par ce qui précède, que la tangente à l'hyperbole, menée par le point M dont les coordonnées AP, PM sont x', y', a pour équation

$$a^2 y y' - b^2 x x' = - a^2 b^2.$$

Or, pour déterminer la distance PT, qui se nomme la sous-tangente, il faut d'abord faire $y = 0$ dans cette équation, parce qu'au point T l'ordonnée est nulle; on aura donc ensuite

$$\text{AT} \quad \text{ou} \quad x = \frac{a^2}{x'},$$

de là

$$\text{PT} = \text{AP} - \text{AT} = x' - \frac{a^2}{x'} = \frac{x'^2 - a^2}{x'}.$$

Il est remarquable que la valeur de AT décroîtra d'autant plus que l'abscisse AP sera plus grande, mais que l'on n'aura jamais $\text{AT} = 0$, puisque le numérateur de la fraction $\dfrac{a^2}{x'}$ est une quantité constante; cependant cette valeur pourra être prise aussi petite qu'on voudra. Ainsi le point A est la limite près de laquelle le point T s'approche sans cesse. Dans la même circonstance, l'angle MTP diminue de plus en plus, et comme on a

$$\text{tang MTP} = \frac{b^2 x'}{a^2 y'} = \frac{b x'}{a \sqrt{x'^2 - a^2}}$$

en remarquant que l'équation de la courbe donne

$$y'^2 = \frac{b^2 x'^2 - a^2 b^2}{a^2},$$

on peut écrire

$$\text{tang MTP} = \frac{b}{a \sqrt{1 - \dfrac{a^2}{x'^2}}}.$$

D'où l'on voit qu'à mesure que la fraction $\dfrac{a^2}{x'^2}$ diminue, la valeur de tang MTP tend à devenir égale à $\dfrac{b}{a}$. Mais si au sommet B de l'hyperbole on élève au demi-axe AB la perpendiculaire $\text{BK} = b$ et que l'on mène AKI, l'angle BAK aura pour tangente trigonométrique $\dfrac{b}{a}$: donc cet angle est une limite que celui MTP ne saurait atteindre, mais dont il peut cependant approcher sans cesse; donc la droite AKI est en même temps la limite de toutes les tangentes de la branche BM de l'hyperbole. C'est cette droite AKI que l'on nomme asymptote; il en existe évidemment une autre AK'I' située au-dessous de l'axe des x, et faisant avec cet axe le même angle que la première. Enfin, en prolongeant ces deux asymptotes du côté des x négatifs, elles seront en même temps celles des deux branches de l'hyperbole opposée. Il est donc vrai de dire que les branches de cette courbe s'approchent sans cesse des asymptotes, sans pouvoir jamais les atteindre.

Maintenant, pour faire connaître la simplification dont l'équation de l'hyperbole est susceptible, lorsqu'on choisit ses asymptotes pour axes des coordonnées, nous transformerons dans cette vue l'équation de cette courbe à l'aide des formules générales

$$x = mt + pu, \quad y = nt + qu.$$

Cette équation, qui est

$$a^2 y^2 - b^2 x^2 = - a^2 b^2,$$

deviendra donc

$$(a^2 q^2 - b^2 p^2) u^2 + 2 (a^2 nq - b^2 mp) ut + (a^2 n^2 - b^2 m^2) t^2 = - a^2 b^2.$$

Mais, dans le cas actuel,

$$\frac{n}{m} = \tan \mathrm{BAK} = \frac{b}{a} \quad \text{et} \quad \frac{q}{p} = \tan \mathrm{BAK}' = \frac{-b}{a},$$

d'où

$$\frac{n^2}{m^2} = \frac{b^2}{a^2}, \quad \frac{q^2}{p^2} = \frac{b^2}{a^2};$$

relations qui nous apprennent que les coefficients de u^2 et de t^2 sont nuls. On a donc, pour équation de l'hyperbole,

$$(1) \qquad ut = \frac{- a^2 b^2}{2 (a^2 nq - b^2 mp)}.$$

De plus, à cause de

$$\frac{n^2}{m^2} = \frac{b^2}{a^2} \quad \text{et de} \quad m^2 + n^2 = 1,$$

on tire

$$m = \frac{a}{\sqrt{a^2 + b^2}} \quad \text{et} \quad n = \frac{b}{\sqrt{a^2 + b^2}};$$

de même, à cause de

$$\frac{q^2}{p^2} = \frac{b^2}{a^2} \quad \text{et de} \quad p^2 + q^2 = 1,$$

on tire

$$p = \frac{a}{\sqrt{a^2 + b^2}} \quad \text{et} \quad q = \frac{-b}{\sqrt{a^2 + b^2}}.$$

Ici nous prenons négativement la valeur de q, parce qu'en vertu de la relation $\frac{q}{p} = \frac{-b}{a}$, p et q doivent être de signes contraires.

Il suit de là que

$$2 (a^2 nq - b^2 mp) = - 4 \left(\frac{a^2 b^2}{a^2 + b^2} \right).$$

Par conséquent l'équation (1) de la courbe est simplement

$$ut = \frac{a^2 + b^2}{4} = \mathrm{M}^2.$$

Telle est celle que nous avions en vue de trouver. Si l'hyperbole était équilatère, son équation serait évidemment

$$ut = \frac{a^2}{2}$$

et l'angle des asymptotes serait droit.

THÉORÈME. — *Si par un point M' quelconque de cette courbe on mène une sécante M' N'' (fig. 42), les deux parties M' N', M'' N'' de cette droite, comprises entre chaque branche de l'hyperbole et son asymptote, seront égales.*

Prenons pour axes des coordonnées les asymptotes AN'', AN' et désignons par $x'y'$, $x''y''$ les coordonnées obliques des points M', M'' de l'hyperbole par lesquelles passe la sécante N' N''. L'équation de cette droite, en tant qu'elle contient le point M', sera de la forme

$$y - y' = A(x - x');$$

pour la même raison, on aura relativement au point M'',

(a)
$$\begin{cases} y - y'' = A(x - x''), \\ \text{et, par suite,} \\ y' - y'' = A(x' - x''). \end{cases}$$

D'un autre côté, l'hyperbole rapportée à ses asymptotes fournira, par ce qui précède, ces deux relations

$$x'y' = M^2, \quad x''y'' = M^2,$$

lesquelles étant soustraites l'une de l'autre donnent celle-ci,

$$x'y' - x''y'' = 0,$$

qui peut se mettre sous cette forme,

$$x'(y' - y'') + y''(x' - x'') = 0,$$

et qui, en vertu de la deuxième équation (a), se change en cette autre,

$$A x'(x' - x'') + y''(x' - x'') = 0,$$

ou

$$(x' - x'')(y'' + A x') = 0.$$

Or le premier facteur de cette équation ne pouvant être nul, il s'ensuit que $y'' + A x' = 0$, et que, par conséquent,

$$x' = \frac{-y''}{A};$$

c'est là l'expression de Q' N'.

Faisant ensuite $y = 0$ dans la première équation (a), afin d'avoir l'abscisse x du point N'' où la sécante rencontre l'axe AN'', on aura

$$x - x'' = \frac{-y''}{A},$$

c'est-à-dire la valeur de P'' N''.

Donc Q' N' = P'' N''; donc les deux triangles Q' M' N', P'' N'' M'' sont égaux; donc enfin N' M' = N'' M'', ce qui est la propriété énoncée.

Il suit de là un moyen très-simple de mener une tangente à l'hyperbole rapportée à ses asymptotes, lorsque le point par lequel cette droite doit passer est donné sur cette courbe. En effet, soit m le point de contact donné (*fig. 43, Pl. II*), menez mp parallèle à l'asymptote AJ et prenez $pn = Ap$, la droite nmn' sera la tangente demandée.

Cela est de toute évidence d'après ce qui vient d'être démontré.

NOTIONS DE GÉOMÉTRIE A TROIS DIMENSIONS.

Des points, des lignes et des surfaces dans l'espace.

La position d'un point dans un plan est déterminée, lorsqu'on connaît les projections de ce point sur deux droites situées dans ce plan.

La position d'un point quelconque m (*fig.* 44, *Pl. II*) de l'espace est également déterminée quand on donne les projections de ce point sur trois droites connues Xx, Yy, Zz et qui passent par un même point A. En effet, lorsqu'un point m est donné, les pieds p, q, n des perpendiculaires menées de ce point sur les trois droites, sont les projections de ce point sur ces droites. Réciproquement, quand les projections p, q, n du point m sont données, ce point est facile à construire, car en conduisant par ces projections des plans perpendiculaires aux droites Xx, Yy, Zz, ces plans se coupent au point m demandé. Les droites Ap, Aq, An sont les coordonnées x, y, z du point m, les coordonnées positives sont comptées sur les axes Ax, Ay, Az, et les coordonnées négatives sont portées en sens contraire sur leurs prolongements AX, AY, AZ. Les huit combinaisons de signes qui en résultent pour les coordonnées x, y, z fixent entièrement la position du point demandé.

Par exemple, pour construire le point dont les coordonnées sont $x = 1$, $y = 2$, $z = 3$, on prend $Ap = 1$, $Aq = 2$, $An' = 3$; on mène par les points p, q, n', des plans respectivement perpendiculaires aux axes Xx, Yy, Zz; ces plans se coupent au point M demandé. Ou bien, pour simplifier cette construction, on prend $Ap = 1$, on tire une parallèle pB à l'axe des y, on prend $pP = 2$, on conduit la parallèle PK à l'axe des z négatifs, on prend $PM = 3$, ce qui détermine le point M demandé.

Les plans des axes Xx, Yy est le plan des x, y; le plan xAz est celui de x, z, et le plan yAz est le plan des y, z. Lorsqu'on mène par un point quelconque m de l'espace des plans respectivement parallèles aux trois plans coordonnés, on forme un parallélipipède rectangle dont les côtés Ap, Aq, An sont les coordonnées x, y, z du point m. Or ces côtés sont respectivement égaux et parallèles aux perpendiculaires mR, mQ, mP, menées du point m sur les plans coordonnés. Par conséquent, les coordonnées x, y, z d'un point expriment ses distances aux plans yAz, xAz, xAy.

L'équation $x = a$ détermine tous les points d'un plan indéfini $mQpP$ parallèle au plan zAy, car ces points sont à la distance $Ap = a$ du plan zAy, et aucun autre point de l'espace n'est à la distance a du plan zAy.

L'équation $y = b$ convient à tous les points d'un plan $mPqR$ parallèle au plan xAz, et $z = c$ donne tous les points d'un plan $mQnR$ parallèle au plan xAy. Le système $x = a$, $y = b$, détermine donc tous les points d'intersection HK des plans $mQpP$, $mPqR$; et l'ensemble des équations $x = a$, $y = b$, $z = c$ donne le point m où la droite HK rencontre le plan $mQnR$.

Les équations qui déterminent tous les points d'une ligne ou d'une surface, sont les équations de cette ligne ou de cette surface; ainsi chacune des relations $x = a$, $y = b$, $z = c$ est l'équation d'un plan parallèle à l'un des plans coordonnés yAz, xAz, xAy: les combinaisons deux à deux de ces trois relations donnent les équations des parallèles aux axes menées par le point x, y, z, et le système $x = a$, $y = b$, $z = c$ donne le point m d'intersection des trois plans mPp,

$m\,\mathrm{P}\,q$, $m\,\mathrm{Q}\,n$. Les équations des plans $z\,\mathrm{A}\,y$, $x\,\mathrm{A}\,z$, $x\,\mathrm{A}\,y$ sont

$$x = 0, \quad y = 0, \quad z = 0.$$

Les équations de l'axe des x sont

$$y = 0, \quad z = 0;$$

celles de l'axe des y sont

$$x = 0, \quad z = 0,$$

et celles de l'axe des z, sont

$$x = 0, \quad y = 0.$$

Enfin, le système $x = 0$, $y = 0$, $z = 0$ détermine l'origine A des coordonnées.

Les pieds P, Q, R des perpendiculaires menées d'un point quelconque m de l'espace, sur les plans coordonnés, sont les projections de ce point sur ces plans. Deux de ces trois projections suffisent pour déterminer le point m. En effet, si les projections Q, R du point m, sur les plans $x\,\mathrm{A}\,z$, $y\,\mathrm{A}\,z$ sont données, les perpendiculaires QG, RF à ces plans se couperont au point m demandé; le pied P de la perpendiculaire menée du point m sur le plan $x\,\mathrm{A}\,y$ sera la projection du point m sur le plan des x, y; de sorte que, connaissant deux des trois projections d'un point sur les plans coordonnés, on peut toujours en déduire la projection de ce point sur le troisième plan. Cela doit être, car les projections Q, R étant données, on connaît les coordonnées $x = \mathrm{A}\,p = a$, $z = \mathrm{A}\,n = c$, du point Q, et les coordonnées $z = \mathrm{A}\,n = c$, $y = \mathrm{A}\,q = b$ du point R; les coordonnées a, b, c du point m sont donc connues; ce point est donc complétement déterminé, et les équations $x = a$, $y = b$ déterminent la troisième projection P. Nous adopterons toujours ce dernier système de projections.

Les trois plans rectangulaires $z\,\mathrm{A}\,y$, $x\,\mathrm{A}\,z$, $x\,\mathrm{A}\,y$, dont les axes x, y, z sont les intersections, étant prolongés dans tous les sens forment évidemment huit angles trièdres égaux. Lorsque le point de l'espace est dans la région $z\,\mathrm{A}\,yx$, ses coordonnées sont positives. Il sera facile de déterminer le signe de chaque coordonnée, si l'on fait attention que l'axe AX prolongé au delà de l'origine A est négatif, et qu'il en est de même des autres axes AY, AZ.

Équation de la ligne droite.

On détermine l'équation d'une droite par ses projections sur deux des trois plans coordonnés. Si par tous les points de cette droite, on mène des parallèles à l'axe des y (*fig.* 45, *Pl. II*), elles seront dans un même plan, et leurs pieds sur le plan $\mathrm{Z}\,x$ seront en ligne droite. C'est cette ligne droite qui est la projection sur le plan de $\mathrm{Z}\,x$ de la droite dont il s'agit : sa projection sur le plan de $y\,\mathrm{Z}$ est aussi une ligne droite ; donc, si l'on veut déterminer une ligne droite par ces deux projections, on pourra présenter ses équations sous la forme

(1) $$x = a\mathrm{Z} + \alpha, \quad y = b\mathrm{Z} + \beta.$$

Quand les coordonnées sont rectangulaires, a et b seront les tangentes des angles formés avec l'axe des z par les deux projections; mais, en général, ces coefficients seront des rapports de sinus.

Il n'est pas inutile de rappeler ici que ces équations, considérées chacune séparément avec toute sa généralité, ne représentent pas seulement les projections de la droite, mais deux plans respectivement parallèles aux y et aux x. Ils sont les plans projetants de la droite; et c'est parce qu'ils contiennent cette droite que le système des équations (1) la détermine. Il est évident d'ailleurs qu'il ne détermine qu'elle; car tous les points communs aux deux plans appartiennent à la droite.

En éliminant Z entre les équations (1), il vient

$$y - \beta = \frac{b}{a}(x - \alpha).$$

Cette équation est celle d'un plan parallèle aux z qui contient la droite. Elle représente donc le troisième plan projetant, ou, si l'on veut, la projection de la droite sur le plan de xy.

Cas particuliers. — Si la droite passe par l'origine, ses projections y passent aussi et ses équations sont simplement

$$x = az, \quad y = bz.$$

Si elle passe par un point situé sur l'un des axes, sur celui des y par exemple, il n'y a que sa projection sur le plan de xz qui passera par l'origine. Les équations de la droite sont alors

$$x = az, \quad y = bz + \beta.$$

Quand une droite est parallèle à l'un des plans coordonnés, à celui de xy par exemple, les plans qui la projettent sur les deux autres se confondent, et ils ont pour équation unique $Z = \delta$, δ étant une constante. Il faut alors recourir à la troisième projection, et prendre pour la droite les équations

$$Z = \delta, \quad y = cx + \gamma.$$

Quand la droite est parallèle à l'un des axes, à celui des z par exemple, ses équations sont

$$x = \alpha, \quad y = \beta.$$

Elles sont

$$x = \alpha, \ Z = \gamma, \quad \text{ou bien} \quad y = \beta, \ Z = \gamma,$$

selon que la droite est parallèle aux y ou aux x.

Si des équations (1) on veut déduire l'intersection de la droite avec le plan de deux coordonnées, on remarquera que dans ce plan la troisième coordonnée est zéro. De cette manière,

$$z = 0, \quad x = \alpha, \quad y = \beta$$

pour l'intersection avec le plan xy;

$$y = 0, \quad z = -\frac{\beta}{b}, \quad x = \alpha - \frac{a\beta}{b}$$

pour l'intersection avec celui de xz;

$$x = 0, \quad z = -\frac{\alpha}{a}, \quad y = \beta - \frac{b\alpha}{a}$$

pour l'intersection avec celui de yz.

Problèmes sur la ligne droite dans l'espace.

PROBLÈME I. — *Trouver les équations d'une droite qui passe par deux points donnés.*

Soient x', y', z' et x'', y'', z'' les coordonnées de deux points; les équations demandées doivent être de la forme

$$(1) \qquad x = az + \alpha, \qquad y = bz + \beta.$$

Pour que la droite passe par le premier point, il faut que ces équations soient satisfaites en y mettant x', y', z' au lieu de x, y, z; donc on doit avoir

$$x' = az' + \alpha, \qquad y' = bz' + \beta.$$

En retranchant ces équations des précédentes, α et β seront éliminés et l'on aura

$$(2) \qquad x - x' = a(z - z'), \qquad y - y' = b(z - z').$$

La droite représentée par ces équations remplit déjà la condition de passer par le premier point. Pour qu'elle passe aussi par le second, il faut que ces équations soient vérifiées en y remplaçant x, y, z par x'', y'', z'', ce qui donne

$$(3) \qquad x'' - x' = a(z'' - z'), \qquad y'' - y' = b(z'' - z');$$

d'où

$$a = \frac{x'' - x'}{z'' - z'}, \qquad b = \frac{y'' - y'}{z'' - z'}.$$

En substituant au lieu de a et de b ces valeurs, on obtient les équations cherchées, savoir,

$$x - x' = \frac{x'' - x'}{z'' - z'}(z - z'), \qquad y - y' = \frac{y'' - y'}{z'' - z'}(z - z');$$

on en déduit

$$(4) \quad \frac{x - x'}{z - z'} = \frac{x'' - x'}{z'' - z'}, \quad \frac{y - y'}{z - z'} = \frac{y'' - y'}{z'' - z'}, \quad \frac{x - x'}{y - y'} = \frac{x'' - x'}{y'' - y'}.$$

PROBLÈME II. — *Trouver les équations d'une droite qui passe par un point donné et qui est parallèle à une droite donnée.*

Soient les équations de la droite donnée

$$x = az + \alpha, \qquad y = bz + \beta;$$

et soient x', y', z' les coordonnées du point donné. Puisque la droite cherchée doit passer par ce point, ses équations peuvent se mettre sous la forme

$$x - x' = a'(z - z'), \qquad y - y' = b'(z - z'),$$

a' et b' étant encore inconnus.

Quand deux droites sont parallèles, les plans menés par ces droites, parallèlement à l'axe des y, sont parallèles entre eux, et par suite leurs intersections avec le plan de xz sont aussi parallèles. Or ces intersections sont les projections des deux droites sur le plan de xz; donc les coefficients de z doivent être égaux dans les équations de ces deux projections. Il en est de même des projections sur le plan des yz; donc, pour que les droites soient parallèles, on doit avoir les condi-

I.   10

tions
$$a' = a, \quad b' = b,$$
par conséquent, les équations de la parallèle demandée seront
$$x - x' = a(z - z'), \quad y - y' = b(z - z').$$
Si le point donné est à l'origine, elles se réduisent à celles-ci,
$$x = az, \quad y = bz.$$

Problème III. — *Calculer la distance entre deux points* M *et* N *donnés.*

Soient x, y, z les coordonnées du point M, et x', y', z' celles du point N, la distance de ces deux points sera (*Pl. 11, fig.* 46)
$$R = \sqrt{(x - x')^2 + (y - y')^2 + (z - z')^2}.$$
En effet, dans le trapèze rectangle $M' m n N'$ on a
$$M'N'^2 = mn^2 + (M'm - N'n)^2 = (x' - x)^2 + (y - y')^2.$$
De même, dans le trapèze rectangle $M'MNN'$ on a
$$\overline{MN}^2 = \overline{M'N'}^2 + (NN' - MM')^2 = (x - x')^2 + (y - y')^2 + (z - z')^2;$$
donc
$$R^2 = (x - x')^2 + (y - y')^2 + (z - z')^2.$$

Si l'on suppose que R soit constant, et que x', y', z' soient les coordonnées du centre d'une sphère du rayon R, cette dernière équation sera celle de cette sphère, et x, y, z seront les coordonnées d'un point quelconque de la surface.

Premier principe. — Lorsqu'une droite est située dans l'espace, elle est donnée de position par ses deux projections sur deux plans coordonnés.

Soit, par exemple, MN cette droite; l'équation de sa projection horizontale $M'N'$ sera de cette forme (*fig.* 46, *Pl. 11*)
$$y = ax + \alpha,$$
et l'équation de sa projection verticale sera de même
$$z = bx + \beta.$$

Or, si l'on voulait avoir la projection de cette même droite sur le plan *cad*, ou des *yz*, il faudrait éliminer x entre ces deux équations, car cette troisième projection est donnée par les deux autres.

Si la droite proposée devait passer par un point ayant x', y', z' pour coordonnées, les équations de ses projections seraient
$$y - y' = a(x - x'),$$
$$z - z' = b(x - x'),$$
dans lesquelles x, y, z appartiendraient à un point quelconque de cette droite.

Si, en outre, on l'assujettissait à passer par un second point ayant x'', y'', z'' pour coordonnées, on aurait évidemment
$$y'' - y' = a(x'' - x'),$$
d'où
$$a = \frac{y'' - y'}{x'' - x'};$$
$$z'' - z' = b(x'' - x'),$$

d'où

$$b = \frac{z'' - z'}{x'' - x'};$$

et alors les équations précédentes deviendraient

$$y - y' = \frac{y'' - y'}{x'' - x'}(x - x'),$$

$$z - z' = \frac{z'' - z'}{x'' - x'}(x - x').$$

Il faut remarquer que les valeurs ci-dessus de a et de b sont celles des tangentes trigonométriques des angles que les projections de MN sur les plans xy, xz font respectivement avec l'axe des x, et que les constantes α, β seraient nécessairement nulles, si la droite passait par l'origine des coordonnées.

Deuxième principe. — Lorsque deux droites sont parallèles dans l'espace, leurs projections sur chaque plan coordonné sont elles-mêmes parallèles.

Soient donc

$$y = ax + \alpha, \quad z = bx + \beta$$

les équations d'une droite ; celles d'une autre droite parallèle à celle-ci seront

$$y = ax + \alpha', \quad z = bx + \beta',$$

α' et β' restant indéterminées, puisqu'il y a une infinité de droites qui peuvent être parallèles à la proposée ; mais elles cesseraient de l'être, si cette seconde droite devait passer par un point donné.

PROBLÈME IV. — *Déterminer le point d'intersection de deux droites dont on connaît les équations.*

En général, deux lignes dans l'espace ne se rencontrent pas ; il faut, pour que cela arrive, qu'il y ait des valeurs de x, y, z qui satisfassent à leurs quatre équations. Or il est évident qu'en éliminant les trois coordonnées x, y, z entre les quatre équations, il restera une équation qui exprimera la condition sans laquelle les deux lignes ne peuvent avoir aucun point commun. Soient les équations de deux droites

(1) $\qquad\qquad x = az + \alpha,$

(2) $\qquad\qquad y = bz + \beta,$

(3) $\qquad\qquad x = a'z + \alpha',$

(4) $\qquad\qquad y = b'z + \beta';$

de (1) et de (3) on tire

(5) $\qquad z = \frac{\alpha' - \alpha}{a - a'}, \quad x = \frac{a\alpha' - a'\alpha}{a - a'};$

de (2) et (4) on tire

(6) $\qquad z = \frac{\beta' - \beta}{b - b'}, \quad y = \frac{b\beta' - b'\beta}{b - b'}.$

Pour que les quatre équations soient vérifiées par les mêmes coordonnées, il faut que les deux valeurs trouvées pour z soient égales, et il est clair que cette condition suffit. Ainsi on doit avoir

$$\frac{\alpha' - \alpha}{a - a'} = \frac{\beta' - \beta}{b - b'},$$

ou bien

$$(\alpha' - \alpha)(b - b') - (\beta' - \beta)(a - a') = 0.$$

Telle est la relation qui doit exister pour que deux droites se coupent. Quand elle a lieu, le point d'intersection est déterminé par les formules (5) et (6).

Lorsque les droites sont parallèles, on a

$$a' = a, \quad b' = b.$$

Alors l'équation de condition est vérifiée, et les valeurs de x, y, z sont infinies.

PROBLÈME V. — *Trouver l'angle de deux droites situées dans l'espace et données de position par rapport à trois axes rectangles (fig. 47, Pl. II).*

Supposons que ces deux droites partent de l'origine a des coordonnées rectangles, et considérons aM comme l'une d'elles : cette droite sera donnée de position dans l'espace, si les angles Mab, Mac, Mad qu'elle fait avec les axes x, y, z sont connus. Pareillement, une autre droite aN serait donnée de position, si les angles Nab, Nac, Nad étaient connus.

Soient alors

$$Mab = X, \quad Nab = X',$$
$$Mac = Y, \quad Nac = Y',$$
$$Mad = Z, \quad Nad = Z'.$$

Puis prenons $aM = aN$; faisons $aM = r$, désignons par x, y, z les coordonnées du point M, et par x', y', z' celles du point N.

Cela posé, on aura

$$(m) \qquad \begin{cases} r^2 = x^2 + y^2 + z^2, \\ r^2 = x'^2 + y'^2 + z'^2. \end{cases}$$

Mais dans le triangle aMn, rectangle en n, on a, en faisant le rayon des Tables égal à l'unité,

$$an = x = r\cos X;$$

de même, dans le triangle rectangle aMn', on a

$$an' = y = r\cos Y;$$

enfin, dans le triangle rectangle aMn'', on a

$$an'' = z = r\cos Z.$$

Substituant ces valeurs dans la première équation (m), on obtient cette relation

$$(a) \qquad 1 = \cos^2 X + \cos^2 Y + \cos^2 Z.$$

La seconde équation (m) donnerait de même

$$(b) \qquad 1 = \cos^2 X' + \cos^2 Y' + \cos^2 Z'.$$

Ainsi la somme des carrés des cosinus des angles qu'une droite fait avec trois axes rectangles est égal à l'unité ou au carré du rayon des Tables.

Le triangle aMN donne

$$\overline{\text{MN}}^2 = \overline{a\text{M}}^2 + \overline{a\text{N}}^2 - 2\,a\text{M} \times a\text{N} \times \cos \text{V};$$

V désignant l'angle des deux droites aM, aN, on a, dans l'hypothèse actuelle,

$$(x - x')^2 + (y - y')^2 + (z - z')^2 = 2r^2 - 2r^2 \cos \text{V}.$$

Développant et réduisant à l'aide des formules (m), on trouve

$$xx' + yy' + zz' = r^2 \cos \text{V}.$$

Enfin substituant pour x, y, z, etc., leurs valeurs ci-dessus, on a définitivement

$$(n) \qquad \cos \text{V} = \cos \text{X} \cos \text{X}' + \cos \text{Y} \cos \text{Y}' + \cos \text{Z} \cos \text{Z}',$$

c'est-à-dire que le cosinus de l'angle de deux droites situées dans l'espace est égal à la somme faite des produits des cosinus des angles qu'elles forment respectivement avec chacun des axes rectangulaires, le rayon des Tables étant toutefois pris pour unité.

On peut donner à ce résultat une tout autre forme qu'il importe de connaître. D'abord remarquons que la projection sur le plan des xy de la droite aM, est aM', laquelle a pour équation

$$y = \text{tang}\,(\text{M}'ab)\,x = ax.$$

Mais

$$\text{tang}\,(\text{M}'ab) = \frac{\text{M}'n}{an} = \frac{y}{x} = \frac{\cos \text{Y}}{\cos \text{X}} = a.$$

Par la même raison, puisque la projection verticale de aM est aM'', et que l'équation de cette projection est

$$z = \text{tang}\,(\text{M}''ab)\,x = bx,$$

on a

$$\text{tang}\,(\text{M}''ab) = \frac{z}{x} = \frac{\cos \text{Z}}{\cos \text{X}} = b;$$

et il est évident que pour la seconde droite aN, dont les équations des projections sont

$$y = a'x, \qquad z = b'x,$$

on a pareillement

$$\frac{\cos \text{Y}'}{\cos \text{X}'} = a', \qquad \frac{\cos \text{Z}'}{\cos \text{X}'} = b';$$

de là

$$\cos^2 \text{Y} = a^2 \cos^2 \text{X}, \qquad \cos^2 \text{Z} = b^2 \cos^2 \text{X},$$
$$\cos^2 \text{Y}' = a'^2 \cos^2 \text{X}', \qquad \cos^2 \text{Z}' = b'^2 \cos^2 \text{X}'.$$

Mettant ces valeurs dans les relations a et b, on obtient

$$\cos \text{X} = \frac{1}{\sqrt{1 + a^2 + b^2}}, \qquad \cos \text{X}' = \frac{1}{\sqrt{1 + a'^2 + b'^2}};$$

et, parce que l'équation (n) peut être mise sous cette forme

$$\cos \text{V} = \left(1 + \frac{\cos \text{Y} \cos \text{Y}'}{\cos \text{X} \cos \text{X}'} + \frac{\cos \text{Z} \cos \text{Z}'}{\cos \text{X} \cos \text{X}'}\right) \cos \text{X} \cos \text{X}',$$

il est évident qu'elle peut être changée en celle-ci,

$$\cos \text{V} = (1 + aa' + bb') \cos \text{X} \cos \text{X}',$$

ou en cette autre,

$$(n') \qquad \cos V = \frac{1 + aa' + bb'}{\sqrt{1 + a^2 + b^2}\sqrt{1 + a'^2 + b'^2}}.$$

Si l'angle des deux droites proposées était droit, on aurait

$$\cos V = 0,$$

et, par suite,

$$1 + aa' + bb' = 0.$$

Telle est l'équation de condition qui existe dans cette hypothèse.

Quand même ces droites ne se couperaient pas, les conclusions précédentes seraient toujours les mêmes, parce que l'on pourrait mener par l'origine des axes deux autres droites respectivement parallèles aux proposées, et qui formeraient absolument avec ces axes les mêmes angles que celles-ci.

Équation du plan.

Pour trouver une relation entre les coordonnées x, y, z de tous les points d'une surface plane, supposons qu'un plan soit engendré par le mouvement d'une droite tournant autour d'une autre droite, et faisant constamment avec cette dernière un angle de 100 degrés, les équations de la ligne fixe assujettie à passer par un point x', y', z' seront

$$(p) \qquad \begin{cases} y - y' = a\,(x - x'), \\ z - z' = b\,(x - x'). \end{cases}$$

Celles de la droite mobile menée par le même point seront, en général,

$$(q) \qquad \begin{cases} y - y' = a'\,(x - x'), \\ z - z' = b'\,(x - x'). \end{cases}$$

Mais comme cette droite doit être perpendiculaire à l'autre, on aura l'équation de condition, d'après le problème précédent,

$$1 + aa' + bb' = 0,$$

a' et b' étant constantes pour une même position de la perpendiculaire, mais variables en passant d'une position à une autre. Mettant ici pour a' et b' leurs valeurs déduites des équations (q), on obtiendra

$$(1) \qquad \begin{cases} x - x' + a\,(y - y') + b\,(z - z') = 0, \\ \text{ou } x + ay + bz - (x' + ay' + bz') = 0. \end{cases}$$

C'est là l'équation d'un plan mené d'une manière quelconque dans l'espace, puisque a et b qui déterminent la position de la droite fixe, et les coordonnées x', y', z' sont tout à fait arbitraires. On peut dire aussi que cette équation est celle d'un plan perpendiculaire à une droite donnée par ses projections (p) et passant par un point donné x', y', z'.

Afin de rendre les calculs plus symétriques, on a coutume de donner à l'équation générale précédente du premier degré à trois indéterminées la forme

$$(1') \qquad Ax + By + Cz + D = 0,$$

auquel cas

$$\frac{B}{A} = a, \qquad \frac{C}{A} = b, \qquad \frac{D}{A} = -(x' + ay' + bz').$$

Cependant, parmi les quatre constantes A, B, C, D, trois seulement sont nécessaires pour particulariser ce plan.

Dans les applications, on égale à l'unité une de ces constantes, ou bien on la détermine par des conditions particulières.

Il est évident qu'on aura les équations des deux traces du plan (1) sur celui des xy et des xz, en faisant successivement

$$z = 0 \quad \text{et} \quad y = 0.$$

Ces équations sont

$$A x + B y + D = 0,$$
$$A x + C z + D = 0,$$

et les deux traces se rencontrent sur l'axe des x, en un point dont l'abscisse est

$$x = -\frac{D}{A}.$$

En effet, à ce point on a nécessairement à la fois

$$y = 0 \quad \text{et} \quad z = 0.$$

Si le plan (1') passait par l'origine des coordonnées, on aurait nécessairement $D = 0$; car, lorsque x et y sont nulles en même temps, la coordonnée z correspondante doit être nulle aussi, en vertu de l'hypothèse.

PROBLÈME I. — *Faire passer un plan par trois points donnés.*

Représentons par x', y', z', x'', y'', z'', x''', y''', z''' les coordonnées des trois points, et soit

$$A x + B y + C z = D$$

l'équation du plan cherché. Pour que ce plan passe par les trois points, il faut que son équation soit satisfaite par les coordonnées de chacun d'eux; donc on doit avoir

$$A x' + B y' + C z' = D,$$
$$A x'' + B y'' + C z'' = D,$$
$$A x''' + B y''' + C z''' = D.$$

En divisant ces équations par D, les inconnues qu'elles contiendront seront les rapports de A, B, C à D, et elles feront connaître les valeurs de ces rapports. Désignons ces valeurs par A', B', C', on aura

$$A = A'D, \quad B = B'D, \quad C = C'D,$$

et, par suite, l'équation (1) devient, en substituant et simplifiant,

$$A' x + B' y + C' z = 1.$$

PROBLÈME II. — *Par un point donné, mener un plan parallèle à un plan donné.*

Soient

$$A x + B y + C z + D = 0$$

l'équation d'un plan donné, et

$$A' x + B' y + C' z + D' = 0$$

celle d'un plan parallèle.

En général, les intersections de deux plans parallèles par un troisième sont parallèles entre elles; par conséquent, les traces des deux plans sur le plan de xz doivent être parallèles, et leurs traces sur le plan de yz doivent aussi être parallèles. Les équations de ces traces sont

$$A x + C z + D = 0, \quad A' x + C' z + D' = 0$$

sur le plan de xz,

$$B y + C z + D = 0, \quad B' y + C' z + D' = 0$$

sur le plan de yz; et pour que les deux premières soient parallèles entre elles et les deux dernières parallèles entre elles, on doit avoir

$$\frac{A'}{C'} = \frac{A}{C}, \quad \frac{B'}{C'} = \frac{B}{C},$$

ou bien

$$\frac{A'}{A} = \frac{B'}{B} = \frac{C'}{C}.$$

Quand les plans rencontrent l'axe des z, ces conditions suffisent pour qu'ils soient parallèles; car alors les traces du premier plan se coupent sur l'axe des z et sont parallèles à celles du second plan, lesquelles se coupent aussi sur cet axe. Or, quand deux angles ont leurs côtés parallèles, on sait que leurs plans sont parallèles.

Mais si les deux plans sont parallèles à l'axe des z, ce qui revient à supposer $C = 0$ et $C' = 0$, la seule condition à remplir, c'est que les traces sur le plan de xy soient parallèles, ce qui exige

$$\frac{A'}{B'} = \frac{A}{B} \quad \text{ou} \quad \frac{A'}{A} = \frac{B'}{B}.$$

Ainsi, dans tous les cas, pour que deux plans soient parallèles, il faut et il suffit que les coefficients des variables x, y, z, dans les équations de ces plans, soient proportionnels.

Supposons ces conditions remplies, et posons

$$\frac{A'}{A} = k;$$

on aura

$$A' = A k, \quad B' = B k, \quad C' = C k;$$

puis, en mettant ces valeurs dans l'équation (2), divisant par k et posant

$$D' k = D'',$$

il vient

$$A x + B y + C z + D'' = 0.$$

Cette équation représente tous les plans parallèles à celui de l'équation (1), et elle ne diffère de celle-ci que par le seul terme constant D''.

Jusqu'ici D'' est resté indéterminé; mais, si l'on veut que le plan parallèle passe par un point donné dont les coordonnées soient x', y', z', on doit avoir

$$A x' + B y' + C z' + D'' = 0,$$

et en retranchant cette équation de la précédente, on a pour le plan cherché

$$A (x - x') + B (y - y') + C (z - z') = 0.$$

Si le point donné est l'origine, il faut faire

$$x' = 0, \quad y' = 0, \quad z' = 0,$$

et l'on a pour le plan parallèle,

$$A x + B y + C z = 0.$$

PROBLÈME III. — *Faire passer un plan par un point et par une droite donnés.*

Soient x', y', z' les coordonnées du point ; soient

$$(1) \qquad x = az + \alpha, \quad y = bz + \beta$$

les équations de la droite donnée, et soit

$$(2) \qquad A x + B y + C z + D = 0$$

l'équation du plan cherché.

La condition de passer par le point donné est exprimée par

$$(3) \qquad A x' + B y' + C z' + D = 0.$$

Celle de contenir la droite exige qu'en mettant dans l'équation du plan les valeurs de x et de y tirées des équations de cette droite, l'équation résultante soit vérifiée quelle que soit la coordonnée z.

Or, par la substitution de ces valeurs, il vient

$$(A a + B b + C) z + A \alpha + B \beta + D = 0,$$

et pour que cette égalité ait lieu sans aucune détermination particulière de z, il faut poser

$$(4) \qquad A a + B b + C = 0,$$
$$(5) \qquad A \alpha + B \beta + D = 0.$$

Toutes les conditions du problème sont donc renfermées dans les équations (3), (4) et (5).

En éliminant D entre (3) et (5) il vient

$$A (x' - \alpha) + B (y' - \beta) + C z' = 0,$$

et en combinant cette équation avec (4) on trouve

$$A = \frac{(y' - bz' - \beta) C}{b (x' - \alpha) - a (y' - \beta)} \quad B = \frac{(x' - az' - \alpha) C}{b (x' - \alpha) - a (y' - \beta)}.$$

Mais l'équation (2), si l'on en retranche l'équation (3), devient

$$A (x - x') + B (y - y') + C (z - z') = 0,$$

et en y substituant les valeurs de A et B, on obtient, toutes réductions faites,

$$(y' - bz' - \beta)(x - x') - (x' - az' - \alpha)(y - y')$$
$$+ [b (x' - \alpha) - a (y' - \beta)](z - z') = 0.$$

Telle est l'équation du plan cherché.

PROBLÈME IV. — *Déterminer les projections de l'intersection de deux plans donnés.*

Les équations de ces plans étant

$$(1) \qquad \begin{cases} A x + B y + C z + D = 0, \\ A'x + B'y + C'z + D' = 0, \end{cases}$$

la question est réduite à attribuer aux indéterminées x, y, z les mêmes valeurs dans ces deux équations, vu que les coordonnées des points de l'intersection de deux plans sont communes aux équations de ces plans.

Ainsi, en éliminant, par exemple, z entre les équations (1) on aura pour résultante l'équation de la projection sur le plan xy de l'intersection proposée.

Pour trouver l'angle des deux plans (1), concevons par l'origine des coordonnées deux autres plans parallèles à ceux-ci, et deux droites perpendiculaires à chacun d'eux; ces nouveaux plans, qui auront pour équations

$$A\,x + B\,y + C\,z = 0, \quad A'\,x + B'\,y + C'\,z = 0,$$

et ces deux droites dont les projections seront données par les équations

$$\left.\begin{array}{l} y = ax \\ z = bx \end{array}\right\} \quad \left.\begin{array}{l} y = a'x \\ z = b'x \end{array}\right\},$$

feront le même angle que les plans proposés; or on a aussi les relations

$$a = \frac{B}{A}, \quad a' = \frac{B'}{A'},$$

$$b = \frac{C}{A}, \quad b' = \frac{C'}{A'}.$$

Si donc V désigne l'angle de ces deux plans, on aura

$$\cos V = \frac{AA' + BB' + CC'}{\sqrt{1 + A^2 + B^2}\,\sqrt{1 + A'^2 + B'^2}}.$$

Lorsque $V = 100$ degrés, les plans dont il s'agit sont perpendiculaires entre eux, et l'on a simplement

$$A\,A' + B\,B' + C\,C' = 0,$$

puisque dans ce cas $\cos V = 0$.

Si les deux plans (1) devaient être parallèles, leurs traces sur chacun des plans coordonnés seraient aussi respectivement parallèles entre elles; alors les traces du premier plan étant

$$A\,x + B\,y + D = 0,$$
$$A\,x + C\,z + D = 0,$$

et celles du second plan étant de même

$$A'\,x + B'\,y + D' = 0,$$
$$A'\,x + C'\,z + D' = 0,$$

il faut absolument, pour qu'elles soient parallèles deux à deux, que l'on ait

$$\frac{A}{B} = \frac{A'}{B'}, \quad \frac{A}{C} = \frac{A'}{C'}.$$

Ces relations donnent

$$B' = \frac{A'\,B}{A}, \quad C' = \frac{A'\,C}{A}.$$

La seconde équation (1) deviendra

$$(A\,x + B\,y + C\,z)\frac{A'}{A} + D' = 0,$$

et sera celle d'un plan parallèle au premier. Si ce plan cherché devait en outre passer par un point dont les coordonnées fussent x', y', z', on aurait

$$(\mathrm{A}\,x' + \mathrm{B}\,y' + \mathrm{C}\,z')\frac{\mathrm{A}'}{\mathrm{A}} + \mathrm{D}' = 0,$$

et retranchant ce résultat de l'équation précédente, il viendra, après avoir divisé par $\dfrac{\mathrm{A}'}{\mathrm{A}}$,

$$\mathrm{A}\,(x - x') + \mathrm{B}\,(y - y') + \mathrm{C}\,(z - z') = 0.$$

PROBLÈME V. — *Chercher la plus courte distance d'un point* x', y', z' *à un plan donné.*

L'expression de la plus courte distance d'un point x', y', z' à un plan donné s'obtient par un procédé analogue à celui du problème précédent. En effet, les équations de la perpendiculaire cherchée sont

(1) $\qquad \begin{cases} y - y' = a\,(x - x'), \\ z - z' = b\,(x - x'). \end{cases}$

L'équation du plan donné est

(2) $\qquad \begin{cases} \mathrm{A}x + \mathrm{B}y + \mathrm{C}z + \mathrm{D} = 0, \\ \text{ou} \\ \mathrm{A}\,(x - x') + \mathrm{B}\,(y - y') + \mathrm{C}\,(z - z') + \mathrm{D}' = 0, \end{cases}$

en faisant

$$\mathrm{D}' = \mathrm{D} + \mathrm{A}\,x' + \mathrm{B}\,y' + \mathrm{C}\,z';$$

et la plus courte distance u demandée a pour expression

$$u = \sqrt{(x - x')^2 + (y - y')^2 + (z - z')^2}.$$

Substituant dans cette expression pour $y - y'$, $z - z'$, les valeurs (1), on aura

$$u = x' - x\,\sqrt{1 + a^2 + b^2}.$$

Mais les conditions qui expriment que la droite (1) est perpendiculaire au plan (2) sont

$$a = \frac{\mathrm{B}}{\mathrm{A}}, \qquad b = \frac{\mathrm{C}}{\mathrm{A}};$$

par conséquent,

$$u = \frac{x' - x}{\mathrm{A}}\,\sqrt{\mathrm{A}^2 + \mathrm{B}^2 + \mathrm{C}^2}.$$

Il ne s'agit plus que d'éliminer $x' - x$ de ce résultat : or, de l'équation (2), on tire, au moyen de celles (1),

$$x' - x = \frac{\mathrm{D}'}{\mathrm{A} + a\mathrm{B} + b\mathrm{C}} = \frac{\mathrm{A}\mathrm{D}'}{\mathrm{A}^2 + \mathrm{B}^2 + \mathrm{C}^2},$$

et, par suite,

$$u = \frac{\mathrm{D}'}{\sqrt{\mathrm{A}^2 + \mathrm{B}^2 + \mathrm{C}^2}} = \frac{\mathrm{D} + \mathrm{A}\,x' + \mathrm{B}\,y' + \mathrm{C}\,z'}{\sqrt{\mathrm{A}^2 + \mathrm{B}^2 + \mathrm{C}^2}}.$$

PROBLÈME VI. — *Exprimer analytiquement qu'un plan est donné de position dans l'espace lorsqu'il est assujetti à être perpendiculaire à une droite donnée de direction et passant par l'origine.*

Supposons d'abord que M (*fig.* 48, *Pl. II*), pied de cette perpendicu-

laire AM, ait pour coordonnées obliques x, y, z, et que, par les extrémités de ces coordonnées, on ait mené des plans perpendiculaires à
cette droite; la distance $AM = p$ sera évidemment celle des deux
plans extrêmes dont il s'agit. Il n'est pas moins évident que, si l'on
désigne par α, β, γ les angles que la droite p fait avec les axes des x,
y, z, les trois parties AR, RS, SM, interceptées entre les plans que
l'on considère, seront respectivement

$$x \cos\alpha, \quad y \cos\beta, \quad z \cos\gamma.$$

Ainsi on aura, pour la longueur de la perpendiculaire AM,

$$x \cos\alpha + y \cos\beta + z \cos\gamma = p,$$

équation qui sera en même temps celle d'un plan perpendiculaire à
la droite p, et passant par son extrémité M.

Maintenant admettons que les axes AX, AY, AZ soient perpendi-
culaires entre eux; dans ce cas, les coefficients $\cos\alpha$, $\cos\beta$, $\cos\gamma$
seront liés par l'équation

$$\cos^2\alpha + \cos^2\beta + \cos^2\gamma = 1.$$

De là il est aisé d'avoir une expression très-simple du cosinus de
l'angle formé par deux plans rapportés à des coordonnées rectangles;
car, soient

$$x \cos\alpha + y \cos\beta + z \cos\gamma = p,$$
$$x \cos\alpha' + y \cos\beta' + z \cos\gamma' = p',$$

les équations des deux plans donnés, les droites p, p' qui leur sont
respectivement perpendiculaires, et qui passent par l'origine, formeront un angle égal à l'inclinaison de ces plans. Ainsi, appelant V cet
angle, on aura

$$\cos V = \cos\alpha \cos\alpha' + \cos\beta \cos\beta' + \cos\gamma \cos\gamma'.$$

Si les plans étaient perpendiculaires entre eux, on aurait

$$V = 100° \quad \text{ou} \quad \cos V = 0,$$

et alors

$$\cos\alpha \cos\alpha' + \cos\beta \cos\beta' + \cos\gamma \cos\gamma' = 0.$$

Si, au contraire, ils étaient parallèles l'un à l'autre, on aurait

$$V = 0 \quad \text{ou} \quad \cos V = 1,$$

et, par suite,

$$\cos\alpha \cos\alpha' + \cos\beta \cos\beta' + \cos\gamma \cos\gamma' = 1.$$

Dans les applications, le calcul est évidemment plus rapide quand on
désigne par une seule lettre le cosinus d'un angle (*).

_____

(*) Dans notre *Manuel à l'usage des Conducteurs et des Agents voyers*, nous
avons démontré géométriquement les propriétés des courbes du second degré;
nous en recommandons l'étude à nos lecteurs.

GÉOMÉTRIE DESCRIPTIVE [*].

SURFACES COURBES ET PLANS TANGENTS.

Génération des surfaces. — Les surfaces que nous traiterons doivent toujours être connues par leur génération ; c'est ainsi qu'un plan est déterminé par ses deux traces, et une sphère par son centre et son rayon. Cette génération fournit les éléments qui les déterminent de la manière la plus simple et en même temps la plus commode pour les constructions.

Toute surface peut être considérée comme engendrée par le mouvement d'une ligne. Ainsi, on décrit un plan en faisant glisser une droite parallèlement à elle-même le long d'une seconde droite, ou bien en la faisant tourner perpendiculairement autour d'une droite fixe qu'elle rencontre constamment au même point.

La sphère est engendrée par la révolution d'un grand cercle qui tourne autour de son diamètre.

Le cylindre est engendré par la révolution d'un rectangle qui tourne autour d'un de ses côtés comme axe.

Le cône est engendré par la révolution d'un triangle rectangle qui tourne autour d'un des côtés de l'angle droit comme axe.

La ligne dont le mouvement engendre une surface se nomme directrice ; la ligne droite ou courbe qui sert à diriger le mouvement de la génératrice se nomme *ligne directrice*. Quand on se sert d'un plan pour diriger le mouvement, c'est un plan directeur ; quand on emploie une surface, c'est une surface directrice.

Ainsi, la circonférence d'un grand cercle est la génératrice de la sphère, et son diamètre en est la ligne directrice.

Un des côtés du rectangle générateur est la génératrice du cylindre ; le côté opposé de ce rectangle en est la ligne directrice, et les côtés perpendiculaires à ces deux premières lignes décrivent les bases du cylindre.

Enfin, l'hypoténuse du triangle rectangle est la génératrice de la surface du cône ; un des côtés de l'angle droit en est la directrice ; le second côté de l'angle droit décrit la circonférence de la base du cône.

Du plan tangent et de la normale. — Une courbe peut être considérée comme un polygone dont les côtés sont infiniment petits ; si on les prolonge indéfiniment, on peut les considérer comme des tangentes à la courbe.

De même, une surface courbe peut être considérée comme un polyèdre dont les faces sont infiniment petites ; si l'on suppose qu'une de ces faces soit prolongée indéfiniment, cette surface est un plan tangent.

Si, par le point de contact, on trace tant de lignes qu'on voudra sur

(*) Voir la première partie de la Géométrie descriptive dans le *Manuel à l'usage des Candidats aux emplois de Conducteur des Ponts et Chaussées et d'Agent voyer*, que nous avons publié l'an dernier. (Prix : 7 fr., chez MALLET-BACHELIER, libraire, et chez PAUL DUPONT, éditeur.)

la surface, et qu'à partir de ce point on prenne des parties infiniment petites, elles seront toutes situées dans le plan tangent; et si on les considère prolongées indéfiniment, elles seront les tangentes aux différentes lignes courbes tracées sur la surface.

Ainsi, chacune de ces tangentes a une partie infiniment petite de sa directrice contenue dans le plan tangent, donc elle y sera tout entière. C'est-à-dire *que le plan tangent à une surface contient les tangentes menées par le point de contact à toutes les lignes courbes qu'on peut tracer par ce point sur la surface.*

On appelle *normale* la perpendiculaire au plan tangent menée par le point de contact.

Des différents genres de surfaces. — Il y a des surfaces qui sont d'un usage fréquent dans les arts de construction, et qu'on peut distribuer en trois classes, savoir : *les surfaces développables, les surfaces de révolution,* et *les surfaces gauches.*

Surfaces développables. — Les surfaces développables sont engendrées par une droite qui se meut de manière que dans chacune de ses positions elle est dans un même plan avec la position infiniment voisine. On peut encore dire qu'une surface développable est décrite par une droite qui reste constamment tangente à une courbe. Monge donne à cette courbe le nom d'arête de rebroussement. Il est bien entendu que la génératrice est toujours infinie. Parmi ces surfaces, nous devons distinguer le *cylindre* et le *cône.*

Le cylindre est engendré par une droite qui se meut parallèlement à elle-même en s'appuyant sur une courbe quelconque. Il résulte de cette génération qu'un plan parallèle à une génératrice ne peut couper la surface que suivant une ou plusieurs de ses génératrices.

Le cône est engendré par une droite qui passe constamment par un point fixe ou sommet, et qui se meut autour de ce point suivant une loi quelconque. Les deux parties du cône qui sont séparées par le sommet se nomment *nappes.* Il résulte de cette génération qu'un plan mené par le sommet doit couper le cône suivant une ou plusieurs droites passant au sommet.

Les surfaces développables jouissent de cette propriété, c'est qu'on peut toujours étendre dans un plan, sans déchirure et sans plis, une portion d'une telle surface; il suffit de faire tourner successivement chacun des éléments plans autour de la génératrice qui les sépare de l'élément voisin. De cette manière, on pourra amener un premier élément sur le plan du suivant, ceux-ci sur le plan du troisième, et ainsi de suite.

Dans toute surface développable, le plan tangent doit contenir une génératrice tout entière, et être tangent à la surface en chaque point de cette génératrice; cette propriété se conçoit facilement par les considérations infinitésimales qui nous avons fait valoir précédemment. En effet, une génératrice donnée est toujours dans un même plan avec la génératrice voisine : or il est évident que ce plan prolongé indéfiniment en tous sens est tangent à la surface en chaque point de la génératrice donnée.

Surfaces de révolution. — Les surfaces de révolution sont engendrées par une ligne qui tourne autour d'un axe. On nomme *plans méridiens* les plans qui passent par l'axe, et *méridiens* les intersections de ces plans avec la surface. Tous les méridiens sont égaux et peuvent être divisés chacun en deux parties égales. On appelle cercles parallèles, ou simplement parallèles, des cercles décrits par des lignes perpendiculaires sur l'axe, menées par les différents plans de la génératrice; les plans de ces parallèles sont eux-mêmes perpendiculaires à l'axe.

On distingue parmi les surfaces de révolution *la sphère*, qui est engendrée par la révolution d'un grand cercle qui tourne autour de son diamètre, et la *surface gauche*, qui est décrite par une droite qui tourne autour d'un axe qui n'est pas situé avec elle dans un même plan. La plus courte distance de la génératrice à l'axe est la perpendiculaire menée à ces deux lignes dans l'espace, et cette perpendiculaire décrit par conséquent autour de l'axe le parallèle du moindre rayon. Ce parallèle porte le nom de *gorge* ou de *collier*.

PRINCIPE. — *Dans toute surface de révolution, le plan tangent est perpendiculaire au méridien qui passe au point de contact.*

En effet, d'après les considérations infinitésimales, le plan tangent contient la tangente au parallèle qui passe au point de contact; or le plan de ce parallèle est perpendiculaire au plan méridien, et la tangente à ce parallèle est perpendiculaire au rayon qui est l'intersection des deux plans : donc cette tangente est perpendiculaire au plan méridien, et par suite le plan tangent l'est aussi.

Surfaces gauches. — Les surfaces gauches sont engendrées, comme nous l'avons dit, par une droite qui tourne autour d'un axe qui n'est pas situé avec elle dans un même plan. Ces surfaces ne sont pas développables.

On appelle en général *surfaces réglées* toutes les surfaces, soit gauches, soit développables, qui sont décrites par une droite.

Pour faire décrire une surface gauche à une droite, il faut l'assujettir à rencontrer constamment trois directrices données, et la surface se trouve ainsi déterminée. En effet, prenons le point M sur la première directrice A (*fig. 1, Pl. III*), et considérons-le comme le sommet d'un cône engendré par une droite qui s'appuie sur la seconde B ; ce cône ira couper la troisième directrice C en un point P, et la droite MP étant tout entière sur ce cône devra rencontrer la ligne B en quelque point N, ce qui démontre qu'elle s'appuie sur les trois directrices aux points M, N, P. Si l'on conçoit que tous les points de la première directrice A soient pris pour sommets de différents cônes, la droite MNP, qui rencontrera toujours les trois directrices, changera continuellement de position, et décrira une surface qui, par ce moyen, est complétement déterminée.

Nous distinguerons quatre sortes principales de surfaces gauches :

1°. L'*hyperboloïde à une nappe*, engendré par une droite qui se meut sur trois droites non parallèles à un même plan;

2°. Le *paraboloïde hyperbolique* ou *plan gauche*, engendré par une droite qui se meut sur deux droites en restant toujours parallèle à un plan directeur;

3°. Le *cylindre gauche*, engendré par une droite assujettie à demeurer parallèle à un plan directeur, et à s'appuyer sur deux courbes quelconques;

4°. Le *conoïde*, engendré par une droite qui reste parallèle à un plan directeur, et qui glisse sur une droite et sur une courbe.

PROBLÈMES SUR LES PLANS TANGENTS AUX SURFACES DÉVELOPPABLES.

PROBLÈME I. — *Connaissant la trace horizontale d'un cylindre et la direction des génératrices, trouver le plan tangent en un point donné sur ce cylindre* (*fig.* 2, *Pl. III*).

Soit EPD la trace horizontale d'un cylindre, c'est-à-dire la courbe sur laquelle la génératrice doit constamment s'appuyer. Puisque la direction des génératrices est donnée, on peut mener à la courbe EPD les tangentes MN, *mn* parallèles à la projection horizontale des génératrices, lesquelles sont la limite de la projection horizontale du cylindre, car il est évident que toutes les génératrices doivent se projeter entre ces génératrices. Menons les tangentes QR, *qr* perpendiculaires à X*y*, et les droites RS, *rs* parallèles à la projection verticale des génératrices; elles seront aussi les limites de la projection verticale du cylindre. Enfin, soit C la projection horizontale donnée du point pris sur la surface du cylindre et par lequel doive être mené le plan tangent.

Si l'on conçoit la génératrice dans la position qu'elle doit avoir lorsqu'elle passe par le point C, comme cette génératrice est une ligne droite, elle sera tangente à la surface du cylindre, et par conséquent elle sera une des droites qui détermineront la position du plan tangent, et comme ses projections doivent être respectivement parallèles à MN ou à sa parallèle AB, et à RS ou à sa parallèle *ab*, si par le point C on mène à AB une parallèle indéfinie EF, on aura la projection horizontale de la génératrice.

Pour avoir sa projection verticale, prolongeons la génératrice sur la surface cylindrique jusqu'à ce qu'elle rencontre le plan horizontal. Ce point de rencontre devra se trouver sur un des points de EF et sur un des points de la courbe EPD; donc, pour avoir la projection horizontale de ce point, il faut prolonger EF jusqu'à la rencontre avec la courbe EPD. On voit sur la figure que EF coupe EPD aux deux points D et E, qui seront les traces de deux génératrices. Si l'on projette ces deux points sur le plan vertical au moyen des perpendiculaires E*e*, D*d*, et si, par les points *d* et *e*, on mène les lignes *ef'*, *df* parallèles à RS ou à *ab*, on aura les projections verticales de ces deux génératrices. Comme par chacune d'elles on peut faire passer un plan tangent, il est aisé de voir qu'il y aura autant de points de contact qu'il y aura de points d'intersection entre la droite EF et la courbe EPD. Ainsi, pour chaque point de contact, on connaît les deux projections d'une des droites par lesquelles doit passer le plan tangent demandé. De plus, la projection verticale du point de contact au point C doit se trouver sur la droite C*c'*, menée du point C perpendiculaire sur X*y*; elle doit aussi se trouver sur *df*: donc elle est au point *c* d'intersection de ces deux lignes, ou au point *c'* intersection des deux droites *ef'* et C*c'*. Actuellement, pour chacun des deux points de contact, il faut trouver la deuxième droite qui détermine la position du plan tangent. On doit remarquer que le plan tangent au point C*c* touche la surface dans toute l'étendue de la génératrice qui passe par ce point; il la touche donc en D, qui est un point de cette génératrice, et, par conséquent, il doit passer par la tangente à la trace au point D. Par un raisonnement semblable, on trouvera que le plan tangent en Cc' doit passer par la tangente à la trace en E. Donc si par les deux points D et E on mène à la trace horizontale du cylindre les deux tangentes DK, EG prolongées jusqu'à la rencontre de la ligne de terre Xy en deux points K et G, on aura sur le plan horizontal les traces des deux plans tangents.

Mais les points K et G sont en même temps des points des traces verticales de ces mêmes plans, il ne reste donc plus à déterminer qu'un point de chacune d'elles.

Pour cela, concevons que le point à construire pour le premier des deux plans tangents soit celui dans lequel une horizontale dans le plan par le point de contact rencontre le plan vertical, on aura la projection horizontale de cette droite en menant par le point C une parallèle à la trace DK, qu'on prolongera jusqu'à la rencontre avec la ligne de terre, et l'on aura sa projection verticale en menant par le point c une horizontale indéfinie. Le point de rencontre du plan vertical avec l'horizontale se trouvera donc en même temps et sur la verticale Ii et sur l'horizontale ci : il sera au point i de leur intersection ; donc, si par les points i et K on mène une droite, on aura la trace du premier plan tangent sur le plan vertical. Raisonnant de même pour le second plan tangent, on trouvera sa trace sur le plan vertical, en menant par le point C une droite CH parallèle à EG et prolongée jusqu'à la ligne Xy en un point H ; on élèvera la verticale Hh ; par le point c' on mènera une horizontale $c'h$ qui coupera la verticale Hh en un point h, et, joignant hG, on aura la trace demandée.

PROBLÈME II. — *Connaissant la trace horizontale d'un cône et les projections du sommet, trouver le plan tangent en un point donné sur la surface (fig 3, Pl. III).*

Soient acd la trace horizontale du cône, o et o' les projections du sommet, et m, m' les projections du point par où doit passer le plan tangent : les lignes oa, ob déterminent les limites entre lesquelles se projettent toutes les génératrices de la surface dans le plan horizontal ; de même, après avoir mené les tangentes dd', cc' perpendiculaires à xy, si l'on mène les droites $o'c'$, $o'd'$, elles seront dans le plan vertical les limites des mêmes génératrices.

Pour déterminer les points de la surface qui correspondent à la projection verticale m', menons la droite $o'm'$ prolongée jusqu'à la rencontre de xy en e', élevons $e'e$ perpendiculaire à xy dans le plan horizontal ; les droites $o'e'$, $e'e$ sont les traces d'un plan perpendiculaire au plan vertical qui contient les points cherchés et qui passe par le sommet du cône. Ce plan ne peut rencontrer le cône que suivant des génératrices, et comme sa trace horizontale $e'e$ rencontre la base acd du cône aux points e et f, il est évident que les projections horizontales de ces génératrices sont oe et of, et les points où ces deux lignes rencontrent la droite mm' sont les projections horizontales m et n des points cherchés.

Supposons qu'on veuille avoir le plan tangent au point (m, m'). On sait que ce plan doit contenir la génératrice (oe, $o'e'$) et être tangent au cône dans toute l'étendue de cette ligne ; donc, si on mène la ligne $t\alpha$ tangente à la courbe au point e, et si l'on joint le point α au point p', où la génératrice perce le plan vertical, les traces du plan tangent seront $t\alpha$ et $\alpha p'$.

De même, pour avoir le plan tangent au point $(n n')$, on mène la ligne $t\beta$ tangente à la courbe au point f, et si l'on joint le point β au point q', où la génératrice perce le plan vertical, les traces du second plan tangent seront $t\beta$, $\beta q'$.

PROBLÈME III. — *Mener un plan tangent à un cylindre par un point extérieur* (*fig.* 4, *Pl. III*).

Soit EIFK la trace horizontale de la surface cylindrique ; soient AB et ab les projections horizontale et verticale de la droite à laquelle les génératrices doivent toujours être parallèles, C et c les projections du point donné. Par ce point, concevons une parallèle à la génératrice qui sera dans le plan tangent demandé, et les points dans lesquels elle coupera les plans de projections seront sur les traces du plan tangent. Du point C menons donc une ligne CD parallèle à AB, et par le point c la ligne cd parallèle à ab, et l'on aura ainsi les deux projections de cette droite. Si l'on prolonge cd jusqu'à sa rencontre avec xy en un point d, et que l'on projette le point d en D sur CD, le point D sera la rencontre de cette droite avec le plan horizontal, et par conséquent il sera un point de la trace du plan tangent. Or la trace horizontale du plan tangent doit être tangente à la courbe EIFK; menons donc du point D toutes les tangentes possibles DE, DF, etc., et nous aurons les traces horizontales des plans tangents qui peuvent passer par le point donné. Si par les points de contact on mène les lignes FH, EG parallèles à AB, on aura les projections horizontales des génératrices dans lesquelles les plans tangents touchent la surface cylindrique; enfin des points E et F si l'on abaisse des lignes Ec et Ff perpendiculaires à xy et que par les points e, f on mène eg, fh parallèles à ab, on aura les projections verticales eg et fh de ces génératrices ou de ces droites de contact.

Quant aux traces des plans tangents sur le plan vertical, on les déterminera en suivant la même marche que dans le problème I.

PROBLÈME IV. — *Mener un plan tangent à un cône par un point extérieur* (*fig.* 5, *Pl. III*).

Tout plan tangent à un cône passe par le sommet et a pour trace horizontale une tangente à la base. En conséquence, on joindra le point donné avec le sommet par une droite, puis du point où cette droite perce le plan horizontal on mènera des tangentes à la base du cône, lesquelles seront les traces horizontales des plans tangents demandés. Pour avoir leurs traces verticales, il faut joindre les points où cette droite perce le plan vertical avec les points où les traces horizontales des plans tangents rencontrent la ligne de terre.

Ainsi, sur l'épure, les projections du sommet sont (o, o'); celles du point donné sont $(m m')$; celles de la droite qui passe par ces deux points $(om, o' m')$, et les traces de cette droite sont en t et en u', et enfin les plans tangents sont $t\alpha u'$ et $t\beta u'$.

Le problème serait vérifié si l'on retombait sur les mêmes traces en cherchant les traces verticales p' et q' des génératrices de contact, ainsi que les traces verticales r' et s' des parallèles menées par le point donné aux traces horizontales des deux plans tangents.

PROBLÈME V. — *Mener à un cylindre un plan tangent parallèle à une droite donnée (fig. 6, Pl. III).*

Pour qu'un plan tangent à un cylindre soit en même temps parallèle à une droite donnée, il faut qu'il contienne une génératrice du cylindre et une parallèle à la droite donnée ; donc, si par un point de la droite on mène une parallèle aux génératrices, le plan tangent sera parallèle au plan déterminé par ces deux droites. En conséquence, pour construire les traces de ce dernier plan, on mènera parallèlement à sa trace horizontale des tangentes à la trace horizontale du cylindre, et ces tangentes seront les traces horizontales des plans tangents demandés. Quant aux traces verticales, elles seront faciles à construire, puisque l'on connaît les points où elles coupent la ligne de terre, et une droite à laquelle elles sont parallèles.

Ainsi, dans l'épure, le point (o, o') pris sur la droite donnée est celui par lequel on a mené une parallèle aux génératrices du cylindre, et les traces du plan passant par ces deux lignes sont $\gamma\nu$ et $\gamma\nu'$. Parallèlement à la trace horizontale $\gamma\nu$, on a mené les tangentes $r\alpha$ et $s\beta$; parallèlement à la trace verticale $\gamma\nu'$, on a mené les droites $r'\alpha$ et $s'\beta$, et les plans $r\alpha r'$, $s\beta s'$ sont les plans tangents cherchés.

PROBLÈME VI. — *Mener un plan tangent à un cône parallèlement à une droite (fig. 7, Pl. III).*

Le plan tangent, devant passer par le sommet du cône et être parallèle à une droite, contient la parallèle menée à cette droite par le sommet. En conséquence, il suffira, après avoir tracé les projections ot, $o't'$ de cette parallèle, de faire absolument les mêmes constructions que dans le problème IV.

PROBLÈMES SUR LES PLANS TANGENTS AUX SURFACES DE RÉVOLUTION.

PROBLÈME VII. — *Étant donnés l'axe et le méridien d'une surface de révolution, mener le plan tangent à un point de la surface.*

Nous supposons l'axe de révolution parallèle au plan vertical (*fig. 8, Pl. IV*) ; alors sa projection horizontale est un point unique A, et sa projection verticale est aa' perpendiculaire à xy. Si l'on mène par l'axe un plan parallèle au plan vertical, il coupera la surface suivant un méridien qui se projette en vraie grandeur sur le plan vertical : c'est la courbe génératrice donnée BCDEF. La projection horizontale de cette courbe se confond avec la trace horizontale du plan qui la contient, et cette trace est la droite mn parallèle à xy, et passant par le point A. Sur la figure, la courbe BCDEF est une ellipse, et le cercle décrit du centre A avec le rayon AR est la projection horizontale du parallèle décrit par le petit axe, et soit G la projection horizontale donnée du point de contact.

Le plan vertical dont la trace horizontale est la ligne indéfinie AG qui passe par le centre A et par le point de contact G, coupe la surface de révolution suivant un méridien qui sera la génératrice passant par le point de contact ; si, par le point G, on conçoit une verticale, elle rencontrera la génératrice et, par conséquent, la surface en un ou plusieurs points qui seront autant de points de contact, dont G sera la projection horizontale commune. On trouvera tous ces points de contact considérés dans le plan de la génératrice en portant AG sur *xy* de *a* en *e*, et en menant par le point *e* une parallèle à *aa'* ; tous les points E, C dans lesquels cette droite coupera la courbe BCDEF, seront les intersections de la courbe génératrice avec la verticale menée par le point G, et indiqueront les hauteurs d'autant de points de contact au-dessus du plan horizontal.

Pour avoir les projections verticales de ces points de contact, on mènera par tous les points E, C des horizontales indéfinies qui contiendront ces projections ; mais elles doivent aussi se trouver sur la perpendiculaire à *xy* menée par le point G : donc les intersections *g*, *g'* de cette droite avec les horizontales seront les projections des différents points de contact.

Actuellement, proposons-nous de trouver le plan tangent au point G*g'*. Il doit contenir les deux tangentes menées en ce point, l'une au parallèle, l'autre au méridien ; et par conséquent il est facile à déterminer. La tangente au parallèle est horizontale, elle a pour projections les droites *g'k'* et GK, dont l'une est parallèle à *xy* et l'autre perpendiculaire à AG, et elle rencontre le plan vertical en *k'*. De là on conclut que la trace horizontale du plan tangent est parallèle à GK et que sa trace verticale passe au point *k'*.

Pour avoir la tangente au méridien du point de contact, on mène d'abord la tangente CH à la courbe BCDEF. Les droites *mn* et CH sont les projections de la tangente au point C*c* du méridien A*c*, et cette tangente rencontre le plan horizontal au point *q*. Or, quand on revient du méridien A*c* au méridien AG, le point *q* décrit un arc de cercle autour du centre A et vient se placer en *h* ; donc le point *h* est le pied de la tangente menée par le point G au méridien de ce point ; donc la trace horizontale du plan tangent passe en *h*. On a vu plus haut qu'elle doit être parallèle à GK et que la trace verticale doit passer en *k'* ; donc, en menant la parallèle *h*P à GK, et en tirant P*k'*, le plan tangent sera *k'*P*h*.

Si l'on demande le plan tangent au point G*g*, il y aura à faire des constructions analogues. Après les avoir effectuées, on remarquera que les deux tangentes au méridien AG doivent se couper à la même hauteur que les tangentes aux points C*c* de la courbe BCDEF, et que, par suite, les plans tangents eux-mêmes se coupent suivant une horizontale située à cette hauteur.

PROBLÈME VIII. — *Par un point donné hors d'une surface de révolution, mener un plan tangent à cette surface, de manière que le contact ait lieu sur un parallèle donné.*

Pour résoudre le problème, il faut remplacer la surface de révolution par une autre surface qui la touche dans tous les points du parallèle donné, et pour laquelle la solution du problème soit facile ; on peut choisir un cône ou une sphère, ce qui donne lieu à deux solutions.

Première solution (*fig.* 9, *Pl. IV*). — Si l'on imagine une tangente menée à un méridien par un point du parallèle donné, et qu'on fasse tourner cette tangente en même temps que le méridien autour de l'axe de révolution, on voit qu'elle engendre un cône qui contient le parallèle donné : il faut prouver qu'en chaque point de ce parallèle le plan tangent est le même pour le cône que pour la surface donnée.

En effet, pour qu'un plan passant par un point du parallèle soit tangent au cône, il doit contenir la tangente à ce parallèle et une génératrice du cône; et pour être tangent à la surface donnée, il doit contenir la tangente au même parallèle et la tangente au méridien, laquelle n'est autre chose que la génératrice du cône; donc les deux plans tangents n'en font qu'un seul. Il ne s'agit donc que de mener un plan tangent au cône par le point donné : c'est le problème II que nous avons résolu plus haut. Mais, pour le résoudre, on se sert de la droite qui passe par le sommet du cône et par le point donné; et comme le sommet peut être fort éloigné de l'axe, il sera bon d'apprendre à s'en passer. Pour cela, on devra remarquer que le plan horizontal mené par le point donné rencontre le cône suivant un cercle, et ses plans tangents suivant des tangentes à ce cercle; de sorte qu'en menant par le point donné deux tangentes à ce cercle et ensuite un plan par chacune de ces tangentes et par la génératrice correspondante du cône, on aura les deux plans tangents cherchés.

Nous allons indiquer les constructions à effectuer.

Soient d, d', les projections du point donné, bmc la projection horizontale et $b'c'$ la projection verticale du parallèle donné; menons la tangente $b'e'$ qui est la projection verticale de la génératrice du cône auxiliaire, et l'horizontale $d'e'$ qui est la trace verticale du plan horizontal passant par le point donné; déterminons les points e et e' du point où la génératrice rencontre ce plan, et décrivons un cercle avec le rayon ae; puis menons les tangentes dg, dh, ou, ce qui revient au même, sur ad comme diamètre décrivons une circonférence qui coupera la première aux points de contact g et h. Ces points sont les projections horizontales de deux points qui appartiennent aux génératrices de contact des plans tangents avec le cône; et, par suite, les projections de ces génératrices sont les droites ag, ah : il est évident alors que les points m et n, où ces droites coupent la projection horizontale du parallèle donné, sont les projections horizontales des points de contact de la surface donnée avec les plans tangents demandés. Il est facile ensuite de trouver les projections m' et n' de ces points.

Pour déterminer les plans tangents, nous ferons observer que la trace horizontale de la tangente projetée en $b'p'$ est p, et que, pendant que cette tangente engendre le cône, le point p décrit autour du centre a un cercle qui coupe les droites ag et ah prolongées, en q et en r; d'où je conclus que les points q et r sont les traces horizontales des génératrices suivant lesquelles les plans tangents touchent le cône. Ces plans tangents doivent d'ailleurs contenir les tangentes horizontales projetées en dh et dg; par conséquent, si nous construisons les traces verticales i', k' de ces tangentes, et que nous menions les lignes $q\alpha$ et $r\beta$ respectivement parallèles à ces tangentes, et que nous tirions enfin les droites $\alpha i'$ et $\beta k'$, les plans tangents demandés seront $q\alpha i'$ et $r\beta k'$.

Seconde solution (*fig.* 9, *Pl. IV*) — On peut, comme nous l'avons dit plus haut, se servir d'une sphère qui, en chaque point du parallèle donné, aura même plan tangent que la surface. Pour cela, on mène par un point de ce parallèle la tangente et la normale au méridien qui passe par ce point; et la portion de la normale comprise entre l'axe et la surface sera le rayon de la sphère auxiliaire. En effet, si l'on fait tourner en même temps le cercle et le méridien autour de l'axe, le point qui leur est commun décrit le parallèle donné, et en chaque point de ce parallèle ils ont une tangente commune. Or le plan tangent à chaque surface doit contenir cette tangente et en même temps la tangente au parallèle; donc le plan tangent est le même pour les deux surfaces. La question est donc ramenée à mener par le point donné un plan qui touche la sphère sur le parallèle donné.

Supposons que le cercle générateur de la sphère auxiliaire soit tracé dans le méridien. Pour avoir sa projection verticale, il suffit de mener la normale $b'o'$, et de décrire un cercle du centre o' avec le rayon $o'b'$. Le plan vertical élevé par la droite ad contient le point donné dd' et un grand cercle de la sphère; si de ce point on mène deux tangentes à ce cercle, le plan conduit par les deux points de contact perpendiculairement au plan des tangentes est celui qui, par son intersection avec le parallèle donné, détermine les points de contact dont il faut trouver les projections. Pour y parvenir, faisons tourner le plan des tangentes autour de l'axe pour l'amener à être parallèle au plan vertical; alors le cercle $o'b'$ est la projection verticale du grand cercle : on obtient celle du point donné dans sa nouvelle position en décrivant l'arc $d\delta$ et en menant l'horizontale $d'\delta'$, puis en menant la perpendiculaire $\delta\delta'$ à xy; enfin, les projections des tangentes seront les droites $\delta'\lambda'$ et $\delta'\lambda''$ tangentes au cercle $o'b'$.

Si le point donné avait réellement pour projections les points δ et δ', le plan conduit par la corde $\lambda'\lambda''$ perpendiculaire au plan vertical de projection serait celui dont il faut prendre les intersections avec le parallèle donné; il est clair que ces intersections seraient projetées verticalement à la rencontre ε' de $\lambda'\lambda''$ avec $b'c'$, et horizontalement aux points de rencontre μ et ν de la circonférence ab avec la ligne de projection $\mu\varepsilon'$, de sorte que les points cherchés seraient projetés l'un en μ et ε' et l'autre en ν et ε'. Il ne s'agit donc plus que de trouver ce que deviennent ces points quand on ramène le plan des tangentes à sa véritable position : or, dans ce mouvement, la droite qui joint ces points ne cesse pas d'être dans le parallèle donné, et d'être coupée perpendiculairement en son milieu par le plan des tangentes; donc la projection horizontale de cette droite s'obtient en menant la corde mn perpendiculaire à ad et à la même distance du centre que $\mu\nu$. On a ainsi les projections horizontales m et n des points de contact de la surface avec les plans cherchés, et l'on en conclut ensuite les projections verticales m' et n'.

Les points de contact étant déterminés, on aura recours au problème VII pour mener les plans tangents, ou bien, comme ils doivent être aussi tangents à la sphère, on peut encore les obtenir en menant par le point dd' deux plans respectivement perpendiculaires aux rayons $(am, o'm')$ et $(an, o'n')$. Ces constructions sont suffisamment indiquées sur l'épure.

PROBLÈME IX. — *Par un point donné hors d'une surface de révolution, mener un plan qui soit tangent à cette surface sur un méridien donné* (*fig.* 10, *Pl. IV*).

Imaginons un cylindre engendré par une droite qui se meut sur le méridien donné, en restant toujours perpendiculaire au plan du méridien : le plan tangent sera le même pour ces deux surfaces en chaque point du méridien. En effet, le plan tangent à la surface donnée contient la tangente au méridien et la tangente à un parallèle ; le plan tangent au cylindre contient une génératrice au cylindre, et en même temps la tangente au méridien : or la génératrice étant perpendiculaire au plan du méridien, n'est autre chose que la tangente au parallèle ; donc les deux plans tangents n'en font qu'un : ainsi il ne s'agit que de mener par le point donné des plans tangents au cylindre (problème III).

Soient donc d et d' les projections du point donné, et aq la trace du plan vertical qui renferme le méridien donné. Les génératrices du cylindre auxiliaire devant être perpendiculaires à ce plan, les projections de la parallèle menée à ces génératrices par le point donné seront les lignes dg et $d'g'$, l'une perpendiculaire à aq et l'autre parallèle à xy. Le point g est la projection horizontale du point où cette parallèle rencontre le plan du méridien, et par lequel on doit mener des tangentes à ce méridien.

Si l'on fait tourner ce plan autour de l'axe de révolution pour le rendre parallèle au plan vertical, le point g se porte en c, et comme le point d'où partent les tangentes ne change pas de hauteur, sa projection verticale sera en e' à la rencontre de $d'g'$ avec la ligne de projection ce'. Par suite, les projections verticales des tangentes seront $e'b'$ et $e'c'$, et celles des points de contact seront b' et c' ; d'où l'on conclut les projections horizontales b et c. Actuellement, pour ramener le méridien dans sa position primitive, il faut faire décrire aux points de contact des arcs horizontaux, et l'on obtiendra les projections qui répondent à la véritable situation de ces points : celles du point b et b' sont m et m', celles du second c et c' sont n et n'. Quant aux plans tangents, leur détermination est facile puisqu'on connaît les points de contact : c'est le problème VII.

PROBLÈME X. — *Mener parallèlement à une droite donnée un plan qui soit tangent à une surface de révolution sur un parallèle donné (fig. 11, Pl. IV).*

On pourra remplacer, comme dans les problèmes précédents, la surface de révolution par un cône ou par une sphère qui aient les mêmes plans tangents que cette surface dans tous les points du parallèle donné.

Première solution. — Soit $d'e'$ la projection verticale du parallèle donné ; la tangente $d'p'$ sera la projection verticale de la génératrice d'un cône droit qui a même axe que la surface, et qui a avec elle les mêmes plans tangents dans toute l'étendue du parallèle $d'c'$. Ainsi la question est ramenée à conduire des plans tangents à un cône parallèlement à la droite donnée. Pour cela, on mènera par le sommet une parallèle à la droite donnée, et ensuite par la trace horizontale de cette parallèle on mènera des tangentes à la trace horizontale du cône, ou bien on fera glisser le cône, sans le faire tourner, de façon que son sommet aille se placer en tel point de l'axe qu'on jugera commode. Après ce déplacement, les plans tangents seront encore parallèles à la droite donnée, et les génératrices de contact ont les mêmes projections horizontales; il suffit donc de déterminer ces projections pour que le problème soit résolu.

Supposons le sommet du cône au point (aa'), menons les droites af, $a'f'$ respectivement parallèles à xy et à $d'p'$: elles seront les projections de la génératrice; construisons la trace horizontale f de cette génératrice, et la base du cône sera le cercle décrit du centre a avec le rayon af. Soient bc et $b'c'$ les projections de la droite donnée et at et $a't'$ celles de la parallèle menée par le sommet du cône, et t la trace horizontale de cette parallèle; menons les tangentes tg et th, ou, ce qui revient au même, décrivons un cercle sur ta comme diamètre, lequel coupe la base du cône en g et h; tirons les droites ag, ah : elles seront les projections horizontales des génératrices suivant lesquelles le cône est touché par des plans tangents parallèles à la droite donnée. Ces projections contiennent en effet celles des points de contact qui sont à déterminer sur le parallèle donné; or ce parallèle a pour projection horizontale le cercle ad : donc les intersections m et n sont les projections horizontales des points de contact cherchés, et, par suite, les projections verticales sont m' et n'.

On déterminera les plans tangents en ces deux points au moyen des constructions indiquées dans le problème VII.

Deuxième solution ($fig.$ 11, $Pl.$ IV). — Avec la normale $o'd'$ on décrit un cercle qui sera la projection d'un cercle situé dans le plan vertical uv, et dont la rotation autour de l'axe produit une sphère tangente à la surface donnée dans toute l'étendue du parallèle $d'e'$. Supposons qu'on ait mené à cette sphère tous les plans tangents qui peuvent être parallèles à la droite donnée : le lieu de tous les points de contact sera un grand cercle perpendiculaire à cette droite, et, par conséquent, les points communs à ce grand cercle et au parallèle donné seront les points de contact de la surface de révolution avec les plans tangents demandés.

Par un point quelconque de l'axe imaginons une parallèle à la droite donnée, et soient at et $a't'$ les projections de cette parallèle; faisons-la tourner autour de l'axe pour l'amener à être parallèle au plan vertical, de manière que ses projections deviennent $a\theta$, $a'\theta'$. Alors le grand cercle dont le plan est perpendiculaire à la droite donnée vient se projeter suivant le diamètre $\lambda'\lambda''$ perpendiculaire à $a'\theta'$, et les points qui lui sont communs avec le parallèle $d'e'$ sont projetés verticalement en ε' et horizontalement en μ et ν. En remettant $a\theta$ dans la position at, la corde $\mu\nu$ prendra la position mn, à la même distance du centre a; donc les points cherchés, placés dans leur véritable position, ont leurs projections horizontales en m et n, d'où résultent les projections verticales m' et n'.

Les plans tangents peuvent se déterminer par la condition de passer aux points de contact et d'être perpendiculaires aux rayons menés de ces points au centre de la sphère.

PROBLÈME XI. — *Mener à une surface de révolution un plan tangent qui soit parallèle à une droite donnée, et dont le contact soit sur un méridien donné* ($fig.$ 12, $Pl.$ IV).

On substituera, comme dans le problème IX, à la surface de révolution un cylindre perpendiculaire au plan du méridien donné et ayant pour base ce méridien, puis on cherchera les plans tangents à ce cylindre parallèles à la droite donnée, lesquels seront les plans tangents cherchés.

Soient *bc*, *b'c'* les projections de la droite donnée; on pourra les remplacer par une droite *at*, *a't'* qui lui est parallèle et qui passe par un point de l'axe. Soient *t* la trace horizontale de cette parallèle, et *td* une perpendiculaire à la trace horizontale *aq* du plan méridien donné, dans lequel doivent se trouver les points de contact. La droite qui, dans l'espace, joint *d* au point (*a*, *a'*), est celle à laquelle doivent être parallèles les tangentes qu'il faut mener à ce méridien, et, pour cela, nous ferons tourner ce plan autour de l'axe, afin de l'amener à être parallèle au plan vertical : le point *d* vient alors en *e* et, par suite, la droite dont il s'agit vient se projeter en *a'e'*; par conséquent, si l'on mène les tangentes *f'p'*, *g'r'* parallèles à *a'e'*, puis les droites *f'f*, *g'g* perpendiculaires à *xy*, les projections des points de contact seront *f* et *f''*, *g* et *g'*, et pour ramener ces points dans leur vraie position, il faut porter sur *aq* les projections horizontales *f* et *g* au moyen des arcs de cercle *fm* et *gn*, puis élever sur *xy* les perpendiculaires *mm'* et *nn'*, qu'on termine aux horizontales *f'm'* et *g'n'*.

Les projections *m* et *m'*, *n* et *n'* des points de contact étant trouvées, les plans tangents *qαi'* et *sβk'* se déterminent facilement au moyen des tangentes *f'p'* et *g'r'*. *Voir* le problème VII.

Problème XII. — *Par une droite donnée, mener un plan tangent à la surface d'une sphère donnée (fig.* 13, *Pl. IV*).

Première solution. — Soient (*aa'*) les projections du centre de la sphère, *bcd* la projection horizontale du grand cercle, *ef* et *e'f'* les deux projections indéfinies de la droite donnée. Concevons, par le centre de la sphère, un plan perpendiculaire à la droite, et cherchons les projections *g* et *g'* du point de rencontre de la droite avec le plan. D'abord, il est évident que par la droite donnée on peut mener à la sphère deux plans tangents dont le premier la touchera d'un côté, le second la touchera de l'autre, ce qui déterminera deux points de contact différents dont il faut construire les projections.

Pour cela, si du centre de la sphère on conçoit une perpendiculaire abaissée sur chacun des deux plans tangents, chacune d'elles aboutira au point de contact de la surface de la sphère avec le plan correspondant, et elles seront toutes deux dans le plan perpendiculaire à la droite donnée; donc les deux points de contact seront dans la section de la sphère par le plan perpendiculaire, section qui sera la circonférence d'un des grands cercles de la sphère, et à laquelle seront tangentes les deux sections faites dans les plans tangents par le même plan. Si dans le plan perpendiculaire et par le centre de la sphère on conçoit une horizontale, dont on aura la projection verticale en menant l'horizontale *a'h'*, et dont on aura l'autre projection en abaissant sur *ef* la perpendiculaire *ah*, et si l'on conçoit que le plan perpendiculaire tourne autour de cette horizontale comme charnière jusqu'à ce qu'il devienne lui-même horizontal, il est évident que sa section avec la surface de la sphère viendra se confondre avec la circonférence *bcd*, que les deux points de contact

seront alors sur cette circonférence, et que si l'on construisait le
point i où la rencontre du plan perpendiculaire avec la droite donnée
vient s'appliquer par ce mouvement, les tangentes ic, id menées au
cercle bcd détermineraient ces deux points de contact dans la position
où on les considère alors. Or il est facile de construire le point i, ou,
ce qui revient au même, de trouver sa distance au point h; car la projection horizontale de cette distance est gh, et la différence des hauteurs verticales de ses extrémités est $g'g''$; donc, si l'on porte gh sur
l'horizontale $a'h'$ de g'' en h', l'hypoténuse $h'g'$ sera la grandeur
de cette distance; donc, portant $g'h'$ sur ef de h en i, et menant les
deux tangentes ic, id, les deux points de contact c et d seront déterminés dans la position qu'ils ont prise, lorsque le plan perpendiculaire
a été rabattu sur le plan horizontal.

Actuellement, pour trouver leurs projections dans leur position
primitive, il faut concevoir que le plan perpendiculaire retourne à sa
première position en tournant encore autour de l'horizontale ah
comme charnière, et qu'il entraîne avec lui le point i, les deux tangentes ic, id prolongées jusqu'à ce qu'elles coupent ah en deux points
k et k'', et la corde cd qui coupera aussi la même droite ah en un
point n. Il est évident que dans ce moment les points k, k'', n qui
sont sur la charnière seront fixes et que les deux points de contact c
et d décriront des arcs de cercle qui seront des plans perpendiculaires à la charnière, et dont on aura les projections horizontales
en abaissant des points c et d sur ah les perpendiculaires indéfinies cp, dq. Donc les projections horizontales des deux points de
contact se trouveront sur les deux droites cp, dq. Mais dans le
mouvement rétrograde du plan perpendiculaire les deux tangentes
ick'', ikd ne cessent pas de passer par les points de contact respectifs, et lorsque ce plan est parvenu dans sa position primitive, le
point i se trouve de nouveau projeté en g, et les deux tangentes
sont projetées suivant les droites gk'', gk. Donc ces deux dernières
droites doivent aussi contenir chacune la projection horizontale d'un
des deux points de contact; donc enfin les intersections de ces
deux droites avec les droites respectives cp, dq détermineront les
projections horizontales r et s des deux points de contact qui se
trouveront avec le point n sur une même ligne droite.

Pour trouver les projections verticales des mêmes points, on mènera d'abord sur xy les perpendiculaires indéfinies rr', ss'; puis, si
l'on projette les points k, k'' en $k'k'''$, et si par le point g' on
mène les droites $g'k'$, $g'k'''$, on aura les projections verticales des
deux mêmes tangentes. Ces droites contiendront donc les projections
des points de contact respectifs; donc les points r' et s' de leurs intersections avec les verticales rr' et ss' seront les projections demandées.

Les projections horizontales et verticales des deux points de contact
étant trouvées, pour construire sur le plan horizontal les traces des
deux plans tangents, on concevra par chacun des points de contact
une parallèle à la droite donnée. Ces droites seront dans les plans
tangents, et l'on aura leur projection horizontale et verticale en menant ru, sv parallèles à ef, et $r'u'$ et $s'v'$ parallèles à $e'f'$. On construira sur le plan horizontal la trace t de la droite donnée, et les

traces u, v des deux dernières droites, et les droites tu, tv seront les traces des deux plans tangents.

Au lieu de concevoir par les points de contact de nouvelles lignes droites, on pourrait trouver les traces des deux tangentes gr, gs qui rempliraient le même but.

M. Lefébure de Fourcy a rendu cette solution beaucoup plus élégante en faisant passer les deux plans de projection par le centre même de la sphère. Par là les deux projections de la sphère se sont confondues dans le même cercle, et les prolongements des lignes droites sont moins longs. Nous n'avons séparé les deux projections que pour mettre plus de clarté dans l'exposition.

Deuxième solution. — Soient a et a' (*fig.* 14, *Pl. V*) les deux projections du centre de la sphère, (ab, $a'b'$) son rayon, bcd la projection de son grand cercle horizontal, et ef, $e'f'$ les projections de la droite donnée. Si l'on conçoit le plan du grand cercle horizontal prolongé jusqu'à ce qu'il coupe la droite donnée en un certain point, on aura la projection verticale de ce plan en menant par le point a' l'horizontale indéfinie $b'a'g'$; le point g' où cette horizontale coupera $e'f'$, sera la projection verticale du point de rencontre du plan avec la droite donnée, et l'on aura la projection horizontale g de ce point en projetant g' sur ef. Cela posé, si, en prenant ce même point pour sommet, on conçoit une surface conique qui enveloppe la sphère et dont toutes les droites génératrices la touchent en un certain point, on aura les projections des deux droites génératrices horizontales de cette surface conique en menant par le point g les deux droites gc, gd tangentes au cercle bcd, et qui le toucheront en deux points c, d qu'il sera facile de déterminer. La surface conique touchera celle de la sphère dans la circonférence d'un cercle dont la droite cd sera le diamètre, dont le plan sera perpendiculaire à l'axe du cône et par conséquent vertical, et dont la projection horizontale sera la droite cd.

Si par la droite donnée on conçoit deux plans tangents à la surface conique, chacun d'eux la touchera suivant une de ces droites génératrices qui sera en même temps sur la surface conique et sur le plan ; et, parce que cette droite génératrice touche aussi la surface de la sphère en un de ses points qui se trouve sur la circonférence du cercle projeté en cd, il s'ensuit que ce point est en même temps sur la surface conique, sur le plan qui la touche, sur la surface de la sphère et sur la circonférence du cercle projeté en cd, et qu'il est un point de contact commun à tous ces objets. D'où les deux plans tangents à la surface conique sont aussi tangents à la surface de la sphère, et sont ceux dont il faut déterminer la position. En second lieu, les points de contact avec la sphère, étant dans la circonférence du cercle projeté en cd, seront eux-mêmes projetés quelque part sur cette droite ; enfin, la droite qui passe par les deux points de contact, étant comprise dans le plan du même cercle, sera projetée elle-même indéfiniment sur cd.

Actuellement, faisons pour le plan du grand cercle parallèle à celui de la projection verticale la même opération que nous venons de faire pour le plan du grand cercle horizontal. La projection horizontale de ce plan sera la droite bah indéfiniment parallèle à xy ; le point où il rencontre la droite donnée sera projeté horizontalement à l'intersection *h* des deux droites *ef*, *bah*, et l'on aura sa projection verticale en projetant le point *h* sur *e'f'* en *h'*. Si l'on conçoit une nouvelle surface conique dont le sommet soit en ce point de rencontre, et qui enveloppe la sphère comme la première, on aura les projections verticales des deux droites génératrices extrêmes de cette surface en menant par le point *h'* au cercle *b'k'i'* les tangentes *h'k'*, *h'i'* qui la toucheront en des points *k'*, *i'* que l'on déterminera. Cette seconde surface conique touchera celle de la sphère dans la circonférence d'un nouveau cercle dont *k'i'* sera le diamètre, et dont le plan qui sera perpendiculaire à celui de la projection verticale sera par conséquent projeté indéfiniment sur *k'i'*. La circonférence de ce cercle passera aussi par les deux points de contact de la sphère avec les plans tangents demandés ; donc les projections verticales de ces deux points de contact seront quelque part sur *k'i'*; donc aussi la droite qui joint ces deux points sera projetée sur la même droite *k'i'*.

Ainsi la droite menée par les deux points de contact est projetée horizontalement sur *cd* et verticalement sur *k'i'*; elle rencontre le plan du grand cercle horizontal en un point dont la projection verticale est à l'intersection *n'* de *k'i'* avec *b'a'g'*, et dont on aura la projection horizontale *n* en projetant le point *n'* sur *cd*.

Concevons ensuite que le cercle du plan vertical projeté en *cd* tourne autour de son diamètre horizontal comme charnière pour devenir lui-même horizontal, et qu'il entraîne avec lui dans son mouvement les deux points de contact par lesquels passe sa circonférence et la droite qui joint ces deux points. On construira ce cercle dans cette nouvelle position en décrivant sur *cd* comme diamètre le cercle *cpdq* ; et si l'on construisait la position que prend la droite des deux points de contact, elle couperait la circonférence *cpdq* en deux points qui les détermineraient sur cette circonférence considérée dans sa position horizontale. Or le point *n* de la droite des deux contacts, étant sur la charnière *cd*, ne change pas de position dans le mouvement. Cette droite doit donc encore passer par ce point, lorsqu'elle est devenue horizontale. De plus, le point où elle rencontre le plan du grand cercle parallèle à la projection verticale, point dont la projection horizontale est à la rencontre *o* des deux droites *cd*, *bah*, et dont on aura la projection verticale *t* en projetant le point *o* sur *k'i'*, ce point, dans son mouvement autour de la charnière *cd*, décrit un quart de cercle vertical perpendiculaire à *cd*, et dont le rayon est la verticale *o't'*; donc, si l'on mène par le point *o* une perpendiculaire à *cd*, et si sur cette perpendiculaire on porte *o't'* de *o* en *t*, le point *t* sera un de ceux de la droite des contacts, lorsqu'elle est devenue horizontale. Donc, si par les points *n* et *t* on mène une droite, ses deux points de rencontre *p* et *q* avec la circonférence *cpdq* seront les deux points de contact considérés dans le plan vertical rabattu.

Pour avoir les projections horizontales des deux mêmes points dans leurs positions naturelles, il faut concevoir que le cercle *cpdq* retourne dans sa position primitive en tournant sur la même charnière *cd*. Dans ce mouvement, les deux points *p*, *q* décriront des quarts de cercle dans des plans verticaux, perpendiculaires à *cd*, et dont les projections horizontales seront les perpendiculaires *pr* et *qs* abaissées sur *cd*. Donc les projections horizontales des deux points de contact seront respectivement sur les droites *pr* et *qs* : or nous avons vu qu'elles doivent être aussi sur *cd*; donc elles seront aux deux points de rencontre *r* et *s*. On aura les projections verticales *r'*, *s'* des deux mêmes points, en projetant les points *r* et *s* sur *k' i'*, ou, ce qui revient au même, en portant sur les verticales *rr'*, *ss'* à partir de l'horizontale *b' a' g'*, *r" r'* égale à *pr* et *s" s'* égale à *qs*.

Les projections horizontales et verticales des deux points de contact étant construites, ou déterminera les traces des deux plans tangents, comme dans la première solution.

Cette seconde solution pourrait être aussi rendue plus concise en faisant passer les plans de projection par le centre de la sphère, ce qui réduit les deux projections à une même figure.

INTERSECTION D'UN CYLINDRE, D'UN CONE ET D'UNE SURFACE DE RÉVOLUTION PAR UN PLAN. — TANGENTE A LA COURBE D'INTERSECTION.

Considérations générales. — La question à résoudre sera généralement comprise dans cet énoncé : Deux surfaces étant données, trouver les projections de la courbe d'intersection, et celles de la tangente en un point quelconque de cette courbe. Quand l'une des surfaces sera plane, il faudra en outre construire l'intersection dans ses vraies dimensions ; et quand l'une des surfaces sera développable, on cherchera le développement de cette surface.

Supposons, pour le premier cas, qu'il s'agisse de l'intersection d'une surface courbe et d'un plan. La génération de la surface étant connue, on considérera la ligne génératrice dans diverses positions successives, et pour chaque position on déterminera sa rencontre avec le plan; on aura ainsi les projections d'autant de points qu'on voudra de l'intersection cherchée, et pour avoir les deux projections de cette intersection il n'y aura plus qu'à joindre par un trait continu les points trouvés sur chaque plan de projection.

De la tangente. — Le plan tangent en un point d'une surface doit contenir les tangentes menées à ce point à toutes les courbes qu'on peut tracer par ce même point sur la surface. Il suit de là que, si une courbe est l'intersection d'une surface courbe avec un plan donné, il faudra, pour avoir la tangente en un point de cette courbe, construire le plan tangent à la surface au point dont il s'agit, et déterminer l'intersection de ce plan avec le plan donné. Et en général, si la courbe est l'intersection de deux surfaces quelconques, ou mènera par le point que l'on considère sur cette courbe, les plans tangents aux deux surfaces, et l'intersection de ces plans sera la tangente demandée.

On peut encore déterminer cette tangente par une autre considération. En effet, les normales menées aux deux surfaces par un point de leur intersection sont respectivement perpendiculaires aux deux plans qui seraient conduits par ce même point tangentiellement à ces surfaces; donc la tangente cherchée, qui est l'intersection des plans tangents, est perpendiculaire au plan des deux normales; donc cette tangente s'obtiendra en menant par le point de contact une perpendiculaire au plan des normales.

Il est bon de remarquer, en outre, que les projections de la tangente à une courbe sont tangentes aux projections de cette courbe.

PROBLÈME I. — *Intersection d'un cylindre perpendiculaire au plan horizontal par un plan perpendiculaire au plan vertical* (*fig.* 15, *Pl. V*).

La résolution de ce problème comprend trois parties : 1° déterminer les projections de la courbe d'intersection et celles d'une quelconque de ses tangentes; 2° construire cette courbe en vraie grandeur ainsi que sa tangente; 3° développer le cylindre sur un plan, chercher ce que devient alors la courbe d'intersection et quelle est la tangente à cette nouvelle courbe.

1°. Déterminer les projections de la courbe d'intersection et celles d'une quelconque de ses tangentes. — D'après l'énoncé, la trace horizontale du cylindre peut être telle courbe que l'on voudra abc... et ses génératrices sont verticales; la trace verticale du plan coupant est une droite quelconque qp', et sa trace horizontale qp est une perpendiculaire à xy. Toute ligne tracée sur le cylindre a pour projection horizontale la courbe abc, et toute ligne située dans le plan pqp' a pour projection verticale la droite qp'. Cela posé, il est facile de déterminer les projections de la courbe d'intersection. En effet, prenons un point m à volonté sur abc, et menons $mm''m'$ qui coupe $p'q$ en m', et qui soit perpendiculaire à xy. Il est clair que $m'm''$ est la projection verticale de la génératrice qui passe en m, et que le point où cette génératrice rencontre le plan pqp' a pour projections m et m', c'est-à-dire que m et m' sont les projections d'un point de la courbe d'intersection. On peut répéter cette construction autant de fois qu'on voudra, et l'on obtiendra les projections d'autant de points.

La tangente en un quelconque de ces points est facile à déterminer; cherchons la tangente au point (m, m'). Le plan tangent au cylindre doit être vertical, et doit avoir pour trace horizontale la tangente mn à la base abc. Or la tangente cherchée est l'intersection de ce plan tangent avec le plan donné; donc les projections de cette tangente sont situées sur mn et sur qp'.

2°. Déterminer la vraie grandeur de la courbe. — Pour cela rabattons le plan pqp' sur un des plans de projection. Si on le fait tourner autour de qp', on remarquera que le point (m, m') est situé dans l'espace à une distance de m' égale à mm'' sur une perpendiculaire à qp', de sorte qu'en élevant sur qp' une perpendiculaire $m'M$ égale à mm'', le point M appartiendra à la courbe cherchée. La même construction fera connaître autant de points qu'on voudra, et l'on aura ainsi la courbe ABC. Pour avoir la tangente à cette courbe au point M, il suffit d'observer que dans le rabattement la ligne qn se place sur qN sans changer de grandeur et que le point n tombe sur N, de sorte que, si l'on joint NM, on a la tangente au point M.

Si l'on veut faire tourner le plan pqp' autour de sa trace horizontale pq, on mène mr perpendiculaire à pq; puis on imagine dans l'espace une droite entre r et le point (m, m') : cette droite est perpendiculaire à pq, et elle est projetée en vraie grandeur sur qm'. Donc on prolongera mr d'une quantité rM' égale à qm' et le point

M' sera un point de la courbe rabattue sur le plan horizontal. Nous répéterons la même construction pour tous les points. Quant à la tangente, il est clair qu'elle ne cesse pas de passer au point n, et par conséquent on l'obtient en tirant la droite n M'.

3°. **Développement.** — En considérant un cylindre comme un prisme d'une infinité de faces, on voit que si l'on développe cette surface sur un plan, toute section perpendiculaire aux arêtes devient une ligne droite qui reste perpendiculaire aux arêtes, et les longueurs comprises sur ces arêtes entre la section perpendiculaire et la section oblique ne doivent pas changer. Par conséquent après avoir divisé la courbe abc en un certain nombre d'arcs ab, bc, cd, on prend sur une ligne droite les distances successives $\alpha\beta$, $\beta\gamma$, $\gamma\delta$, $\delta\mu$ respectivement égales à ces arcs, et on élève par les points de division les perpendiculaires $\alpha\alpha'$, $\beta\beta'$, $\gamma\gamma'$, $\delta\delta'$ égales aux portions d'arêtes dont les véritables longueurs sur le plan vertical sont en $a''a'$, $b''b'$, $c''c'$, la courbe ainsi produite par le développement du cylindre sera $\alpha'\beta'$ $\gamma'\delta'$... Supposons que le point (m, m') soit devenu μ', et remarquons que dans le développement les éléments de la courbe et par conséquent les tangentes ne changent pas d'inclinaison à l'égard des arêtes. La tangente au point (m, m') passe en n et l'angle de cette tangente avec l'arête du cylindre fait partie d'un triangle rectangle dont mn est la base et $m''m'$ la hauteur; donc si on prend $\mu\nu = mn$ et si on joint $\mu'\nu$, on aura la tangente à la nouvelle courbe $\alpha'\beta'\gamma'$.

On peut remarquer que, quelle que soit la courbe abc, qu'elle soit un cercle ou toute autre courbe, il devra toujours arriver que les tangentes en m et M' aux courbes abc et A'B'C' coupent la trace pq au point n. De là ce théorème général : *Si l'on coupe un cylindre quelconque par plusieurs plans passant par une droite perpendiculaire aux génératrices, et qu'on rabatte toutes les sections sur un seul plan en les faisant tourner autour de cette droite, les tangentes à ces différentes courbes, aux points situés sur une perpendiculaire à la droite commune, iront rencontrer cette droite au même point.*

Problème II. — *Intersection d'un cylindre quelconque par un plan perpendiculaire à ses génératrices (fig. 16, Pl. V).*

Projection de la courbe d'intersection. — Soit abc la trace horizontale du cylindre. Déterminons les limites des projections horizontales et verticales de ce cylindre. Puisque le plan coupant est perpendiculaire aux génératrices, ses traces sont perpendiculaires aux projections de ces lignes. Soient donc qp et qp' ces traces. Pour trouver les projections de la courbe d'intersection, il faut d'abord déterminer les intersections des génératrices du cylindre avec le plan pqp'. Imaginons un plan vertical passant par la génératrice (ae, $a'e'$). La projection horizontale de l'intersection de ce plan avec pqp' est ae, et l'on aura un point de la projection verticale en élevant hh' perpendiculaire à xy; pour avoir un second point, menons par un point quelconque (z, z') de la trace qp' une parallèle (zo, $z'o'$) à pq, il est évident que le point de rencontre o de zo avec ae est la projection horizontale d'un point commun aux deux plans : sa projection verticale sera donc o', et $h'o'$ sera celle de la droite suivant laquelle se coupent les deux plans. La rencontre de $a'e'$ avec $h'o'$ fera connaître la projection verticale e' d'un point de la section droite, et par suite la projection horizontale e. En menant comme ci-dessus une suite de plans verticaux par différentes génétratrices, ils couperont le plan pqp' suivant des droites parallèles entres elles et dont les projections seront parallèles à $h'o'$. Les intersections de ces parallèles avec les projections verticales des génératrices détermineront des points aussi rapprochés qu'on voudra qui appartiendront aux projections de la courbe cherchée.

Pour déterminer la tangente à la section droite au point (m, m'), menons par le pied k de la génératrice qui contient le point de tangence la ligne kr tangente à la base abc; cette droite sera la trace horizontale du plan tangent au cylindre. Or la tangente demandée est située à la fois dans ce plan et dans le plan pqp'; donc le point r où kr rencontre qp appartient à cette tangente; donc mr est la projection horizontale de la tangente : pour avoir la projection verticale, il suffira d'abaisser rr' perpendiculaire à xy et de tirer la droite $m'r'$.

Déterminer la vraie grandeur de la courbe d'intersection. — Faisons tourner le plan pqp' autour de pq pour le rabattre sur le plan horizontal; puisque mn est perpendiculaire à pq, la droite qui dans l'espace joint le point (mm') au point n est aussi perpendiculaire à pq, elle le sera donc encore après le rabattement; donc si l'on construit la vraie grandeur de cette droite et qu'on la porte sur nM, prolongement de mn, le point M appartiendra à la courbe rabattue. On répétera cette construction tant qu'on voudra et l'on déterminera ainsi la courbe EFG. Quant à la tangente, il est clair qu'elle passe toujours au point r, et que par conséquent elle sera la droite rM après le rabattement.

Développement. — Il est évident que si l'on développe le cylindre sur un plan, la section droite EFG devient une ligne droite, et les distances comprises sur les génératrices entre cette courbe et la base abc ne changent pas. Or il est facile de trouver ces distances puisqu'on connaît leurs projections; donc après avoir pris sur une droite quelconque des intervalles $\varepsilon\varphi$, $\varphi\gamma$, etc., respectivement égaux aux arcs EF, FG, on élèvera les perpendiculaires ε A, φ B, γ C, etc., égales à ces distances, et l'on déterminera ainsi la courbe ABCK qui provient de abc par l'effet du développement.

Supposons que l'ordonnée μ K corresponde à la projection mk et qu'on demande la tangente au point K de la courbe ABC; on remarquera qu'il y a dans l'espace un triangle rectangle dont la projection est kmr, dont l'hypoténuse est kr et dont un côté est égal à rM et un autre égal à μ K. Or la tangente demandée doit faire avec μ K le même angle que kr fait avec la génératrice du cylindre : c'est pourquoi l'on prendra μ $\rho = Mr$, et ρ K sera la tangente demandée.

PROBLÈME III. — *Section d'un cône par un plan vertical (fig.* 17, *Pl. V).*

La projection verticale de la section se confond avec la trace verticale du plan coupant pqp'. Soient om, $o'm'$ les projections d'une génératrice quelconque du cône, on trouvera facilement les projections n, n' de son intersection avec le plan pqp'. On répétera la même construction pour autant de génératrices qu'on voudra, et on obtiendra ainsi la projection horizontale *efg* de la section conique.

Mais comme le cône représenté dans l'épure est droit et à base circulaire, que son axe est vertical et que les deux génératrices parallèles au plan vertical sont projetées l'une en (*oa*, *o′a′*) et l'autre en (*od*, *o′d′*), on pourra obtenir les points de la courbe *efg* en coupant le cône par une suite de plans horizontaux. Soit *h′ i′* la trace horizontale d'un tel plan : ce plan coupe le cône suivant un cercle dont la projection horizontale est un cercle décrit du centre *o* sur un diamètre égal à *h′ i′*. Ce même plan coupe le plan *pqp′* suivant une droite perpendiculaire au plan vertical, et dont on obtient facilement la projection horizontale *nn*₁; or il est clair que les points *n*, *n*₁, où cette droite rencontre le cercle, appartiennent à la projection horizontale de la section conique.

D'autres sections horizontales feront trouver d'autres points, et il est à remarquer que les points situés sur la ligne *oo″*, perpendiculaire à *xy*, peuvent être donnés par cette construction, tandis qu'ils échappent à la première.

Pour avoir la tangente au point *n* de la courbe *efg*, menons à la base du cône la tangente *mr*, qui est la trace horizontale du plan tangent au point (*n*, *n′*) de la section conique. Le point *r*, où *mr* et *pq* se rencontrent, appartient à la tangente qui serait menée à la section conique au point (*n*, *n′*), et, par conséquent, la droite *nr* est la projection de cette tangente, ou, ce qui est la même chose, elle est la tangente à la projection *efg* de la section conique.

Déterminer la vraie grandeur de la courbe d'intersection. — On peut rabattre la courbe sur le plan horizontal ou sur le plan vertical, les constructions sont les mêmes que pour le problème précédent. Dans l'exemple que représente la figure, la courbe sera une ellipse dont le grand axe est *e′k′*. On trouverait le petit axe en cherchant les points de la courbe qui ont leur projection verticale située au milieu de *e′k′*, ce qui ne peut offrir aucune difficulté.

Développement. — Le cône étant droit, supposons qu'on l'ouvre suivant l'arête correspondante au point *a* et qu'on le développe sur un plan. Tous les points de la base *abc* sont à une distance du sommet égale à *o′ a′*, ils doivent donc se placer sur un arc de cercle décrit avec le rayon *o′ a′*, et intercepter entre eux, sur cet arc, des parties de même longueur que sur la circonférence *abc*. Soit *αβγα′* un arc décrit avec le rayon *ωα = o′ a′*. Supposons que la circonférence *abc* soit divisée en arcs assez petits pour qu'on puisse les considérer comme des lignes droites, portons ces parties sur l'arc *αβγ*, nous obtiendrons des arcs *αβ*, *βγ*, etc., qui seront sensiblement égaux aux arcs *ab*, *bc*, etc., et il est évident que les génératrices correspondantes aux points *a*, *b*, *c* viendront coïncider par l'effet du développement avec *ωα*, *ωβ*, *ωγ*.

Les points de la section conique situés sur ces génératrices ne doivent pas changer de distances par rapport au sommet; mais ces distances sont données sur les génératrices entre le point *o′* et les parallèles menées à *xy* par les projections *e′*, *f′*, *g′*; en conséquence, si l'on porte ces distances en *ωε*, *ωφ*, *ωχ*, on déterminera la courbe *εφχ*

I. 12

en laquelle se transforme la section conique après que le cône est développé.

La tangente s'obtient en remarquant, comme pour le cylindre, que chaque élément de la section conique fait toujours le même angle avec la génératrice contiguë avant et après le développement. Supposons que le point ν corresponde au point (n, n') de la section conique. La tangente en ce point est l'hypoténuse d'un triangle rectangle dont un côté est mr, dont l'autre côté qui est projeté en mn a pour vraie grandeur $\mu\nu$; donc, si l'on élève à $\mu\nu$ la perpendiculaire $\mu\rho$ égale à mr, et si l'on joint le point ν à ρ, la droite $\nu\rho$ sera tangente à la nouvelle courbe $\varepsilon'\varphi\chi$.

Si le cône n'était pas droit, pour avoir son développement on pourrait partager la base abc en parties très-petites que l'on pourrait considérer comme des lignes droites, et le cône comme une pyramide. On connaîtrait facilement les trois côtés de chacune des faces, et l'on pourrait les construire successivement : leur ensemble serait le développement du cône. Les distances du sommet du cône aux différents points de la section conique étant ainsi connues, il serait facile de décrire la courbe produite dans le développement par cette section. Quant à la tangente, on la déterminerait en construisant sur $\mu\nu$ un triangle obliquangle dont un côté est $\mu\rho$ égal à mr, et dont le troisième côté se conclurait de ses deux projections nr et $n'q$.

PROBLÈME IV. — *Intersection d'un cône et d'un plan, dans le cas où la courbe d'intersection a des asymptotes* (*fig.* 18, *Pl. VI*).

Le plan coupant pqp' étant toujours perpendiculaire au plan vertical, si nous supposons le plan $mm'o'$ parallèle au plan coupant et passant par le sommet du cône, ce plan coupera le cône suivant deux génératrices $(om, o'm')$ $(on, o'm')$. Les génératrices très-voisines de celles-ci sont encore rencontrées par le plan pqp', mais elles le sont à des distances très-grandes, de sorte que celles qui sont dans le plan $mm'o'$ doivent être considérées comme rencontrées en des points infiniment éloignés. De là on conclut que la section conique doit avoir des branches infinies. Nous répéterons ici toutes les constructions du problème précédent, et à l'inspection de l'épure on verra que le cône est un cône droit, et que la section est une hyperbole. Mais on n'en a fait le rabattement que sur le plan vertical, et l'on n'a développé que la nappe inférieure du cône.

Il s'agit maintenant de déterminer les asymptotes de la courbe, ou, ce qui revient au même, les tangentes aux points infiniment éloignés, lesquels sont situés sur les génératrices parallèles au plan pqp'. Or, si l'on imagine qu'une tangente quelconque ait été menée à la courbe et que le point de contact s'éloigne indéfiniment, cette tangente à la limite deviendra une asymptote. Par conséquent, on peut déterminer une asymptote au moyen des mêmes constructions que toute autre tangente.

La tangente en un point quelconque de la section conique étant l'intersection du plan pqp' avec le plan tangent mené au cône suivant la génératrice qui contient le point de contact, je mène à la base abc les tangentes mr et ns qui seront les traces horizontales des plans tangents passant par les génératrices sur lesquelles sont les points de la courbe situés à l'infini, et les points r et s où ces traces rencontrent pq, appartiennent aux asymptotes; donc, pour les obtenir, on doit joindre ces points avec les points de contact, c'est-à-dire qu'il faut mener par les points r et s des parallèles aux génératrices (om, $o'm'$) (on, $o'm'$) : par conséquent, en menant les droites rr_1 et ss_1, parallèles à om et on, on a les projections horizontales des asymptotes. On déterminera facilement les asymptotes RR_1, SS_1 à la courbe rabattue en vraie grandeur, ainsi que les asymptotes $\theta\rho$, $\theta\sigma$ à la courbe qui est produite, dans le développement, par la section conique.

PROBLÈME V. — *Section d'une surface de révolution par un plan. On appliquera les constructions à la surface gauche de révolution* (*fig.* 19, *Pl. VI*).

Si l'on mène une suite de plans horizontaux aussi rapprochés qu'on voudra, chacun d'eux coupera le plan donné suivant une droite, et la surface de révolution suivant un cercle. Les points communs à la droite et au cercle appartiendront à l'intersection cherchée.

Prenons une surface gauche de révolution, ainsi que le prescrit l'énoncé. L'axe étant vertical, sa projection horizontale est le point o, et sa projection verticale est la ligne $o'o''$. La génératrice, prise dans la position où elle est parallèle au plan vertical, a pour projections ab, $a'b'$ ou bien ac, $a'c'$; enfin, le plan coupant pqp' est perpendiculaire au plan vertical. Selon la position de ce plan, la courbe d'intersection peut être une ellipse, une hyperbole ou une parabole : il sera toujours facile de reconnaître laquelle de ces trois courbes on doit avoir. On pourra transporter la génératrice de la surface gauche parallèlement à elle-même en un point de l'axe, au point projeté en a', par exemple; on supposera alors qu'elle décrit un cône autour de l'axe, et l'on mènera par le sommet un plan parallèle au plan donné, et selon que ce plan parallèle coupe le cône en un point, ou suivant deux droites, ou suivant une seule, on juge que la section cherchée est une ellipse, une hyperbole ou une parabole; dans l'épure, c'est une ellipse qu'on doit trouver.

Menons or parallèle à xy, la droite projetée en or et $o'q$ divisera la courbe cherchée en deux parties symétriques, et elle est l'axe de la courbe. Nous allons déterminer les points de la courbe qui sont situés sur cette droite et qu'on nomme sommets. Imaginons que la ligne (or, $o'q$) engendre un cône droit autour de l'axe de révolution. Chaque sommet décrit un parallèle de la surface gauche et se transporte successivement sur toutes les génératrices de cette surface. Quand il est sur la génératrice (ab, $a'b'$), la ligne (or, $o'q$) doit être dans le plan conduit par cette génératrice et par le point (o,o'). Or, en menant le parallèle (oz, $o'z'$) à (ab, $a'b'$), on trouve pour ce plan la trace horizontale bz qui rencontre en u et v le cercle décrit avec le rayon or : d'où l'on conclut que la ligne (or, $o'q$), en tournant, peut occuper, dans ce plan, deux situations différentes, lesquelles ont pour projections horizontales ou et ov. Elle coupe alors la génératrice (ab, $a'b'$) en des points projetés en d et e; et ces points sont les positions que les sommets cherchés doivent occuper sur cette génératrice. Il n'y a donc plus qu'à faire tourner ou et ov pour ramener les points u et v en r; et alors d et e iront prendre position en *f* et *g*, qui seront les projections horizontales des sommets cherchés, et l'on en conclura les projections verticales *f'* et *g'*.

C'est entre ces deux sommets que doivent être menés les plans horizontaux qui servent à trouver les points de la courbe, et les constructions n'offrent aucune difficulté. Soit, par exemple, *h' i'* la trace verticale d'un de ces plans, on aura facilement les projections horizontales *hh₁* et *i* de ses intersections avec le plan *pqp'* et avec la droite (*ab*, *a' b'*) : donc, en décrivant une circonférence du centre *o* avec le rayon *oi*, on aura la projection horizontale du cercle suivant lequel le plan auxiliaire coupe la surface gauche. Les points *h, h₁*, où cette circonférence est rencontrée par la ligne *hh₁*, appartiennent à la projection horizontale de la courbe cherchée.

Pour avoir la tangente en un point quelconque (*h, h'*), on détermine la trace horizontale *st* du plan tangent à la surface; le point *t*, où cette trace coupe *pq*, appartient à la tangente, et en joignant *th*, on a la projection horizontale de cette tangente.

Quant au rabattement, il se trouve comme dans les problèmes précédents; c'est la courbe FHGH₁.

PROBLÈME VI. — *Section de la surface gauche de révolution par un plan dans le cas où cette section est une hyperbole. — Détermination des asymptotes (fig. 20, Pl. VI).*

Nous avons indiqué dans le problème précédent le moyen de reconnaître si la section est une hyperbole; nous allons supposer que ce cas est celui de l'épure 20, et que les données ont la même disposition que dans la précédente. La droite (*or, o' q*) sera encore un axe de la courbe d'intersection, et nous déterminerons de la même manière les sommets (*f, f'*) et (*g, g'*). C'est en dehors de ces points qu'on devra mener les plans horizontaux dont on se sert pour trouver des points de la courbe.

Mais nous devons déterminer les asymptotes, c'est-à-dire les tangentes dont le contact est à l'infini. Un point quelconque de la courbe résulte de l'intersection du plan donné *pqp'* avec une génératrice de la surface, et l'on obtient la tangente en prenant l'intersection du plan tangent en ce point avec le plan *pqp'*. Ces constructions sont donc celles qu'il faut appliquer aux points situés à l'infini. Or, ces points étant donnés par les génératrices qui sont parallèles au plan *pqp'*, il faut d'abord déterminer ces lignes. La construction employée pour reconnaître que la section est une hyperbole, facilite cette détermination. Supposons que le point projeté en *o* et *a'* soit le sommet du cône décrit autour de l'axe par une parallèle à la génératrice (*ab, a'b'*), et que *a'm'm* soit le plan mené par le sommet parallèlement à *pqp'* : c'est parce que ce plan coupe le cône suivant deux droites, qu'on est assuré que le plan donné rencontre la surface gauche suivant une hyperbole.

Traçons la base du cône et déterminons les projections horizontales *om* et *on* de ces deux droites. Toutes les génératrices de la surface gauche doivent avoir leurs parallèles sur le cône : donc celles qui sont parallèles au plan *pqp'*, sont parallèles aux deux droites dont il s'agit; de sorte que, pour avoir leurs projections horizontales, il suffit de mener des tangentes au collier respectivement parallèles à *om* et *on*.

Dès que l'on connaît sur la surface gauche les génératrices qui sont rencontrées par le plan *pqp'* en des points infiniment éloignés, il faut, pour avoir les asymptotes, appliquer à ces points les constructions générales qui servent à trouver une tangente quelconque. Les deux génératrices dont les projections sont parallèles à *om* doivent être considérées comme concourantes à l'infini, et les points *h* et *i* où elles percent le plan horizontal déterminent la trace horizontale *hi* du plan tangent au point de concours. La tangente à l'hyperbole en ce point, ou plutôt l'une des asymptotes cherchées, est l'intersection de ce plan tangent avec le plan *pqp'*; donc le point *s*, où *hi* rencontre *pq*, appartient à cette asymptote. Pour la décrire, il suffira de joindre le point *s* avec le point de contact, c'est-à-dire qu'il faut mener une parallèle aux génératrices qui contiennent ce point : donc la droite *ss₁*, parallèle à *om*, est la projection horizontale de l'une de ces asymptotes. On trouvera semblablement *tt₁* pour celle de l'autre asymptote. Les projections verticales de ces lignes sont sur *qp'*; leurs rabattements sont SS₁ et TT₁.

Intersections des surfaces courbes entre elles.

Nous adopterons un énoncé général et applicable à deux surfaces quelconques pour le problème dont l'objet est de déterminer les projections des intersections des surfaces courbes; et quoique l'épure qui servira à notre demonstration présente le cas particulier de deux surfaces coniques, à bases circulaires et à axes verticaux, il faut néanmoins toujours concevoir que les surfaces dont il s'agit peuvent être, chacune en particulier, tout autres qu'une surface conique.

PROBLÈME GÉNÉRAL. — *Les générations de deux surfaces courbes étant connues, et toutes les données qui fixent ces générations étant déterminées sur les plans de projections, construire les projections de la courbe à double courbure, suivant laquelle les deux surfaces se coupent (fig. 21, Pl. VII).*

Concevons une suite de plans indéfinis horizontaux, la projection verticale de chacun d'eux sera une droite horizontale indéfinie; et comme on peut en mener autant qu'on voudra, nous supposerons que dans la projection verticale on ait mené tant de droites horizontales *ee'*, *e'e*, EE' qu'on ait voulu, et que la suite de ces droites soit la projection verticale de la suite des plans qu'on a imaginés. On fera successivement pour chacun de ces plans, et par rapport à la droite *ee* qui en est la projection, l'opération que nous allons indiquer pour celui d'entre eux qui est projeté en EE'.

Le plan EE' coupe la première surface suivant une certaine courbe qu'il sera toujours possible de construire si l'on connaît la génératrice de cette surface; car cette courbe d'intersection est la suite des points dans lesquels le plan EE' est coupé par la génératrice dans toutes ses positions. Cette courbe, étant plane et horizontale, aura sa projection horizontale égale, semblable à elle-même et placée de la même manière; il sera donc possible de construire cette projection, et nous supposerons que ce soit FGHIK.

Le même plan coupera aussi la seconde surface suivant une autre courbe plane horizontale, dont il sera aussi toujours possible de construire la projection horizontale, et nous supposerons que cette projection soit la courbe FOGPN.

Il peut arriver que les deux courbes dans lesquelles le même plan EE′ coupe les deux surfaces, se coupent elles-mêmes ou qu'elles ne se coupent pas : si elles ne se coupent pas, quelque prolongées qu'elles soient, ce sera une preuve qu'à la hauteur du plan EE′ les deux surfaces n'ont aucun point de commun ; mais si ces deux courbes d'intersections se coupent, elles le feront en un certain nombre de points qui seront communs aux deux surfaces, et qui seront par conséquent autant de points de l'intersection demandée. En effet, puisque les points d'intersection sont sur les deux courbes à la fois, il est évident qu'ils sont aussi sur les deux surfaces.

Or les projections horizontales des points dans lesquels se coupent les deux courbes doivent se trouver et sur la projection de la première et sur la projection de la seconde ; donc les deux points F et G de rencontre des deux courbes FGHIK et FOGPN seront les projections horizontales d'autant de points de l'intersection demandée des deux surfaces courbes. Pour avoir les projections verticales des mêmes points, il faut observer qu'ils sont tous compris dans le plan vertical EE′. Donc, si l'on projette les points F et G sur EE′ en f, g, etc., on aura les projections verticales des mêmes points.

Si pour toutes les autres horizontales $ee′$, $e′e$ on fait la même opération que nous venons de faire pour EE′, on trouvera pour chacune d'elles dans la projection horizontale une suite de nouveaux points F, G, etc., et dans la projection verticale une suite de nouveaux points f, g, etc. Puis si par tous les points F, etc., on fait passer une branche de courbe, par tous les points G, etc., une autre branche de courbe, et ainsi de suite, l'assemblage de toutes ces branches, qui pourront quelquefois rentrer l'une dans l'autre, sera la projection horizontale de l'intersection des deux surfaces ; de même, si par tous les points f, etc., on fait passer une branche, et par tous les points g, etc., une autre branche, et ainsi de suite, l'assemblage de toutes ces branches, qui pourront aussi quelquefois rentrer l'une dans l'autre, sera la projection verticale de l'intersection demandée.

La méthode que nous venons d'exposer est générale, même en supposant qu'on ait choisi pour système de plans coupants une suite de plans horizontaux. Nous allons voir que dans certains cas le choix du système de plans coupants n'est pas indifférent, qu'on peut quelquefois le faire tel, qu'il en résulte des constructions plus faciles, et même qu'il peut être avantageux, au lieu d'un système de plans, d'employer une suite de surfaces courbes qui ne diffèrent entre elles que par une de leurs dimensions.

Pour construire l'intersection de deux surfaces de révolution dont les axes sont verticaux, le système de plans le plus avantageux est une suite de plans horizontaux, car chacun des plans coupe les deux surfaces en des circonférences de cercles dont les centres sont sur les axes respectifs, dont les rayons sont égaux aux ordonnées des courbes génératrices prises à la hauteur du plan coupant, et dont les projections horizontales sont des cercles connus de grandeur et de position. Dans ce cas, tous les points de la projection horizontale de l'intersection des deux surfaces se trouvent donc par des intersections d'arcs de cercle. On comprend que si les surfaces de révolution avaient leurs axes parallèles entre eux, mais non verticaux, il faudrait changer de plans de projections et les choisir de manière que l'un d'entre eux fût perpendiculaire aux axes.

S'il s'agissait de construire l'intersection de deux surfaces coniques à bases quelconques et dont les traces sur le plan horizontal fussent données ou construites, le système de plans horizontaux entraînerait dans des opérations qui seraient trop longues. Car chacun des plans horizontaux couperait les deux surfaces dans des courbes qui seraient bien, à la vérité, semblables aux traces des surfaces respectives, mais ces courbes ne seraient point égales aux traces : il faudrait les construire par points, chacune en particulier, tandis que si, après avoir mené une droite par les sommets donnés des deux cônes, on emploie le système de plans qui passent par cette droite, chacun de ces plans coupera les deux surfaces coniques en quatre droites ; et ces droites, qui seront dans le même plan, se couperont indépendamment des sommets en quatre points qui seront sur l'intersection des deux surfaces. Dans ce cas, chacun des points de la projection horizontale de l'intersection sera donc construit par l'intersection de deux lignes droites.

Pour deux surfaces cylindriques à bases quelconques et dont les génératrices seraient inclinées diversement, le système des plans horizontaux ne serait pas le plus favorable que l'on pourrait choisir. Chacun de ces plans couperait, à la vérité, les deux surfaces dans des courbes semblables et égales à leurs traces respectives, mais les courbes qui ne correspondraient pas verticalement aux traces, auraient pour projections des courbes qui seraient distantes des traces elles-mêmes et qu'il faudrait construire par points. Si l'on choisit le système de plans parallèles en même temps aux génératrices des deux surfaces, chacun de ces plans coupera les deux surfaces dans des lignes droites, lesquelles se couperont en des points qui appartiendront à l'intersection des deux surfaces. Par là, les points de la projection horizontale seront construits par des intersections de lignes droites. Au reste, ceci n'est que la conséquence nécessaire de ce que nous avons dit pour le cas de deux surfaces coniques.

Enfin, pour deux surfaces de révolution dont les axes seraient dans le même plan, mais non parallèles entre eux, ce ne serait plus un système de plans qu'il faudrait choisir, ce serait un système de surfaces sphériques qui auraient leur centre commun au point de rencontre des deux axes : car chacune des surfaces sphériques couperait les deux surfaces de révolution dans les circonférences de deux cercles qui auraient leurs centres sur les axes respectifs, et dont les plans seraient perpendiculaires au plan mené par les deux axes ; et les points d'intersection de ces deux circonférences, qui seraient en même temps et sur la surface sphérique et sur les deux surfaces de révolution, appartiendraient à l'intersection demandée. Ainsi les points de la projection de l'intersection seraient construits par les rencontres de cercles et de lignes droites. Dans ce cas, la position la plus avantageuse des deux plans de projection est que l'un soit perpendiculaire à un des axes, et que l'autre soit parallèle aux deux axes. Ces observations, par rapport aux surfaces courbes qui se rencontrent le plus fréquemment, suffisent pour faire voir la manière dont la méthode générale doit être employée, et comment par la connaissance de la génération des surfaces courbes on peut choisir l'espèce de section qui doit donner des constructions plus faciles.

SECOND PROBLÈME GÉNÉRAL. — *Par un point pris à volonté sur l'intersection de deux surfaces courbes, mener la tangente à cette intersection.*

Solution. — Le point pris à volonté sur l'intersection des deux surfaces courbes se trouve en même temps et sur l'une et sur l'autre de ces surfaces. Si donc par ce point considéré sur la première surface on mène à cette surface un plan tangent, ce plan touchera l'intersection dans le point que l'on considère. Pareillement, si par le même point considéré sur la seconde surface on mène à cette surface un plan tangent, ce plan touchera l'intersection dans le point que l'on considère. Les deux plans tangents toucheront donc l'intersection dans le même point qui sera en même temps un de leurs points communs, et par conséquent un de ceux de la droite dans laquelle ils se coupent; donc l'intersection des deux plans tangents sera la tangente demandée.

Ce problème donne lieu à l'observation suivante : La projection de la tangente d'une courbe à double courbure est elle-même tangente à la projection de la courbe, et son point de contact est la projection de celui de la courbe à double courbure.

En effet, si par tous les points de la courbe à double courbure on conçoit des perpendiculaires abaissées sur un des plans de projection, par exemple sur le plan horizontal, toutes ces perpendiculaires seront sur une surface cylindrique verticale qui sera coupée par le plan horizontal dans la projection même de la courbe. De même, si par tous les points de la tangente à la courbe à double courbure on conçoit des verticales abaissées, elles seront dans un plan vertical qui sera coupé par le plan horizontal dans la projection même de la tangente. Or la surface cylindrique et le plan vertical se touchent évidemment dans toute l'étendue de la verticale abaissée du point de contact, et qui leur est commune; donc les intersections de la surface cylindrique et du plan par le plan horizontal se toucheront dans un point qui sera l'intersection de la droite du contact de la surface cylindrique et du plan vertical. Donc enfin les projections d'une courbe à double courbure et d'une de ses tangentes se touchent en un point qui est la projection du point de contact de la courbe.

PROBLÈME III. — *Construire l'intersection de deux surfaces coniques à bases circulaires et dont les axes sont parallèles entre eux* (fig. 22, Pl. VII).

Nous ne répéterons pas tout ce que nous avons dit pour la solution de ce problème dans le premier problème général : nous observerons seulement que, dans le cas dont il s'agit, on a mené une suite de plans par la droite qui joint les deux sommets; chacun de ces plans coupe les cônes suivant des droites dont les intersections feront connaître des points de la courbe demandée. Supposons que les données soient celles de la *fig.* 22, et convenons de nommer petit cône celui dont la base est moindre, et grand cône celui dont la base est grande. Soit *c* le point où la droite $(ab, a'b')$ qui joint les sommets perce le plan horizontal : les traces horizontales des plans auxiliaires passeront toutes par ce point. Menons à la petite base les tangentes *cd, ce* qui coupent la grande en *f, g, h, i*. Tous les plans auxiliaires dont les traces horizontales sont comprises entre ces tangentes, comme l'est *cm*, rencontrent les deux cônes et déterminent des points communs à ces surfaces; mais les plans dont les traces sont en dehors des deux tangentes n'en peuvent pas déterminer. Il suit de là que l'intersection demandée se compose de deux parties distinctes : l'une située sur la portion du grand cône correspondante à l'axe *fmrg*, et l'autre sur la portion correspondante à *hi*. Dans l'épure on ne s'est occupé que de la première.

Les points *a* et *b* étant les projections horizontales des sommets, les droites *ad* et *bf, ae* et *bg* sont celles des génératrices suivant lesquelles les cônes sont coupés par les plans auxiliaires qui ont pour traces *cf* et *cg* : par conséquent, les points de rencontre *t* et *u* appartiennent à la projection horizontale de la courbe d'intersection des deux cônes. De plus, on remarquera que cette courbe, étant limitée sur le grand cône aux génératrices projetées sur *bf* et *bg*, doit avoir ces droites pour tangentes, et que, par suite, la projection horizontale de cette courbe a elle-même *bf* et *bg* pour tangentes.

Si maintenant on considère un plan auxiliaire quelconque, tel que celui dont la trace *cm* coupe les bases en *k, l, m*, il détermine dans les cônes les génératrices qui ont pour projections horizontales *ak, al, bm*; donc les intersections *n* et *o* de *bm* avec *ak* et *al* seront des points de la projection horizontale de la courbe cherchée. En répétant ces constructions, on obtient cette projection aussi exactement qu'on veut.

L'autre projection s'obtient en construisant les projections verticales des génératrices déterminées par les plans auxiliaires. Ainsi, en faisant les projections verticales $a'd'$ et $b'f'$, $a'c$ et $b'g'$, on obtient les points t' et u' qui correspondent à *t* et *u*, et dans lesquels la projection verticale de la courbe a pour tangentes $b'f'$ et $b'g'$. Ainsi encore les projections $a'k'$, $a'l'$, $b'm'$ font connaître les points n' et o'.

La tangente à la courbe est facile à trouver. Soit le point (p, p') déterminé par l'intersection des génératrices projetées en *aq* et *br* : on mènera aux bases les tangentes *qs* et *rs*, qui sont les traces des plans tangents aux cônes au point que l'on considère, puis on joindra le point *s* où elles se coupent avec le point *p*; la droite *sp* sera la projection horizontale de la tangente au point (p, p') : pour en avoir la projection verticale, on abaissera ss' perpendiculaire à *xy*, et l'on joindra $s'p'$.

Si l'on applique ces constructions aux points (t, t') et (u, u'), on retombe sur les droites $(bt, b't')$ et $(bu, b'u')$, ainsi que cela doit être.

Il peut arriver qu'il soit nécessaire de construire sur le développement de l'une des surfaces coniques, peut-être même sur celui de chacune d'elles, l'effet de leur mutuelle intersection : on opérerait alors, pour avoir le développement de chaque cône, comme il a été démontré précédemment.

PROBLÈME IV. — *Construire l'intersection de deux surfaces coniques à bases quelconques (fig. 23, Pl. VII).*

Soient A, *a* les projections du sommet de la première surface, CGDG′ sa trace donnée sur le plan horizontal, B, *b* les projections du sommet de la seconde, et EHFH′ sa trace sur le plan horizontal. On concevra, comme pour le problème précédent, par les deux sommets une droite dont on aura les projections en menant les droites indéfinies AB*ab*, et dont on construira facilement la trace I sur le plan horizontal. Par cette droite, on concevra une série de plans qui couperont chacun les deux surfaces coniques dans le système de plusieurs lignes droites, et celles de ces lignes droites qui seront dans le même plan détermineront par leurs rencontres autant de points de l'intersection des deux surfaces. Les traces horizontales de tous les plans de cette série passeront nécessairement par le point I, et parce que la position de ces plans est d'ailleurs arbitraire, on pourra donc se donner arbitrairement leurs traces en menant par le point I tant de droites IK qu'on voudra, par chacune desquelles on fera l'opération que nous allons décrire pour une seule d'entre elles.

La trace KI de chacun des plans de la série coupera la trace horizontale de la première surface conique en des points G, G′, qui seront aussi les traces horizontales des lignes droites suivant lesquelles le plan coupe la surface conique : ainsi AG, AG′ seront les projections horizontales indéfinies de ces droites, et l'on aura les projections verticales en projetant G, G′ en *g*, *g*′, et en menant les droites indéfinies *ag*, *ag*′. Pareillement, la trace KI du même plan de la série coupera la trace horizontale de la seconde surface conique dans des points H, H′, par lesquels, si l'on mène indéfiniment BH, BH′, on aura les projections horizontales des droites suivant lesquelles le même plan de la série coupe la seconde surface, et l'on aura leurs projections verticales en projetant H, H′ en *h*, *h*′ et en menant des droites indéfinies *bh*, *bh*′.

Pour le même plan dont la trace est KI, on aura sur la projection horizontale un certain nombre de droites AG, AG′, BH, BH′ et les points P, Q, R, S où celles qui appartiennent à l'une des surfaces rencontreront celles qui appartiennent à l'autre, seront les projections horizontales d'autant de points de l'intersection des deux surfaces. Ainsi en opérant successivement de la même manière pour d'autres lignes KI, on trouvera de nouvelles suites de points P, Q, R, S, et faisant ensuite passer par tous les points P une première branche de courbe, par tous les points Q une seconde, par tous les points R une troisième, etc., on aura la projection horizontale demandée.

On aura pareillement pour la projection verticale un certain nombre de droites *ag*, *ag*′, *bh*, *bh*′ dont les points de rencontre seront les projections verticales d'autant de points de l'intersection.

Quant aux tangentes à la courbe d'intersection, on les construira en se conformant à ce qui a été dit à ce sujet dans le problème précédent.

PROBLÈME V. — *Construire l'intersection de deux surfaces cylindriques à bases quelconques* (*fig.* 24, *Pl. VIII*).

Lorsque dans la recherche qui donne lieu à la question dont il s'agit, on n'a pas d'autres intersections à considérer que celle des deux surfaces cylindriques, et surtout quand ces surfaces sont à bases circulaires, il est avantageux de choisir les plans de projections de manière que l'un d'eux soit parallèle aux génératrices des deux cylindres ; par là, l'intersection se construit sans employer d'autres courbes que celles qui sont données. Mais lorsque l'on doit considérer en même temps les intersections de ces surfaces avec d'autres, il n'y a plus d'avantages à changer de plans de projections, et même il est plus facile de se représenter les objets en les rapportant tous aux mêmes plans.

Nous allons donc supposer les génératrices des deux surfaces placées d'une manière quelconque par rapport aux plans de projections.

Soient donc TFF′U, XGG′V les traces horizontales données des deux surfaces cylindriques; AB, *ab* les projections données de la droite à laquelle la génératrice de la première doit être parallèle; CD, *cd* celles de la droite à laquelle doit être parallèle la génératrice de la seconde. On concevra une série de plans parallèles aux deux génératrices. Ces plans couperont les deux surfaces dans des lignes droites, et les rencontres des sections faites dans la première surface par les sections faites dans la seconde détermineront les points de l'intersection demandée.

Ainsi, après avoir construit, comme dans la *fig.* 24, la trace horizontale AE d'un plan mené par la première droite donnée parallèlement à la seconde, on mènera à cette trace tant de droites parallèles FG′ qu'on voudra, et l'on regardera ces parallèles comme les traces des plans de la série. Chaque droite FG′ coupera la trace de la première surface en des points F, F′, et celle de la seconde en d'autres points G, G′ par lesquels on mènera aux projections des génératrices respectives les parallèles FH, F′H′,…, GJ, G′J′, et les points de rencontre P, Q, R, S de ces droites seront les projections horizontales d'autant de points de l'intersection des deux surfaces. En opérant de même pour la suite des droites FG′, on trouvera une suite de systèmes de points P_1, Q_1, R_1, S_1, et la courbe qui passera par tous les points trouvés de la même manière sera la projection horizontale de l'intersection.

Pour avoir la projection verticale, on projettera sur *xy* les points FF′,…, GG′,…, en *ff′*,…, *gg′*, et par ces derniers points on mènera aux projections des génératrices respectives, les parallèles *fh*, *f′h′*, *gi*, *g′i′* qui, par leurs rencontres, détermineront les projections verticales *p*, *q*, *r*, *s* des points de l'intersection. En opérant de même pour toutes les autres droites FG′, on aura de nouveaux points p_1, q_1, r_1, s_1; et la courbe qui passera par tous ces points sera la projection verticale de l'intersection.

Pour avoir les tangentes de ces courbes aux points P et *p*, on construira la trace horizontale F′Z du plan tangent en ce point à la pre-

mière surface cylindrique; puis la trace G′Z du plan tangent en ce
même point à la seconde; et la droite menée du point P au point Z de
rencontre de ces traces sera la tangente en P. Enfin, projetant Z sur xy
en z et menant la droite pz, on aura la tangente au point p de la projection verticale.

Remarque. — Parmi tous les cas que peut présenter l'intersection
des cylindres, on distingue principalement *la pénétration et l'arrachement.* Dans le premier, toutes les génératrices de l'un des cylindres entrent dans l'autre, et alors il y a courbe d'entrée et courbe de
sortie; dans le second, une partie seulement des génératrices de chaque
cylindre va rencontrer l'autre cylindre. Voici comment on reconnaît
lequel des deux cas doit avoir lieu.

Supposons qu'on mène à la base de chaque cylindre parallèlement à
bc (*fig.* 25, *Pl. VIII*), deux tangentes qui comprennent toute cette
base, et supposons d'abord, comme cela arrive dans la figure, que les
tangentes rs et uv à l'une des bases aillent couper l'autre base. Les
plans auxiliaires, dont les traces sont rs et uv, renferment entre eux
tout le premier cylindre, mais ils ne comprennent sur le second que
les portions de surfaces correspondantes aux arcs sev et tdz. Or il est
évident que le premier cylindre rencontre ces deux portions de surface et qu'il traverse l'intervalle qui les sépare; donc il y a pénétration du second cylindre par le premier.

Supposons en second lieu, comme cela arrive dans la *fig.* 26, *Pl. VIII*,
que chaque base soit coupée par une des tangentes à l'autre base. Alors
les plans auxiliaires conduits suivant ces tangentes rs et uz comprennent sur les cylindres les portions de surface qui s'appuient sur les
arcs urv, szt; et il est évident que ces portions se rencontrent mutuellement, tandis que les portions extérieures n'ont aucun point de
commun; dans ce cas, on dit qu'il y a arrachement. Les constructions
qu'on vient d'indiquer pour juger s'il y a pénétration ou arrachement, déterminent les génératrices de chaque cylindre qui servent de
limites à la courbe d'intersection. Ainsi, dans la *fig.* 25, la courbe
d'entrée est limitée aux génératrices qui passent aux points s et v, et
la courbe de sortie l'est à celles qui passent aux points t et z. Dans la
fig. 26, la courbe d'intersection a pour limites, sur l'un des cylindres, les génératrices élevées en u et en v, et sur l'autre celles qui
passent en s et en t. Au reste, la construction générale donnée plus
haut pour trouver une tangente quelconque montre qu'en effet ces
génératrices sont tangentes à la courbe d'intersection. Par exemple,
si l'on mène les plans tangents aux deux cylindres, l'un par le point
r, l'autre par le point t, le premier se confond avec le plan auxiliaire
dont la trace est rt; donc il va couper le second suivant la génératrice
qui passe en t; donc cette génératrice est tangente à la courbe d'intersection. Par suite, les projections de cette génératrice sont aussi
tangentes à celles de la courbe, ainsi que l'indique la figure.

PROBLÈME VI. — *Construire l'intersection de deux surfaces de révolution, dont les axes sont dans un même plan* (*fig.* 27, *Pl. IX*).

On disposera les plans de projections de manière que l'un d'entre
eux soit perpendiculaire à l'axe d'une des surfaces, et que l'autre soit
parallèle aux deux axes. Soit donc A la projection horizontale de

l'axe de la première surface, *aa'* sa projection verticale, et *cdc* la génératrice donnée de cette surface. Soit AB, parallèle à *xy*, la projection horizontale de l'axe de la seconde surface, *a' b* sa projection verticale de manière que A et *a'* soient les projections du point de rencontre des deux axes, et soit *fgh* la génératrice donnée de cette seconde surface. On concevra une série de surfaces sphériques dont le centre commun soit placé au point de concours des deux axes. Pour chacune des surfaces de cette série, on construira les projections *iknopq* du grand cercle parallèle au plan vertical de projection, et ces projections, qui seront des arcs de cercle décrits du point *a'* comme centre, et avec des rayons arbitraires, couperont les deux génératrices en des points *k* et *p*. Cela posé, chaque surface sphérique coupera la première surface dans la circonférence d'un cercle dont le plan sera perpendiculaire à l'axe *aa'*, et dont on aura la projection verticale en menant l'horizontale KO, et dont on aura la projection horizontale en décrivant du point A comme centre, et d'un diamètre égal à KO, la circonférence de cercle KROR'. De même chaque surface sphérique de la série coupera la seconde surface de révolution dans la circonférence d'un cercle dont le plan sera perpendiculaire au plan vertical de projection, et dont on aura la projection verticale en menant par le point *p* une droite *pn* perpendiculaire à *a' b*.

Si le point *r*, dans lequel se coupent les deux droites *ko*, *pn*, est plus près des deux axes primitifs que n'en sont les deux points *k*, *p*, il est évident que les deux circonférences de cercles se couperont en deux points dont le point *r* sera la projection verticale commune, et la courbe menée par tous les points *r* construits de la même manière sera la projection verticale de l'intersection des deux surfaces. Projetant le point *r* sur la circonférence du cercle KROR' en R et R', on aura les projections horizontales des deux points de rencontre des circonférences de cercles qui se trouvent sur la même sphère, et la courbe menée par tous les points R, R' construits de la même manière, sera la projection horizontale de l'intersection demandée.

PROBLÈME VII. — *Intersection de deux surfaces de révolution dont les axes sont dans des plans différents (fig. 28, Pl. IX).*

Prenons le plan horizontal perpendiculaire à l'axe de la première surface, et le plan vertical parallèle aux deux axes. Les données auront la même disposition que dans l'épure précédente, avec cette seule différence que la projection horizontale de l'axe de la seconde surface ne passera plus au point *a*, et aura une position telle que *be* parallèle à *xy*.

Puisque les axes sont dans des plans différents, il n'est plus possible de trouver sur les deux surfaces des parallèles qui soient compris dans un même plan ou sur la même sphère, et alors ce qu'il y a de mieux pour trouver des points de l'intersection cherchée, c'est de couper les deux surfaces par des plans horizontaux. Chacun d'eux rencontre la première surface suivant un cercle dont la projection horizontale est un cercle égal, facile à trouver; mais il détermine dans la seconde une courbe dont il faut construire la projection horizontale par points. Quand cette projection est tracée, les points où elle rencontre celle du cercle appartiennent à la projection horizontale de l'intersection des deux surfaces, et ensuite on obtient facilement les projections verticales correspondantes, en remarquant qu'elles doivent se trouver sur la trace verticale du plan auxiliaire par lequel on a coupé les deux surfaces. On voit que chaque plan auxiliaire donne lieu à la construction d'une courbe dont le seul usage est de déterminer un certain nombre de points de l'intersection cherchée.

Soit $d'f''$, parallèle à xy, la trace verticale d'un de ces plans. Son intersection avec la première surface se projette verticalement sur la droite $d'd''$ et horizontalement sur la circonférence dmm_1, décrite du centre a avec un rayon égal à la moitié de $d'd''$. Son intersection avec la seconde surface est une courbe qui a pour projection verticale la droite $f'f''$, et dont il faut avant tout construire la projection horizontale. A cet effet, on imagine perpendiculairement à l'axe de cette surface une suite de plans qui la coupent suivant des circonférences. Supposons que $g'g''$ soit la projection verticale d'une telle circonférence. Le point de rencontre h' de $f'f''$ avec $g'g''$ est la projection verticale de deux points de la courbe auxiliaire que nous voulons connaître, et, par conséquent, les projections horizontales de ces deux points doivent se trouver sur la perpendiculaire $h'h$ à xy. Faisons tourner le plan de la circonférence autour de la droite projetée en h' pour amener cette circonférence à être horizontale, et projetons-la sur le plan horizontal. Si l'on suit les constructions, on trouve que cette projection est la circonférence décrite du point k comme centre avec le rayon kl. Or les points projetés en h', et dont on a parlé plus haut, n'ont point dû changer ; donc leurs projections horizontales doivent se trouver aux rencontres h et h_1 de la ligne $h'h$ avec la circonférence kl. En menant d'autres plans perpendiculaires à $b'e'$, on détermine d'autres points de la section correspondante à $f'f''$ dans la seconde surface, et de cette manière on arrive à la courbe hfh_1. Cette courbe et la circonférence dmm_1 sont donc les projections horizontales des sections faites dans les deux surfaces par un même plan auxiliaire, et de là on conclut que les points de rencontre m et m_1 de ces deux lignes appartiennnent à la projection horizontale de l'intersection des deux surfaces. Ces points font ensuite connaître les projections verticales m' et m'_1.

Si nous coupons maintenant les deux surfaces par d'autres plans horizontaux, et en répétant pour chacun d'eux toutes les constructions qu'on vient d'expliquer, nous obtiendrons autant de points qu'on voudra des projections de l'intersection des deux surfaces ; c'est ainsi qu'on a construit les deux courbes $mnum_1$, $m'n'u'm'_1$.

La tangente à l'intersection des deux surfaces s'obtient ici au moyen des normales. Supposons que le point de contact soit (n, n') : on trace d'abord les projections verticales des parallèles de chaque surface sur lesquels ce point est placé, et ensuite celles des normales. Au lieu de chercher les traces du plan des normales sur les plans de projections, on a déterminé les intersections de ce plan avec le plan horizontal et avec le plan vertical qui passent au point (o, o'), où la normale à la seconde surface rencontre l'axe de cette surface. Connaissant les projections or et $o'r'$, os et $o's'$ de ces deux intersections, on mène nt, $n't'$ respectivement perpendiculaires à or, $o's'$; et ces perpendiculaires sont les projections de la tangente.

Propriétés de la surface gauche de révolution.

Théorème I (*fig.* 29, *Pl. IX*). — *Les génératrices de la surface gauche de révolution se projettent sur le plan du collier suivant des tangentes au collier.*

Concevons, par un point quelconque A du collier, une génératrice AG et une parallèle AD à l'axe OZ. Soit O le centre du collier : le rayon OA, étant perpendiculaire aux lignes OZ et AG, doit l'être au plan DAG, et, par conséquent, aussi à la trace AR de ce plan sur le plan du collier. Or AR est évidemment la projection de la génératrice AG; donc cette projection est tangente au collier.

Théorème II (*fig.* 29). — *On peut mener par chaque point de la surface deux droites qui s'appliquent sur cette surface dans toute leur étendue.*

Soient OZ l'axe de la surface, OA le rayon du collier, AG la génératrice, et AD une parallèle à l'axe. Le plan DAG' étant perpendiculaire à OA, l'est aussi au plan méridien ZAD, et la trace AR du plan DAG sur le plan du collier est tangente au collier : c'est ce qu'on vient de voir dans le théorème précédent. Maintenant, dans le plan DAG faisons l'angle DAH = DAG; je dis que la ligne AH, en tournant autour de l'axe, décrira la même surface que AG. Pour le démontrer, menons, perpendiculairement à l'axe, un plan quelconque qui coupe cet axe en L, les lignes AG, AD, AH en G, D, H, et le plan GHA suivant la droite GDH; joignons LG, LD, LH; les triangles ADG, ADH sont rectangles en D, l'angle DAG = DAH et le côté AD est commun; donc DG = DH. Par suite, les triangles DGL, DHL sont égaux comme ayant DL commun, DG = DH et l'angle droit GDL = HDL; donc LG = LH. De là on conclut que le point H décrira le même cercle que le point G, c'est-à-dire que sur les droites AG et AH les points qui sont à égale distance du collier décrivent le même parallèle; donc ces droites engendrent précisément la même surface : donc, par chaque point de cette surface, on peut tracer deux droites qui s'appliquent sur elle exactement.

Corollaire. — Il y a donc deux systèmes de générations à considérer sur la surface : l'un embrasse les différentes positions de la droite AG, et l'autre celles de la droite AH.

Plans tangents à la surface gauche de révolution.

Problème I. — *Étant donnés l'axe et la génératrice d'une surface gauche de révolution, mener un plan tangent à un point de cette surface* (*fig.* 30, *Pl. IX*).

Nous supposerons le plan horizontal perpendiculaire à l'axe de révolution, et la génératrice dans la position où elle est parallèle au plan vertical. Soient a (*fig.* 30, *Pl. IX*) la projection horizontale de l'axe, $a'a''$ sa projection verticale, et bc, $b'c'$ les projections de la génératrice. Il est évident que bc doit être parallèle à la ligne de terre, que la perpendiculaire ab abaissée sur bc est la projection de la plus courte distance entre la génératrice et l'axe, et que le cercle *bde*, décrit du rayon *ab*, est la projection horizontale du collier de la surface; sa projection verticale se trouve sur une parallèle à *xy* menée par l'intersection *b'* de *a'a"* avec *b'c'*.

Le plan horizontal coupe la surface suivant un cercle qui a son centre au point *a*; on pourra trouver un point de ce cercle en déterminant la trace horizontale *c* de la génératrice; donc on pourra décrire ce cercle qui a pour rayon *ac* et qui est *cfg*. Toutes les génératrices de la surface ont leurs traces sur ce cercle.

Soit *m* la projection horizontale d'un point de la surface. Toutes les génératrices doivent se projeter sur le plan horizontal tangentiellement au cercle *bde*; par conséquent, si l'on mène les tangentes *md* et *me* au cercle *bde*, elles seront les projections horizontales des génératrices qui, sur la surface, passent aux points projetés en *m*. Pour avoir les projections verticales de ces génératrices, remarquons que les points *d* et *e* sont les projections horizontales des points où ces génératrices rencontrent le collier, et que par suite on trouve les projections *d'* et *e'* de ces points en menant *dd'* et *ee'* perpendiculairement à *xy*. Remarquons, en second lieu, que les traces horizontales des mêmes génératrices doivent être aux intersections *f* et *g* du cercle *cfg* avec les deux tangentes. Toutefois, pour ne pas se tromper sur la vraie position de ces traces, il faut suivre le mouvement de la génératrice pendant qu'elle engendre la surface, et l'on reconnaît que, le contact *b* venant se placer en *d* et en *e*, le point *c* se transporte en *f* et *g*; projetons *f* et *g* en *f'* et *g'* sur *xy*, puis tirons les droites *f'd'*, et *g'e'*: elles seront les projections verticales des deux génératrices, et par conséquent si l'on mène du point *m* une perpendiculaire à *xy*, les points *m'* et *m"* où elle rencontre *f'd'* et *g'e'* seront les projections verticales des points de la surface correspondant à la projection horizontale *m*.

Le plan tangent en chacun de ces deux points est facile à déterminer, car il doit contenir la génératrice et la tangente au parallèle qui passe au point de contact. La droite *mp*, perpendiculaire à *am*, est la projection horizontale des tangentes aux deux parallèles; les droites *m'p'*, *m"p"*, parallèles à *xy*, sont les projections verticales de ces tangentes; et par suite leurs traces verticales sont *p'* et *p"*. Mais les traces horizontales des plans tangents doivent passer aux points *f* et *g*, et être parallèles à ces tangentes; donc, si l'on mène les parallèles *fα* et et *gβ* à *mp*, et si l'on tire les droites *αp'* et *βp"*, les plans tangents seront *fαp'* et *gβp"*.

Remarque. — Les traces verticales des deux génératrices doivent être respectivement sur les traces *αp'* et *βp"*, et la droite projetée en *de*, *d'e'* étant commune aux deux plans tangents, sa trace verticale *o'* est aussi commune aux traces verticales de ces plans.

D'autres vérifications résultent de ce que la surface peut être engendrée de deux manières par une droite. Si l'on prolonge *cb* jusqu'en *h*, la droite dont la trace horizontale est *h* et qui rencontre le collier au point (*b*, *b'*) est la génératrice du second mode. Alors on voit que la rotation de cette génératrice amène *hb* en *ie*, et de là on conclut la projection verticale *i'e'* qui doit passer au point *m*; et pareillement *hb* venant en kd, la projection verticale correspondante est $k'd'$, dont le prolongement doit passer en m''.

PROBLÈME II. — *Par un point donné hors d'une surface gauche de révolution, mener un plan qui soit tangent à cette surface sur un méridien ou sur une parallèle, dont le plan est donné (fig. 3 1, Pl. IX).*

Nous supposerons que le contact doive se faire sur un méridien dont le plan est donné. Les constructions seront fondées sur ce que le plan tangent doit être à la fois perpendiculaire au plan donné et contenir une génératrice de la surface.

Soient ad la trace horizontale du plan méridien et oo' les projections du point donné. Le plan tangent devant être perpendiculaire au plan méridien, sa trace horizontale sera perpendiculaire à ad, et par suite, si l'on imagine qu'un plan horizontal soit mené par le point (o, o'), l'intersection de ce plan avec le plan tangent aura pour projections la perpendiculaire oe à ad, et la parallèle $o'e'$ à xy. La droite $(oe, o'e')$ appartient donc au plan tangent, et par conséquent le point e', où elle perce le plan vertical, est sur la trace verticale de ce plan tangent.

Le même plan horizontal coupe la surface gauche suivant une circonférence dont on détermine facilement la projection horizontale fgh, en cherchant le point (ff'), où il rencontre la génératrice donnée $(bc, b'c')$, et cette circonférence est coupée par la droite $(oe, o'e')$ en deux points (g, g') et (h, h'). Mais le plan tangent doit contenir une génératrice de la surface, et cette génératrice doit rencontrer la circonférence projetée en fgh; donc, si l'on mène les tangentes gi et hk à la projection du collier, on aura les projections des deux génératrices dont chacune est dans un plan tangent qui doit satisfaire à l'énoncé. Toutes les génératrices allant rencontrer le plan horizontal sur une circonférence connue cpq, on prolonge gi et hk jusqu'en p et q, et l'on connaît ainsi un point de la trace horizontale de chaque plan tangent. Alors, on conclut qu'en menant $p\alpha$ et $q\beta$ parallèles à oe, et tirant les droites $\alpha e'$, $\beta e'$, les plans tangents cherchés seront $p\alpha e'$ et $q\beta e'$.

Les points de contact ne sont pas encore déterminés, mais ils le seront facilement en construisant les génératrices du second mode, qui doivent appartenir respectivement aux deux plans tangents. La tangente hl est la projection horizontale de celle qui appartient au plan $p\alpha e'$ et doit rencontrer la trace $p\alpha$ et le cercle cpq au même point r; la tangente gm est la projection horizontale de la génératrice située dans le plan $q\beta e'$ et doit passer par le point s commun au cercle cpq et à la trace $q\beta$: faisons maintenant les projections verticales $p'i'$, $r'l'$, $q'k'$, $s'm'$, correspondantes à pi, rl, qk, sm; et il est clair que les points de contact des plans $p\alpha e'$, $q\beta e'$ seront déterminés, l'un par la rencontre des droites $(pi, p'i')$ et $(rl, r'l')$, et l'autre par la rencontre des droites $(qk, q'k')$ et $(sm, s'm')$. Les projections du premier point tombent au dehors de la figure, celles du second sont n et n'.

Quelques vérifications s'offrent d'elles-mêmes et sont suffisamment indiquées sur l'épure.

Quand le contact doit avoir lieu sur un parallèle donné, la solution du problème est très-simple : elle se réduit à mener un plan tangent à la surface en un point quelconque de ce parallèle, et à faire tourner le méridien de ce point, ainsi que le plan tangent qui lui est perpendiculaire, jusqu'à ce que ce plan tangent vienne passer au point donné. Les constructions ne peuvent offrir aucune difficulté.

Propriétés principales des divers genres d'héliçoïde.

Un cylindre quelconque étant donné, considérons-le comme ayant pour base une section faite par un plan perpendiculaire à ses génératrices. Si, à partir de ce plan, on porte sur les génératrices des longueurs proportionnelles aux arcs de la base compris entre ces génératrices et une origine fixe prise sur cette base, la courbe qu'on détermine ainsi sur le cylindre est une hélice.

Cette génération montre que si l'on développe le cylindre sur un plan, la base devient une droite perpendiculaire aux génératrices, et l'hélice, par suite, une droite oblique à ces génératrices. Donc toutes les tangentes à l'hélice font le même angle avec les génératrices ; donc aussi, lorsqu'on effectue le développement dans un plan tangent mené au cylindre par un point de l'hélice, cette courbe doit se développer suivant sa tangente.

Une autre propriété qu'on aperçoit sur-le-champ, c'est qu'en transportant toutes les tangentes de l'hélice parallèlement à elles-mêmes en un point quelconque, elles forment un cône droit dont l'axe est parallèle aux génératrices du cylindre. De là, il suit que les tangentes parallèles à un plan donné doivent être parallèles aux droites qu'on obtient en coupant ce cône par un plan parallèle au point donné : remarque qui suffit pour déterminer ces tangentes.

PROBLÈME I. — *Construire la projection d'une hélice tracée sur un cylindre vertical, et déterminer les tangentes à cette hélice, qui sont parallèles à un plan donné (fig. 32, Pl. X).*

Supposons que la base du cylindre soit un cercle *abe* tracé dans le plan horizontal, que l'origine des arcs ou abscisses circulaires soit au point *a*, et que le pas de l'hélice, c'est-à-dire l'intervalle compris sur les génératrices entre deux *spires*, ou révolutions consécutives, soit égal à $a'a''$.

Divisons en un même nombre de parties égales, en seize parties par exemple, la circonférence *abea* et la hauteur $a'a''$; traçons les projections verticales des génératrices qui passent par les divisions de la circonférence, et terminons ces projections aux horizontales menées dans le plan vertical par les divisions correspondantes de $a'a''$. La courbe $a'b'c'a''$, qui unit tous les points ainsi déterminés, est la projection verticale de la première spire. On aperçoit facilement comment on aurait les spires suivantes.

Tangentes. — Il reste à chercher les tangentes à l'hélice, qui sont parallèles à un plan donné $\alpha\beta\alpha'$, dont je supposerai la trace horizontale perpendiculaire à *xy*. Si elle avait toute autre position, la solution ne serait pas plus difficile. Au cercle *abe* menons la tangente *bd* égale à l'axe *ab* rectifié. Le plan vertical élevé suivant *bd* est tangent au cylindre sur lequel l'hélice est tracée ; et si l'on développe ce cylindre sur ce plan, il est clair que l'hélice se développera sur une droite qui passe au point *d*, et qui est la tangente au point (*b*, *b'*) de l'hélice. Donc, si l'on projette le point *d* en *d'* sur *xy* et qu'on joigne *b' d'*, les projections de cette tangente seront *bd* et *b' d'*. Une parallèle menée à cette tangente par le point (*o*, *b'*) rencontre le plan horizontal en *e*, et si on la fait tourner autour de l'axe du cylindre, elle engendre un cône dont la base est le cercle décrit avec le rayon *oe*, et dont les génératrices sont parallèles aux tangentes de l'hélice ; donc le plan *b'fh*, qui passe au sommet de ce cône, et qui est parallèle au plan donné *α' βα*, doit couper ce cône suivant des droites parallèles aux tangentes demandées. Ces droites sont projetées horizontalement en *og*, *oh* ; et comme les tangentes à l'hélice ont leurs projections horizontales tangentes au cercle *abe*, il s'ensuit qu'en menant les tangentes *mr* et *ns* respectivement parallèles à *og* et à *oh*, on aura les projections horizontales des tangentes cherchées. Les lignes de projections *mm'*, *nn'* déterminent les projections verticales *m'*, *n'* des points de contact, et en menant les parallèles *m' r'* et *n' s'* à *βα'*, on obtient les projections verticales des tangentes.

Remarque. — Quand on élève les lignes de projection *mm'*, *nn'*, il est clair qu'il faut prendre leurs intersections seulement avec les portions de courbes qui répondent à la partie antérieure du cylindre. Mais il est clair aussi qu'on doit prendre leurs intersections avec chaque spire, et qu'on obtient ainsi de nouvelles tangentes telles que *m" r"* qui conviennent encore à la question.

De l'épicycloïde.

Si l'on fait rouler un cercle sur un autre qui reste fixe, de manière que leurs circonférences soient toujours tangentes, chaque point de la circonférence mobile décrit une courbe qu'on nomme *épicycloïde*. L'épicycloïde est plane quand tous ses points sont dans un plan, et c'est ce qui a lieu si le cercle mobile reste dans le plan du cercle fixe. L'épicycloïde est sphérique lorsque tous ses points sont sur une même sphère : c'est ce qui arrive si les deux cercles sont les bases de deux cônes droits ayant sommet commun et apothème commun et qu'on fasse rouler l'un des cônes sur l'autre, de manière qu'il ait toujours même sommet que lui, et qu'il le touche suivant un de ses côtés, lequel varie à chaque instant.

Dans ce cas le cercle fixe est situé sur une sphère décrite du sommet commun comme centre avec un rayon égal à l'apothème commun, et le cercle mobile reste toujours sur cette sphère. Il est clair aussi que le plan de ce cercle mobile coupe toujours le plan de la base fixe suivant une tangente commune aux deux cercles, et que l'inclinaison des deux plans demeure constante et égale à l'angle formé par les axes des deux cônes.

La tangente en un point de l'épicycloïde sphérique doit être dans le plan tangent à la sphère dont on vient de parler. Pour achever de déterminer cette tangente, je vais démontrer qu'elle est aussi dans le plan tangent à une sphère qui aurait pour centre le point où le cercle mobile, considéré dans sa position actuelle, touche le cercle fixe. Pour le démontrer, au lieu de deux cercles, je considère deux polygones quelconques ABC, A'B'C' roulant l'un sur l'autre (*fig.* 33, *Pl.* X) (ils ne sont pas tracés sur la figure), et je suppose tous leurs côtés égaux entre eux, savoir : AB = BC = A'B' = B'C'. On peut prendre ces côtés en tel nombre et sous telles inclinaisons qu'on voudra. Cela posé, supposons que le point A' coïncide avec A, et que le polygone ABC étant fixe, A'B'C' tourne autour du point A de manière que B' vienne coïncider avec B. Alors faisons tourner A'B'C'... autour de B de manière que C' vienne sur C, et ainsi de suite. Examinons la nature de la ligne que décrit un point quelconque M du polygone mobile. Pendant la rotation qui s'effectue autour du sommet A, il est clair que le point M reste sur une sphère décrite du point A comme centre avec le rayon AM : pendant la rotation autour du sommet B, il reste sur une sphère décrite du point B comme centre avec le rayon BM, ainsi de suite; donc la tangente en un point quelconque de la ligne engendrée par le point M, doit être dans le plan tangent à une sphère dont le centre est situé au sommet autour duquel s'est effectuée la rotation qui a amené le point M dans la position actuelle. Cette conclusion étant indépendante de la grandeur des côtés des polygones doit également convenir au cas de deux courbes roulant l'une sur l'autre; c'est-à-dire que la courbe mobile étant dans une quelconque de ses positions, si l'on désigne par H son point de contact avec la courbe fixe et par N la situation correspondante du point décrivant M, la tangente au point N de la courbe engendrée par le point M sera toujours contenue dans le plan tangent au point N de la sphère décrite du centre H avec le rayon HN.

PROBLÈME. — *Construire la projection d'une épicycloïde sphérique, et déterminer la tangente en un point quelconque de cette courbe* (*fig.* 33, *Pl.* X).

La projection de l'épicycloïde doit être faite sur le plan de la base du cône fixe. Soit le cercle abb_1a_1 cette base décrite dans un plan horizontal avec le rayon oa; supposons que le point générateur de l'épicycloïde ait été primitivement en a et que le contact des deux cercles soit actuellement en b : cherchons quelle est la position correspondante du point générateur. Prenons pour second plan de projection le plan vertical élevé sur ob. Il doit contenir le sommet o' commun aux deux cônes, et couper le cône mobile suivant un triangle isocèle $o'bc'$ qui fait partie des données du problème. Ce cône a sa base dans le plan qui a pour trace horizontale la tangente bc, et pour trace verticale la ligne bc', laquelle peut aussi être considérée comme la projection verticale de cette base. Faisons le rabattement bMC de cette base sur le plan horizontal. Pour avoir dans ce rabattement la position M du point générateur, il faut prendre l'arc bM égal à l'arc ba, car le point M ayant été primitivement en a, et les différents éléments des deux arcs bM et ba ayant été successivement appliqués les uns sur les autres, ces deux arcs doivent être égaux. Connaissant le rabattement M du point générateur, il est facile d'avoir sa projection verticale m', et ensuite sa projection horizontale m. Si l'on place le contact des deux cercles en tout autre point b_1, on imaginera un plan vertical par le rayon ob_1, et des constructions semblables aux précédentes détermineront un nouveau point n de projection horizontale de l'épicycloïde. En continuant ainsi on trouve la courbe $amna_1$.

Pour simplifier, on peut exécuter au point b toutes les constructions qu'on devrait faire en b_1, c'est-à-dire qu'on prendra l'arc $bM_1 = b_1a$ et qu'on trouvera la projection horizontale m_1, de la même manière qu'on a trouvé le point m. Mais alors il faut remettre le point m_1 à sa vraie position, et c'est ce qu'on fera en prenant le point n dans la même situation à l'égard de ob_1, que celle du point m_1 à l'égard de bo; or pour cela il suffit de décrire du centre o la circonférence m_1dc et de prendre l'arc $en = dm_1$; on voit par là qu'on peut obtenir tous les points de la projection $amna_1$, en se servant toujours du même plan vertical.

De la tangente. — L'épicycloïde, ainsi qu'il a été dit plus haut, est située sur la sphère qui a pour centre le sommet o' et pour rayon l'apothème $o'b$; et par conséquent la tangente au point (m, m') de cette courbe est dans le plan tangent à cette sphère. On a vu aussi qu'elle doit être dans le plan tangent à la sphère dont le centre serait en b, et le rayon égal à oM; donc elle est l'intersection des deux plans tangents.

Le cercle rabattu en bMC appartient à la première sphère; donc si l'on mène à ce cercle la tangente Mf, elle sera le rabattement d'une droite située dans le plan tangent à cette sphère, et par conséquent le point f où Mf rencontre bc, est sur la trace horizontale de ce plan; donc cette trace est la perpendiculaire αf abaissée du point f sur la projection om du rayon qui passe au point de contact.

Le cercle décrit du rayon bM est le rabattement d'un cercle de la seconde sphère : par conséquent, si on lui mène la tangente Mg qui rencontre bc en g, et si l'on abaisse $g\beta$ perpendiculaire à bm, la ligne $g\beta$ sera la trace horizontale du plan tangent à la seconde sphère.

Les traces αf et βg se coupant en un point r qui doit appartenir à l'intersection des deux plans tangents, on tirera la droite mr, et ce sera la projection horizontale de la tangente à l'épicycloïde, ou, ce qui est la même chose, la tangente à la projection amn de cette courbe.

On obtient des vérifications en construisant les traces verticales des deux plans tangents. Il est clair que celle du premier est la perpendiculaire $\alpha f'$ menée sur la projection $o'm'$ du rayon de la première sphère; et je vais prouver que celle de l'autre plan est la perpendiculaire $c'\beta'$ élevée sur bc'. En effet, la tangente Mg étant perpendiculaire à la corde bM doit passer au point C, et par suite, en relevant le cercle bMC dans sa vraie position, cette tangente doit rencontrer le plan vertical en c' : d'ailleurs la projection verticale du rayon bM tombe sur bc', et de là il suit que la trace verticale du plan tangent à la seconde sphère est la perpendiculaire $c'\beta'$ élevée sur bc'. Cette trace doit donc rencontrer xy au même point que la trace horizontale βg, ce qui présente déjà une vérification. De plus, les traces verticales $\alpha f'$, $\beta' c'$ des deux plans tangents se coupant en s', la droite $m' s'$ doit être la projection verticale de la tangente à l'épicycloïde; par conséquent, si l'on cherche, au moyen des projections mr, $m' s'$, en quels points cette tangente perce les deux plans de projection, on doit retrouver les points r et s', ce qui donne de nouvelles vérifications.

On a aussi construit la tangente au moyen des normales. Ces lignes ne sont ici autre chose que les rayons des deux sphères, et il est évident que la trace verticale de leur plan se confond avec l'apothème $o' b$. Quant à la trace horizontale de ce plan, elle passe déjà au point b; et on en obtient un second en menant, par le point de contact, et parallèlement à la trace bo', une droite $(mi, m' i)$ dont on détermine l'intersection i avec le plan horizontal. Ainsi la droite bi sera la trace horizontale du plan des deux rayons, et les projections de la tangente à l'épicycloïde devront être respectivement perpendiculaires aux traces bi et bo'.

STÉRÉOTOMIE OU COUPE DES PIERRES.

La stéréotomie est l'art de tailler les pierres, c'est-à-dire de faire connaître les opérations graphiques au moyen desquelles, prenant des blocs de pierre tels qu'ils sont dans les carrières, on leur donne, par des coupes déterminées, la forme qui leur convient lorsqu'ils sont en place. Nous nous occuperons principalement des voûtes, parce que celles-ci offrent l'occasion de tailler des faces planes et courbes de tout genre; elles comprendront évidemment les autres espèces de constructions plus simples, telles que les plates-bandes et les murs droits et biais.

Pour qu'une voûte satisfasse aux conditions d'une grande stabilité, il faudrait calculer la forme et les dimensions les plus avantageuses. Mais cette recherche, fondée sur les lois de la mécanique et les règles de l'architecture, d'une part, et, de l'autre, sur les données que fournit l'expérience quant à la résistance des matériaux, n'est pas l'objet de la coupe des pierres; cette question sera ultérieurement traitée à la place qui lui est assignée dans le programme officiel. Nous admettrons donc que la forme et les dimensions de la voûte projetée sont assignées dans leur ensemble, et la coupe des pierres consistera alors dans les trois opérations suivantes :

1°. Trouver le mode de division le plus avantageux pour partager une voûte en voussoirs qui soient d'une forme telle, que, réunis dans un certain ordre et simplement juxtaposés, ils se soutiennent mutuellement comme s'ils ne faisaient qu'un seul corps; c'est ce qu'on appelle l'appareil de la voûte.

2°. Déterminer les contours et les dimensions de toutes les faces de chaque voussoir, faces dont les limites sont les intersections de diverses surfaces connues.

3°. Appliquer le trait sur la pierre, c'est-à-dire donner aux matériaux que l'on emploie les formes qui viennent d'être trouvées pour les faces des voussoirs.

Pour diviser la voûte en voussoirs, il faut généralement, et autant que possible, rendre les joints, c'est-à-dire les faces de contact des voussoirs entre eux, normaux à l'intrados qui est la surface intérieure et visible de la voûte. En effet, lorsque cette condition n'est pas remplie, l'un des deux voussoirs adjacents présente un angle obtus et l'autre un angle aigu, ce qui rend les résistances inégales et fait que, la voûte étant décintrée, les réactions mutuelles des voussoirs font éclater l'angle le plus faible.

Pour déterminer les contours et les dimensions des faces, on choisit un mur bien plan, en y appliquant une couche de plâtre bien dressée à la règle, et l'on y trace les données de l'épure dans des dimensions égales à celle de la voûte projetée. Ensuite on y détermine, au moyen de la géométrie descriptive, les lignes qui forment le contour de toutes les faces de chaque voussoir d'abord en projection, puis en vraie grandeur, en rabattant les faces qui sont planes et en développant celles qui sont développables, et alors on a tous les éléments nécessaires pour l'application du trait sur la pierre.

Quant à cette troisième opération, elle exige des détails qui ne peuvent être clairement exposés et bien compris que sur un exemple déterminé; nous aurons soin d'expliquer à la fin de chaque problème les procédés qu'il faut employer pour tailler les voussoirs.

Avant d'entrer en matière, nous allons donner quelques définitions nécessaires pour l'intelligence de ce qui va suivre.

Lit de pose. — On nomme *lit de pose* d'une pierre la face suivant laquelle elle doit être appliquée sur les pierres posées avant elle.

Assise. — On nomme *assise* une rangée de pierres d'égale hauteur; dans une même construction, plusieurs assises peuvent avoir la même hauteur, comme elles peuvent avoir des hauteurs différentes.

Parements. — On nomme *parements* celles des faces d'une pierre qui contribuent à former les surfaces du mur.

Parpaings. — Quand les pierres ont deux parements dans le sens de leur longueur, on les nomme *parpaings*.

Boutisses. — On appelle *boutisses*, des pierres dont les deux parements sont aux extrémités du même mur.

Carreau. — Si une pierre n'a qu'un parement, on la nomme *carreau*.

Mur droit. — On nomme *mur droit*, celui qui est compris entre deux plans verticaux parallèles entre eux.

Mur en talus. — Les *murs en talus* sont destinés à soutenir les terres pour empêcher leur éboulement.

Mur biais. — Un *mur biais* est compris entre deux plans verticaux qui ne sont pas parallèles entre eux.

Panneau. — On donne le nom de *panneau* aux figures découpées que l'on applique sur la pierre pour en tracer le contour; quelquefois on les fait en carton, mais on les fait en tôle lorsque l'on tient à conserver la régularité des profils.

Taille de la pierre par équarrissement. — La méthode par équarrissement consiste à préparer une pierre dont les faces, rectangulaires entre elles, deviennent des plans de projection sur lesquels on porte les traces des plans ou surfaces courbes qui doivent déterminer toutes les coupes.

PRINCIPALES FORMES DES MURS.

Mur droit.

La *fig.* 1, *Pl. X*, représente un mur droit projeté sur un plan perpendiculaire à sa longueur.

Toutes les pierres de ce mur sont des parallélipipèdes rectangles égaux entre eux.

Pour tailler cette pierre, on choisira un bloc suffisamment gros; on dressera une première face *abgh* (*fig.* 2, *Pl. X*); on en taillera une seconde de manière qu'elle fasse avec la première un angle droit; pour cela, l'ouvrier se servira d'une équerre en fer; puis on tracera les deux lignes *bg* et *bi* perpendiculaires à l'arête *ab*, lesquelles détermineront le parement *ibg*; de même le parement opposé sera déterminé par les deux lignes *ah* et *ak* menées perpendiculairement à *ab*. Enfin, en prenant les arêtes $hg = mn$, $hm = ak$ et $mk = ah$, il sera facile de tailler les deux dernières faces.

Mur en talus.

Les murs en talus (*fig.* 3 et 4, *Pl. X*) sont le plus souvent destinés à soutenir des terrains et à empêcher leur éboulement. On leur donne ordinairement plus de largeur à la base, surtout du côté opposé à la pression.

Pour tailler la première pierre du mur en talus (*fig.* 3), on dressera le lit de pose *fghi* (*fig.* 4) que l'on fera égal au rectangle F'G'HI qui est la projection horizontale de la pierre qu'on veut tailler; on taillera ensuite les deux faces *gfp*, *hiq* perpendiculaires au lit de pose. Puis, après avoir construit bien exactement un panneau en tôle représentant le profil de la pierre ABCDEFG, on l'appliquera sur la face *gfp* en faisant coïncider GF sur *gf*. On tracera sur cette face le contour *abcdefg*, et l'on fera la même opération sur la face opposée. Après quoi on abattra toutes les parties qui empêcheraient la règle de s'appuyer sur les contours de ces deux figures, et la pierre sera taillée.

Remarque. — Pour éviter l'angle aigu que la face du sol ou le lit de pose ferait avec la surface du sol, on peut, au point D, couper verticalement la partie de la pierre qui est au-dessous du sol, ou bien on peut encore augmenter la largeur de la pierre d'une quantité DE et tailler ensuite le plan vertical EF.

Mur biais.

Un mur biais est compris entre deux plans verticaux non parallèles (*fig.* 5 et 6, *Pl. X*). Par conséquent, les deux faces verticales du mur ne l'étant pas non plus, il faudra conduire les joints verticaux AB, FE jusqu'à une certaine distance de la face opposée du mur, pour éviter les angles aigus que feraient les coupes verticales perpendiculaires à l'une de ces faces avec l'autre, et l'on dirigera ensuite les coupes BC, ED perpendiculaires à cette face.

Pour tailler une de ces pierres, on dressera le lit de pose *mnpf* égal au rectangle MNPF qui renferme la projection horizontale de la pierre (*fig.* 6); puis on taillera la face *mff'm'* perpendiculairement au lit de pose de manière que *mm'* soit égal à la hauteur AR; on dressera encore la face *m'n'p'f'* perpendiculaire à la face *mff'm'* qui sera par conséquent parallèle au lit de pose. Puis, appliquant le panneau ABCDEF sur le lit de pose et sur la face qui lui est opposée, en faisant coïncider la ligne FE avec *fp* du lit de pose d'une part et avec la ligne *f'p'* de sa face opposée d'autre part, il ne restera plus, après avoir tracé le contour du panneau, qu'à abattre toutes les parties excédantes, et la pierre sera taillée.

Plate-bande.

On donne le nom de *plate-bande* à l'arête supérieure d'une porte ou d'une fenêtre lorsqu'elle est plane et horizontale (*fig.* 7, *Pl. XI*).

On appelle *pieds-droits* les deux murs verticaux sur lesquels pose la plate-bande.

Pour tailler les pierres d'une plate-bande, il faut d'abord construire le triangle équilatéral *agk*, puis diviser le côté *ag* en un nombre impair de parties égales de manière que l'une des parties ne soit d'une dimension ni trop faible ni trop forte. Par tous les points de division l'on mènera des droites telles que *ck*, qui représenteront les coupes suivant lesquelles on devra tailler les pierres de la plate-bande.

Claveaux. — On appelle ainsi les pierres qui composent la plate-bande. La tête du claveau est le polygone *abcdef* qui fait partie de la face du mur dans lequel la porte est percée.

Clef. — On nomme *clef* la pierre qui est au milieu de la porte.

Coupes. — On nomme *coupes* les faces inclinées suivant lesquelles les claveaux sont posés les uns contre les autres.

Intrados. — On appelle *intrados* la surface apparente qui forme le dessous de la plate-bande.

Sommiers. — On appelle *sommiers* les pierres qui forment la partie supérieure des pieds-droits et sur lesquelles s'appuie la plate-bande.

Pour empêcher le premier claveau de la plate-bande de glisser sur le sommier du pied-droit, on brisera la coupe *af* par le plan horizontal *fe*. On donne à cette coupe le nom de *crossette*; il est facile de voir que par cette disposition la partie *cdef* sera maintenue sur le sommier par la pression des pierres supérieures.

Pour éviter les angles aigus que les coupes feraient avec l'intrados, on fera par les points de division de l'intrados des coupes verticales, telles que *hm*, jusqu'à la rencontre d'une ligne horizontale *ln*; le reste des coupes sera dirigé vers le point *k*.

La taille de ces pierres ne présentera aucune difficulté. Ainsi, par exemple, pour celle représentée *fig. 8, Pl. XI* qui est le premier claveau à droite de la *fig. 7*, on découpera le panneau de tête *gnqrstuv* que l'on appliquera sur les faces opposées et parallèles d'une pierre dont la longueur doit être égale à l'épaisseur du mur dans lequel la porte est percée; puis on abattra toutes les parties excédantes, et la pierre sera taillée.

Mur circulaire.

Pour tracer un mur rond il faut, du centre C et avec les rayons CA, CB déterminés, décrire deux cercles concentriques; l'espace ABGF compris entre les deux arcs BG et AF pourra être considéré comme la projection horizontale d'un mur rond à base circulaire (*fig. 9 et 10, Pl. XI*).

Pour tailler une des pierres de ce mur, la pierre ABDE par exemple, il faudra préparer un parallélipipède d'une épaisseur égale à la pierre qu'on veut tailler; on appliquera ensuite sur les deux lits de pose le panneau horizontal *abde*, et, après en avoir tracé le contour, on abattra l'excédant de manière que la règle puisse s'appuyer sur le contour des deux panneaux. Mais il faut remarquer que pour les deux parties cylindriques, il faut que toutes les positions de la règle qui s'appuiera sur les deux contours soient parallèles entre elles; et pour cela on divisera les arcs ae et $a'e'$, qui sont les directrices du cylindre, en un même nombre de parties égales, et les points correspondants sur ces arcs détermineront les différentes positions de la règle.

Berceau cylindrique.

Le berceau cylindrique est une voûte qu'on emploie pour couvrir l'espace compris entre deux murs parallèles dont les projections horizontales sont M et N; on ne fait pas figurer les projections verticales de ces murs; la voûte n'est tracée qu'à partir du plan dont PQ est la trace verticale et qu'on nomme *plan de naissance*.

On nomme *intrados* ou *douelle* la surface cylindrique qui forme l'intérieur de la voûte; on appelle *extrados* la surface extérieure.

On appelle *cintre* la courbe qui détermine la forme de l'intrados. Chacune des pierres de la voûte se nomme *voussoir*, et la rangée horizontale de voussoirs qui repose sur le plan de naissance se nomme *retombée*. On appelle *joints* les faces suivant lesquelles les voussoirs se touchent. Le cintre doit toujours être partagé, autant que possible, en un nombre impair de parties égales; le voussoir du milieu s'appelle *clef* (*fig.* 11, Pl. XI).

Pour tailler un voussoir il faut, comme dans les exemples précédents, tracer le panneau *abcd* sur les deux faces opposées d'un parallélipipède capable de le contenir; on abattra ensuite l'excédant de manière que la règle puisse s'appuyer sur le contour des deux panneaux, en ayant soin de déterminer les positions parallèles de la règle pour les parties cylindriques (*fig.* 12, Pl. XI).

Remarque. — Dans un mur droit, le lit de carrière d'une pierre doit être placé perpendiculairement à la direction suivant laquelle agit la pression, c'est-à-dire dans le plan horizontal, parce que la pression des pierres supérieures est verticale; mais dans les berceaux, les voussoirs agissent comme des coins qui tendent à écarter les pierres adjacentes : aussi faudra-t-il autant que possible placer le lit de carrière parallèlement à ces faces, ou bien encore parallèlement à l'une des deux faces latérales du voussoir.

Porte dans un mur biais.

Le trapèze $ahh'a'$ (*fig.* 13, Pl. XI) représente l'ouverture d'une porte percée dans un mur dont les deux faces verticales pq et $p'q'$ ne sont pas parallèles entre elles.

Faisons la projection verticale de la porte sur un plan perpendiculaire à son axe; puisque le cylindre d'intrados a pour directrice le demi-cercle ADH, la pénétration dans la face du mur dont pq est la trace horizontale (*fig.* 14, Pl. XI), sera un demi-cercle égal au cintre, et elle se projettera horizontalement par la droite ah. La pénétration dans la face $p'q'$ sera une demi-ellipse projetée horizontalement par $a'h'$, et comme cette courbe fait partie du cylindre d'intrados, sa projection verticale se confondra avec la courbe ADH. Pour faire l'appareil, il faut remarquer que la section par le plan vertical pq, étant perpendiculaire aux génératrices du cylindre qui forme l'intrados, sera la section droite de ce cylindre, et que cette courbe étant parallèle au plan vertical de projection, elle sera projetée sur ce plan en vraie grandeur; et si l'on porte les arcs AB, BC, CD, etc., à la suite les uns des autres sur la droite A′ H′ (*fig*. 15, *Pl. II*), on aura le développement de la courbe ADB. Les droites A′ A″, B′ B″, C′ C″, etc., perpendiculaires à A′ H′, représenteront dans le développement les génératrices d'intrados. Leurs longueurs sont déterminées par la projection horizontale de la porte; ainsi l'on a

$$A' A'' = aa', \quad B' B'' = bb', \quad C' C'' = cc', \ldots,$$

et, par suite, la figure A′ H′ H″ A″ sera le développement de l'intrados.

Pour tailler l'une des pierres, EFOLKI par exemple, il faudra construire le panneau de douelle E′ F′ F″ E″ en carton ou en toute autre matière flexible, puis on l'appliquera dans la partie cylindrique de la pierre, en faisant coïncider l'arc E′ F′ de la section droite avec l'arc correspondant à la face de tête; puis, appuyant légèrement sur le panneau, on lui fait prendre la courbure de la pierre, et l'on tracera dans la douelle l'arc correspondant à la face biaise.

Il faudra ensuite construire dans leur vraie grandeur les panneaux de joints provenant des coupes EI et FO, et l'on appliquera ces panneaux à droite et à gauche sur les deux faces adjacentes à la douelle, ce qui suffira pour déterminer la coupe oblique.

La construction de ces panneaux de joints ne présente aucune difficulté. Ainsi, pour celui qui coupe la douelle suivant l'arête cc', on prendra sa largeur EI que l'on portera sur A′ H′ de E′ en I′, puis on construira la droite I′ I″ égale à ce'; il n'y aura plus qu'à tracer le quatrième côté qui sera E″ I″. Il est évident que tous les panneaux de joints se construiront de la même manière.

On voit sur l'épure que l'on a supposé que chaque panneau de joint avait tourné autour de l'arête d'intrados pour se rabattre sur le développement de la douelle.

Il est bien entendu que nous avons supposé dans ce qui précède que l'appareilleur avait fait préalablement son épure suivant la grandeur d'exécution et sur un mur dont la face avait été dressée avec soin.

Berceau biais pénétrant dans un mur.

La *fig*. 16, *Pl. XII*, représente la section droite d'un berceau pénétrant dans un mur compris entre les deux plans verticaux TZ, T′Z′, l'extrados du berceau est prolongé jusqu'au plan vertical TZ, et pour l'épaisseur du mur on adopte l'appareil de la *fig*. 17 qui représente la face T′ Z′ du mur, rabattue sur le plan horizontal. Les arêtes du berceau étant prolongées jusqu'au plan vertical T′ Z′ donneront tous les points de la pénétration, dont la courbe est une demi-ellipse. Les coupes des joints dans la *fig*. 17 étant dirigées vers le centre de l'ellipse ne seront pas des normales à la courbe : si l'on voulait satisfaire à cette condition, dans l'appareil extérieur, les plans des joints ne seraient plus perpendiculaires à l'extrados du berceau. Les coupes Z i'', Z′ i''' perpendiculaires aux faces du mur ont pour but d'éviter les angles aigus.

Pour tailler une des pierres de ce berceau, la pierre de la seconde assise à gauche par exemple, il faut à la distance de la plus grande hauteur de la pierre dresser deux faces parallèles suivant le contour du panneau horizontal $fyZi''i'''Z'f'$ (*fig.* 17), puis construire un second panneau FIKLMNG (*fig.* 16) que l'on appliquera sur la face verticale fy correspondante à la section droite du berceau. On construira pareillement un troisième panneau F'I'K'L'M'N'G' (*fig.* 17) que l'on appliquera sur la face oblique $f'Z'$ du mur, puis on abattra toute la pierre excédante. Il ne restera plus qu'à faire disparaître la petite portion d'extrados xIKx'I'K' (*fig.* 19); pour cela on prendra le panneau de joint F,I,I,,X,X,,F, (*fig.* 18), que l'on portera sur la face correspondante de la pierre (*fig.* 19); enfin, joignant X'L' et prenant KK' égal à XX', toutes les coupes seront déterminées.

La *fig.* 18, qui représente le développement de la douelle et les panneaux des joints, devra être construite absolument comme il a été démontré pour la porte dans un mur biais.

Pour tailler la clef, on appliquera les panneaux EDOP et E'D'O'P' sur les faces correspondantes à la section droite du berceau et à la surface du mur; puis, après avoir abattu la pierre suivant le contour de ces deux panneaux, on portera les panneaux de joints à droite et à gauche de la douelle, puis on taillera l'extrados du berceau perpendiculairement au plan de la section droite en suivant le contour de l'axe QR ou s'arrêtant au plan vertical Q'R'P'O', ou bien on taillera suivant la droite O'P' un petit plan vertical sur lequel on placera le panneau O'P'R'Q', et les deux courbes QR, Q'R' seront les directrices de la surface cylindrique formant l'extrados du berceau (*fig.* 20, *Pl. XII*).

Berceau en descente.

On appelle *berceau en descente* ou *berceau rampant* celui qui est incliné par rapport au plan horizontal. Si la voûte a peu d'étendue, on peut la construire comme un berceau ordinaire s'appuyant sur deux murs rampants dont les assises supérieures formeraient de chaque côté la première retombée de la voûte; mais lorsqu'un berceau est destiné à recouvrir un escalier principal, il y aurait inconvénient à appuyer une masse de pierres considérable sur des plans inclinés, sans prendre aucune précaution pour empêcher cette masse de glisser, ou de fatiguer par son poids la voûte à laquelle elle viendrait aboutir. Nous allons donc indiquer les moyens d'éviter d'aussi graves inconvénients.

Supposons que la section verticale de la descente soit un demi-cercle dont le rayon soit AI (*fig.* 21, *Pl. XII*), on tracera les voussoirs sur ce demi-cercle, on déterminera ensuite l'extrados comme il a été indiqué précédemment, puis on construira la projection de la descente sur un plan parallèle à sa direction (*fig.* 22, *Pl. XII*).

Supposons, pour mieux concevoir l'appareil, que l'épaisseur du mur soit partagée en deux parties par un plan vertical Xy (*fig.* 21, *Pl. XII*) parallèle à la descente. Alors la partie intérieure suivra l'inclinaison du berceau et appartiendra aux premières retombées de la voûte, et la partie extérieure restera appareillée horizontalement et disposée pour recevoir les assises supérieures du mur. Ainsi les pierres seront pour ainsi dire doubles (*fig.* 23, *Pl. XII*) et comme si l'on avait collé ensemble une pierre du berceau avec la pierre correspondante du mur. On voit au simple coup d'œil que cet appareil doit nécessairement empêcher les claveaux de glisser; mais elle exige de la complication dans les coupes et une difficulté non moins grande dans la pose.

Pour que les coupes soient perpendiculaires à la direction de la descente, il faut faire les joints de la première assise par les points où les lits horizontaux du mur rencontrent la ligne de naissance de la voûte. Quant aux pierres de la seconde retombée, il faut tâcher que le centre du rectangle KNPQ (*fig.* 24, *Pl. XII*), qui représente la partie rampante de la pierre, soit le plus près possible du centre du rectangle RSTV, qui appartient à l'assise horizontale du mur, et avoir soin que les joints du mur et ceux du berceau soient espacés de manière à former une bonne liaison.

La section du berceau par un plan ML perpendiculaire à sa direction a été ramenée dans la position verticale ML', puis rabattue sur l'épure (*fig.* 26, *Pl. XII*).

Pour tailler une des pierres de la première assise, il faut dresser le lit horizontal et deux faces verticales, éloignées l'une de l'autre d'une quantité HB' (*fig.* 26, *Pl. XII*), qui est la plus grande épaisseur de la pierre; appliquer ensuite le panneau de projection verticale (*fig.* 25, *Pl. XII*) et abattre la pierre en suivant le contour de ce panneau.

On fera ensuite le plan de tête M *l* perpendiculaire à la direction du berceau, et l'on appliquera sur ce plan et sur son opposé le panneau correspondant donné par la *fig.* 26, *Pl. XII*, et l'on aura ainsi le moyen de tailler facilement la partie rampante de la pierre.

On emploiera les mêmes procédés pour la taille des pierres de la seconde assise.

Les claveaux des assises supérieures se tailleront comme pour un berceau ordinaire, en se servant des panneaux de tête donnés par la *fig.* 25, *Pl. XII*.

Remarque. — Pour empêcher les claveaux de glisser, on pourrait conserver sur la face du joint une partie saillante qui s'emboîterait dans une entaille de même forme que l'on ferait sur la face de joint de la pierre adjacente, mais on ne pourrait faire emboîter l'une dans l'autre les parties correspondantes, qu'en avançant la pierre elle-même dans une direction inclinée, ce qui serait contraire au principe de levage. Il vaudra donc mieux, pour éviter cet inconvénient, faire la petite console dans la position horizontale projetée *fig.* 27, *Pl. XII*, ce qui donnera au poseur la facilité de faire descendre sa pierre dans une direction verticale; mais alors il faudra avoir soin de conserver aux panneaux de tête le petit trapèze *pq* qui est la projection de la saillie sur le plan de la section droite ML.

Du reste, il est facile de voir que ces coupes compliquées augmentent le travail de la taille, le déchet de la pierre et la difficulté de la pose. Il est donc préférable, quand cela sera possible sans danger, d'adopter une coupe simple parfaitement plane et identique pour les deux faces qui doivent s'appliquer l'une sur l'autre.

Descente biaise.

On dit qu'une descente est biaise lorsque les murs qui forment les pieds-droits de la voûte ne sont pas perpendiculaires au mur dans lequel se fait la pénétration.

La *fig.* 29, *Pl. XIII*, représente la projection horizontale de l'espace qu'on doit couvrir par un berceau rampant.

La *fig.* 30, *Pl. XIII*, est la pénétration dans l'une des faces verticales du mur.

La *fig.* 31 représente la projection sur un plan perpendiculaire à la longueur du mur.

Les divers points de la *fig.* 31 sont projetés sur la trace horizontale du plan CD (*fig.* 29), et sont ramenés à leur place en tournant autour de la verticale qui passe par le point C; par conséquent, il sera facile de construire la projection horizontale; mais, comme le berceau est incliné par rapport aux deux plans sur lesquels nous avons projeté les *fig.* 29 et 31, il en résulte qu'aucune de ces deux projections n'est capable de faire connaître les véritables grandeurs des arêtes qui n'y sont projetées qu'en raccourci; donc ces deux projections ne suffisent pas pour tailler la pierre.

Nous avons, en conséquence, construit une projection auxiliaire de la descente sur un plan vertical parallèle à sa direction. Cette projection rabattue (*fig.* 32) a pu se construire facilement. En effet, par tous les points de la *fig.* 29, si l'on mène des perpendiculaires à la trace du plan FF', et que l'on porte pour chaque point sur la perpendiculaire qui lui correspond la hauteur donnée par la *fig.* 31, la projection (*fig.* 32) étant parallèle à la descente donnera toutes les longueurs dans leurs véritables dimensions.

Pour avoir les largeurs, on coupera la descente par un plan EF perpendiculaire à sa direction, et faisant tourner ce plan autour de sa trace horizontale, on obtiendra la *fig.* 33 qui donnera pour chaque pierre la section perpendiculaire aux arêtes.

On pourra aussi construire la *fig.* 34 comme nous l'avons indiqué précédemment, et l'on obtiendra le développement de la douelle et de la figure de chaque panneau de joint.

Taille de la pierre. — Supposons que la descente permette de tailler chaque pièce d'un seul morceau; pour tailler le voussoir A, par exemple, il faudra équarrir un parallélipipède ayant pour base le rectangle *abdc* (*fig.* 33) et pour longueur la ligne XP (*fig* 29), XP est la plus grande dimension de la pierre; on appliquera le panneau de tête A' (*fig.* 33); puis, au moyen de panneaux de douille et de joints (*fig.* 34), il sera facile de tracer toutes les coupes, et de tailler la pierre.

Si la descente était trop longue pour permettre de tailler chaque pièce d'un seul morceau, on ferait, à des distances convenables, des coupes perpendiculaires à la largeur, et l'on appliquerait sur ces faces les panneaux provenant de la *fig.* 33.

Arrière-voussure de Marseille.

Dans un mur terminé par les deux plans verticaux A'B' et R'N' (*fig*. 37, *Pl. XIV*), on veut pratiquer une porte dont la première partie sera voûtée en berceau, et aura pour section droite le demi-cercle AGB tracé dans le plan de tête A'B'. Cette portion de voûte se trouve projetée horizontalement sur le rectangle A'A"B"B', et les faces verticales A'A", B'B" forment ce qu'on appelle *le tableau*. En deçà, on fait éprouver aux pieds-droits dans toute leur hauteur une retraite qui produit un renfoncement rectangulaire A"C"C' nommé la feuillure, et destiné à recevoir les vantaux qui fermeront la baie de la porte. Cette feuillure est recouverte par un petit cylindre ayant pour section droite le demi-cercle CYD, et projeté sur le rectangle C'C"D"D'. Ensuite, les pieds-droits vont en divergeant, et sont terminés par les deux plans verticaux C'R', D'N' qui l'on nomme *faces d'ébrasement :* il convient de leur donner une largeur D'N' au moins égale à D'Y' qui est celle du vantail ; mais comme ce dernier aura ici la forme d'un rectangle surmonté d'un quart de cercle à très-peu près égal à DY, on voit que, pour qu'il puisse tourner librement, il faudra exhausser l'intrados qui recouvrira l'intervalle compris entre les faces d'ébrasement, et c'est à cette dernière partie de voûte que l'on donne spécialement le nom d'*arrière-voussure*.

Pour en former la douelle, prenons la montée YQ de la voussure égale environ au tiers ou à la moitié de Y'Q', et sur le plan de tête R'N' décrivons un arc de cercle RQN, avec un rayon Qω arbitraire, mais assez grand pour que les points R, N, où cet arc ira rencontrer les arêtes verticales de l'ébrasement, soient plus élevés que le sommet Y de la feuillure ; puis imaginons une surface gauche engendrée par une droite mobile qui s'appuierait constamment : 1° sur l'axe horizontal (O, O'Y'Q') de la porte ; 2° sur le cercle de feuillure (CYD, C'D') ; 3° sur l'axe de tête (RQN, R'Q'N'). On obtiendra les génératrices de cette surface en menant des plans quelconques par l'axe de la porte ; ainsi celui qui passera par le point (N, N') par exemple, aura pour trace verticale le rayon ON, et comme il coupera le cercle de la feuillure en (F, F'), la droite (NFO, N'F'O') remplira les conditions énoncées ci-dessus. De même le plan O*gp* fournira la génératrice (*gp, g'p'*), et ainsi des autres.

Toutefois, puisque la directrice RQN est terminée aux points R et N, la portion de surface ainsi engendrée se trouvera limitée par les génératrices (NF, N'F') et (RI, R'I'), de sorte qu'elle ne recouvrira pas tout l'espace qui est projeté sur le trapèze R'C'D'N' : c'est pourquoi on devra compléter la douelle en ajoutant à la directrice RQN une nouvelle branche ND tracée sur la face d'ébrasement, et choisie de manière à remplir la condition précédente.

Rabattons donc la face d'ébrasement D'N' sur le plan vertical, le point (N, N') se transportera en N", et le contour du vantail sera représenté par le quart de cercle D*u*Y" égal à DY. Alors il faudra que l'axe d'ébrasement que nous cherchons en vraie grandeur passe par les points D et N" et qu'il embrasse le quart de cercle D*u*Y" en le touchant au point D, conditions qui pourraient être remplies par un arc de cercle tangent à la verticale DL et passant par le point N". Mais il faut, en outre, que cette seconde surface gauche se raccorde parfaitement avec la première tout le long de la génératrice (NFO, N'F'O') qui leur sera commune, afin d'éviter que l'intrados ne présente en cet endroit une brisure choquante à la vue ; auquel cas les surfaces ne se toucheraient pas en trois points de la droite (NFO, N′F′O′) ; or cette condition de contact est évidemment remplie aux points (OO′) et (FF′), puisque les lignes directrices sont les mêmes pour les deux surfaces. Il ne resterait donc qu'à faire en sorte que le contact ait lieu aussi au point (N, N′) ; si cela n'avait pas lieu, on pourrait se contenter, dans la pratique, de faire un raccordement dans la pierre avec la règle et le ciseau, ou bien souvent même au moyen d'un simple grattage.

D'ailleurs, si l'on veut construire l'arc d'ébrasement D u N″, il suffira de décrire un arc de cercle qui touche la verticale DL en D, et la droite LN″ en un point q situé nécessairement à la distance L q = LD ; alors cet arc D q, joint à la partie rectiligne q N″, formera l'arc d'ébrasement demandé.

Connaissant le rabattement de l'arc d'ébrasement D u N″, on pourra en déduire la projection DN du même arc ramené dans le plan vertical D′N′ ; car un point quelconque m″ décrira un arc de cercle horizontal qui se terminera en m′, et ce dernier point étant projeté en m sur l'horizontale menée par m″, fournira un point de la projection cherchée DmN. Ce résultat devra être porté à droite pour former la courbe CR, et la douelle totale de l'arrière-voussure sera décrite par une droite assujettie à glisser constamment sur la ligne discontinue CRQND, sur le cercle de feuillure (CYD, C′D′) et sur l'axe (O, O′Y′) de la porte.

Divisons maintenant la voûte en voussoirs au moyen de plans de joints conduits par l'axe (O, O′Y′) de la porte et par les points EGHK pris à égales distances sur le cintre principal du berceau, puis terminons les faces de joints projetées sur EM, GP aux lignes horizontales qui séparent les assises du mur.

S'il faut diviser en plusieurs parties un même cours de voussoirs comme celui qui est projeté sur EMZPG, on emploiera des plans sécants verticaux tels que C′D′ et $α$′ 6′ $γ$′X′. Ce dernier coupe l'intrados suivant la courbe $α6γ$X, laquelle se construit en remarquant que la trace du plan sécant rencontre les projections horizontales des génératrices de la douelle gauche aux points $α$′, 6′, $γ$′, etc., que l'on projette en $α$, 6, $γ$, etc. ; quant au point X, on l'obtient en partageant l'intervalle YQ dans le rapport des deux parties X′Y′ et X′Q′ de la projection horizontale ; mais il faudra faire alterner successivement les joints produits par les deux plans verticaux $α$′X′ et C′D′.

Pour tailler la pierre, nous admettrons ici que le voussoir projeté verticalement sur EMZPG se prolonge tout d'une pièce entre les plans verticaux A′B′ et R′N′. Pour cela, il suffit de connaître les panneaux des faces de joint, attendu que ces faces sont perpendiculaires aux deux têtes du voussoir. Rabattons le joint supérieur GP autour de l'axe (O, O′Y′) de la porte, les côtés de ce joint qui répondent au tableau et à la feuillure, et qui sont projetés sur G′G″ g″ g′, viendront évidemment coïncider avec B′B″D″D′. Ensuite, le plan de joint aura coupé la douelle gauche suivant une ligne (gp, $g'p'$), nécessairement droite d'après le mode de génération de cette surface ; or, en se ra-

I.

battant, le point (p, p') ne sortira pas du plan vertical $R'N'$ et il restera à une distance constante de l'horizontale G qui est actuellement
confondue avec $B'B''b''$; donc il suffira de prendre la distance
$b''p_2 = Gp$ et de tirer la droite $D'p_2$. Enfin, on fera $p_2P_2 = pP$ et,
en tirant P_1P_2 perpendiculaire au plan de tête, on aura le contour
$B'B''D''D'p_2P_2P_1$ pour le panneau du joint supérieur GP.

Quant au joint inférieur FN, la première partie de son contour
coïncidera évidemment avec $B'B''D''D'$. Ensuite, ce plan coupera
successivement la douelle gauche et la face verticale de l'ébrasement
suivant deux droites $(em, c'm')$ $(mn, m'N')$. Mais il importe de trouver avec précision le point m au moyen d'une construction directe.
Le plan de joint EM rencontrant les deux verticales $D'D$ et MM' de
l'ébrasement aux points d et n, si l'on rabat ce dernier en n'', la
section faite dans cette face par le point EM deviendra dn'', et dès
lors cette droite coupera l'arc d'ébrasement rabattu DuN'' au point
m'' qui déterminera le point cherché m. D'ailleurs, si l'on projette m''
sur le plan horizontal et qu'on ramène cette projection sur $D'N'$ au
moyen d'un arc de cercle terminé en m', la droite $b'm'$ sera la trace
d'un plan de front d'où le point (mm') ne sortira pas en se rabattant
sur le plan horizontal; donc, en prenant les distances $b'm_2 = Em$,
$b''n_2 = En$, les deux droites cherchées deviendront $D'm_2$ et m_2n_2.
Enfin, la largeur totale EM du joint qui nous occupe étant portée de
b'' en M_2, le panneau de cette face sera représenté par $B'B''D''D'$
$m_2n_2M_2M_1$.

Après avoir choisi un bloc capable du voussoir en question, c'est-
à-dire un prisme qui aurait pour base $E_1M_1Z_1P_1G_1$ (*fig.* 39,
Pl. XIV), et pour longueur la distance des deux plans de tête $A'B'$ et
$R'N'$, on dressera une face plane sur laquelle on appliquera le panneau
$E_1M_1Z_1P_1G_1$, ayant soin de le tourner de manière que GP, côté du
joint, corresponde à peu près au lit de carrière. Par le côté G_1P_1 on
conduira un plan d'équerre sur la face de tête et l'on y appliquera
le panneau $B'B''D''D'p_2P_2P_1$ représenté, sur la *fig.* 39, par $P_1P_2p_2$
$g_1g_2G_2G_1$ et trouvé sur l'épure pour le joint supérieur. Semblablement, on appliquera sur la face opposée le panneau du joint inférieur
$B'B''D''D'm_2n_2M_2M_1$. Dès lors les deux faces planes $P_1Z_1Z_2P_2$ et
$M_1Z_1Z_2M_2$ seront bien faciles à exécuter, puisque ce sont deux rectangles dont on connaît déjà deux côtés. Ensuite, par les deux droites
connues P_1Z_1 et ZM et d'équerre sur les deux faces précédentes, on
conduira un plan sur lequel on tracera le contour identique avec la
tête de voussoir $P_2p_2N_2n_2M_2Z_2$ marquée sur le plan vertical de l'é-
pure; puis, suivant les deux faces $N_2n_2n_2M_2$, on exécutera une petite
face plane que l'on prolongera en fouillant jusqu'à la courbe N_2m_1 qui
se déterminera en appliquant sur cette face une cerce découpée suivant
la forme $N_2m_1n_2$, car cette dernière figure représente la vraie grandeur de la face du voussoir qui est projetée sur $N_2m_1n_2$.

Cela fait, on exécutera la douelle cylindrique au moyen d'une
cerce ayant la courbure de l'arc GE, laquelle devra être promenée
sur les deux droites G_1G_2 et E_1E_2 avec le soin de l'appuyer sur des
points qui soient deux à deux à égale distance de G_1E_1, et cette face
cylindrique se prolongera jusqu'à ce que le cercle mobile arrive aux

points $G_2 E_2$, position dans laquelle on marquera la courbe $G_2 E_2$ au moyen de cette même cerce. Alors il sera bien facile de tailler le recouvrement $G_2 E_2 g_2 e_2$, ainsi que la feuillure cylindrique $g_2 c_2 e_1 g_1$, soit en recourant à une cerce découpée suivant la courbure de l'arc ge sur l'épure, soit en se servant tout simplement d'un calibre rectangulaire identique avec le contour $B'' D'' D'$.

Arrivé à ce point, on connaîtra tout le contour de la douelle gauche $p_2 g_1 e_1 m_1 N_2$, et pour tailler cette face il suffira de promener sur ce contour l'arête d'une règle, avec le soin de la faire passer en même temps par deux points de repère qui correspondent à une même génératrice. Or sur l'épure ces repères s'obtiendront en tirant des droites quelconques qui concourent au point O, et ensuite on transportera aisément ces points sur la pierre.

Biais-passé.

Il s'agit de recouvrir par une voûte un passage biais pratiqué dans un mur droit, c'est-à-dire que ce mur est terminé par deux plans verticaux parallèles AB, C′D′ (*fig.* 35, *Pl. XIII*), tandis que le passage est compris entre les deux plans verticaux AC′, BD′ parallèles entre eux, mais obliques aux premiers.

Nous choisirons pour plan horizontal le plan de naissance, et pour le plan vertical de projection l'un des plans de tête AB, puis nous figurerons les cintres apparents de la porte avec deux demi-cercles décrits sur les diamètres AB et C′D′. Nous pouvons former l'intrados avec un cylindre engendré par la droite BD′ qui se mouvrait sur ces deux cercles en restant toujours parallèle à sa position primitive. Mais alors nous ne conduirons pas les plans de joint suivant des génératrices de ce cylindre, parce que le poids de chaque voussoir étant décomposé en deux forces, l'une perpendiculaire, l'autre parallèle au joint, cette dernière se trouverait, par suite du biais, non parallèle à la face de tête : cette force produirait donc une composante perpendiculaire au mur, laquelle pousserait au vide et tendrait à faire glisser les voussoirs horizontalement. Pour éviter cet inconvénient, menons par le centre O′ du parallélogramme fermé par les pieds-droits une ligne OO′ perpendiculaire aux plans de tête, et conduisons par cette ligne tous les plans de joint. De cette manière les joints ne seront pas normaux à la douelle, mais ils le seront aux faces de tête. Ainsi, après avoir tracé du centre O, et avec un rayon suffisamment grand, une demi-circonférence, nous la diviserons en un nombre impair de parties égales, et les divers plans de joint seront EOO′, ZOO′, que nous prolongerons jusqu'à la rencontre des assises horizontales du mur, et de cette manière chaque voussoir sera projeté verticalement sur un polygone tel que TKEXZ.

Pour obtenir les arêtes de douelle ou les intersections des joints avec l'intrados, lesquelles sont déjà projetées verticalement sur les droites KF, TI, menons divers plans sécants M′P′, N′G′ parallèles aux faces de tête. Ces plans couperont le cylindre suivant des cercles ayant pour diamètre MP, NG et qui rencontreront la projection KF en des points H, G; donc en projetant ces derniers sur M′P′ et N′G′, on aura autant de points H″, G″ de l'ellipse F′G″H″K′ qui représente la projection horizontale de la première arête de douelle ; la suivante I′L′S′T′ s'obtiendra de la même manière, et ainsi des autres.

Lorsque l'épaisseur du mur sera trop grande pour qu'on puisse former d'une seule pierre toute la longueur d'une assise, on pourra faire servir les plans sécants M′P′, N′G′ à diviser une même assise en plusieurs voussoirs partiels, mais on devra alterner les joints verticaux ; c'est-à-dire qu'il faudra employer le plan sécant N′G′ pour diviser la première, la troisième, la cinquième assise, et se servir du plan M′G′ pour la deuxième et la quatrième, ainsi que cela est indiqué sur l'épure par le changement de ponctuation.

Pour tailler le voussoir TKEXZ, il faut connaître en vraie grandeur les deux faces de joints KE, TZ. Pour cela, rabattons le plan EOO′ autour de sa trace horizontale OO′, et alors les points F, G, H, K se transporteront évidemment en F″, G″, H″, K″, de sorte que le panneau de joint sera

$$QF''G''H''K'Q'.$$

On trouvera de même que le panneau du joint supérieur TZ est

$$RI''L''S''T''R'.$$

Cela fait, on choisira un bloc capable de contenir le prisme droit qui aurait pour base TKEXZ et pour longueur QQ′, on dressera une face plane sur laquelle on appliquera le panneau TKEXZ ; puis par le côté KE on fera passer un plan d'équerre sur cette tête de voussoir, et l'on y appliquera le panneau du joint inférieur QF″G″H″K″Q′ ; de même par le côté TZ on conduira un plan d'équerre sur la tête de voussoir et l'on y appliquera le panneau de joint supérieur RI″L″S″T″R′. Alors on connaîtra sur la pierre les deux côtés FE, IZ appartenant à la seconde tête de voussoir, ce qui permettra de tailler cette face plane d'équerre sur les deux joints déjà exécutés, et l'on y tracera le contour IEFXZ. Quant à la douelle TKFI, on exécutera cette face cylindrique au moyen de la règle qu'on appliquera sur des points de repère correspondants à une même génératrice.

Corne-de-vache.

Conservons toutes les données du problème précédent, et adoptons pour l'intrados une surface gauche engendrée de la manière suivante : par le centre u' du parallélogramme ABD′C′ que forment les pieds-droits, menons une droite uu' perpendiculaire au plan de tête ; puis assujettissons une droite mobile à s'appuyer constamment sur cet axe uu' et sur les deux cercles ATB (CTD, D′C′) (*fig.* 36, *Pl. XIV*). On déterminera la position de cette génératrice en menant par uu' un plan quelconque Puu' ; il coupera les deux cercles directeurs aux points (P, P′) (M, M′), et en joignant ces points par une droite (PM, P′M′), celle-ci remplira évidemment toutes les conditions assignées pour la surface. De même le plan Suu' fournira la génératrice (IL, I′L′), et quand il s'agira du plan vertical uu', qui passe évidemment par le point T où se coupent les projections verticales des deux cercles, la droite mobile, s'appuyant sur deux points de ces cercles qui se trouveront à la même hauteur, sera elle-même horizontale et parallèle à uu' qu'elle n'ira plus rencontrer qu'à l'infini.

Par les raisons énoncées dans le problème précédent, nous conduirons tous les plans de joint par l'axe uu' et par des points de division marqués en nombre impair sur la circonférence SQQ' décrite du centre u avec un rayon suffisamment grand : il en résultera que les arêtes de douelle ou les intersections de ces joints avec l'intrados seront les droites (PM, P'M') (IL, I'L'), ce qui sera plus commode à exécuter sur la pierre que les arcs d'ellipse très-allongés de la solution précédente; et chacun des voussoirs sera encore projeté verticalement sur un polygone tel que LMQRS.

Pour obtenir les panneaux de joint, on rabattra le plan Quu' autour de sa trace horizontale $u'u$, le point (P, P') se transporte en P", le point (M, M') en M", et le trapèze Q'P"M"Q" représente la véritable forme du joint MQ; de même le joint IL se rabattra suivant le trapèze Q'I"J"K"L"Q", et cela suffit pour tailler le voussoir, sans recourir aux panneaux de douelle qui ne sont pas développables.

En effet, après avoir choisi un bloc capable de contenir le prisme droit qui aurait pour base LMQRS et pour longueur Q'Q", on dressera une face plane sur laquelle on appliquera le panneau LMQRS, puis par le côté MQ on fera passer un plan d'équerre avec la tête du voussoir; on appliquera sur ce plan le panneau Q'P"M"Q" qui est celui du joint inférieur; de même par le côté LI on conduira un plan d'équerre sur la tête du voussoir, et l'on y appliquera le panneau Q'I"L"Q" du joint supérieur. On connaîtra alors sur la pierre deux côtés PQ, IS appartenant à la seconde tête du voussoir, ce qui permettra de tailler cette face plane d'équerre sur les deux joints déjà exécutés, et l'on y tracera le contour SIPQR. Quant à la douelle dont le contour LMPI est connu, c'est une surface gauche, il est vrai, mais, puisqu'elle admet une droite pour génératrice, on emploiera une règle qu'on aura soin d'appliquer, non pas sur deux points du contour LMPI, mais sur deux points qui correspondent bien à une même position de la génératrice de la surface. Or sur l'épure ces points de repère s'obtiennent en tirant des droites qui convergent vers le point u; donc il n'y a plus qu'à transporter sur la pierre les points α et 6, α_1 et 6_1, α_2 et 6_2, ce qui n'offre aucune difficulté.

Ponts biais.

Dans les voûtes circulaires droites, c'est-à-dire celles où la génératrice fait constamment un angle droit avec les plans verticaux des têtes du pont, la division de la voûte en assises se fait par des lignes droites qui sont des génératrices de cylindre, et la division d'une assise en voussoirs se fait par des arcs de cercle résultant de l'intersection du cylindre avec des plans verticaux parallèles aux têtes : ces deux séries de lignes, qui sont celles de plus grande et de moindre courbure, se coupent à angle droit et sont, par leur forme même, la ligne droite et le cercle, les plus faciles à tracer que l'on puisse rencontrer. Les surfaces de joint qui doivent être des surfaces normales au cylindre, passant par les deux séries de lignes qui divisent la voûte en assises et les assises en voussoirs, sont d'ailleurs des plans. Il résulte de là que les dispositions les meilleures pour la stabilité de la voûte sont en même temps les plus simples quant à son appareil; le travail du tailleur de pierre et du poseur se réduit à ce qu'il y a de plus élémentaire.

Mais quand la génératrice du cylindre ne fait plus constamment un angle droit avec les plans des têtes, c'est-à-dire que les ponts sont biais, la question se complique. Car, en appliquant à ces ponts un système d'appareil analogue à celui des ponts droits, chaque voussoir aurait en douelle deux angles aigus et deux angles obtus; or ces angles n'étant pas capables d'une égale résistance, il en résulterait que dans la pression que les voussoirs exercent les uns contre les autres, les angles aigus qui offrent la moindre résistance seraient exposés à éclater. Cet appareil ne pourrait donc être employé que pour des ponts peu biais et dans des cas très-particuliers : il faut donc chercher d'autres systèmes pour le cas général.

L'effet du tassement d'une voûte produit une contraction dans l'intrados, et M. Lefort, ingénieur des ponts et chaussées, a démontré que *la plus grande contraction s'opérait suivant la section du plus petit diamètre que l'on puisse tracer sur la surface de la voûte dans la partie supérieure à ses joints de rupture.* La poussée qui tend à renverser la voûte et ses culées est dirigée aussi suivant cette section.

Pour les ponts droits, les poussées se font dans des plans parallèles aux têtes et se reportent par conséquent normalement sur les culées ; dans les ponts biais, au contraire, la contraction se faisant dans le plan de la section de moindre diamètre, la plus grande portion de la poussée doit se reporter sur les angles aigus des culées qui sont précisément les plus faibles : il faut donc concevoir l'appareil de manière à ramener le plus possible les poussées dans le sens parallèle aux têtes, puisque c'est dans ce sens que les culées offrent le plus de résistance.

Si donc on conçoit par la pensée la voûte partagée en un nombre infini de zones par des plans verticaux parallèles aux têtes, on voit qu'à cette limite la diagonale de chaque zone se confond avec le côté, et devient parallèle à la tête ; que chaque zone infiniment petite peut être considérée comme une voûte droite, et que dès lors l'équilibre d'une voûte biaise serait ramené à celui d'une infinité de petites voûtes droites ayant pour base la courbe de tête de la voûte biaise. Ainsi dans les ponts biais, le système des lignes d'appareil peut être composé, d'une part, des courbes d'intersection du cylindre par des plans verticaux parallèles aux têtes, et de l'autre, de courbes qui couperaient celles-ci à angles droits ou qui seraient leurs trajectoires orthogonales. Cet appareil a reçu le nom d'*appareil orthogonal parallèle.*

Outre le tassement vertical que ces ponts ont de commun avec les ponts droits, ils offrent, lorsqu'on les décintre, un mouvement particulier fort intéressant à connaître. Si l'on conçoit deux lignes AB, A′B′ représentant les traces sur un même plan horizontal de deux plans verticaux perpendiculaires aux culées et situées à une certaine distance des lignes ED, E′D′ (*fig*, 43, *Pl. XVI*) qui représentent les traces des plans de tête sur un plan parallèle aux naissances mené au niveau des joints de rupture, la voûte se partagera en trois parties : la première, ABA′B′, se comporte comme une voûte droite, et les forces de contraction développées par le tassement se reportent normalement sur les culées; dans les deux autres parties, ADEB, A′D′E′B′, le tassement développe aussi certaines forces de contraction de direction normale aux culées, lesquelles ont pour effet de pousser ces portions de voûte en dehors des plans de tête, et ce n'est que quand cette *poussée au vide* a fait son effet, que l'équilibre définitif s'établit.

Cette poussée au vide ne peut être annulée par aucune espèce d'appareil; mais un bon appareil peut en diminuer les effets, et quand les voussoirs sont convenablement enchevêtrés, on évite toujours les lézardes qui tendent à se produire sur les lignes de rupture BA, B′A′. On remarquera que l'effet principal de ce mouvement est de faire éclater les angles de voussoirs, et dès lors on comprendra que le meilleur appareil est celui qui donnera le plus possible des angles droits.

Prenons maintenant l'une des deux parties de voûte qui pousse au vide, la partie ADEB par exemple (*fig.* 43, *Pl. XVI*), et supposons que, par la verticale rencontrant en C le plan horizontal tracé au niveau des joints de rupture, on mène divers plans verticaux qui auront pour traces horizontales les lignes C*r*, C*s*: on divisera ainsi la portion de voûte en autant de zones convergentes dans lesquelles la plus grande contraction se fera suivant les sections du plus petit diamètre de chaque zone, c'est-à-dire suivant les diagonales D*r*, *ps*, *q*B; et si l'on admet que le nombre de ces zones devienne infini, il est évident que toutes les diagonales convergeront vers le point C, et que le système d'appareil qu'on pourra adopter se composera: 1° des courbes d'intersection du cylindre par des plans verticaux partant du point C; 2° de courbes coupant les premières à angles droits ou de leurs trajectoires orthogonales. Cet appareil a reçu, en raison de sa disposition, le nom d'*appareil orthogonal convergent*. La partie de voûte ABA′B′ serait d'ailleurs appareillée comme une voûte droite.

On voit que, quel que soit l'appareil que l'on adopte, les surfaces de joint, normales au cylindre, passant par des lignes d'assises sont des surfaces gauches. Ainsi le tailleur de pierre devra exécuter des courbes au lieu de lignes droites, et des surfaces gauches au lieu de plans; de même le poseur, au lieu d'avoir des lignes droites de direction constante pour diriger ses assises, n'aura plus que des courbes variables d'une assise à l'autre.

Lignes de joints. — Comme nous l'avons dit plus haut, nous emploierons comme lignes de joints les sections du cylindre par des plans parallèles aux têtes. Ce premier système de lignes étant adopté, nous concevrons l'arc de tête partagé en voussoirs, et nous supposerons que tous les joints de divisions seront mis en mouvement sur la surface du cylindre, de manière que la courbe décrite par chacun d'eux traverse partout à angle droit les lignes de joints du premier système; on obtiendra, par ce moyen, un second système de lignes, qui avec le premier remplira les conditions les plus favorables pour former les arêtes d'intrados, puisque, comme les lignes de plus grande et de plus petite courbure, elles partageront toute la surface de la voûte en quadrilatères rectangles. On a donné aux lignes de joints qui forment le second système le nom de *trajectoires*.

Tracé de la trajectoire. — La courbe à laquelle on donne ordinairement le nom de *trajectoire*, devant couper à angle droit toutes les sections parallèles aux têtes, doit par conséquent être partout perpendiculaire à la tangente au point de rencontre des deux courbes. Si l'on prend un plan de projection parallèle aux sections AB du berceau, la projection verticale *ab* de la trajectoire (*fig.* 40, *Pl. XV*) devra être perpendiculaire à la projection MN de la tangente qui passe par le point de rencontre des deux lignes de joints. Voici comment on pourra construire une trajectoire : Prenons un cylindre horizontal ayant une certaine inclinaison par rapport au plan vertical de projection, et supposons que les sections parallèles aux têtes soient des cercles ayant pour centres les points o, 1, 2, 3, 4, 5, 6 (*fig.* 41, *Pl. XVI*). Il s'agit de conduire par le point A une courbe qui coupera tous ces cercles à angles droits; à cet effet, menons les rayons A o, B1, C2, D3, E4, F5; ne conservons de ces rayons que les parties AB, BC, CD, DE, EF, et nous aurons la courbe ABCDEF.

En effet, nous savons que la projection d'un angle droit est elle-même un angle droit lorsqu'un des côtés de cet angle est parallèle au plan de projection : d'où il résulte que AB sera perpendiculaire sur la circonférence qui a son centre au point o; de même BC est perpendiculaire à celle qui a son centre au point 1, etc.; de sorte que la courbe composée de toutes ces petites droites sera sensiblement perpendiculaire à tous les cercles donnés. Mais comme la partie AB, au lieu d'être une droite, devrait être une portion de courbe qui coupe à angles droits non-seulement le premier cercle, mais encore le second, il en résulte que le point B est un peu trop bas. Cette erreur qui existe dans la position du point B se combinera avec l'erreur dans le même sens qui résulte de ce que BC est une droite perpendiculaire seulement au second cercle, au lieu d'être une portion de courbe perpendiculaire en même temps au deuxième et au troisième cercle. Enfin, ces deux erreurs se combineront avec la troisième, et ainsi de suite, de sorte que la position du dernier point dépendra de la combinaison de toutes les erreurs précédentes. Pour les corriger, nous remarquerons que, les points B, C, D, E, F étant tous un peu trop bas, si l'on traçait successivement les rayons A1, B'2, C'3, D'4, etc., on obtiendrait une seconde courbe AB'C'D'E'F', dans laquelle les points B', C', D', E', F' seraient un peu trop haut; de sorte qu'une courbe partant du point A et qui passerait par les milieux des petits arcs B'B, C'C, D'D, etc., serait très-près de satisfaire aux conditions demandées.

Ce qui simplifie l'application du principe précédent, c'est que toutes les trajectoires sont identiques, de sorte que l'une d'elles étant obtenue, il suffira de la faire avancer ou reculer sur le cylindre pour avoir toutes les autres.

Appareil hélicoïdal. — L'appareil hélicoïdal consiste dans la substitution de lignes droites dans le développement de la voûte aux trajectoires de l'appareil orthogonal parallèle. Lorsque les voûtes sont construites en moellons d'appareil, système qu'on doit adopter autant que possible dans les ponts biais, il faut, pour leur donner toute la solidité désirable, que chaque moellon soit taillé suivant le panneau de douelle donné par le développement des lignes d'assises. Cette condition exclut l'emploi des matériaux de forme constante, comme la brique; aussi les Anglais, qui construisent principalement avec cette espèce de matériaux, ont-ils simplifié la question en prenant pour lignes d'assises, sur le développement, des lignes droites parallèles entre elles, qui, reportées sur le cylindre, donnent lieu à des hélices de même pas. La direction de ces lignes doit être déterminée de manière à être perpendiculaire autant que possible à la ligne qui joint les points extrêmes de l'arc de tête développé; nous disons autant que possible, car il faut encore satisfaire à la condition que les lignes d'assises puissent correspondre à des divisions de voussoirs d'un arc de tête à l'autre.

Les voussoirs se terminent d'ailleurs en douelle par des lignes droites perpendiculaires aux lignes d'assises qui, reportées sur le cylindre, y donnent des arcs d'hélice; d'où il suit que, dans l'appareil hélicoïdal, tous les voussoirs ont leurs quatre angles droits en douelle, excepté les voussoirs de tête, qui ont des angles variables sur les arcs de tête.

Dans un pont surbaissé les trajectoires ou lignes d'assises s'éloignent peu d'être parallèles entre elles; c'est-à-dire que l'appareil hélicoïdal se rapproche assez de l'appareil orthogonal pour pouvoir lui être substitué avec avantage, puisqu'il est beaucoup plus simple. Ces deux appareils sont d'ailleurs identiques, lorsque le rapport de l'ouverture à la flèche est infini, c'est-à-dire dans le cas de la plate-bande. L'appareil orthogonal donnerait alors, comme l'appareil hélicoïdal, pour lignes d'assises, des lignes droites perpendiculaires aux lignes droites des têtes. L'appareil hélicoïdal s'éloignera donc d'autant moins de l'appareil orthogonal que les ponts seront plus surbaissés. Pour ce genre de pont, les angles des voussoirs sur les arcs de tête diffèrent en général très-peu de l'angle droit dans le système hélicoïdal, qui doit dès lors toujours être préféré à l'appareil orthogonal; il en est autrement pour les pleins cintres et les anses de panier. On voit en effet que pour les pleins cintres la directrice à laquelle ces lignes d'assises seront à peu près parallèles dans le système hélicoïdal, rencontre les têtes sous des angles qui diffèrent d'une manière notable de l'angle droit. Cet appareil a donc l'inconvénient dans ce genre de ponts de donner des angles assez aigus sur les arcs de tête; on ne devra dès lors l'employer, dans ce cas, que dans certaines limites, à moins toutefois que l'on n'ait à sa disposition que des matériaux d'épaisseur constante, proscrivant d'une manière absolue l'emploi de l'appareil orthogonal.

Taille des voussoirs dans les divers systèmes d'appareil.

Avant d'entrer dans les détails pratiques de la taille des voussoirs, il est nécessaire de donner quelques développements sur la nature et le mode de génération des surfaces qui forment les différentes faces de ces voussoirs dans les trois espèces d'appareil.

Appareil orthogonal parallèle. — Soit ABCDEFGH un voussoir vu en perspective (*fig.* 50, *Pl. XV*); les lignes qui limitent la face de la douelle CDEF sont, d'un côté, des arcs CD, EF de cercle ou d'ellipse parallèles, suivant que la section de tête est un cercle ou une ellipse;

de l'autre, deux arcs de trajectoires orthogonales CE, DF interceptés par ces deux arcs parallèles.

Soit ABGH la face supérieure du voussoir opposée à la face de douelle.

Les surfaces des joints, qui doivent être normales au cylindre, seraient des surfaces gauches engendrées par la normale au cylindre qui s'appuierait constamment, d'une part sur les arcs de trajectoires CE, DF, de l'autre sur les arcs CD, EF de sections parallèles aux têtes; mais comme la section parallèle aux têtes s'éloigne d'autant plus de la section droite que le pont est plus biais, et que la normale, en un point quelconque du cylindre, est perpendiculaire à la génératrice et à l'élément de l'arc de section droite passant par ce point, il s'ensuit que les surfaces gauches, ayant les arcs de trajectoires pour bases, couperaient le plan de tête suivant des courbes. La détermination de ces courbes donne, en général, lieu à des constructions graphiques laborieuses et peu commodes à réaliser en pratique, et ne produit pas, d'ailleurs, un bel effet sur les têtes de pont. Il paraît donc convenable de substituer aux surfaces indiquées ci-dessus des surfaces dont les intersections avec le plan de tête soient des lignes droites, et de plus des lignes droites normales à l'arc de tête. Cette disposition est surtout demandée par les conditions de régularité que comporte l'appareil de la tête, puisque cette partie du pont est celle qui se présente la première à la vue et qui fixe surtout l'attention. Or on satisfait à cette condition en supposant que les surfaces gauches des joints, au lieu d'être engendrées par la normale au cylindre s'appuyant sur la trajectoire orthogonale, le soient par la normale aux sections parallèles à la tête s'appuyant sur la même ligne. Cette seconde surface gauche s'éloigne assez peu de la première pour qu'on puisse la lui substituer, surtout si l'on considère que l'imperfection des instruments du tailleur de pierres ne lui permet pas d'exécuter des surfaces rigoureusement exactes; que d'ailleurs le joint entre deux voussoirs contigus a toujours une épaisseur de 0,005 à 0,01 de vide à remplir par le mortier, et que dès lors il est moins important que la surface du joint soit mathématiquement normale au cylindre. On simplifie complétement l'exécution de cette surface dans la pratique en adoptant le procédé suivant : supposons les lignes CE et AG (*fig.* 50) déterminées sur le voussoir; on divisera les deux lignes en un même nombre de parties égales, et l'on joindra les points 1, 2, 3 correspondants sur ces deux courbes par des lignes droites qui seront autant de génératrices de la surface gauche du joint. Cela suppose, il est vrai, que les lignes CE et AG peuvent être considérées comme à peu près droites, mais cette hypothèse est très-près de la vérité si l'on considère le peu de longueur d'un voussoir.

Quant aux surfaces gauches de joint qui ont pour bases les arcs CD, EF, elles s'exécuteraient de même; mais on peut presque toujours les remplacer, sans erreur sensible, par des plans verticaux parallèles aux têtes.

Appareil hélicoïdal. — Dans l'appareil hélicoïdal, les lignes d'assises en douelle CE, DF (*fig.* 50) sont des arcs d'hélice parallèles; la ligne CD est l'arc de tête, et la ligne EF un arc d'hélice perpendiculaire aux arcs d'hélice CE et DF. Les surfaces de joint s'engendrent comme il a été dit pour l'appareil orthogonal parallèle. Quand les voussoirs ont peu de largeur, ce qui arrive toujours pour les moellons piqués de l'intérieur de la voûte, les surfaces de joint ayant pour bases les lignes CD, EF de division des assises en voussoirs, peuvent, sans erreur sensible, se remplacer par des plans; mais cela n'arrive pas en général pour les voussoirs de tête.

Appareil orthogonal convergent ou parabolique. — Pour cet appareil, les deux lignes d'assises CE, DF (*fig.* 5o) du voussoir en douelle, sont deux portions de parabole; la ligne CD est l'arc de tête, et la ligne EF un arc d'ellipse perpendiculaire aux lignes CE, DF. Dans cet appareil, comme dans l'appareil hélicoïdal, la face postérieure GEFH du voussoir est une surface gauche, de même que les surfaces ACEG et BDFH des joints d'assise.

Appareil suivant les génératrices et les arcs de section droite. — Dans cet appareil, les lignes d'assises CE, DF (*fig.* 5o, *Pl. XV*) du voussoir en douelle sont des génératrices du cylindre, et par conséquent les lignes de plus petite courbure, la ligne CD est l'arc de tête et la ligne EF est l'arc de section droite ou de plus grande courbure. Les surfaces des joints sont donc ici des plans normaux au cylindre, passant par les lignes de courbure de la surface.

Taille des voussoirs de tête.

Appareil hélicoïdal. — Nous avons fait passer les trajectoires par les points qui partagent en parties égales la section *cao* faite au milieu de la voûte par un plan parallèle aux têtes (*fig.* 44, *Pl. XV*), et nous allons déterminer les figures des panneaux nécessaires pour tailler le voussoir A (*fig.* 44),

La *fig.* 47 est le dévelopement de la douelle, et la *fig.* 48 est le développement des joints cylindriques.

Supposons qu'on veuille tailler le voussoir A (*fig.* 44, *Pl. XV*). On préparera la pierre sur le panneau de projection vertical BDEGHI, et l'on taillera d'abord les deux joints cylindriques BD et GE; on appliquera ensuite le panneau de tête BCFGHI et l'on tracera dans les surfaces de joints les deux courbes CD, FE en prenant sur la *fig.* 45, *Pl. XV*, les coordonnées de ces courbes, ou bien en se servant des panneaux de développement (*fig.* 48, *Pl. XV*); enfin on taillera la surface cylindrique de la douelle (*fig* 49, *Pl. XV*) en faisant glisser une règle sur les quatre courbes DC, CF, EF, DE, après avoir marqué sur ces courbes les points de repère donnés par les projections (*fig.* 44 et 45, *Pl. XV*).

Les lignes tracées en points sur la projection horizontale de la pierre A (*fig.* 45) sont les générations des surfaces cylindriques de douelles et de joints.

Les parallèles au berceau sont les génératrices de la douelle, et les perpendiculaires aux plans de tête sont les génératrices des surfaces de joints.

Taille des moellons piqués de l'intérieur de la voûte.

Appareil hélicoïdal. — Les moellons piqués de l'intérieur des voûtes appareillées suivant le système hélicoïdal étant en général de petites pierres, on se borne tout simplement à les tailler comme des voussoirs droits, sauf à dégauchir les douelles. Pour y arriver, on opérera de la manière suivante : On placera sur le cintre du pont un de ces moellons taillés suivant les lignes d'assises qui fixent sa position ; la douelle du moellon qui est rectangulaire et plane ne reposera sensiblement sur le cintre que par les extrémités d'une de ses diagonales ; on dégauchira alors cette face, jusqu'à ce qu'elle coïncide autant que possible avec la surface cylindrique du cintre.

Tous les moellons piqués dans une voûte hélicoïdale étant à peu près de longueur et de largeur uniforme en douelle, on peut se guider, pour dégauchir toutes les douelles des autres moellons, sur le premier que l'on aura taillé, en portant sans erreur sensible les dimensions du premier sur les arêtes correspondantes de chacun de ces moellons pour le dégauchissement de chaque douelle.

Toutes les autres faces des moellons piqués pourront ensuite être taillées suivant des plans, à l'exception de celles qui sont contiguës aux voussoirs de tête et aux coussinets, et qui devront encore être taillées suivant des surfaces gauches, afin que les moellons piqués reposent exactement contre la pierre de taille ; on voit, d'après cela, que la taille des voussoirs de l'intérieur de la voûte est très-simple dans l'appareil hélicoïdal.

Appareil orthogonal parallèle. — Taille des voussoirs de tête. — Les voussoirs de tête se taillent de la même manière que pour l'appareil hélicoïdal et avec moins de sujétion, les faces postérieures des voussoirs étant parallèles aux faces de tête.

Taille des moellons piqués. — Les moellons piqués dans l'appareil orthogonal parallèle, n'ayant plus une largeur uniforme en douelle, comme dans l'appareil hélicoïdal, et leur grosseur variant depuis l'échantillon d'un très-petit moellon piqué jusqu'à celui d'un voussoir de tête, et dépassant même cette limite pour ceux qui se trouvent placés vers le sommet de la voûte, on est alors obligé de tailler les plus gros moellons d'après le procédé suivant :

On trace d'abord sur le cintre du pont toutes les génératrices du cylindre de la voûte, ainsi que les trajectoires orthogonales qui doivent former les assises, et l'on divise chacune de ces assises en plusieurs compartiments qui sont autant de douelles de moellons piqués ; puis on équarrira un prisme en forme de parallélipipède rectangle qui aura les dimensions nécessaires pour que le moellon puisse y être inscrit : ces dimensions pourront se prendre sur le cintre même au moyen de la face de douelle qui pourra guider pour fixer la largeur que l'on doit donner au bloc de pierre pour le dégauchissement des joints ; puis, en employant tous les panneaux d'angles des joints de voussoirs de tête, on obtiendra le dégauchissement de la douelle. Ce procédé donne une approximation suffisante dans la pratique et s'approche très-près de la réalité. On conçoit, en effet, que tous les moellons, placés entre les mêmes génératrices du cylindre de la voûte, se trouvent tous, par rapport aux angles des joints, à peu près dans les mêmes conditions que le voussoir de tête qui y est aussi compris ; ainsi un moellon piqué quelconque étant toujours à peu près renfermé entre deux génératrices correspondantes à des divisions de l'arc de tête, les deux panneaux d'angle du voussoir de tête qui correspond à ces deux mêmes génératrices pourront servir pour tailler tous les moellons piqués renfermés dans la zone formée par ces deux lignes parallèles, ou qui, étant coupés par cette zone, s'en éloignent le moins : ceux qui s'en éloigneraient le plus tomberaient dans la zone contiguë.

Ce procédé ne devra être appliqué d'ailleurs qu'aux moellons de gros échantillons ; car pour ceux dont la largeur en douelle ne sera pas plus grande que la demi-largeur d'un voussoir de tête, il suffira d'appliquer le procédé plus simple que nous avons expliqué pour l'appareil hélicoïdal.

Les trajectoires qui forment les lignes d'assises dans l'appareil orthogonal parallèle allant toutes en convergeant ou en divergeant, suivant qu'elles se dirigent vers les naissances ou vers le sommet de la voûte, il s'ensuit que les largeurs en douelle changent d'un moellon piqué à l'autre, ce qui fait que chacun d'eux a sa place déterminée dans la voûte ; aussi en exécution doit-on observer un certain ordre pour bien marquer leur emplacement sur le cintre même, et reconnaître les pierres approvisionnées sur le chantier, dans lesquelles doivent être taillés ces moellons. A cet effet on marque chaque pierre par une lettre et un numéro : la lettre représente l'assise, et le numéro le rang qu'occupe le moellon piqué dans cette même assise à partir du voussoir de tête.

Appareil orthogonal convergent. — Taille des voussoirs de tête. — Les voussoirs se taillent exactement de la même manière que dans l'appareil hélicoïdal.

Taille des moellons piqués dans l'intérieur de la voûte. — Les moellons piqués dans l'appareil orthogonal convergent changent aussi de largeur de douelle d'un moellon à l'autre, comme dans l'appareil orthogonal parallèle ; et la plupart de ces moellons étant d'un fort échantillon, on emploiera pour la taille de ces derniers les mêmes procédés que pour l'appareil orthogonal parallèle ; quant aux petits moellons, on suivra pour la taille la même marche que pour ceux de l'appareil hélicoïdal.

Appareil suivant les génératrices et les arcs de section droite.

Taille des voussoirs de tête. — Le pont représenté par la *fig.* 51, *Pl. XVI*, est appareillé suivant ce système. Supposons qu'il s'agisse du voussoir A, dont les détails sont donnés par les *fig.* 51, 52 *et* 53, *Pl. XVI.* Après avoir déterminé les projections verticales et horizontales du voussoir (*fig.* 51 *et* 52), ainsi que le rabattement de sa section droite, on fera débiter une pierre en forme de prisme qui aura pour base le panneau de section droite *f′ g′ h′ i′ k* (*fig.* 52) et pour hauteur la plus grande longueur *gb* du voussoir, prise dans la projection horizontale (*fig.* 52). Soit *abonmfgik* (*fig.* 54) cette pierre ainsi préparée, on commencera par porter sur les arêtes *mk* et *ni*, à partir des points *k* et *i*, les distances *ke* et *id* prises dans la projection horizontale (*fig.* 52) ; on tracera la ligne *ed* sur la face *mnik* et la ligne *ae* sur la face *amkf* (*fig.* 54) ; on portera de même sur l'arête *oh*, à partir du point *h*, la distance *hc* prise dans la projection horizontale (*fig.* 52), et l'on tracera la ligne *dc* sur la face de la douelle *nohi* (*fig.* 54) et la ligne *bc* sur la face *bohg*; par les lignes *ae*, *de*, *dc*, *cb* et *ba*, on ébauchera la face de tête et, avant de la terminer, on aura soin de la vérifier avec le panneau *abcde* (*fig.* 51); on achèvera la douelle au moyen d'une cerce, courbée suivant l'arc de tête *cd* (*fig.* 51), que l'on promènera parallèlement à cet arc sur la face *cdih* (*fig.* 54). Cette douelle se vérifiera ensuite au moyen d'une règle que l'on fera glisser parallèlement aux arêtes *ch* ou *di* en l'appuyant toujours sur les arcs *ed* et *hi* (*fig.* 54). Le voussoir étant alors taillé, on pourra le vérifier au moyen d'une fausse équerre qui mesurera l'angle de biais du pont, et dont on appliquera une des branches sur la face de tête *abcde* suivant la direction d'une horizontale *pd* que l'on aura d'abord déterminée dans la projection verticale (*fig.* 51), tandis que l'autre branche devra coïncider parfaitement avec l'arête *di*, si le voussoir a été bien taillé.

Si l'on voulait employer la méthode des panneaux pour tailler ce même voussoir, on commencerait par déterminer dans le développement du cylindre de la voûte (*fig.* 53) la douelle du voussoir *cdhi*. Pour déterminer les panneaux de joints, on remarquera que les *fig. dike* et *bchg* qui les représentent dans les projections verticales et horizontales (*fig.* 51 et 52), sont des trapèzes dont les côtés parallèles *ek* et *di*, *bg* et *ch* sont perpendiculaires aux arêtes *ki* et *gh*, lesquelles se trouvent en véritable grandeur sur le panneau de section droite. Si donc on prolonge la ligne *hi* (*fig.* 53) de part et d'autre, que l'on porte, à partir des points *h* et *i*, les distances *hg* et *ik* égales aux lignes *h'g'* et *i'k'* prises dans la section droite (*fig.* 52), et qu'après avoir porté sur les perpendiculaires menées par les points *g* et *k* aux lignes *hg* et *ik* (*fig.* 53) les distances *gb* et *ke* prises dans la projection horizontale (*fig.* 52), on trace les lignes *bc* et *de*, les *fig. chgb* et *dike* donneront les panneaux de joints. Pour tailler ensuite le voussoir, on fera équarrir une pierre en forme de prisme qui aura pour base le panneau de section droite *f'g'h'i'k'* (*fig.* 52) et pour longueur la ligne *gb* prise dans la projection horizontale (*fig.* 52). Soit *abonmfghik* (*fig.* 54) cette pierre ainsi préparée, on fixera les panneaux des joints *chgb* et *dike* (*fig.* 53) sur les faces *bohg* et *mnik* (*fig.* 54) et l'on tracera les lignes *bc* et *ed*; puis, au moyen du panneau de douelle, on taillera la douelle *cdih*, et par les lignes *bc* et *cd* on taillera la face de tête *abcde*. Le voussoir étant terminé, se vérifiera comme ci-dessus.

Taille des moellons piqués. — Les moellons de l'intérieur de la voûte se tailleront absolument de la même manière que dans les voûtes droites.

Tracés des épures d'exécution. — Lorsque les ponts ont peu d'ouverture, on peut tracer les épures nécessaires à la détermination du développement et des projections des lignes d'assises en grandeur naturelle, sur des aires en planches préparées à cet effet sur les chantiers; mais lorsqu'il s'agit de grandes ouvertures, le mouvement de longues règles pour le tracé des arcs de cercle et des lignes droites donne beaucoup de chances d'erreur. Les patrons des trajectoires sont d'ailleurs énormes dans certains cas, et il devient matériellement impossible de s'en servir. C'est pourquoi on aura tout avantage à construire les épures à échelle de $\frac{1}{10}$ et à mesurer toutes les dimensions sur ces épures.

Il sera bon d'ailleurs, toutes les fois qu'on aura à exécuter des constructions biaises de quelque importance, de faire toujours construire préalablement un modèle en plâtre à l'échelle de $\frac{1}{10}$ ou de $\frac{1}{20}$, sur lequel il sera possible de tracer toutes les lignes d'assises dans leur position réelle au moyen de l'épure du détail exécuté à la même échelle, et de tailler complétement les voussoirs de tête. On évitera ainsi les fautes d'appareil qui se remarquent souvent dans les plus beaux ouvrages, et auxquelles il est impossible de remédier une fois que la construction est terminée.

Pose des voussoirs. — Pour l'appareil ordinaire suivant les génératrices et les sections droites, les assises des moellons piqués se règlent par les génératrices qui correspondent aux points de division des arcs de tête ou voussoirs; la pose ne présente donc aucune difficulté, les lignes d'assises étant des lignes droites sur le cylindre. Il en est autrement pour l'appareil hélicoïdal et l'appareil orthogonal.

Pour l'appareil hélicoïdal, les lignes d'assises, qui sont des lignes droites sur le développement, sont courbes sur le cylindre. Elles se tracent sur les bois des couchis au moyen d'un cordeau ou d'une règle droite flexible que l'on tend sur le cylindre entre les deux points des arcs de tête opposés, par lesquels doit passer la ligne d'assise. Mais ce moyen ne serait pas assez exact pour le plein cintre, où les lignes d'assises prennent une courbure très-prononcée sur la surface cylindrique; or on peut en vérifier l'exactitude en traçant sur le développement et sur le cylindre des arcs de section parallèles aux têtes, ce qui n'offre aucune difficulté au moyen des génératrices qu'on peut tracer facilement sur le cylindre, et dont toutes les parties, interceptées entre deux arcs parallèles aux têtes, sont toujours égales. Les points où ces arcs parallèles aux têtes rencontrent les lignes d'assises sur le développement, se reportent sur les arcs de cercle correspondants établis sur le cylindre, et donnent sur celui-ci autant de points exacts des lignes d'assises. Ces lignes d'assises, étant toutes équidistantes et parallèles sur le développement, devront l'être aussi sur le cylindre; on a donc tout moyen d'en vérifier l'exactitude. Comme on ne peut d'ailleurs les tracer qu'au crayon sur le bois des cintres, elles s'effacent facilement par suite des bavures de mortier et du bardage des pierres; il est bon de les fixer de distance en distance, par des clous visibles qui serviront de points de repère pour les rétablir au besoin.

Pour ce qui est de l'appareil orthogonal, on pourrait se servir de règles courbes taillées suivant les lignes d'assises déterminées sur le développement, qu'on infléchirait ensuite sur le cylindre des couchis, de manière à les faire passer à leurs extrémités par les points des deux arcs de tête opposés, où doit passer la ligne d'assise qu'on veut tracer; mais ce moyen est fort inexact, la règle pouvant se gauchir; nous conseillons donc le procédé suivant.

Les voussoirs de tête se numérotent à partir de l'origine de l'arc et se posent dès lors très-facilement dans leur ordre; leur place se marque sur le cintre de tête sur lequel on trace même les directions des joints de tête. Quant aux assises de moellons piqués qui correspondent à un voussoir de tête, on leur donne une série de lettres qui indique leur ordre par rapport à l'assise dans laquelle ils doivent être placés, et une série de numéros qui divisent cette assise en voussoirs. Ainsi les deux assises de moellons piqués qui correspondent à un même voussoir porteront les lettres *a* et *b* par exemple. Les voussoirs de chacune de ces assises porteront, outre les lettres *a* et *b*, les numéros 1, 2, 3, 4, etc., à partir d'une tête jusqu'à l'autre. Chaque voussoir ou moellon piqué devra être taillé suivant un panneau de douelle déterminé sur le développement. La confusion la plus complète régnerait dans la taille et dans la pose si l'on n'employait pas ce procédé. Chaque voussoir trouve sa place, en l'employant, sans difficulté, et alors il devient inutile de tracer les lignes d'assises entières sur le cintre; il suffira de marquer quelques points de repère.

Il ne deviendrait nécessaire de tracer les lignes d'assises entières, que si l'on construisait la partie de la voûte comprise entre les voussoirs des têtes en moellons ordinaires; ce tracé serait alors indispensable pour guider le maçon. Du reste, ces lignes se traceront par les procédés ordinaires; car lorsqu'on exécute les assises en maçonnerie ordinaire, leurs lignes ne peuvent jamais présenter une régularité parfaite, et dans ce cas il est peu important que le tracé soit un peu plus ou un peu moins exact. Mais lorsque l'on construit un pont biais, on ne doit employer la maçonnerie de moellons ordinaires que lorsqu'il y a impossibilité à se procurer des moellons d'appareil, ou lorsque la dépense qui résulterait de leur emploi serait hors de proportion avec la limite de solidité qu'exige la voie de communication à laquelle se rapporte le pont qu'on doit construire (1).

Voûte elliptique appareillée par assises horizontales.

Dans les grandes voûtes elliptiques, on dispose ordinairement les rangs de voussoirs par assises horizontales.

Faisons passer par le centre un plan vertical qui coupe la voûte et qui soit perpendiculaire à l'axe de l'ellipsoïde de révolution qui forme la surface d'intrados (*fig.* 55, *Pl. XVI*). Nous supposerons que la *surface* de l'extrados appartient à une seconde surface ellipsoïde, semblable à la première, mais dont le centre sera situé au-dessous du plan de naissance; et que le mur d'enceinte qui supporte la voûte est compris entre deux cylindres, à bases elliptiques semblables et concentriques, déterminés par les dimensions de la voûte qu'on veut exécuter. Il est évident qu'à cause de la similitude de ces deux ellipses, le mur formant pied-droit sera plus épais vers les extrémités du grand axe, ce qui convient d'autant mieux que dans ces voûtes la poussée est plus grande dans le sens longitudinal.

Pour construire l'épure, nous partagerons l'arc AB en autant de parties égales que nous voudrons avoir de rangs de voussoirs, et nous concevrons un plan horizontal passant par chaque point de division. Tous ces plans couperont la surface de douelle suivant une

---

(1) Extrait en partie d'un Mémoire de M. Graeff, ingénieur des ponts et chaussées.

suite d'ellipses horizontales et semblables entre elles ; nous les prendrons pour arêtes et pour directrices des surfaces de joints.

Soit le joint correspondant à la deuxième arête de douelle ; le point
T″ (*fig.* 56, *Pl. XVI*) étant ramené dans le plan du cercle AB en tournant autour de la verticale qui contient le centre de la voûte, on construira les deux droites SP tangente en P, et ST tangente en T (*fig.* 55) ;
on partagera l'angle TSP en deux parties égales par une droite SR qui,
ramenée dans le plan XY (*fig.* 56), sera tangente à la voûte au point R″
situé sur l'ellipse P′T′ ; de sorte que la droite RU, perpendiculaire à
SR (*fig.* 55), serait normale en R″ à la section de la voûte par le plan
vertical XY. Si l'on prend cette droite pour génératrice du cône qui
aurait son sommet au point O′, il est évident que la surface de ce cône
pourra sans inconvénient être prise pour joint de la voûte, car les
angles SPQ, STV que cette surface ferait avec la douelle aux deux
extrémités du petit et du grand axe, diffèrent assez peu de l'angle
droit pour qu'il n'y ait aucun inconvénient de l'employer. Ce procédé
aura cet avantage que l'arête de l'extrados sera une ellipse horizontale, et semblable à l'arête d'intrados. Les autres joints horizontaux
seront déterminés de la même manière : ainsi, dans l'exemple fourni
par l'épure, les surfaces de joints seront quatre cônes dont les sommets seront situés aux points O, O′, O″, O‴ sur la verticale du centre.

Quant aux joints verticaux, lorsque la différence des deux axes
ne sera pas trop grande, on pourra faire ces coupes par des plans
verticaux contenant le centre ; mais lorsque la voûte sera très-allon-
gée, il sera préférable de faire les joints montants perpendiculaires
à l'ellipse moyenne de chaque douelle. Dans ce cas, les lignes EK,
GL (*fig.* 57), provenant de l'intersection de ces plans de joints avec les
surfaces coniques qui forment les joints horizontaux, seront des arcs
d'hyperbole. Pour construire des points intermédiaires de ces courbes,
le point E par exemple, on concevra un plan horizontal CD qui coupera le joint conique suivant l'ellipse horizontale C′D′ semblable à
l'arête de douelle, et l'intersection de cette ellipse par la trace du
plan de joint déterminera le point E′ et par conséquent le point E.
On procédera de la même manière pour toutes les courbes analogues.

Ainsi, de ces deux conditions réunies, que l'extrados soit semblable à l'intrados, et que les joints soient des surfaces coniques
ayant pour directrices les sections horizontales de la voûte, il résulte
cette conséquence, que toutes les sections des joints et des surfaces
intérieures et extérieures de la voûte par des plans horizontaux, sont
des ellipses semblables, ce qui rend les constructions de l'épure et le
tracé de la pierre extrêmement simples.

Les *fig.* 57 et 58 sont les deux projections d'une pierre.

La *fig.* 59 contient les panneaux de joints verticaux que l'on suppose rabattus, le premier en tournant autour de la verticale du point α
et le second autour de celle du point γ (*fig.* 56).

Taille. — On préparera une pierre sur le panneau de projection
horizontale F′H′I′G′ et l'on appliquera les deux panneaux verticaux
FKHM, NGLI (*fig.* 57) sur les faces correspondantes. Puis, avec
une règle flexible, on tracera les deux arcs HI, FG dans les cylindres
convexe et concave de la pierre ; ensuite, avec des cerces découpées

sur la projection horizontale, on décrira les arcs d'ellipse MN, KL; ce qui déterminera toutes les coupes.

Les surfaces de joints se tailleront en faisant glisser une règle sur les points de repère des arcs MN, IH, KL, GF, et les surfaces d'intrados et d'extrados seront suffisamment déterminées par les six cerces découpées sur les côtés convexes et concaves des panneaux rabattus (*fig.* 59); on fera glisser les cerces intérieures sur les arcs HI, KL (*fig.* 57), et les cerces extérieures sur les arcs MN, FG, en faisant coïncider les points de repère et en maintenant le plan de chaque cercle perpendiculaire aux ellipses moyennes.

Les contours des panneaux FKHM, GLIN étant tracés sur les faces extrêmes de la pierre, il suffira d'une cerce intermédiaire découpée sur le contour du panneau provenant de la section par le plan *ab* (*fig.* 58); la cerce concave servira pour l'extrados.

Surfaces réglées.

Les applications que nous ferons des surfaces réglées auront pour but d'indiquer les diverses manières de faire les joints de la voûte elliptique appareillée par assises horizontales.

Nous supposons les mêmes données que dans l'épure précédente. Soit donc O le centre de l'ellipsoïde formant l'extrados de la voûte, et concevons une suite de plans verticaux passant par le centre de la voûte (*fig.* 62, *Pl. XVII*): les sections de l'intrados par tous ces plans seront des ellipses de même hauteur, et les tangentes aux points 1, 2, 3, 4, 5, etc., concourent en un point G (*fig.* 61) situé sur la verticale qui passe par le centre. Toutes ces tangentes étant rabattues sur le plan vertical (*fig.* 61), on construira leurs normales, que l'on fera ensuite revenir à leurs places en remarquant que dans ce mouvement les points C, C', C'', C''', C^{IV}, etc., où ces normales rencontrent la verticale du centre, resteront immobiles. La surface réglée qui contiendra toutes ces normales pourra servir de joint à la voûte elliptique.

Pour construire l'intersection de cette surface avec l'extrados de la voûte, on remarquera que le plan vertical C*u*, qui contient le point 4, coupe l'ellipsoïde extérieure suivant une ellipse ayant pour demi-axe horizontal la droite CR', et pour demi-axe vertical la droite OE. Au lieu de construire la projection de cette ellipse, on peut la rabattre en R'' N'' E (*fig.* 61) en la faisant tourner autour de la verticale du centre, et le point N'' résultant de l'intersection par la normale du point 4 étant projeté sur C*y'''* et ramené de là dans le plan vertical C*u*, ferait connaître N', et par suite le point N. On déterminera de la même manière tous les points qu'on voudra de la courbe ANDB.

On peut se dispenser de construire entièrement l'ellipse R'' N'' E; on peut avec les demi-axes OR et OE se contenter de construire le petit axe qui coupe la normale en N''.

Deuxième surface de joint réglée. — Les droites génératrices de la surface que nous venons de construire sont perpendiculaires aux sections verticales qui passent par le centre, mais elles ne sont pas perpendiculaires aux tangentes horizontales qui passent par les points 1, 2, 3, 4, etc.; donc cette surface n'est pas tout à fait normale à la voûte; si l'on voulait qu'elle le fût, il faudrait opérer de la manière suivante.

Construisons les normales à l'ellipse représentant la projection hori-zontale de l'arête de douelle (*fig.* 64). Ces lignes perpendiculaires aux tangentes de la courbe seront les projections horizontales des nor-males à la voûte. Les projections verticales de ces mêmes normales devront concourir vers le point C, puisque les normales à une surface de révolution rencontrent toujours son axe.

Les projections verticales et horizontales des normales étant con-struites (*fig.* 63 et 64), la surface qu'elles déterminent sera elle-même normale, et pourra servir de joint à la voûte. Il ne restera plus qu'à construire l'arête d'extrados.

Concevons, pour cela, un plan *e*P perpendiculaire au plan vertical de projection, lequel contient la normale du point 8, et coupe l'ellip-soïde d'extrados suivant une ellipse Q'T'Y'S' (*fig.* 64), dont le centre LL' s'obtiendra en abaissant sur le plan *e*P la perpendicu-laire OL. De plus, le point Q abaissé sur CB' sera l'extrémité du petit axe L'Q'. Enfin le point Y'' rabattu (*fig.* 61), étant projeté en Y''' et ra-mené en Y', est situé en même temps dans le plan *e*P et dans l'extrados de la voûte : on aura donc le centre L', le petit axe L'Q' et un point Y' de l'ellipse Q'T'Y'S' qui représente la projection horizontale de la sec-tion de l'extrados par le plan *e*P ; il sera donc facile de construire cette courbe ou du moins la portion de cette courbe qui coupe la normale du point 8, ce qui fera connaître le point T, T' appartenant à l'arête d'extrados. On opérera de même pour tous les autres points de la courbe.

Au lieu de projeter l'ellipse Q'T'S', on aurait pu la rabattre en la faisant tourner autour de l'axe de l'ellipsoïde d'intrados : dans ce rabattement le centre L vient se placer en L'', et la normale devient 8T'' ; le point T'' étant connu, on en déduit facilement T'.

Troisième surface de joint. — Les deux surfaces réglées que nous venons de construire rencontrent l'extrados de la voûte suivant des courbes à double courbure; on pourrait les éviter en adoptant une surface réglée dont les génératrices s'appuieraient sur deux ellipses horizontales et semblables 9-11, BM (*fig.* 63) situées, l'une dans l'in-trados et l'autre dans l'extrados de la voûte. La seconde de ces deux ellipses passerait par le point TT''', où la normale du point 10 perce l'extrados; et les projections horizontales des génératrices seraient normales à l'ellipse 9-10-11; d'après ce qui vient d'être dit, on dé-terminerait facilement les projections verticales de ces mêmes géné-ratrices.

De l'arêtier.

On nomme *arêtier* la courbe verticale suivant laquelle deux ber-ceaux se rencontrent. Le berceau M étant coupé par le plan verti-cal *pq*, la section sera une ellipse verticale projetée sur le plan ho-rizontal par la droite *a'b'* (*fig.* 66, *Pl. XVII*). Cette ellipse peut être considérée comme la directrice du cylindre d'intrados d'un second berceau N, de sorte que l'espace compris entre les deux murs *aa'a''*, *bb'b''* sera recouvert par deux berceaux qui se raccorderont suivant l'ellipse verticale $a'b'$. Si le plan pq partage en deux parties égales l'angle que font les deux berceaux, leurs sections droites seront égales, et dans le cas contraire, il faudra construire la section droite du second berceau, en opérant comme nous l'avons fait précédemment. Si, comme nous le supposons ici, les deux berceaux sont égaux, toutes les coupes perpendiculaires aux panneaux de tête doivent se rencontrer deux à deux dans le plan vertical qui contient l'arêtier, ce qui n'aurait pas lieu si les berceaux étaient inégaux.

Voûte d'arête.

Si nous supprimons les parties du cylindre A qui couvrent les espaces triangulaires abc, dck ($fig.$ 67, $Pl.$ XVII), on aura A′, A′ pour les projections de ce qui restera. Pareillement B′, B′ seront les projections horizontales de ce qui restera du cylindre B, si l'on en retranche les parties triangulaires acd, bck, de sorte que si nous rapprochons les $fig.$ A′, A′, B′, B′ de manière que les parties restantes du cylindre A viennent occuper la place des parties du cylindre B qui ont été supprimées, la réunion de toutes ces parties du cylindre formera une voûte à laquelle on a donné le nom de *voûte d'arête*.

Nous appellerons *arêtes* ou *génératrices d'intrados* celles qui proviennent de l'intersection de l'intrados d'un berceau avec les plans de joints.

Nous nommerons *arêtes d'extrados* celles qui résultent de l'intersection des plans de joints avec l'extrados;

Enfin *arêtes intérieures*, celles qui sont dans l'épaisseur du mur et qui proviennent de l'intersection de deux surfaces non apparentes.

Dans la pratique, il arrivera souvent que les cylindres qui forment les intrados des deux berceaux se rencontrent suivant une courbe plane et verticale. Concevons en effet deux cylindres horizontaux A et B ($fig.$ 67) ayant pour sections droites les deux ellipses verticales ABC, A′B′C′ que nous supposerons rabattues sur le plan horizontal. Si nous prenons sur ces deux ellipses deux points p et p' qui soient situés à la même hauteur, et que par ces points nous concevions les deux génératrices pq, $p'q'$, ces deux lignes étant situées dans le même plan horizontal se couperont en un point m qui fera partie de l'intersection des deux cylindres. En effet, il est facile de prouver que ces deux triangles arm, $r'mk$ sont semblables, d'où l'on peut conclure que les trois points a, m, k sont en ligne droite; et comme on peut faire le même raisonnement pour tout autre point de la pénétration, on conclura que la projection de cette courbe se confondra avec la diagonale du rectangle $abkd$, et que par conséquent la pénétration se compose de deux ellipses verticales ak et db qui se coupent au point c.

Appareil de l'arêtier.

Soit aR la projection horizontale de l'arêtier ($fig.$ 71, $Pl.$ XVIII) résultant de l'intersection des deux berceaux M et N dont la hauteur verticale est la même. Supposons le berceau M circulaire et construisons sa section droite; il est évident que les arêtes d'intrados ABCDEFG rencontreront l'arêtier en des points qui appartiendront au second berceau N, et qui, projetés sur un plan perpendiculaire à sa direction, donneront la courbe A'B'C'D'E'F'G' (*fig.* 70), qui sera la section droite du cylindre d'intrados. L'épure indique que les hauteurs des points A', B', C', D', etc., sont les mêmes que pour les points correspondants du cylindre M.

Par les mêmes points A', B', C', D', etc., menons des normales à l'ellipse A'D'G' et terminons ces normales aux points Q', S', I', H', F', dont les hauteurs seront encore les mêmes que pour les points correspondants du berceau M; les points R', N', K' se détermineront en faisant les hauteurs d'assises du second berceau égales à celles du premier.

L'arête passant par le point R (*fig.* 69) et celle qui passe par le point R' (*fig.* 70), étant à la même hauteur, se coupent en un point R'' (*fig.* 71). Si l'on joint ce point avec le point *b* de l'arêtier, on aura la droite R''*b* qui est l'intersection du plan de joint BR du premier berceau avec le plan de joint B'R' du second. Si l'on prolonge ces deux plans, ils couperont les cylindres formant les extrados prolongés des deux berceaux en deux droites projetées par les points Q et Q'; et ces droites appartenant aux deux plans de joint BR, B'R', le point Q'', où elles se coupent, doit se trouver dans le prolongement de R''*b*.

Les points S'', I'', H'' se déterminent de la même manière, la ligne Q''R est l'intersection des extrados de deux berceaux.

Pour tailler les pierres de l'arêtier, celles de la troisième assise par exemple (*fig.* 71), on équarrira un parallélipipède (*fig.* 68, *Pl. XVII*) ayant pour base le rectangle O'D''*d*D''' (*fig.* 71), qui est la projection horizontale de la pierre, et pour hauteur OP (*fig.* 69); puis on construira le panneau de tête CDIKLMN (*fig.* 68), que l'on placera sur la face verticale O'D''' correspondante à la section droite du berceau M.

De même on prendra le panneau C'D'I'K'L'M'N' (*fig.* 70) que l'on placera sur la face O'D'' correspondante à la section droite du berceau N, puis en faisant des coupes perpendiculaires aux plans de ces panneaux et suivant les contours, la pierre sera taillée.

En terminant l'appareil de l'arêtier nous ferons remarquer que dans une pierre d'arêtier les lignes ou arêtes principales sont :

1°. L'arêtier intérieur ou d'intrados provenant de l'intersection des douelles des deux berceaux;

2°. L'arêtier extérieur ou d'extrados provenant de l'intersection des deux extrados;

3°. L'intersection des plans de joints inférieurs;

4°. L'intersection des plans de joints supérieurs.

Et enfin nous observerons que l'angle formé par les douelles, qui est droit dans le plan de naissance, augmente à mesure que l'on s'approche du centre de la voûte, et qu'à ce point il s'efface entièrement. On peut se convaincre de cette vérité en mesurant cet angle à plusieurs places sur la *fig.* 70.

Voûte en arc de cloître.

Soit proposé de couvrir l'espace rectangulaire *ahh'a'* compris entre quatre murs droits; on mènera les deux diagonales *ah'* et *a'h* qui se coupent au point x; les triangles axa', hxh' seront converts par les parties d'un berceau circulaire A projeté verticalement (*fig.* 72, *Pl. XVIII*), et les parties de voûte axh, $a'xh'$ appartiendront à un berceau elliptique B rabattu (*fig.* 74). La pénétration des deux berceaux se fera suivant deux ellipses dont les projections horizontales se confondront avec les diagonales du rectangle $ahh'a'$. Ces deux courbes formeront quatre arétiers rentrants qui viendront aboutir au point x.

Les cylindres d'extrados se rencontreront suivant deux courbes L't, RS qui formeront à l'extérieur des arétiers saillants.

Si la salle était carrée, les arétiers intérieurs et extérieurs seraient dans un même plan vertical, et leurs projections horizontales se confondraient.

La taille de la pierre ne présente aucune difficulté. Après avoir préparé le parallélipipède d'après la projection horizontale, on appliquera les deux panneaux de tête ABIKZ, A'B'I'K'Z'; et les coupes perpendiculaires aux plans de ces panneaux détermineront les douelles, les plans des joints et l'arétier.

Voûte en arc de cloître surhaussée.

Les *fig.* 75 et 76 représentent une voûte en arc de cloître surhaussée; le cintre intérieur est formé par deux arcs AB, CD décrits des points O et O' comme centres.

La partie supérieure pouvant être remplacée par un vitrage, l'appareil de la dernière assise devra être fait comme nous l'avons indiqué précédemment pour les plates-bandes.

On peut faire aboutir tous les arétiers au même point, mais ou peut aussi les faire concourir deux à deux aux sommets d'un parallélogramme PQYZ (*fig.* 77, *Pl. XIX*), qui ait pour centre le point O et dont les côtés soient parallèles aux diagonales AC et BD, comme l'indique la *fig.* 77. Pour cela, outre les deux berceaux principaux A'I'B', et A"I"D", nous concevrons un cylindre auxiliaire parallèle à la diagonale BD et qui aura pour section orthogonale un quart d'ellipse $a'qq'$, dont le demi-axe horizontal $a'q$ sera égal à la perpendiculaire abaissée du point A sur PQ, et dont l'autre demi-axe qq' sera égal à O'1' : ce cylindre auxiliaire coupera les deux premiers suivant des ellipses qui seront projetées sur les droites AQ et AP.

De même un second cylindre auxiliaire, qui aura pour section droite le quart d'ellipse $c'yy'$, coupera les deux berceaux suivant des ellipses projetées sur les droites CZ et CY; enfin, deux autres cylindres auxiliaires, construits semblablement dans une direction parallèle à la diagonale AC, couperont encore les deux berceaux primitifs suivant des quarts d'ellipse projetés sur BQ et BY et sur DP et DZ; de sorte que cette combinaison produira quatre *pendentifs* ou espaces intermédiaires entre les berceaux, lesquels seront projetés sur les triangles PAQ, QBY, CZY et DPZ. Toutefois, comme l'intervalle PQYZ resterait à jour, il faudra le fermer par une voûte plate, que l'on composera d'un seul voussoir en forme de clef, si ce parallélogramme a été choisi de petites dimensions; sinon on partagera l'intervalle $q'y'$ en trois parties, $q'\alpha'$, $\alpha'6'$, $6'y'$, dont les deux extrêmes soient égales, et celle du milieu déterminera la clef dont la douelle sera le parallélogramme $\alpha6y\delta$, entièrement plan, et dont les joints seront des plans un peu inclinés sur la verticale; on pourrait aussi laisser à cette clef une saillie au-dessous de l'intrados, pour y sculpter une rosace ou un cul-de-lampe. Les voussoirs contigus à la clef et correspondants à des arcs tels que $n'q'\alpha'$ auront une douelle en partie cylindrique et en partie plate, mais il faudra former d'une seule pierre les portions d'intrados telles que UTMSRJVXδU et EFNMGHKLE.

Les joints d'assises correspondants aux arêtes TU et SR seront des plans verticaux, et les joints de lit ou les coupes qui passeront par les arêtes MS, MN seront formés par des plans normaux aux cylindres correspondants.

Nous ne traçons pas ici l'intersection de ces joints, parce qu'elle s'obtiendra facilement d'après ce que nous avons vu précédemment; il en est de même de la taille des voussoirs, qui s'exécutera par les procédés qui précèdent.

Lunette droite dans un berceau.

Une lunette droite est une voûte formée par la rencontre de deux berceaux qui n'ont pas la même montée, quoiqu'ils aient le même plan de naissance; l'intersection des deux cylindres, qu'on appelle arêtier, est alors une ligne à double courbure, au lieu d'être une courbe plane. Soit $a'd'e'h'b'$ (*fig.* 79, *Pl. XX*) la section droite du petit berceau dont l'axe est l'horizontale $O'o$; soit aussi $A''D''H''Z''$ (*fig.* 80) la section droite du grand berceau que nous avons rabattu sur le plan vertical, mais que nous supposerons ramenée dans le plan vertical A_2O_2 perpendiculaire à l'axe OO_2 de ce second berceau. Pour tracer l'appareil de cette dernière voûte, nous prendrons les arcs égaux $A''D''$, $D''E''$, $E''H''$, etc., avec les joints normaux et l'extrados, puis nous diviserons le cintre du petit berceau en un nombre impair de parties égales, mais de façon que le premier point de division d' se trouve moins élevé que D''; puis nous construirons les joints normaux et l'extrados du petit berceau comme à l'ordinaire.

La projection horizontale AdehB de l'intersection des deux intrados s'obtiendra en coupant ces deux cylindres par des plans horizontaux tels que $d'd''$, $e'e''$, $h'h''$; ce dernier coupe en effet le petit berceau suivant la génératrice (h', nh) et le grand berceau suivant une génératrice qui est projetée au point h'' sur le rabattement (*fig.* 80), mais qui doit être ramenée suivant Nh sur le plan horizontal; donc la rencontre des droites nh et hN fournira un point h de la courbe demandée : les autres points de la courbe s'obtiendront de la même manière. Cette courbe AdehB est un arc d'hyperbole équilatère, et l'autre branche Sh_1B (*fig.* 82) reçoit la projection de la courbe de sortie, quand les deux cylindres se pénètrent entièrement; ces deux courbes d'entrée et de sortie sont projetées verticalement sur le cercle $a'h'b'$. L'arête de douelle h' du petit berceau étant plus bas que l'arête H″ du grand, le plan de joint $i'\,h'\,O'\,o$ viendra couper l'intrados de ce grand berceau suivant un arc d'ellipse $h\,\mathrm{H}$ qui s'étendra jusqu'à sa rencontre avec l'arête de la douelle H″; or cette extrémité H s'obtiendra en menant le plan horizontal H″ H′ qui coupera le grand cylindre suivant la génératrice QH, et le plan de joint $i'\,O'\,o$ suivant la droite $q\,\mathrm{H}$. Tout autre point intermédiaire entre H et h s'obtiendrait encore au moyen d'un plan sécant horizontal. On observera que cette ellipse prolongée aboutira en o qui en sera le sommet, attendu que c'est là le point de rencontre du plan indéfini $i'\,O'\,o$ avec la génératrice $\mathrm{A^2\,AB}$ située dans le plan de naissance. A partir du point H, le joint $i'\,h'$ coupe le joint I″ H″ du grand berceau suivant une droite HI dont le dernier point I s'obtient aussi au moyen du plan sécant horizontal I″ I′; d'ailleurs cette droite HI prolongée passerait par le point O où se coupent les arcs O o' et $\mathrm{OO_2}$ des berceaux, parce que ces axes sont ici les traces horizontales des plans de joint $i'\,O'\,o$ et I″ H″ O″. Le joint I″ H″ du grand berceau se terminera à l'horizontale IP suivant laquelle il rencontre l'extrados, et il aura ainsi pour projection horizontale QHIP; mais le joint $h'\,i'\,$I′ coupera d'abord ce même extrados suivant un arc d'ellipse Ii dont chaque point i se trouvera en conduisant un plan sécant horizontal tel que $i'\,i'''$, et ensuite il coupera l'extrados du petit berceau suivant la droite im; de sorte que le joint $h'\,i'$ aura pour projection horizontale le contour nh HI im.

D'après ces détails, on apercevra facilement sur l'épure la forme des autres joints, et la courbe yic sera l'intersection des deux extrados; mais comme les parties des deux berceaux, contiguës à l'arêtier A dch B, doivent être composées d'une seule pierre comme nh HQ, on devra limiter les voussoirs de la lunette par des joints montants au plans verticaux np, GF, etc., qui soient placés à des distances convenables pour ne pas exiger des blocs de pierre trop volumineux. Quant aux voussoirs compris entre KG et $\mathrm{K_1\,G_1}$, ils n'appartiendront plus qu'à un seul berceau, et ils se construiront sans difficulté; enfin ajoutons, pour la lecture de l'épure, que toute la projection horizontale (*fig.* 81 et 82) est censée vue par-dessous.

Panneaux de développement. — On développera l'intrados du petit berceau en rectifiant les arcs $a'\,d'$, $d'\,e'$, $e'\,h'$, etc., de la section orthogonale suivant les droites $a_2\,d_2$, $d_2\,e_2$, $e_2\,h_2$ (*fig.* 83), puis on mènera des ordonnées $a_2\,a_3$, $d_2\,d_3$, $e_2\,e_3$ égales aux distances des points A, d, e, h à la ligne de terre $a'\,b'$, et l'on pourra ainsi tracer la courbe $a_3\,d_3\,e_3\,h_3\,k_3$ qui représente la transformée de l'arêtier projetée sur A dch. Par là on connaîtra aussi en vraie grandeur les panneaux de douelle tels que $e_2\,e_3\,h_3\,h_2$.

Quant aux joints, par exemple celui qui est rabattu suivant $h_2\,h_3\,\mathrm{H_3}\,\mathrm{I_3}\,i_3\,i_2$, on le construira en prenant les abscisses $h_2\,\mathrm{H_2}= h'\,\mathrm{H'}$, $h_2\,\mathrm{I_2}= h'\,\mathrm{I'}$, $h_2\,i_2= h'\,i'$, et en élevant les coordonnées $\mathrm{H_2\,H_3}$, $\mathrm{I_2\,I_3}$, $i_2\,i_3$ égales aux distances des points H, I, i, à la ligne de terre $a'\,b'$. On pourrait construire semblablement les panneaux de douelle et des joints qui se rapportent au grand berceau.

Taille des voussoirs. — Supposons qu'on veuille tailler le voussoir qui a pour face de tête $c'\,h'\,i'\,c'$ (*fig.* 79); on équarrira un prisme

droit dont la base soit égale à la projection horizontale *pnh* HGF
(*fig.* 81) de ce voussoir, on appliquera sur les faces antérieure et
latérale de ce prisme (*fig.* 84) les deux panneaux de tête *e' h' i' c'*,
E″ H″ I″ C″, pris sur les *fig.* 79 et 80, puis on exécutera la douelle
cylindrique *h' e' he* et les deux joints du petit berceau, et sur ces
faces on appliquera les panneaux correspondants de la *fig.* 83, afin
de déterminer les limites *eh*, *e* E, C *c*. Cela fait, on taillera la douelle
et les joints du grand berceau dont les contours seront tous connus;
quant aux extrados, on les exécutera aisément avec des cercles
concaves; mais dans la pratique on se contente de les dégrossir à
la simple vue.

CHARPENTE.

Tous les bois doivent être préalablement équarris, c'est-à-dire que la section perpendiculaire à la longueur doit être un carré ou un rectangle qui diffère peu d'un carré ; et quand il s'agit d'une charpente importante à laquelle on veut donner une solidité durable, il faut que les pièces qui la composent soient équarries à vive arête, et que leurs faces soient bien dressées au rabot, afin que les assemblages puissent être tracés et exécutés avec précision : car si on laissait du jeu aux diverses pièces du système, il y aurait là une cause de dégradation continuelle.

L'exactitude des assemblages influant d'une manière remarquable sur la stabilité et la durée du système, nous expliquerons en détail les principaux modes d'assemblages que l'on emploie le plus fréquemment.

Assemblage à tenon et mortaise. — On veut réunir les deux pièces A et B (*fig.* 1, *Pl. XXI*) ; nous les supposerons projetées sur *le plan de leurs axes de figure*, et il faudra généralement faire en sorte que ces axes soient dans un même plan. Ce plan des axes peut être horizontal, vertical, ou avoir toute autre position, suivant le but qu'on se propose ; mais, pour donner clairement la situation que nous supposerons aux diverses pièces dans les épures, nous indiquerons les projections horizontales par des lettres sans accents, et les projections verticales par des lettres avec des accents, ainsi que les projections faites sur des plans parallèles à certaines faces qui ne seront point horizontales.

On appelle *faces de parement* celles qui sont parallèles au plan des axes, et les deux autres sont dites *les faces normales* ; dans la *fig.* 1 les premières sont horizontales, et les secondes verticales.

Le tenon qui accompagne la pièce A est une saillie en forme de parallélipipède ($abcd$, $a'b'b''a''$) que l'on ménage à l'extrémité de cette pièce, et à laquelle on donne une épaisseur $b'b''$ égale au tiers ou au cinquième de l'équarrissage $a'''a^{iv}$; les deux faces ($abcd$, $a'b'$) ($abcd$, $a''b''$) parallèles aux parements sont les *jouées du tenon*, et les deux autres faces projetées sur $a'b'a''b''$ sont les faces d'épaisseur. Enfin ($b'b''$, bc) est le bout du tenon, et ($a'a''$, ad) en est la base ; tandis que les deux faces $a''a^{iv}$ et $a'a'''$ sont les deux joints ou les abouts de la pièce A.

Quant à la pièce B, qui a ordinairement le même équarrissage que A, le parallélogramme (ad, $a_3d_3d_4a_4$) est l'occupation ou la portée de la pièce A ; et la *mortaise* est la cavité rectangulaire ($abcd$, $a_1a_2d_2d_1$) identique avec le tenon qui doit s'y engager. On appelle *jouées de la mortaise* les faces de celle-ci qui sont en contact avec les jouées du tenon, ou plutôt le nom de jouées désigne les parties solides de la pièce B qui subsistent en dessus et en dessous de la mortaise ; et comme chacune de ces jouées doit offrir une résistance au moins égale à celle du tenon qui tend à les faire écarter, on doit donner à celui-ci une épaisseur qui ne dépasse pas le tiers de l'équarrissage.

On ajoute quelquefois une cheville qui traverse à la fois le tenon et les deux jouées de la mortaise; mais ces chevilles ne servent à maintenir les pièces que jusqu'à ce que toute la charpente soit montée, car bientôt elles pourrissent, et la stabilité du système résulte non pas de leur existence, mais du contact un peu forcé entre les jouées du tenon et celles de la mortaise, tandis que pour les autres faces, et surtout pour le fond de la mortaise, il doit rester un peu de jeu, pour faciliter la mise en joint.

Assemblage oblique à tenon et mortaise (*fig.* 2, *Pl. XXI*). — Quand les axes des deux pièces se rencontrent obliquement comme A et B dans la *fig.* 2, il faut tronquer le tenon par un plan af perpendiculaire à la face d'entrée de la mortaise, afin d'éviter l'entaille aiguë abf qu'il faudrait creuser par refouillement dans la pièce B. D'ailleurs, si la pièce A était sollicitée à tourner autour de l'arête d, la partie saillante abf du tenon ferait l'office d'un levier qui tendrait à faire éclater la portion fac de la pièce B, dans le sens des fibres du bois.

La projection A′ est faite sur un plan vertical, parallèle aux faces normales de la pièce A; et il en est de même de B′ par rapport à B. Nous ferons remarquer que les hachures indiquent des faces non parallèles aux fibres du bois : c'est ce qui arrive pour les deux joints de la pièce A projetés sur ad et pour le bout du tenon cf, mais non pas pour la face dc; tandis que cette dernière face, considérée comme appartenant à la mortaise et projetée sur $c′c″d″d′$ est dans une direction qui tranche les fibres de la pièce (B, B′), et dès lors elle a dû être couverte de hachures.

Embrèvement (*fig.* 3, *Pl. XXI*). — Lorsque l'une des deux pièces doit produire dans l'autre un arc-boutement, il importe d'épauler le tenon au moyen d'un embrèvement; c'est une saillie $a′b′l′$ en forme de prisme triangulaire, que l'on ménage à l'extrémité de la pièce A′, et qui conserve toute l'épaisseur de cette pièce, tandis que le tenon $b′d′g′l′$, qui est à la suite de l'embrèvement, n'a que le tiers de cette épaisseur. Les deux triangles projetés sur $a′b′l′$ sont les faces d'épaulement, $b′l′$ est la semelle, et $a′b′$ l'about de l'embrèvement, qui ne doit avoir que le tiers ou le quart de l'about $a′d′$ du tenon. Cet about est ordinairement tracé dans une direction perpendiculaire à l'axe de la pièce B′B″; d'autres fois cependant on le dirige perpendiculairement à l'axe de (A′, A″), quand cette dernière pièce doit pivoter sur sa base pour s'engager dans la pièce (B′ B″); la face oblique $b″b‴l″l‴$ est le pas de l'embrèvement.

Embrèvement par encastrement (*fig.* 4, *Pl. XXI*). — L'embrèvement est dit par encastrement lorsque la pièce A′, qui s'engage dans B′, a une épaisseur moindre que celle de cette dernière; alors la pièce (B′ B″) présente une espèce de cuvette inclinée $m″m‴d″d‴$ qui reçoit l'embrèvement de A′, et du reste la forme de celle-ci est la même que dans la *fig.* 3.

Embrèvement à deux crans (*fig.* 5 et 6, *Pl. XXI*). — Lorsque l'angle formé par les axes des pièces A′ et B′ est très-aigu (*fig.* 5 et 6) l'occupation de la première pièce sur la seconde aurait une très-grande longueur; il vaut mieux dans ce cas partager l'embrèvement en deux parties $a′b′c′$ et $c′d′g′$ qui arc-bouteront plus efficacement la pièce B′. Mais comme cette dernière pièce offrirait ainsi, pour résister à la pression de bas en haut, un prisme triangulaire $b'c'd'$ dont les fibres sont tranchées par le plan $b'c'$, il serait à craindre que cet effort ne fît déchirer ce prisme dans la direction $b'd'$, c'est pourquoi on modifie souvent cet assemblage en lui donnant la forme indiquée dans la *fig.* 6, où le plan $b'c'$ est parallèle à $a'g'$. Du reste, on peut ajouter un tenon à ces sortes d'embrèvement.

Embrèvement à plat-joint (*fig.* 7, *Pl. XXI*). — On fait aussi des embrèvements divisés en deux parties sur la largeur du joint, séparées par un espace qui forme *plat-joint*. Cet assemblage est représenté par quatre projections (*fig.* 7). L'embrèvement est à peu près le même que celui des *fig.* 3 et 4, sinon qu'il est sans tenon ni mortaise; son about $a'b'$ est plan ou cintré suivant un arc de cercle décrit du point c' comme centre; on lui donne pour profondeur les deux cinquièmes de l'épaisseur de la pièce B'. Les deux embrèvements occupent chacun un tiers de l'épaisseur des pièces de bois. Cet assemblage, appelé *joint anglais*, présente quelques difficultés d'exécution pour tenir dans une même surface les deux abouts d'embrèvement de la pièce B', des deux côtés du bois plein qui les sépare. Il peut aussi occasionner la fente de la pièce A' et surtout le déchirement dans la face supérieure de la partie a'', qui répond à l'entre-deux des embrèvements si les abouts $a'b'$ sont refoulés. D'ailleurs, un mouvement de torsion qu'une cause accidentelle pourrait produire, tendrait à faire éclater un des fourchons; de sorte que le système représenté dans la *fig.* 7 ne paraît pas bon à imiter.

Assemblage à oulice. — La *fig.* 8, *Pl. XXI*, représente l'assemblage à tenon dit à *oulice* d'une pièce de bois verticale A' dans la pièce inclinée B'; le tenon à oulice $a'b'c'$ est triangulaire et coupé carrément au bout, il a pour épaisseur le tiers de celle de la pièce. La même figure représente l'assemblage à oulice avec about ou embrèvement, l'about de l'embrèvement $d'i'$ est dans le même plan que celui du tenon; la pièce A' est désassemblée en A'', elle présente sa face d'assemblage. Au-dessous de l'assemblage de la pièce A' est une entaille d'embrèvement et une mortaise ponctuée, destinées à l'assemblage d'une autre pièce à oulice D', D''. Cette espèce d'assemblage est employée dans les murs ou cloisons faites en pans de bois et composées de poteaux assemblés dans deux sablières horizontales; les intervalles sont remplis de plâtras reliés par un enduit de plâtre; mais comme il faut s'opposer aux oscillations horizontales que diverses causes pourraient imprimer à cette cloison, on y intercale des pièces obliques telles que B', inclinées les unes à droite, les autres à gauche, et que l'on nomme *guettes*, *écharpes* ou *décharges*.

Assemblages à doubles tenons et mortaises. — La *fig.* 9, *Pl. XXII*, présente des assemblages à doubles tenons et mortaises. La pièce A est assemblée à angle droit dans la pièce B; la pièce E fait un autre angle avec la même pièce. On peut aussi faire des assemblages à tenons et mortaises triples et même plus nombreux; cependant la multiplicité des tenons et des mortaises affaiblit l'assemblage. En général, les épaisseurs des tenons, les largeurs des mortaises et de leurs jouées sont égales, et pour les obtenir on divise l'*occupation* de la pièce assemblée en autant de parties qu'il y a de mortaises et de jouées, compris celles qui séparent les mortaises. Toutes les autres projections demeurent les mêmes que dans l'assemblage à tenon et mortaise simples. Nous n'avons pas dans cette figure l'assemblage avec embrèvement que l'on emploie aussi avec les tenons doubles et triples, parce qu'il se pratique de la même manière que pour l'assemblage à tenon simple.

Assemblages à paume. — Les pièces A et E (*fig.* 10, *Pl. XXII*) horizontales sont supportées par leurs *paumes* dans les entailles de la pièce B aussi horizontale ; la pièce A est assemblée à angle droit dans la pièce B ; la pièce E est assemblée obliquement. La coupe inclinée de l'entaille qui reçoit une *paume* a pour objet de n'affaiblir la pièce B que le moins possible. Mais cet assemblage a l'inconvénient de faire exercer par les pièces A et E une poussée contre la pièce B. On remédie à cet inconvénient en contre-boutant la pièce B.

On ajoute quelquefois à cet assemblage un tenon qui est figuré en lignes ponctuées.

Assemblage à tenon avec renfort en chaperon. — Cet assemblage (*fig.* 11, *Pl. XXII*) et les suivants ne sont figurés que par une projection verticale de la pièce A suivant sa longueur, et une coupe de la pièce B. Les deux pièces sont désassemblées.

Même assemblage avec about carré. — Cet assemblage, représenté *fig.* 12, *Pl. XXII*, est fait avec about carré au-dessus du renfort en chaperon, pour que la mortaise de la pièce B ne soit pas terminée supérieurement par une arête aiguë.

Assemblage à tenon avec renfort carré (*fig.* 13, *Pl. XXII*). — En général, lorsque les renforts des tenons sont placés en dessus, ils ne consolident que les tenons, et un excès de charge sur la pièce A peut la faire fendre en x à la racine du tenon.

La *fig.* 14, *Pl. XXII*, représente un assemblage à tenon avec renfort qui remédie à l'inconvénient signalé ci-dessus. Parce que la surface inférieure zy de la pièce A porte dans la mortaise de la pièce B, la jouée inférieure tv de la mortaise a ordinairement toute la force nécessaire pour porter la pièce A, vu qu'on donne à la pièce B une épaisseur suffisante qui peut être plus grande que celle observée sur l'épure.

La *fig.* 15, *Pl. XXII*, représente un assemblage avec *tenon à chaperon et renfort.*

La *fig.* 16, *Pl. XXII*, représente un assemblage à *double repos.*

La *fig.* 17, *Pl. XXII*, représente un assemblage à *paume avec repos.*

La *fig.* 18, *Pl. XXII*, représente un assemblage à *entaille carrée.*

La *fig.* 19, *Pl. XXII*, représente un assemblage à *mors-d'âne.* Ces deux derniers assemblages ont le même inconvénient que celui de la *fig.* 13.

Assemblage des tenons à biseaux. — La pièce E est assemblée dans la pièce B (*fig.* 20, *Pl. XXII*), par un tenon ordinaire et par un tenon qui affleure une face de parement : ce tenon est taillé sur ses côtés en biseaux pour qu'il ne puisse pas échapper de l'entaille ouverte dans la face de parement de la pièce B, qui lui sert de mortaise. La pièce A est assemblée dans la pièce B par deux tenons apparents pareils à celui à biseaux de la pièce E.

Assemblages à tenons passants. — La pièce A est assemblée dans la pièce B par un tenon simple qui dépasse cette pièce (*fig.* 21, *Pl. XXII*), suffisamment pour qu'on puisse le traverser par une clef x qui le sert en joint et le retient. Dans la même figure, la pièce E est assemblée dans la pièce B à tenon double, également passant, et traversé pareillement par une clef y.

Cette clef a beaucoup plus de solidité que n'en aurait une cheville; on peut lui donner une plus forte dimension, surtout en épaisseur, et l'on fait dépasser les tenons de la pièce B de toute la longueur qu'on reconnaît nécessaire pour que le bois sur lequel la clef fait effort ne soit point arraché. On donne aux clefs x et y une forme légèrement en coin pour qu'on puisse la serrer fortement à coups de maillet.

Assemblages à tenons passants et apparents. — Les tenons apparents qui affleurent les faces de parement ont la même forme que ceux de la *fig.* 20.

La pièce A porte deux tenons de cette sorte (*fig.* 22, *Pl. XXIII*), la pièce E porte en outre un tenon passant intermédiaire. Ces tenons sont traversés, comme précédemment, par des clefs x et y qui sont elles-mêmes traversées par de petites clavettes t, v pour maintenir les tenons apparents dans les parties où ils dépassent la pièce B; au moyen de ces clavettes, on pourrait se dispenser de tailler les tenons des parements en biseaux et les laisser carrés.

Assemblages à tenon et mortaise sur l'arête. — La pièce A est assemblée d'équerre sur la pièce B, de telle sorte que l'une et l'autre présentent des arêtes uv, zt en parement au lieu de faces (*fig.* 23, *Pl. XXIII*), et que les quatre arêtes de l'une rencontrent les quatre arêtes de l'autre. Si la pièce assemblée A était d'un équarrissage plus faible que la pièce B, deux de ses arêtes seulement rencontreraient dans un même plan deux arêtes de la pièce B. Cet assemblage nécessite deux embrèvements triangulaires yxy et deux recouvrements également triangulaires yzy; le passage des deux embrèvements aux deux recouvrements a lieu sur le joint de chaque pièce dans le plan du rectangle $yyyy$, dans lequel se trouve le tenon de la pièce A et la mortaise de la pièce B. Ce rectangle est l'about de l'assemblage. Sur le côté des projections principales, la pièce A est représentée en A et A′ dans les mêmes sens, désassemblée. Dans la projection verticale B² la pièce B est représentée désassemblée aussi, elle montre sa mortaise.

Assemblages à queue d'hironde. — Quand on veut réunir deux pièces (A, A′) (B, B) de manière à résister à une traction dirigée suivant la longueur de la première, on ménage à l'extrémité de celle-ci, mais seulement à mi-bois, une saillie (*efgh*, $h'g'g''h''$) en forme de trapèze (*fig.* 24, *Pl. XXIII*), dont le collet eh est plus petit que la base extérieure fg; puis, après avoir taillé dans la pièce B une cavité identique $e_2 f_2 g_2 h_2$, on y engage la queue d'hironde $efgh$ en soulevant un peu la pièce A, et dès lors cette dernière ne peut plus se séparer de B par suite de tractions horizontales. Mais pour que les fibres ne soient pas tranchées brusquement, ce qui pourrait faire déchirer la queue d'hironde $efgh$ dans le sens de ces fibres, il faut donner à chaque épaulement me, nh une largeur comprise entre $\frac{1}{5}$ et $\frac{1}{10}$ de la longueur mf, laquelle est ordinairement égale à l'équarrissage mn.

Assemblage à queue d'hironde avec renfort. — On peut aussi ajouter à la queue d'hironde un renfort ($pqrs$, $r'r''s''s'$) (*fig.* 25, *Pl. XXIII*), mais il ne faut pas le faire descendre plus bas que le milieu s' de l'épaisseur $s''n'$ de la pièce (A, A″), afin de ne pas trop affaiblir la jouée de la mortaise qui est pratiquée dans l'autre pièce (B, B′).

Assemblage à entailles et anglets ou onglets de la pièce A et de la pièce B formant équerre. — L'épaisseur des pièces (*fig.* 26, *Pl. XXIII*) est divisée en trois parties : les deux premières au-dessous forment l'assemblage à entailles, la troisième est taillée diagonalement pour former l'onglet sur les deux pièces. La coupe d'onglet d'une pièce s'applique exactement contre la coupe d'onglet de l'autre, ce qui forme le joint symétrique xy qui donne une meilleure apparence à l'assemblage que s'il était d'équerre.

Assemblage à onglets avec tenons. — Les deux pièces A et B (*fig.* 27, *Pl. XXIII*) se joignent suivant les coupes d'onglet xy, dans lesquelles sont ménagés des tenons et des mortaises combinés de telle sorte, que les intervalles que les tenons laissent entre eux sur une pièce seront des mortaises pour recevoir les tenons de l'autre pièce.

Des moises. — On appelle *moises* deux pièces de bois jumelles qui embrassent d'autres pièces principales pour les relier fixement entre elles. Ainsi, moiser des pièces, c'est les saisir entre deux moises ; car il est rare qu'on emploie une seule moise, quoique avec des entailles à mi-bois et des boulons cela puisse suffire dans certains cas ; mais alors on la nomme plutôt *décharge* ou *écharpe* ou *lierne*, suivant la position qu'elle occupe. Dans la *fig.* 28, *Pl. XXIII*, il s'agit de relier entre eux un *tirant* horizontal et un arbalétrier incliné ; les deux moises A sont entaillées à mi-bois suivant les directions de ces pièces principales, ainsi qu'on le voit sur les projections latérales A′ et A″ ; et l'adhérence de ces pièces est maintenue par des boulons à écrous, placés en dessous et en dessus de chaque entaille. Souvent, au lieu de deux boulons, on n'en met qu'un seul qui traverse à la fois les deux moises et le tirant ; mais cette disposition présente l'inconvénient de couper les fibres de la pièce principale, ce qui diminue la résistance dont elle est susceptible. Par le même motif, on doit se garder de pratiquer aussi une entaillé dans le tirant pour recevoir la moise, comme le font quelques constructeurs.

Croix de Saint-André. — La croix de Saint-André, qui présente un assemblage analogue, est le système de deux pièces disposées en forme de X, mais où chacune d'elles est entaillée à mi-bois afin que les faces de parement s'affleurent bien.

ENTURES.

Enter deux pièces de bois, c'est les joindre dans la direction de leurs longueurs au moyen d'entailles nommées *entures*. Pour enter deux pièces de bois, il faut qu'elles soient exactement enlignées, c'est-à-dire qu'elles aient la même forme, en sorte qu'étant assemblées bout à bout, l'une ne paraisse que la continuation de l'autre. Le tracé des entures dépend de la position des entes ou pièces entées qui peuvent être horizontales ou verticales.

Entures horizontales. — La *fig.* 29, *Pl. XXIII*, est une enture à mi-bois avec abouts carrés entre deux pièces A, B. Dans la même figure les pièces E, D sont assemblées à enture à tenon et entaille bout à bout, dite *enture en tenaille*. Ces deux assemblages ont la même projection horizontale; dans celui des pièces E, D, on peut faire plusieurs tenons.

La *fig.* 30, *Pl. XXIII*, est une enture à mi-bois en queue d'hironde entre les pièces A, B.

La *fig.* 31, *Pl. XXIV*, est une enture à mi-bois avec tenons d'about. Dans l'assemblage des pièces A et B projetées verticalement en A', B', le joint est horizontal et parallèle aux faces du parement. On met en joint en poussant les pièces l'une vers l'autre longitudinalement. Dans l'assemblage entre les pièces E, D projetées en E', D', le joint est incliné par rapport aux faces; on met en joint latéralement.

La *fig.* 32, *Pl. XXIV*, est une enture à mi-bois avec abouts *en coupe* entre les pièces A, B. On dit qu'un about est en coupe, lorsque le plan qui le termine est incliné de façon que l'about assemblé se loge en dessous de celui qui reçoit l'assemblage et s'y trouve retenu.

Traits de Jupiter. — Si avec les deux pièces horizontales (A, A'), (B, B') (*fig.* 33, *Pl. XXIV*) on veut former une poutre ou tirant, on coupera la première suivant la forme anguleuse $l'm'n'p'q'r'$ et l'autre suivant $l'm'g'h'q'r'$: il restera ainsi de vide un petit espace $g'h'p'n'$ qui est nécessaire pour pouvoir, en faisant jouer les pièces dans la direction $n'g'$, introduire l'angle saillant m' de B' et l'angle saillant q' de A' dans les entailles correspondantes; puis, quand les abouts $l'm'$ et $q'r'$ seront bien mis en joint, on les y maintiendra bien serrés en introduisant de force une clef $\pi\,\gamma$ dans le vide rectangulaire $g'h'p'n'$. D'ailleurs il est toujours prudent de consolider ce système en l'entourant d'une ou deux brides en fer, serrées avec des écrous à vis. La même figure représente un trait de Jupiter à double entaille et à deux clefs, car on peut multiplier plus ou moins ces entailles, et c'est la ressemblance de ces lignes anguleuses avec les zigzags, par lesquels les peintres représentent les éclats de la foudre, qui a fait donner à cet assemblage le nom de trait de Jupiter.

Entures verticales. — Quand il s'agit de deux pièces verticales qui doivent résister seulement aux effets de la pesanteur, le mode le plus simple est l'assemblage en *fausse tenaille* représenté *fig.* 34, *Pl. XXIV*, où la pièce supérieure M' porte un tenon qui n'occupe en largeur que la moitié de l'équarrissage et le tiers en épaisseur; l'autre pièce N' présente une mortaise identique; et lorsque M' et N' sont réunies, on consolide l'assemblage en l'entourant d'une bride en fer, serrée par des écrous en fer à vis. La *fig.* 35, *Pl. XXIV*, représente l'assemblage à *tenon chevronné*, et dans la *fig.* 36, *Pl. XXIV*, il est à tenons croisés.

L'enture de la *fig.* 37, *Pl. XXIV*, est à enfourchement avec des abouts en fausse coupe, pour maintenir les fourchons en joint. Chacune des pièces A' et B' porte deux fourchons et deux entailles qui reçoivent les fourchons de l'autre; il reste au centre de l'assemblage une face horizontale ($vxyz$, $x'v'z'$) qui est commune aux deux pièces A' et B', et sur laquelle portera la charge qu'elles auront à soutenir: ce qui est bien préférable à d'autres combinaisons, où cette charge porterait sur les abouts des fourcherons ou bien sur un sommet pyramidal placé au centre de l'assemblage.

Poutres armées. — Lorsqu'une poutre horizontale A′A′ (*fig.* 38, *Pl. XXIV*) est chargée d'un poids considérable, les fibres inférieures s'allongent et se courbent, les fibres supérieures se contractent, tandis qu'une certaine fibre à peu près centrale demeure invariable de longueur. Or, comme les bois résistent moins à la contraction qu'à l'extension, on consolidera la pièce principale A′A′, nommée *la mèche*, en appliquant au-dessus deux fourrures B′ et D′ en forme d'arbalétriers, lesquelles s'arc-bouteront suivant la face verticale *gh* et seront embrevées dans la mèche par des redans ou entailles *lmn*, *pqr*, *xyz* Cette disposition augmentera la résistance à la flexion, beaucoup plus que si l'on avait simplement superposé à A′A′ une autre pièce parallèle, et il y aura en outre une économie notable, puisqu'on emploie, pour ces fourrures, des pièces dont la longueur est moitié moindre. Dans tous les cas, il faudra relier entre elles la mèche et les fourrures par des boulons ou des brides serrées avec des écrous à vis; en outre, les abouts *mn*, *qr* des embrèvements devront être taillés bien justes, afin de bander fortement les deux fourrures; mais comme cette condition serait difficile à remplir pour tous les abouts à la fois, il vaudra mieux laisser un vide tel que *qrst*, et le remplir ensuite par une clef que l'on enfoncera jusqu'à ce que l'assemblage soit bien serré. Par un motif semblable, on pourra aussi insérer un coin de bois dur entre les deux abouts *gh*, et pour que la bride placée en cet endroit ne soit pas exposée à glisser, nous avons abattu l'angle saillant des deux fourrures au moyen d'un pan coupé horizontal *ef*.

Quelquefois on place à côté l'une de l'autre deux poutres jumelles, en les réunissant par des boulons horizontaux; ou bien on prend un seul corps d'arbre que l'on refend suivant sa longueur, et, après avoir retourné ses deux moitiés de manière à placer le cœur du bois en dehors et l'aubier en dedans, on les relie par des boulons horizontaux, ce qui fournit un système dont la forme extérieure est rectangulaire, et où l'on utilise la force des segments irréguliers qui auraient été enlevés par l'équarrissement de la pièce primitive. Cette disposition s'emploie fréquemment dans les maisons particulières pour former ces grosses poutres nommées *poitrails* qui recouvrent une porte cochère et qui ont à supporter le poids d'un trumeau de fenêtres construit en moellons ou même en pierres de taille.

DES COMBLES.

Le comble d'un bâtiment est cette partie la plus élevée qui présente un ou plusieurs plans inclinés sur lesquels on applique la couverture qui doit garantir l'intérieur contre l'intempérie des saisons. Le comble ne présente quelquefois qu'un seul *égout* ou plan incliné, et alors on le nomme un *appentis*. Plus ordinairement le comble est à deux égouts formés par deux plans inclinés qui se rencontrent suivant une horizontale parallèle aux deux côtés les plus longs du rectangle sur lequel se projette le bâtiment, et si les murs correspondants aux deux petits côtés s'élèvent en pointe jusqu'au sommet du comble, ces faces triangulaires et verticales s'appellent des *pignons*. On les nommerait des *frontons*, si la corniche qui règne à la naissance du comble s'élevait en rampant le long du pignon ; et quand une partie de cette couche se prolonge horizontalement, l'espace triangulaire s'appelle le *tympan du fronton*.

Si l'on voulait ne pas construire le pignon en maçonnerie, on pourrait le remplacer de la manière suivante : On termine les quatre murs par un rectangle horizontal, et l'on donne aux deux faces du comble qui passent par les deux longs côtés, la forme de trapèzes que l'on nomme les *longs pans*, tandis que les deux autres faces reçoivent la forme de triangles inclinés que l'on appelle les *croupes*, ainsi qu'on le voit indiqué en projection horizontale sur la *fig. 39*.

Les quatre arêtes saillantes *ao, bo, ce, de*, produites par les intersections des longs pans et des croupes, sont formées par des pièces de charpente que l'on nomme des *arétiers*, et qui sont taillées en dos d'âne ; l'horizontale supérieure *eo* s'appelle le *faîte* ou plutôt la *ligne de couronnement*.

Dans la *fig. 39*, la croupe *aob* est dite *droite* ; mais elle serait biaise si elle avait la forme représentée par le triangle *ba'o*.

Combles de pavillon. — Pour un bâtiment dont le plan est un carré, ou un quadrilatère qui en diffère peu, le mode le plus simple et le plus usité est de former le comble au moyen de quatre *croupes* ou triangles inclinés qui se réunissent en un même point ; ce n'est donc autre chose qu'une pyramide quadrangulaire à laquelle on donne le nom de *comble de pavillon*.

Pente des combles. — La pente qu'on donne aux toits a pour objet de rejeter hors des espaces couverts l'eau de la pluie et celle des neiges, et de les faire écouler rapidement afin que les matériaux de la couverture puissent sécher. Les terrasses des pays méridionaux et les combles élevés des contrées du Nord ont fait penser que le climat seul déterminait l'inclinaison des toits ; cependant le régime de l'atmosphère influe bien moins sur la pente des toits qu'on serait tenté de le croire : car, à l'exception de la considération des neiges, qu'on donne comme motif des pentes raides et de l'emploi des tuiles plates, l'usage des tuiles creuses conviendrait également bien aux pays pluvieux. Elles font d'excellentes couvertures dans certaines contrées où l'automne amène des pluies plus abondantes peut-être qu'aucune de celles des autres pays où il pleut le plus ; et ces tuiles n'ont pas, à l'égard des neiges, des vices aussi graves que ceux qu'on leur suppose, puisque dans quelques régions du Midi très-élevées, où il tombe beaucoup de neige, on continue à s'en servir sans inconvénients. Mais, malgré les avantages qu'elles présentent de charger moins les bâtisses et de n'exiger que des charpentes moins fortes, la mode des toits surbaissés ne pourra pas s'introduire là où les tuiles plates et les ardoises sont en usage, à cause de l'impossibilité et de l'inutilité même de substituer la fabrication des tuiles creuses à l'habitude invétérée de celle des tuiles plates et de l'exploitation des ardoises qui s'emploient, les unes et les autres, sur des toits de même pente, ce qui convient à l'uniformité des habitations. Ce serait en vain aussi qu'on tenterait de faire adopter dans l'Ouest et le Midi l'usage des tuiles plates. Il leur faut des charpentes trop massives, et l'élévation des toits qui en seraient couverts donnerait aux bâtiments un aspect trop lourd qui ferait des disparates choquantes avec les toits surbaissés et leurs tuiles creuses.

Plusieurs constructeurs ont pensé que la limite inférieure de l'inclinaison qu'on peut donner aux toits couverts en ardoises sous un ciel aussi pluvieux que celui de Paris est de 33 ⅓ degrés. C'est une pente dont la hauteur est à peu près les deux tiers de la base; mais ils n'ont été probablement conduits à ce résultat que par des considérations qui supposent le mouvement uniforme de l'eau et la simple capillarité dans les joints, abstraction faite des causes qui peuvent influer sur la durée des matériaux, sur celle des charpentes et sur leur stabilité.

L'inclinaison des toits couverts en tuiles plates varie dans les limites de 40 à 60 degrés, parce que les tuiles n'étant pas clouées comme les ardoises, c'est la pression qu'elles exercent les unes sur les autres par leur pesanteur, qui fait qu'elles résistent au vent.

L'angle de 45 degrés est celui qui convient le mieux pour les combles couverts en ardoises et en tuiles plates, sous le rapport de l'emploi de leur capacité intérieure. Sous une inclinaison plus douce, il faut du bois d'un plus fort échantillon, leur cube augmente la dépense, et elle présente en outre l'inconvénient de faire perdre pour les parties moyennes l'usage des greniers, qui peuvent n'avoir plus assez de hauteur pour qu'un homme s'y tienne de bout. Sous une inclinaison plus raide, l'accroissement de la surface des couvertures, l'augmentation de la longueur des bois, et la nécessité d'employer dans les charpentes un plus grand nombre de pièces, fait monter la dépense plus haut que la réduction des équarrissages ne la fait diminuer, et la capacité intérieure acquiert une hauteur souvent inutile. La raideur des pentes des toits augmente la durée de leurs charpentes, parce que plus les couvertures sont raides, plus elles sèchent promptement, et mieux elles garantissent les bois des influences de l'atmosphère.

A l'égard des tuiles romaines, des tuiles creuses et de celles qui sont portées sur des lattes ou planches sans y être retenues autrement que par l'effet de leur pesanteur, la raideur des toits ne peut pas être plus grande que l'angle sous lequel les matériaux glisseraient; et pour que leur stabilité soit au-dessus de l'équilibre, cette inclinaison ne doit pas excéder 27 degrés avec l'horizon.

La limite de l'inclinaison à laquelle un comble ne doit jamais être abaissé, est celle sous laquelle les tuiles seraient horizontales : dans cette position, elles verseraient autant d'eau en dedans qu'au dehors, et ne garantiraient nullement l'espace couvert.

Pour ce qui regarde les combles qui portent des couvertures métalliques, leurs toits peuvent n'avoir que la très-faible pente qui suffit à l'écoulement de l'eau, vu qu'on dispose les joints des feuilles de métal en bourrelets très-élevés, de façon que, quelle que soit l'abondance des pluies, l'eau ne peut pas pénétrer dans l'intérieur; cependant, dès que ces couvertures doivent être soutenues par des charpentes de quelque étendue, l'inclinaison des toits dépend uniquement des moyens que l'art de la charpenterie peut employer pour la construction des grands combles.

Des fermes.

Pour construire un comble à deux égouts, il faut établir de distance en distance plusieurs fermes ou pans de charpente verticaux, qui présentent chacun la forme d'un triangle dont la base repose à la fois sur les deux murs de long pan, et qui servent à porter toutes les autres pièces du comble. La composition de ces fermes peut varier avec la grandeur et la destination du comble. Dans la *fig.* 40, *Pl. XXIV*, on voit d'abord le *tirant* qui est une pièce horizontale, encastrée en partie dans les deux murs de face; elle porte en son milieu une pièce verticale, le *poinçon* sur lequel viennent s'arc-bouter les deux *arbalétriers* qui s'y engagent par embrèvement et tenon, et les pieds de ces arbalétriers s'assemblent dans le tirant d'une manière semblable : ces quatre pièces présentent un système triangulaire de forme invariable, et qui compose le corps de la ferme. Ensuite, sur les arbalétriers de deux fermes voisines, on pose deux ou plusieurs *cours de pannes*, pièces horizontales, mais déversées, qui y sont maintenues par des espèces de tasseaux nommés *chantignolles*; ces dernières sont fixées au moyen de deux clous; mais, pour plus de sûreté, il est bon de les engager dans l'arbalétrier par un petit embrèvement. Enfin sur les pannes sont couchés les *chevrons* dont les pieds reposent sur la *sablière* et s'y engagent par un simple embrèvement; cette sablière est une pièce posée à plat sur le mur, et qui, pour résister à la poussée horizontale que le poids des chevrons exerce contre elle, doit être rattachée fixement aux tirants des deux fermes voisines, au moyen d'un assemblage à tenon et mortaise, ou d'une entaille à mi-bois. Les chevrons s'assemblent deux à deux, par le haut, en s'appuyant sur le faîtage qui réunit les poinçons des fermes successives, lesquels s'engagent chacun par un tenon dans ce faîtage; mais quand il s'agit d'une ferme adjacente à la croupe, comme dans la *fig.* 40, c'est le faîtage qui s'engage dans le poinçon, attendu qu'il est d'usage de prolonger ce dernier au-dessus du comble, en forme de pyramide tronquée, que l'on recouvre d'une feuille de métal, avec le soin de la faire descendre en bavette par-dessus les ardoises ou les tuiles. Dans ce cas aussi, les deux chevrons qui font partie de la ferme vont s'assembler dans le poinçon par embrèvement et tenon; quant aux pieds de ces deux chevrons, ils s'engagent dans le tirant et non dans la sablière, et comme celle-ci ne doit jamais être posée en dehors du parement extérieur du mur, il reste toujours entre les pieds des chevrons et le bord de la corniche un intervalle que l'on recouvre par de petits chevrons nommés *coyaux*, lesquels sont fixés sur les chevrons principaux simplement par deux clous, et qui reposent ordinairement sur l'arête saillante de la sablière; ces coyaux se trouvent suffisamment maintenus par les lattes que l'on y cloue en travers ainsi que sur les chevrons. Quelquefois, pour que le poids des coyaux ne charge pas trop la cymaise, qui est la partie la plus fragile de la corniche, on fait aboutir ces coyaux à 8 ou 10 centimètres du bord extérieur, et l'on cloue sur le bas des coyaux une petite planche taillée en biseau, que l'on nomme la *chanlatte*.

Enfin, pour consolider les arbalétriers qui supportent le poids des pannes des chevrons et de la couverture, il faut ajouter une *contre-fiche* et une *jambette*, avec le soin de les placer exactement sous une panne, afin que la charge de celle-ci ne fasse pas serpenter l'arbalétrier. D'ailleurs, partout où ces supports rencontreront d'autres pièces sous un angle aigu, on devra les fortifier par un embrèvement dirigé perpendiculairement à la face d'entrée de la mortaise. De même la cuvette x, que l'on aperçoit ici sur le poinçon, est destinée à recevoir la contre-fiche ou l'*aisselier* qui soutiendra le faîtage.

La fonction principale du tirant n'est pas de supporter le poinçon, car il y a des fermes où cette dernière pièce ne se prolonge pas jusqu'au tirant, et d'autres dans lesquelles c'est le poinçon qui, étant retenu entre les têtes des deux arbalétriers, sert à soulever le tirant au moyen d'un étrier en fer ou d'une clef pendante; et ce dernier mode de liaison est surtout utile quand le tirant, ne devant pas porter plancher, est formé de deux parties assemblées à traits-de-Jupiter. Le rôle essentiel du tirant est d'empêcher l'écartement des arbalétriers et le renversement des murs; car le poids total du comble, qui est transporté par les pannes sur les arbalétriers, produit évidemment une pression dirigée suivant la longueur de ces pièces inclinées, et cette pression, transmise au pied de l'arbalétrier, s'y décompose en deux forces verticale et horizontale, dont la dernière, par son action incessante sur chaque mur isolé, aurait bientôt détruit l'équilibre de ces constructions, qui ne sont faites que pour résister à des pressions verticales; tandis que, quand les arbalétriers sont embrevés dans un tirant, c'est cette dernière pièce qui reçoit les deux tractions horizontales, lesquelles se détruisent mutuellement comme étant égales et opposées, et dès lors le mur n'éprouve aucune poussée latérale.

Par la même raison, on fait aboutir tous les chevrons sur une sablière qui doit être invariablement reliée avec les tirants des deux fermes voisines; car si chaque chevron reposait sur le mur même, la charge partielle de ce chevron et les mouvements vibratoires que peut lui imprimer le choc des vents, se transmettraient à cet endroit isolé du mur, et bientôt ils l'auraient dégradé et déversé. Quelquefois même, malgré sa liaison avec les tirants, la sablière se courbe, et le mouvement du mur devient sensible vers le milieu de l'intervalle de deux fermes, quand celles-ci sont trop écartées et que le poids du comble est considérable. C'est pourquoi il ne faut pas éloigner les fermes consécutives de plus de 4 mètres, ou bien il faut augmenter la force des sablières, surtout en largeur, si la disposition des localités oblige à mettre un intervalle plus grand entre deux fermes voisines, comme quand il s'agit d'éviter la rencontre d'une souche de cheminée ou la coïncidence d'une baie de fenêtre ou de porte; car on ne doit jamais faire porter un tirant sur de pareilles ouvertures.

Voici les dimensions de la ferme représentée par la *fig.* 40 :

Largeur de la ferme......	AB = 6,00
Hauteur du poinçon......	OZ = 2,50
Equarrissage du tirant....	0,22 sur 0,18
Poinçon...............	0,16 sur 0,16
Arbalétrier	0,18 sur 0,16
Contre-fiche	0,12 sur 0,12
Jambettes	0,12 sur 0,12
Pannes...............	0,15 sur 0,15
Faîtage	0,15 sur 0,12
Chevrons.............	0,10 sur 0,10
Sablière.............	0,10 sur 0,20
Coyaux	0,08 sur 0,08

Croupes.

Lorsque le bout d'un bâtiment fait avec ses longues façades des angles droits, la croupe est dite *droite;* mais si les angles sont inégaux, la croupe est biaise.

Croupe droite. — Le tracé de la ferme que nous avons donné ci-dessus n'offre que des profils où deux dimensions seulement sont exprimées; il s'agit maintenant de tracer l'épure complète d'un comble, avec toutes les projections nécessaires pour tailler les diverses pièces ainsi que leurs assemblages. La figure indique en plan la forme générale de ce comble qui est composé de deux longs pans et de deux croupes triangulaires; et comme c'est dans le voisinage de la croupe que les pièces sont nécessairement plus nombreuses et présentent des combinaisons plus compliquées, c'est aussi cette partie du comble que nous allons étudier plus spécialement.

Pour simplifier l'épure (*Pl. XXV*), nous supprimerons les arbalétriers et les pannes; de sorte que les chevrons devront s'étendre tout d'une pièce depuis la sablière jusqu'au faîtage. Dans la pratique, cette disposition aurait de graves inconvénients; mais quand il ne s'agit que du tracé de l'épure, les arbalétriers et les chevrons de ferme ont des fonctions et des assemblages tout à fait analogues; ils ne se distinguent que par des équarrissages plus ou moins grands, et quelques autres légères différences : ainsi tous les détails, les coupes et les projections que nous allons donner pour les chevrons, seront applicables aux arbalétriers dont nous faisons ici abstraction, dans la vue de ne pas trop charger l'épure de lignes homologues.

Cela posé, sur un plan vertical perpendiculaire aux murs de long pan traçons le profil de ces deux murs (*fig.* 42) d'après leur écartement qui doit être connu, tant hors d'œuvre que dans œuvre, puis marquons-y l'entaille nécessaire pour loger le tirant, en prenant soin de placer le niveau supérieur A' O' B' de cette pièce un peu plus haut que le dessus de la corniche d'une quantité égale à l'épaisseur que l'on veut donner à la sablière; car celle-ci doit affleurer le tirant et présenter la même saillie dans le sens horizontal, sans jamais dépasser ni même atteindre tout à fait le parement extérieur du mur. L'occupation de cette sablière sur le tirant est indiquée ici par un rectangle bordé de hachures, tandis que le petit rectangle entièrement ombré représente l'assemblage à mi-bois dont nous parlerons plus loin.

Plaçons les abouts A′ et B′ des chevrons à 5 ou 6 centimètres du bord extérieur de la sablière, et après avoir élevé sur le milieu de la distance A′B′ une verticale O′Z′ telle, que son rapport avec la demi-largeur O′A′ exprime la pente que l'on veut donner au comble, on tracera le triangle isocèle A′Z′B′; puis à une distance normale exprimée par l'équarrissage des chevrons, on tracera le second triangle isocèle a′z′b′, et les côtés de ces triangles, tels que A′Z′, a′z′, seront les traces verticales des *plans de lattis* supérieur et inférieur, entre lesquels tous les chevrons de long pan se trouveront compris. Ces plans de lattis couperont le plan horizontal des sablières, qui a pour ligne de terre A′B′, suivant deux droites (A′, EA), (a′, ea) qu'on appelle *ligne d'about* et *ligne de gorge* de long-pan; mais quand le tirant s'élève au-dessus de la sablière, il y a une ligne d'about et une ligne de gorge spéciales pour le tirant, et distinctes de celles de la sablière. Enfin les deux plans de lattis supérieurs ont pour intersection une horizontale (Z′, O′O) qui se nomme la *ligne de couronnement*.

Sur le plan horizontal on tracera ensuite le rectangle A′ABB′ de telle sorte que les côtés AB et AA′ soient à la même distance du parement extérieur de chaque mur de croupe et de long pan; si donc ces murs ont la même épaisseur, comme cela arrive ordinairement, le point A, où se coupent les lignes d'about de croupe et de long pan, devra être placé exactement sur la diagonale des murs. Ensuite, il faudra marquer sur la projection O′O de la ligne de couronnement la position O que l'on veut donner à l'angle solide du comble, lequel angle est formé par la rencontre des trois plans de lattis supérieurs de croupe et de long pan; or, comme la croupe doit avoir une pente plus raide que celle des longs pans, par des motifs que nous expliquerons plus loin, il faudra toujours que la distance OD soit moindre que OE, et l'on prend ordinairement la première de ces lignes égale aux deux tiers ou aux trois quarts de la seconde; toutefois, on doit choisir cette distance OD de manière que la ferme qui sera plane suivant EOF n'aille pas rencontrer une souche de cheminée, ni reposer au-dessus d'une baie de fenêtre ou de porte.

Lorsqu'une fois la projection O de l'angle solide du comble est fixée sur le plan horizontal, on tire les droites OA et OB qui représentent les projections des arêtes saillantes de la croupe, et c'est à cette droite OA qu'il faut terminer la ligne de gorge de long pan a′a, pour la diriger en retour d'équerre sur la croupe, suivant ab et bb′. Semblablement, les bords extérieurs des sablières α′α, αβ, ββ′ devront se couper deux à deux sur les arêtes OA, OB; et il en sera de même des bords intérieurs. Cette loi de symétrie est observée avec soin par les charpentiers, et il en résulte que les chevrons de croupe auront moins d'épaisseur que les chevrons de long pan, ce qui s'accorde bien avec la pente plus raide attribuée à la face de croupe: car la charge verticale d'un chevron étant décomposée en deux forces dirigées, l'une suivant la longueur, l'autre perpendiculairement à cette dimension, cette dernière composante diminue évidemment lorsque l'angle ω avec l'horizon vient à augmenter; donc la charge normale des chevrons étant moindre pour la croupe que pour le long pan, il est convenable que l'épaisseur soit aussi moins considérable.

Occupons-nous maintenant de placer le poinçon, qui a pour base un carré dont la grandeur est connue par la question. Un des côtés de ce carré devra être inscrit précisément dans l'angle AOB, et dirigé parallèlement à AB, afin que deux arêtes verticales du poinçon se trouvent placées exactement dans les plans verticaux OA et OB qui contiennent les arêtes de la croupe : cette condition est imposée par des raisons de symétrie assez évidentes d'elles-mêmes, et aussi par des raisons de stabilité que l'on comprendra mieux quand nous aurons parlé de l'arêtier, qui, en venant embrasser le poinçon, tendrait à le faire tourner autour de son axe. Or, pour satisfaire à ces relations, il suffira de porter le demi-équarrissage de la pièce, sur la droite EOF de O en c et de O en i, puis de mener par ces points c et i des parallèles à OD, lesquelles viendront rencontrer OB et OA aux points 2 et Q que l'on réunira par une droite 2 Q; et ensuite on achèvera le carré 2-3-4-Q qui sera la base du poinçon. Il arrivera ainsi que le centre de figure ne sera plus en O, et le poinçon sera dit *dévoyé*, c'est-à-dire écarté de sa *voie* ou position naturelle.

Quant au tirant, comme il supporte le poinçon, il faudra le dévoyer pareillement, c'est-à-dire faire en sorte que sa largeur soit divisée par la droite EOF dans le même rapport que l'a été la face 2 – 3 du poinçon. Pour cela, on portera le demi-équarrissage du tirant de O en C; puis, en tirant par ce point C une droite parallèle à OD, laquelle rencontre les deux diagonales O-2 et O-3 du poinçon aux points 5 et 6, il suffira de mener par ces points des parallèles à EOF.

Enfin, le chevron de ferme dont l'équarrissage sera donné par la question devra encore être dévoyé semblablement, et par des opérations graphiques entièrement analogues avec les précédentes; c'est pourquoi elles ne sont pas indiquées sur l'épure. Nous ferons seulement observer que la droite EOF sera dite la *ligne milieu* du chevron ou du tirant, quoiqu'elle ne partage pas leur largeur en deux parties égales; et nous rappellerons que le chevron de ferme s'assemble dans le poinçon par un embrèvement et un tenon dont les saillies sont fixées à volonté sur le profil de la *fig.* 41, tandis que son pied s'engage dans le tirant par un assemblage analogue, lequel occupe tout l'intervalle compris entre les lignes d'about et de gorge. Pour les chevrons de courant qui n'appartiennent pas à une ferme, leur pas sur la sablière ne présente qu'un simple embrèvement sans tenon.

Quant à la croupe, il faudra y placer suivant OD une demi-ferme composée : 1° d'un demi-tirant qui s'assemblera dans le tirant de long pan par un tenon avec renfort, ce qui donnera lieu à une mortaise que l'on voit indiquée sur la *fig.* 41; 2° d'un chevron qui s'assemblera encore dans le poinçon et dans le demi-tirant par embrèvement et tenon. Mais ici il n'y aura aucune raison pour dévoyer ces deux pièces; et leurs équarrissages, qui seront les mêmes que pour le long pan, devront être divisés par la droite OD en deux parties égales.

Dans l'angle A (*fig.* 42), formé par les murs de long pan et de croupe,

il faudra placer un coyer ou espèce de tirant destiné à recevoir le pas
du chevron-arétier, qui sera dirigé suivant l'arète du comble projetée sur OA; et comme cet arétier se trouvera dévoyé suivant une
certaine loi que nous justifierons en parlant de cette pièce, il est
nécessaire que le coyer soit dévoyé d'après la même loi, dont voici la
marche pratique. Après avoir élevé sur OA la perpendiculaire A-7
égale à l'équarrissage du coyer, on tire la droite 7 - 8 parallèle à la
croupe et terminée à sa rencontre avec la ligne d'about du long pan;
puis on trace parallèlement à A-7 la droite 8-9 comprise entre
les deux lignes d'about; ce qui détermine les points 8 et 9 par lesquels
on fait passer les arêtes du coyer parallèlement à OA. Ensuite cette
pièce rectangulaire devra être tronquée et limitée par les faces verticales αλ et αγ qui répondent aux sablières de long pan et de croupe;
et il arrivera nécessairement que les deux angles λ et γ seront placés,
aussi bien que les points 8 et 9, sur une perpendiculaire à OA:
d'ailleurs on serait tombé directement sur ces points λ et γ, si l'on
avait construit le parallélogramme précédent au point α au lieu du
point A.

La tête du coyer projetée sur λαγ, etc., se trouve dans une partie de
son épaisseur engagée dans le mur et elle s'élève au-dessus jusqu'au
niveau des tirants; l'autre bout du coyer va quelquefois s'assembler
dans ces tirants autour du poinçon; mais il vaut mieux, comme ici,
établir un *gousset* transversal dans lequel le coyer s'assemble par un
tenon avec renfort. Quant au gousset, on le dirige à peu près parallèlement à la diagonale qui réunirait les points D et E, et il s'appuie
sur les deux tirants par une entaille à mi-bois; car si l'on voulait placer
un tenon à chaque bout, il serait fort difficile de *mettre en joint* toutes
ces pièces, lorsque déjà les deux tirants se trouvent fixés dans la position qu'ils doivent occuper. On donne le nom d'*enrayure* au système
des pièces qui rayonnent autour du poinçon, telles que tirants,
goussets, coyers.

L'*arétier* ou *chevron d'aréte* (*fig.* 42) a primitivement la forme d'un
parallélipipède rectangle dont les arètes latérales sont dirigées parallèlement à l'arète de croupe projetée sur OA, et dont deux faces sont
maintenues dans des plans verticaux; dès lors le pas de cette pièce,
ou sa section par le plan horizontal des tirants, sera un rectangle
dont deux côtés se trouveront nécessairement perpendiculaires à OA.
Mais, en outre, on veut s'imposer la condition que la gorge HK de
l'arétier, c'est-à-dire la trace horizontale de sa face inférieure, soit
précisément comprise entre les deux lignes de gorge du long pan et
de la croupe. Or cette condition se remplira en élevant sur OA une
perpendiculaire Aω égale à l'équarrissage que l'on veut donner à
l'arétier; puis, en tirant la droite ωL parallèle à la croupe, et la droite
LG parallèle à Aω, on déterminera deux points L et G par lesquels
il suffira de mener les lignes GM et LT parallèles à OA; car on dé-
montrera aisément que ces droites couperont les lignes de gorge en
des points H et K tels, que la ligne HK sera égale et parallèle à LG.
Par là l'arétier se trouve dévoyé, attendu que OA ne divise plus sa
largeur en deux parties égales.

Ensuite, comme l'arétier définitif doit présenter deux faces exté-

rieures qui coïncident avec les lattis supérieurs de long pan et de
croupe, il faudra délarder la pièce rectangulaire, c'est-à-dire la couper dans toute sa longueur par ces deux plans de lattis qui ont pour
traces les lignes d'about EA et AD.

Pour justifier l'usage, adopté par les charpentiers, de donner à la
croupe une pente plus raide qu'au long pan, nous ferons observer :
1° que sans cela l'arêtier aurait une longueur très-considérable, ce
qui exigerait qu'on lui donnât un plus fort équarrissage et deviendrait très-dispendieux; 2° que cette raideur de la pente diminue la
composante horizontale de la poussée exercée par les chevrons, empanons et arêtiers, sur les demi-tirants, sablières et coyers de croupe :
avantage important, parce que ces dernières pièces horizontales
n'étant rattachées à la ferme principale que par des tenons, la poussée
qu'elles éprouvent pourrait déverser le mur de croupe.

Le pied de l'arêtier s'engage dans le coyer par embrèvement et
tenon; mais la tête, avant d'atteindre le poinçon, rencontrera les
deux chevrons de ferme, ce qui exigera que l'on *déjoute* ces trois
pièces par les plans verticaux MP et TR qui concourent vers l'axe du
poinçon. Ensuite l'arêtier devra être creusé suivant les faces verticales
PQ et QR qu'on appelle faces d'*engueulement* et par lesquelles il em-
brassera le poinçon; ce qui, au moyen de son poids et des autres
charges qu'il supporte, suffira bien pour le maintenir en place. Toutefois, quelques charpentiers ajoutent un embrèvement à la tête de
l'arêtier, mais alors il est difficile d'assembler cette pièce dans le poinçon, et c'est une complication superflue qui ne produit qu'une perte
de main-d'œuvre.

D'autres fois, pour éviter l'angle aigu MPQ, on prolonge de quelques centimètres la face verticale GHM de l'arêtier dans l'intérieur
du chevron de ferme, et l'on dirige ensuite le déjoutement MP
suivant un plan vertical perpendiculaire au poinçon.

Entre le chevron de ferme OD et l'arêtier OA (*fig*. 42), il faut
placer plusieurs empanons ou chevrons plus courts qui s'assemblent
dans l'arêtier par un tenon, et sur la sablière par un simple embrèvement. Quant à cette sablière, elle s'engage par un bout dans le
coyer au moyen d'un tenon, et dans le tirant par une simple entaille
à mi-bois, attendu que, si l'on plaçait un tenon à chacune des extrémités, il serait impossible de l'introduire dans sa vraie position,
lorsque les tirant et coyer seraient déjà fixés invariablement; au surplus, on remplace souvent ces tenons par des liens en fer, qui sont
plus faciles à fixer librement sur le coyer et sur la sablière. On lira
mieux tous ces détails sur la partie BD de la croupe, où nous avons
enlevé toutes les pièces en relief pour laisser voir plus distinctement
les pièces horizontales; c'est pour cela que, dans cette partie de
l'épure, les pas des pièces sont indiqués par des hachures pleines,
attendu qu'ils sont visibles.

Les chevrons du courant, comme x et y, s'engagent dans les sablières par un embrèvement seul, et dans le haut ils sont simplement posés sur le faîtage; mais les deux chevrons d'une même paire
se lient l'un à l'autre par un assemblage à enfourchement; ici le
chevron y porte le tenon simple, et le chevron x les deux four-

chons. Quant au faîte ou faîtage, c'est une pièce horizontale qui a pour profil l'hexagone *f* marqué sur la *fig.* 41, et dont les deux côtés coïncident avec les plans de lattis inférieurs ; ce faîtage est d'ailleurs engagé dans le poinçon par un tenon avec renfort de chaque côté.

Voilà l'exposition de toutes les données de la croupe droite ; il reste à en déduire les diverses projections nécessaires pour tailler chacune des pièces.

Profil de croupe (*fig.* 43). — C'est la section faite dans la croupe par le plan vertical OD (*fig.* 42) mené perpendiculairement à la ligne d'about AB ; ainsi les triangles rectangles $D''O''Z''$, $d''O''z''$ se construiront en prenant leurs bases égales aux lignes OD, O *d* de la *fig.* 42 et leurs hauteurs sur le profil de long pan (*fig.* 41). Semblablement, le profil du poinçon et celui du demi-tirant de croupe s'obtiendront en prenant les largeurs sur la *fig.* 42 et les hauteurs sur la *fig.* 41, et c'est sur ces profils que les charpentiers tracent les embrèvements et les tenons des diverses pièces. On voit (*fig.* 43) que le tenon du demi-tirant est consolidé par un renfort placé en dessus ; et sur ce tirant on a aussi marqué les entailles à mi-bois qui reçoivent la sablière et le gousset. Enfin, comme les deux droites $D''Z''$ et $d''z''$ comprennent entre elles la projection latérale des chevron et empanon de la croupe, si l'on prend la longueur $D''M_2$ égale à la distance qui sépare le point M (*fig.* 42) de la ligne d'about AD et que l'on élève la verticale $M_2 m''M''$, on obtiendra la face de déjoutement du chevron, savoir : $m''M''V''v''$. On pourrait semblablement retrouver le contour de la tête de l'empanon et déduire de là les projections des chevron et empanon sur le lattis supérieur, au moyen du rabattement qui est représenté dans la *fig.* 44 ; mais comme cela rentre dans la *herse*, nous en parlerons plus tard.

De la herse. — Pour qu'une pièce de charpente soit complétement connue, il faut se procurer deux projections de cette pièce, faites sur des plans parallèles à ses faces longitudinales ; les profils (*fig.* 41 et 43) fournissent déjà une de ces projections : ainsi, pour avoir l'autre, nous allons projeter tous les chevrons et empanons, tant de la croupe que des deux longs pans sur les plans de lattis supérieurs, puis développer l'angle trièdre formé par ces trois plans autour du point O (*fig.* 42) ; et cet ensemble, représenté dans les *fig.* 45 et 46, a reçu le nom de *herse*, quoique souvent aussi, pour abréger, on donne même ce nom à la projection d'une pièce isolée *faite sur le plan de lattis supérieur.*

On construira le triangle rectangle ZDA (*fig.* 45) avec une base égale à la distance DA prise sur la *fig.* 43, et avec une hauteur égale à $D''Z''$ de la *fig.* 43, et l'on obtiendra ainsi la moitié de la face de croupe. De même, pour la face de long pan, on formera le triangle rectangle ZAE avec une base égale à AE (*fig.* 42) et avec une hauteur égale à $Z'A'$ (*fig.* 41) ; la droite ZW, parallèle à AE, représentera la ligne de couronnement entraînée avec le lattis de long pan situé à droite ; pour le lattis situé à gauche, on obtiendrait des résultats semblables qui n'ont pu être indiqués qu'en partie dans le cadre de notre épure.

Il faut à présent projeter sur le lattis supérieur les points ou les lignes qui sont dans le lattis inférieur. Or, pour la ligne de gorge de croupe, on devra projeter le point d'' en d''_2 sur la *fig.* 43 ; puis rapporter la distance $D'' d''_2$ en $D d_2$ sur la *fig.* 45 et tirer la droite $d_2 H$ qui sera la projection à la herse de la ligne de gorge de croupe. Ensuite, si l'on conduit par le point H de la *fig.* 42 un plan $H h$ perpendiculaire à la ligne d'about, et que l'on rapporte les distances AG et Ah sur la *fig.* 45, en élevant la perpendiculaire Hh et en traçant les parallèles GM et Hm, on aura les projections à la herse de l'arête moyenne et de l'arête inférieure de l'arêtier. On opérera de même pour la *fig.* 46, en se servant du profil de la *fig.* 41, sur lequel on prendra la distance A'a_2 qu'il faudra porter de E en c_2 (*fig.* 46) pour obtenir la ligne de gorge Kc_2 projetée à la herse.

Revenons à la *fig.* 45 et, après y avoir tracé parallèlement à ZD deux droites qui en soient éloignées du demi-équarrissage du chevron, menons les horizontales SP, MN, mn à des distances du point Z égales aux intervalles Z''V'', Z''M'', Z''m^2 mesurés sur la *fig.* 43 ; puis, en joignant avec Z les points M et N où l'horizontale MN a rencontré les deux arêtes latérales du chevron, on déterminera les deux côtés supérieurs MP et NS des faces de déjoutement. Observons ici que les points M et m doivent être sur les arêtes de l'arêtier qui partent de G ou H. Ensuite, si par le point m on tire mp égale et parallèle à MP, on aura un parallélogramme MPpm auquel devra s'ajouter un triangle Ppu pour compléter la face de déjoutement située à droite ; car le plan sécant qui a opéré le déjoutement s'est prolongé jusque dans le prisme d'embrèvement du chevron. Or, afin d'obtenir ce triangle, on projettera (*fig.* 42) l'extrémité de l'embrèvement sur la droite VP, et la distance de cette projection au point V devra être portée sur la *fig.* 45 de V en u pour tracer la droite up qui terminera le déjoutement projeté à la herse. On pourra encore remarquer que les distances VP et VS doivent être les mêmes sur les *fig.* 45 et 42.

Quant à l'empanon de croupe (*fig.* 42), après avoir pris la distance de sa ligne milieu au point D, on la rapportera sur la *fig.* 45, ainsi que le demi-équarrissage que l'on portera à droite et à gauche ; et en traçant deux parallèles à DZ, elles iront rencontrer les arêtes Hm et GM de l'arêtier en des points que donneront le contour 11-12-13-14 de la tête de l'empanon projetée à la herse ; car cet empanon, qui est compris entre les plans de lattis supérieur et inférieur, comme les chevrons, doit occuper sur l'arêtier toute la largeur de la face comprise entre l'arête inférieure HM (*fig.* 42) et l'arête moyenne GM. Pour le tenon, il est terminé dans la *fig.* 42 par un plan vertical 12-17 perpendiculaire à la face latérale de l'empanon ; ce plan coupera donc les deux *joues* du tenon qui sont parallèles aux lattis, suivant des arêtes parallèles à AD, lesquelles conserveront la même grandeur en se projetant soit sur le plan horizontal, soit sur la herse. Dès lors, après avoir (*fig.* 45) partagé l'intervalle 11-12 en trois parties égales, il suffira de mener les arêtes 15-18, 16-17, parallèles à la ligne d'about, et égales à la longueur 12-17 de la *fig.* 42 ; ensuite le reste du tenon s'achèvera aisément, comme l'indique l'épure.

On aurait pu effectuer la herse par parties, et d'une manière plus rapide, en se servant des deux profils *fig.* 43 et *fig.* 41 pour en conclure les *fig.* 44, 49, 50 et 51, qui reproduisent les résultats de la figure générale 45 et 46. En effet, si l'on observe que sur la *fig.* 43 le lattis supérieur de croupe est projeté sur la droite Z″D″, et qu'on imagine que ce lattis a tourné autour de D″Z″ pour se rabattre à gauche, on voit bien qu'il suffira de mener par tous les points V″, M′, m″, D″, d″, etc., des perpendiculaires à la charnière D″Z″, pour se procurer toutes les droites que l'on avait eu besoin de rapporter assez longuement sur la *fig.* 45. Quant à l'empanon, il faudra d'abord prendre les distances D″-21, D″-22 (*fig.* 43) égales aux lignes 10-12, 20-13 de la *fig.* 42 ; puis en élevant des verticales par les points 21 et 22, on déterminera la projection 11-12-13-14 de la tête de l'empanon sur le profil de la *fig.* 43, et de là on passera à la projection sur la *fig.* 44, ainsi que cela est indiqué sur l'épure.

Projection de l'arêtier (*fig.* 47). — Prenons un plan vertical qui soit parallèle à OA, et dont la ligne de terre O″A″ pourrait être tracée à une distance arbitraire ; mais ici nous supposons l'avoir fait passer par le point O″ situé sur la face supérieure du tirant, afin de rappeler que le niveau de cette pièce est le même que celui du coyer sur lequel repose l'arêtier. Ensuite, après avoir élevé la verticale O″Z″ égale à O′Z′ de la *fig.* 41, on tirera la droite A″Z″ qui sera l'arête supérieure de l'arêtier ; les deux arêtes moyennes seront projetées sur G′M′, et les deux arêtes inférieures suivant H′y′. Alors, par la rencontre de ces droites avec les verticales élevées par les points M, P, Q, R, T, on déterminera aisément les deux faces du déjoutement M′M″P″P′, T′T″R″R′, et les deux faces d'engueulement P′Q′Q″P″, R′Q′Q″R″ ; ces dernières doivent se terminer à la même horizontale Q′R′P′, attendu que cette droite reçoit la projection des deux côtés PQ et QR qui sont eux-mêmes horizontaux. Il sera facile de marquer l'entrée de la mortaise qui recevra le tenon de l'empanon indiqué dans la *fig.* 42, en menant des parallèles à G′M′ qui divisent en trois parties égales la distance des deux arêtes G′M′ et H′y′ ; mais toute la largeur de cette face sera remplie par l'*occupation* de l'empanon sur l'arêtier, puisque la droite (G′M′, GM) est dans le lattis supérieur de croupe, et la droite (H′y′, HM) dans le lattis inférieur. C'est sur l'espèce de profil représenté par la *fig.* 47 que le charpentier marque la saillie qu'il veut donner à l'embrèvement et au tenon par lesquels l'arêtier s'engage dans le coyer, et nous avons tracé aussi sur cette figure la projection du coyer, afin de mettre en évidence les deux faces du déjoutement αλ et αγ, la mortaise par laquelle la sablière vient s'assembler dans le coyer, et enfin le tenon avec renfort oblique qui réunit le coyer au gousset.

Maintenant, projetons l'arêtier sur un plan parallèle à sa face supérieure, ou plutôt (comme les charpentiers exécutent les faces de déjoutement et d'engueulement avant de délarder l'arêtier, et lorsqu'il a encore la forme d'un parallélipipède rectangle), cherchons les intersections des quatre faces verticales MP, PQ, QR, RT, avec la face supérieure de ce parallélipipède : cette dernière est projetée sur la *fig.* 47 suivant la droite A″Z″, et nous l'avons rabattue sur la *fig.* 48 en portant à droite et à gauche de la ligne milieu A²Z′ des distances égales aux deux parties dans lesquelles l'équarrissage HK (*fig.* 42) est divisé par AO.

Prolongeons donc les verticales M″ M′, P″ P′, R″ R′, T″ T′, jusqu'aux points m, p, r, t, où elles rencontrent la face projetée sur A″ Z″ ; puis ramenons ces points, ainsi que Q, sur la *fig*. 48, au moyen de perpendiculaires à la charnière A″ Z″ autour de laquelle le rabattement est censé fait, et l'on pourra ainsi tracer aisément le contour $m′ p′ q′ r′ t′$ suivant lequel la face supérieure du parallélipipède est coupée par les quatre faces de déjoutement et d'engueulement.

Semblablement, si l'on rapporte les points M″, P″, Q″, R″, T″ en $m″, p″, q″, r″, t″$, on pourra tracer le contour $m″ p″ q″ r″ t″$ qui représente la projection, sur la face supérieure, des sections faites dans la face inférieure du parallélipipède par les mêmes plans verticaux de déjoutement et d'engueulement. On verra bien que les deux côtés $m″ p″$, $t″ r″$ doivent concourir vers le point $y′$ projection du point Y′ où la face inférieure va rencontrer l'axe du poinçon, de même que les deux côtés $m′ p′$, $r′ t′$ allaient aboutir au point analogue $z′$; et d'ailleurs les deux lignes polygonales $m′ p′ q′ r′ t′$, $m″ p″ q″ r″ t″$ ont évidemment leurs côtés respectivement parallèles.

On rapportera aussi sur la *fig*. 48 les limites du tenon et de l'embrèvement qui accompagnent le pied de l'arêtier, en tirant des perpendiculaires à la droite A″ Z″ par les divers points H′, G′, A″ ; au surplus, les charpentiers n'exécutent point à part cette projection 48, mais ils tracent toutes les lignes dont nous venons de parler sur la pièce de bois même, lorsqu'elle est couchée latéralement sur la *fig*. 47.

LE PIQUÉ DES BOIS.

Les charpentiers, ayant pour principal instrument le fil à plomb, sont obligés de tracer leurs dessins sur une aire horizontale, qui n'est autre que le sol même, convenablement choisi et préparé. Ces dessins portent le nom d'*ételons* quand ils ne renferment que les lignes milieux ou les projections des axes de pièces ; mais quand on y exprime les équarissages des pièces avec leurs véritables limites, ainsi que leurs divers modes d'assemblages, tels que tenons, mortaises, embrèvements, on les nomme *épures* ; c'est comme qui dirait : dessin représentant la preuve ou l'épuration des résultats par les tracés des opérations graphiques qui y ont conduit.

Pour tracer une droite un peu longue sur le sol ou sur une pièce, on emploie *une ligne* ou cordeau frotté préalablement avec de la craie, et que deux hommes maintiennent bien tendue et passant par deux points désignés ; puis l'un d'entre eux pince le cordeau vers son milieu, sans l'écarter du plan vertical où il était contenu d'abord, et ce cordeau, abandonné ensuite à sa propre élasticité, va frapper la surface et y marque le trait demandé. C'est ce qu'on appelle *battre la ligne*, et c'est ainsi que les charpentiers parviennent à *ligner* et *contre-ligner* une pièce, c'est-à-dire à faire paraître les projections de son axe sur les quatre faces longitudinales et opposées deux à deux. Pour cela, il faut à l'emploi du fil à plomb et du niveau joindre quelques précautions que l'on connaît : c'est ainsi qu'après avoir élevé la pièce sur des chantiers ou morceaux de bois rectangulaires, on doit la placer bien de dévers, c'est-à-dire horizontalement dans le sens de sa largeur ; tandis qu'elle est dite de niveau quand elle est horizontale dans le sens de sa longueur. Cette position de dévers s'obtient en appuyant le niveau dans une direction transversale, et en ajoutant des cales convenables entre la pièce et les chantiers ; mais comme il est souvent nécessaire de *donner quartier* à une pièce, et puis de la ramener ensuite dans sa position primitive où elle était de dévers, on a soin de marquer la place où l'on avait posé le niveau, par un trait carré qui est une droite perpendiculaire à la ligne milieu : car ce niveau placé dans un autre endroit de la longueur n'indiquerait plus le même plan horizontal, si la face supérieure était un peu gauche, ce qui arrive souvent. En outre, quand cette face est grossièrement dressée, on fait une plumée à l'endroit où l'on veut placer le niveau de dévers, c'est-à-dire qu'on enlève quelques copeaux avec le ciseau de la besaiguë ou avec le rabot, pour aplanir la pièce dans toute sa largeur et sur une longueur de 3 à 4 centimètres ; alors c'est au milieu de la plumée que l'on marque le trait carré au moyen d'un *traceret* ou de la pointe d'un compas, et en se guidant sur la *jauge* qui est une petite règle en bois, de 3 centimètres sur 30 environ, laquelle sert aussi à sonder les mortaises.

Mettre sur ligne. — C'est placer une pièce sur les chantiers de manière que les deux lignes milieux de ses faces supérieure et inférieure se projettent exactement sur la ligne analogue de l'ételon : ce qui suppose en outre que la pièce est bien de dévers ; on parvient à remplir toutes ces conditions au moyen du fil à plomb et de quelques tâtonnements. Toutes les pièces d'un même pan de charpente sont ainsi mises sur lignes, en les faisant reposer les unes sur les autres par leurs extrémités, de manière qu'elles se croisent et soient maintenues de niveau par le secours de chantiers convenables; et cela forme ce que les charpentiers appellent *le tas*. Mais comme une même pièce peut faire partie de deux pans distincts, il faut savoir la remplacer dans le second cas à la même distance dans le sens de sa longueur, et pour cela on trace, perpendiculairement à cette longueur, une droite qui est répétée sur l'ételon, et que l'on nomme *trait de ramèneret*. Alors, quand toutes les pièces d'un pan de charpente sont ainsi *mises sur lignes, sur trait ramèneret, de dévers* et *de niveau*, on procède à l'opération du *piqué des bois*, qui a pour but de marquer les limites des joints des pièces et de leurs assemblages. Cette dernière opération, pour être bien comprise, exigerait des détails longs et minutieux; c'est pourquoi nous conseillerons au lecteur de parcourir un chantier de construction où, en voyant opérer les charpentiers pendant quelques heures, il en apprendra plus que par de longues descriptions souvent peu intelligibles.

DES CINTRES.

Les cintres sont des ouvrages en charpente qui servent à soutenir la maçonnerie des voûtes pendant leur construction, et jusqu'à ce que la pose de leurs clefs leur ait donné la faculté de se soutenir seules. Sous ce point de vue, les cintres sont de véritables échafauds ; ils deviennent des étais, lorsqu'on les établit sous de vieilles voûtes que l'on veut réparer ou démolir avec précaution, soit pour prévenir les accidents qui pourraient arriver aux ouvriers, soit pour ménager les matériaux qui se dégraderaient dans leur chute. Les cintres sont de différentes espèces, suivant que les voûtes doivent être cylindriques ou à double courbure, suivant qu'elles doivent avoir plus ou moins d'étendue, ou suivant qu'elles doivent être en pierres de taille, ou en maçonnerie de moellons.

La disposition générale des éléments qui composent les cintres pour supporter les voussoirs des voûtes en construction, a une analogie parfaite avec celle des travées des ponts en charpente. Les cintres sont en effet des ponts établis entre les différents pieds-droits qui doivent soutenir des voûtes en pierre, et ils sont en même temps comme des moules pour la fabrication de la maçonnerie de ces voûtes.

Pour les voûtes cylindriques dont les axes sont horizontaux, désignées sous le nom de voûtes en berceau, le cintrement est composé d'une suite de fermes toutes parallèles perpendiculaires à l'axe de la voûte, et liées entre elles par des liernes horizontales. Ces fermes suivent la forme du berceau en maçonnerie qu'elles doivent soutenir.

Les *fig.* 52 et 53 de la *Pl. XXVI* représentent des fermes de cintres pour des voûtes en plein cintre. Les pièces de bois y sont combinées comme dans les fermes des combles, et elles y conservent le même nom ; *a* est le tirant, *b* un entrait, *c* des arbalétriers, *d* des poinçons.

Pour ne point consommer sans utilité de gros bois dans les parties qui doivent suivre la courbure des voûtes, on se contente de coucher sur les arbalétriers des pièces de bois *m*, dont un côté seulement est gabarié suivant cette courbure, et auxquelles on a donné le nom de *veaux;* elles sont attachées sur les arbalétriers par des chevilles en bois ou des broches en fer.

La manière dont une voûte est soutenue sur son cintre pendant sa construction dépend de la nature de la maçonnerie qui la compose. Lorsque cette maçonnerie est en moellons ou en briques, elle est supportée sur un cuvelage en planches ou en madriers exactement de la forme de la voûte, qui est régulièrement arrondie comme elle, et lui sert réellement de moule ; les planches et madriers de ce cuvelage sont cloués sur la surface extérieure de chaque ferme qui est partout à une égale distance de la voûte, soit que la courbure ait été formée par les pièces du cintre, soit qu'on l'ait obtenue au moyen de *veaux.*

Quand la voûte est appareillée en pierres de taille, qui forment des voussoirs réguliers, chaque voussoir est soutenu sur le centre au moyen de *couchis* et de *cales.* Ces couchis sont de longues pièces de bois équarries, couchées horizontalement et parallèlement aux génératrices de la surface de douelle, sur des cales doubles taillées en coins, pour qu'on puisse établir ces couchis à la distance exacte qui doit les séparer de la voûte. Souvent ces cales sont clouées sur les cintres, afin qu'elles restent aux places où elles ont été ajustées; à chaque cours de voussoirs répond un cours de couchis, et chaque voussoir est mis en pose sur des cales doubles en coins, qui donnent le moyen de l'établir exactement à la place qu'il doit définitivement occuper, par rapport à la surface de la voûte dont sa douelle fait partie. Dans la *fig.* 54 de la *Pl. XXVI* nous avons figuré les cou-chis *a* vus par leurs bouts, posés sur leurs cales *m*, et les voussoirs *d* posés sur leurs cales *n*.

Les savants se sont occupés de recherches mathématiques sur la construction des cintres; nous ne rapporterons point ici leurs re-cherches, mais nous renvoyons, pour cette partie de l'art de con-struire, aux écrits de Pitot, de Couplet, Péronnet et Gauthey.

Cintres mobiles ou flexibles.

Cintres du pont de Neuilly. — Les premiers cintres ont été employés pour des voûtes de petites portées; mais la construction des ponts en pierre à grandes arches, que nous devons au dernier siècle, a exigé celle des grands cintres. Divers systèmes de combinaisons des bois ont été suivis pour leur composition, ce qui a donné lieu de les dis-tinguer en *cintres mobiles* ou plutôt *flexibles* et en cintres fixes, et, pour les uns et les autres, en cintres entiers et cintres retroussés, en cintres ne portant que sur leurs naissances et cintres avec soutiens intermédiaires.

Les cintres composés par Péronnet pour la construction du pont de Neuilly, près Paris, sont des cintres flexibles, et par cette qualifi-cation l'on entend des cintres qui peuvent fléchir et changer de forme pendant la construction de la voûte, par l'effet de la variation du poids qu'ils ont à supporter pendant que le nombre des voussoirs en pose augmente.

Ce système de cintres est composé de plusieurs cours d'arbalétriers formant des polygones concentriques, les angles des uns répondant aux côtés des autres.

La première application de ce système avait été faite par Hardouin Mansard, au premier pont de Moulins; le succès n'avait pas répondu à l'apparence d'une grande résistance qu'on avait cru lui reconnaître. Nous avons choisi les cintres du pont de Neuilly comme l'exemple le plus complet de ce système. Nous l'avons représenté (*fig.* 55, *Pl. XXVI*) en projection verticale et (*fig.* 56) en projection horizon-tale, d'après le dessin qui se trouve dans les OEuvres de Péronnet.

La flexibilité de ce genre de cintres provient du nombre de ses articulations, c'est-à-dire du nombre de ses joints sur lesquels les pièces peuvent changer d'inclinaison les unes à l'égard des autres, comme si elles étaient réunies par des charnières. Il résulte de cette flexibilité que, lorsqu'on élève une maçonnerie au-dessus des nais-sances des voûtes, dès qu'elle commence à porter sur les cintres et à les charger vers les points que l'on nomme les *reins*, sa pesanteur force ces parties à s'abaisser, ce qui fait remonter le sommet, et par conséquent change en même temps la forme du cintre.

Pour remédier à un si grave inconvénient d'où résulterait un changement complet de la ferme de la voûte, et peut-être de plus graves accidents, on est forcé de charger le sommet du cintre d'un poids considérable convenablement réparti pour faire équilibre à la pression opérée sur les reins et maintenir, autant que possible, la régularité de la courbure du cintre. A la vérité, on emploie ordinai-rement pour ce chargement les voussoirs qui doivent être posés; mais

I.   17

il en résulte une main-d'œuvre coûteuse et un tâtonnement continuel qui n'est pas sans danger.

Au pont de Neuilly, le tassement des reins et le soulèvement des cintres étaient si considérables, qu'on fut obligé, pour les ramener dans leur forme primitive et leur conserver la régularité de leur courbure durant la construction des arches, de charger successivement leurs sommets de 122, 426 et 455 000 kilogrammes. Lorsqu'on fut sur le point de fermer les voûtes par la pose de leurs clefs, le tassement général des cintres était de 7 à 8 centimètres en vingt-quatre heures.

Ce tassement paraissait provenir surtout de ce que les extrémités des pièces portant à bois debout avaient pénétré de 4 à 5 millimètres dans les faces des moises, et de ce que quelques arbalétriers avaient plié; d'autres arbalétriers, inégalement pressés sur leurs abouts, s'étaient fendus suivant leur longueur : on avait attribué ces accidents à la forme des abouts. Dans la construction des cintres du pont de Sainte-Maxence et du pont de la Concorde, à Paris, on a tracé chaque about suivant un arc de cercle ayant son centre au bout opposé, et l'on croit que c'est ce moyen qui empêche les arbalétriers de se fendre; il est plus présumable que les arbalétriers ont été garantis de cet accident parce que leurs abouts étaient taillés avec plus de précision, et qu'ils portaient dans toute leur étendue et par des points répondant aux mêmes faces aux deux extrémités des pièces. Cette forme donnée aux abouts a l'inconvénient de faciliter les mouvements de rotation des bois en transformant leurs joints en véritables articulations.

Le moyen le plus efficace et le plus simple en même temps qu'on ait trouvé jusqu'ici pour empêcher les effets de ces puissantes pressions sur les fibres du bois, consiste dans l'emploi des boîtes en fer coulé, substituées aux assemblages directs de bois contre bois.

Cintres du pont d'Orléans. — Les cintres retroussés du pont d'Orléans (*fig.* 54) sont du genre des cintres flexibles; le nombre des articulations avait cependant été diminué, mais les fermes ne se sont pas trouvées assez fortes : on a été obligé de leur ajouter des arbalétriers *m*, des moises *r* et quelques contre-fiches placées entre les fermes comme des contrevents.

Ces arbalétriers ont beaucoup diminué la flexibilité des cintres, et l'on a remarqué que ces cintres avaient bien réussi, quoiqu'ils ne fussent pas autant chargés de bois que les précédents.

Cintres fixes.

Les cintres regardés comme inflexibles sont ceux dans lesquels les assemblages ne peuvent jouer : ainsi l'on conçoit que, dans le cintre du pont d'Orléans, si les deux arbalétriers *m* et *n* n'eussent formé qu'une seule et même pièce en ligne directe, le changement de forme qu'aurait subi le cintre n'aurait pu provenir que de la flexibilité des bois, et nullement de la mobilité des assemblages; car, en supposant un arbalétrier en sens symétrique de celui *mn* à l'autre bout de la ferme, si les charges de la maçonnerie eussent augmenté également des deux côtés, leur action sur l'entrait *pq* aurait été égale aux deux bouts de cet entrait, qui n'aurait, par conséquent, point changé de position, et la figure formée par cet entrait et les deux arbalétriers aurait été invariable. Ainsi la stabilité de la forme du cintre n'aurait plus dépendu que de l'inflexibilité des arbalétriers et de la résistance de l'entrait, que l'on aurait pu accroître autant qu'il aurait été nécessaire par l'augmentation de l'équarrissage de ces pièces ou par l'emploi des armatures pour suppléer à la force de leur équarrissage.

ESCALIERS.

L'espace dans lequel on établit un escalier s'appelle *cage*; il est composé de parties droites ou de parties courbes, et souvent des deux en même temps. Les parties qui se projettent en lignes droites sur le plan se nomment *volées*, et celles qui sont courbes se nomment *quartiers tournants*.

Une pièce de bois verticale qui sert de soutien commun à toutes les marches d'un escalier, ou seulement à quelques-unes, est un *noyau*.

Les pièces de bois inclinées qui soutiennent les marches d'une rampe sont des *limons*; les limons des quartiers tournants sont des courbes rampantes. Les limons sont situés du côté du centre de la cage; du côté opposé, les marches sont soutenues dans les parois de la cage ou dans des *faux limons* qui font partie de ces parois.

L'espace vide qui répond au centre de la cage, et qui est dans la projection horizontale entouré par celle des limons, se nomme le *jour de l'escalier*. C'est en effet par cet espace que la lumière se distribue aux différentes parties de l'escalier.

De quelque manière qu'un escalier soit développé par le moyen de ses limons, et quelle que soit l'inclinaison de ses rampes et quartiers tournants, le limon a une épaisseur verticale et une épaisseur horizontale constantes, tellement que le solide qu'il forme, rectiligne ou courbe, peut être regardé comme engendré par un rectangle vertical. Les dimensions de ce rectangle varient suivant la force qu'il est nécessaire de donner aux limons en raison des largeurs des escaliers et du poids qu'ils peuvent avoir à supporter.

Le dessus d'une marche, considérée par rapport à sa largeur, est généralement appelé *giron*; cependant ce nom s'applique de préférence aux marches des quartiers tournants.

Les contre-marches sont les parements verticaux des devants des marches; c'est aussi le nom des pièces de bois qui forment ces parements, lorsque les marches ne sont pas massives.

Les paliers sont des parties horizontales beaucoup plus étendues que les marches, et même des portions de planchers distribuées à diverses distances dans la hauteur des escaliers, aux mêmes niveaux que des marches occuperaient pour diviser son trop long développement et donner des points de repos, soit pour tenir lieu de quartiers tournants, soit pour donner des issues commodes aux portes des appartements des différents étages, soit enfin pour joindre les parties séparées du même étage d'un bâtiment.

On nomme *marche palière* celle qui est au niveau d'un palier et en forme le bord.

La *foulée* d'un escalier est la route que l'on suit en montant et en descendant, et ayant une main appuyée sur la rampe; elle est sur les marches de l'escalier la projection de la ligne parcourue par le centre de gravité d'une personne qui parcourt l'escalier.

Dans les escaliers étroits, elle coupe le milieu de leur largeur; on n'a égard à cette ligne que dans les parties tournantes.

On donne le nom d'*emmarchement* à l'étendue des marches dans le sens de leur longueur : c'est la largeur de l'escalier entre ses limons et les parois de sa cage. On nomme aussi *emmarchement* l'assemblage d'une marche dans le limon, c'est-à-dire la quantité dont une marche pénètre dans un limon pour s'y assembler et trouver un appui.

L'*échiffre* est le commencement d'un escalier : c'est l'assemblage en charpente qui soutient le premier limon servant comme de base à l'escalier; c'est aussi le nom du mur qui sert de fondation à cet assemblage.

Choix de l'emplacement d'un escalier. — Quoique le choix de l'emplacement d'un escalier dépende de considérations qui appartiennent à l'art de l'architecture, il n'est pas hors de propos de faire remarquer ici que ce choix est assujetti à deux conditions principales : la première, c'est que l'escalier doit établir, de la manière la plus commode, la communication du rez-de-chaussée et de tous les étages des parties d'habitation pour lesquels il doit être construit.

La seconde, c'est qu'il ne doit pas occuper un emplacement qui serait plus convenablement employé dans la distribution des appartements; en dernier lieu, cet emplacement doit être tel, que l'espace qu'il donne entre les parois de la cage soit assez spacieux pour que les rampes, les parties tournantes et les paliers puissent y être développés avec des largeurs qui conviennent à la commodité, à la destination de l'escalier et à ses convenances, par rapport à l'espèce de bâtiment dans lequel il doit être fait.

Proportions des marches. — Pour que l'usage d'un escalier soit facile, il faut que le rapport entre la hauteur verticale commune à toutes les marches et à la distance horizontale du milieu d'une marche à celui de la suivante soit tel, que l'effort que l'on fait pour monter ne diffère que très-peu de celui que l'on fait en marchant, avec une vitesse ordinaire, sur un sol horizontal. On conçoit que ce rapport ne peut pas être le même pour tout le monde, et qu'il dépend de la taille de chacun.

L'expérience a fait voir que les dimensions des marches qui conviennent au plus grand nombre de personnes est $0^m,325$ pour la largeur horizontale, et $0^m,1625$ pour la hauteur, ce qui fixe le rapport moyen de la hauteur à la largeur comme $1:2$. On est quelquefois forcé, pour différentes causes, de faire varier les dimensions des marches et, par conséquent, le rapport de leur hauteur à leur largeur; mais, en général, dans les escaliers des maisons d'habitation, les marches ne doivent pas avoir plus de $0^m,19$ de hauteur ou moins de $0^m,30$ de largeur. Lorsque les escaliers sont trop doux, c'est-à-dire lorsque leurs marches ont moins de $0^m,135$ de hauteur, comme il en existe dans certains palais, on éprouve un peu de gêne à les parcourir, vu que le mouvement combiné d'ascension et de progression y est un peu plus lent que dans les escaliers de pente moyenne. Dans les escaliers trop raides, l'effort que l'on fait en montant pour enlever le poids du corps est trop grand et devient fatigant, si le développement de l'escalier est fort long.

Escalier à limon continu sans noyau.

Soit ABDE (*fig.* 57, *Pl. XXVII*), le rectangle qui forme une partie de la cage d'un escalier depuis la ligne AE qui marque en même temps l'emplacement du bord de la première marche, et la largeur du palier du premier étage où l'escalier doit aboutir, par vingt-trois degrés ou marches de 0^m,162 ; la hauteur de l'étage étant de 3^m,726 au-dessus du sol du rez-de-chaussée. Il résulte de cette première condition que l'emplacement de la foulée 1-2-3-4, etc., est determiné ; car il faut, pour conserver à la hauteur et à la largeur des marches le rapport de 1 à 2 que nous leur avons assigné, que son développement soit de 7^m,146. Au moyen de quelques essais, on acquiert bientôt la preuve qu'on ne peut satisfaire à cette condition, ni avec deux rampes, ni avec trois rampes, à moins de restreindre tellement leurs largeurs, que l'escalier serait ou impraticable ou d'une exiguïté peu convenable par rapport aux appartements qu'il doit desservir. Il faut donc qu'il soit composé de deux rampes seulement avec un quartier tournant ; et comme il est indispensable que les largeurs des rampes et celles des quartiers tournants soient égales, les centres des quartiers tournants se trouvent nécessairement être celui C du cercle tangent aux trois côtés de la cage pour une partie de l'escalier, et celui C' pour l'autre partie, s'il devenait nécessaire d'y établir un autre quartier tournant.

En fixant la largeur des marches à 0^m,325, des divisions égales de 0^m,325 de largeur à partir du point 1 jusqu'au point 7 sur le diamètre du cercle dont nous venons de parler, marqueront le nombre des marches de la première rampe ; et comme de cette manière il y aura six largeurs de marches dans la longueur de chaque rampe droite, ce qui fera treize degrés en comptant celui du palier, il s'ensuivra qu'il faudra que le quartier tournant comprenne dix marches. Les marches du quartier tournant devant avoir la même largeur sur la foulée que les marches des rampes, il s'ensuit que le cercle 7-12-17 doit avoir un rayon tel, qu'un demi-polygone régulier de dix côtés lui soit inscrit. En divisant le cercle MPN en 10 parties, chacun des points des divisions *a*, *b*, *c*, *d*, P, *e*, *f*, *g*, *h* répond à un rayon sur lequel doit se trouver un angle du polygone et qui marque la position d'une marche.

Faisant donc M*v* sur la corde M*a* égal à 0^m,325, largeur d'une marche, et traçant parallèlement à celle de la rampe droite la ligne *vu*, sa rencontre au point 8 avec la ligne *a*C détermine la longeur du rayon C8 du cercle dans lequel se trouve inscrit le polygone de la foulée dont les côtés 7-8, 8-9, 9-10, etc., sont égaux à la largeur d'une marche, et le cercle décrit du rayon C-8 conserve le nom de foulée du quartier tournant. On lui trace deux tangentes aux points 7 et 17, et la ligne 1-7-12-17-23 forme la foulée de l'escalier. Cette ligne devant être à une distance de 0^m,50 à 0^m,60 de

celle du milieu du limon, la position de celle-ci se trouve déterminée en $3''-7''-12''-17''-21''$, et les lignes qui lui sont parallèles marquent l'épaisseur des limons que nous supposons être d'environ 0,126.

Nous remarquerons que si les marches du quartier tournant, dont
les plans se trouvent marqués par les points 8, 9, 10, 11, 12, etc.,
étaient dirigées sur le centre C suivant les lignes $8\text{-}a'$, $9\text{-}b'$, $10\text{-}c'$,
$11\text{-}d'$, $12\text{-}p'$, $13\text{-}e'$, $14\text{-}f'$, $15\text{-}g'$, $16\text{-}h'$, leurs collets contre le limon
tournant seraient trop étroits pour que les pieds des personnes forcées
de s'approcher du limon pussent y trouver une place suffisante. D'un
autre côté, si l'on considère la suite des points de rencontre des bords
des marches avec le parement vertical du limon dans lequel elles s'assemblent, on remarque qu'une ligne tracée sur ce parement, passant
par tous ces points, sera composée de trois parties, savoir : une ligne
droite de $3'$ en m, une spirale ou vis de m en n, et une ligne droite de n
en $21'$. Si l'on fait le développement du parement du limon (*fig.* 60,
Pl. XXVIII), on trouve également du point $3'$ au point m' une ligne
droite rampante suivant le rapport de la hauteur des marches à leur
largeur ; la base $3'\text{-}m'$ étant égale à quatre largeurs des marches droites
de la première rampe, c'est-à-dire à la partie $3'\text{-}m$ du limon (*fig.* 57),
et la hauteur m, m' étant égale à celle de quatre marches, on trouve
ensuite une autre ligne droite (*fig.* 60, *Pl. XXVIII*) de m en m',
rampante aussi, mais beaucoup plus raide, comme l'hélice dont elle
est le développement, le parement du limon tournant ayant pour développement mpn, et pour hauteur celle des neuf marches ; enfin, la
partie $n'o'$ du développement qui répond au limon de la deuxième
rampe a la même inclinaison que celui de la première rampe.

On voit que si le limon qui doit suivre le rampant de toutes les
marches était construit suivant ces pentes, il présenterait une forme
brisée suivant les trois lignes $3'\text{-}m'$, $m'\text{-}n'$, $n'\text{-}o'$, et il serait d'un
aspect désagréable. On a remédié à ces deux inconvénients en faisant
danser les marches. C'est l'opération par laquelle on dévie les directions
d'un certain nombre de marches, pour que le passage des directions
parallèles qu'elles ont dans les rampes droites, aux directions convergentes qu'elles doivent avoir dans le quartier tournant, ait lieu
moins subitement.

Deux méthodes sont suivies pour obtenir ce résultat : l'une par le
calcul, l'autre par une opération graphique. Par la première on fixe
le rang de la marche d'une rampe droite qui limite l'espace dans
lequel les changements de direction des marches auront lieu, en ne
faisant point varier celle qui répond au point p', milieu du quartier
tournant. Soit, par exemple, qu'il s'agisse de répartir la convergence
des marches entre la marche $4\text{-}4'$ et la marche $12\text{-}p'$: il faut
distribuer huit espaces le long du limon, qui croissent du point $12'$
au point $4'$ suivant une loi de progression uniforme, par exemple
suivant celle d'une progression par différence qui est la plus simple,
composée de 8 termes, dont la somme serait égale à la longueur
de $p\text{-}4'$.

Supposant que le développement de $p\text{-}4'$ soit de 1,787, longueur égale à la largeur des trois marches nᵒˢ 4, 5, 6 de la rampe

droite, ayant 0,325 chacune, et des cinq collets des marches 7, 8, 9, 10, 11, chacune de 0,162;

Retranchant de ce nombre.................... 1,787

La somme des largeurs des huit marches si elles

n'avaient que 0,162..................... 1,299

La différence........................ 0,488

devra fournir aux accroissements en progression par différence des huit marches, en supposant que ces accroissements suivent la loi des nombres naturels 1, 2, 3, 4, 5, 6, 7, 8. Leur somme est égale à 36. Divisant donc la différence 0,488 par 36, le quotient 0,013 est le premier terme de la progression, de sorte que les marches ont, contre le limon, les largeurs suivantes :

$$11' - p' = 0,175; \quad 10' - 11' = 0,189; \quad 9' - 10' = 0,203;$$
$$8' - 9' = 0,217; \quad 7' - 8' = 0,230; \quad 6' - 7' = 0,244;$$
$$5' - 6' = 0,257; \quad 4' - 5' = 0,272,$$

dont la somme est égale à 1,788 développement de la ligne $4' - p'$.

Ces largeurs, prises à l'échelle, sont portées, sur le développement de la *fig.* 60, aux niveaux qui correspondent aux marches, en supposant que le point p' est celui du dessus de la douzième marche. Les points qui sont ainsi construits appartiennent à la courbe qui détermine la forme du limon.

Par cette méthode, on n'est pas maître de donner à cette courbe la forme qu'on veut, et comme elle est tracée par points, on n'a pas une grande certitude de la faire sans jarrets ni inflexions, d'un aspect agréable. La méthode graphique est donc préférable, vu que le point le plus important est de donner au limon une courbure gracieuse dans son développement, qui est la partie la plus apparente de l'escalier. Soit (*fig.* 60) la ligne brisée $3' - m'$, $n' - o'$ qui représente les trois parties rampantes des limons, savoir : celles $3' - m'$, $n' - o'$ qui répondent aux limons des rampes droites, et celle $m' - n'$ qui répond au limon du quartier tournant.

On élève une perpendiculaire $p\,q$ à cette dernière, par son milieu p', puis, portant sur la première de m' en u une longueur égale à $m' - p'$, on élève par le point u une perpendiculaire uz à la ligne rampante $3' - m'$. L'intersection de ces deux perpendiculaires donne le centre d'un arc de cercle, tangent en u et en p' aux côtés de l'angle $um'\,p'$; en faisant une opération semblable à l'égard de $p'\,n'\,o'$, on a l'espèce de doucine $um''\,p''\,n''\,o'$ qui forme l'arête du limon en satisfaisant à la condition d'être une ligne continue sans brisure. Cette ligne est rencontrée par des horizontales qui marquent les niveaux ou hauteurs des dessus des marches; le point p' appartenant toujours à la douzième marche, on rapporte ces points sur le plan, en renveloppant le développement sur la projection du parement des limons. C'est ainsi que sont obtenus les points $5'$, $6'$, $7'$, $8'$, $9'$, $10'$ et $11'$ (*fig.* 57), qui marquent définitivement les positions des marches et les places de leurs assemblages dans le limon. La même construction donne, au delà du point p', les points $13'$, $14'$, $15'$, $16'$, $17'$, $18'$, $19'$, $20'$. A l'égard de la vingt-troisième marche, qui est une marche palière, on la contourne par un arc de cercle xy qui rencontre le limon à angle droit. La distribution des marches que nous venons de décrire est indiquée sur la *fig.* 57 par des lignes pleines ; les lignes ponctuées qui leur sont parallèles, sont les projections de leurs contre-marches.

La *fig.* 58, *Pl. XXVIII*, est une projection verticale de l'escalier sur un plan parallèle à la ligne AE de la *fig.* 57.

La *fig.* 61 est une autre projection verticale du même escalier sur un plan vertical, suivant la ligne PQ de la *fig.* 57, mais seulement de la partie qui comprend son empattement ; elle comprend la projection des marches et du limon droit. Les marches sont tracées sur cette figure, comme si elles étaient vues au travers du limon ; elles ne sont que ponctuées, et elles montrent la forme de leurs encastremens dans le limon. La surface supérieure du limon doit s'élever au-dessus des marches, et sa surface inférieure doit s'abaisser au-dessous d'une quantité constante pour tout le développement de l'escalier.

Ces marches sont dites marches pleines ; chacune est d'une seule pièce profilée avec une moulure. Chacune recouvre horizontalement celle qui lui est inférieure d'environ 0^m,054, et elle s'y appuie par un joint qui est perpendiculaire à la surface du dessous des marches. Cette surface est un plan pour chaque rampe droite, et elle est une surface gauche pour le dessous du quartier tournant. Dans cette *fig.* 61, la pièce A est le limon, et la pièce B est le patin ; dans les escaliers bien construits, ce patin et la volute sont de la même pièce. Le limon s'assemble dans cette pièce suivant le joint *mon* par un tenon *m' o' n'* marqué en lignes ponctuées.

Pour soutenir le premier limon et le lier au patin, une jambette E leur est assemblée. La première marche R est solidement scellée sur le mur de fondation, elle descend même plus bas de 0^m,027 que les pavés de la cage de l'escalier, afin qu'elle soit mieux retenue. Une saillie de 0^m,027 est réservée en dessous du patin pour pénétrer dans un encastrement creusé dans le dessus de la même première marche, et assurer la stabilité de ce patin. Cet encastrement est ponctué en *yz, xz* (*fig.* 58 et 61). On prend (*fig.* 57 et 61) les dimensions nécessaires à la construction de la projection de la volute dans la *fig.* 58.

Pour construire la partie du limon qui répond au quartier tournant, et que l'on nomme la courbe rampante, on prend sur la *fig.* 57 les distances horizontales au plan vertical qui a pour trace la ligne PQ sur les deux figures, et les hauteurs sont mesurées par celles des marches. A chacune on ajoute, tant en dessus qu'en dessous, les quantités dont la courbe du limon est plus élevée (*fig.* 61) pour le dessus et plus abaissée pour le dessous.

Nous avons figuré les joints par lesquels sont réunies les diverses parties du limon. Celui mis en projection verticale en *abcd* (*fig.* 58) est mis en projection horizontale en 12″ (*fig.* 57) ; celui marqué en *z*, même figure, est conclu de sa représentation dans le développement (*fig.* 60) en *acik*.

La vingt-troisième marche est une marche palière ; elle porte de E en A ; elle reçoit les assemblages des solives qui forment le palier, et si l'escalier devait s'élever plus haut que le premier étage, elle recevrait la vingt-quatrième marche qui serait la première de la troisième rampe. Un limon de palier lui est appliqué horizontalement, ou en fait partie d'une seule et même pièce; ce limon de palier se raccorde avec ceux des rampes dont il fait partie.

La surface du dessous de l'escalier qui forme la coquille, dans toutes les parties où les marches ne sont point parallèles entre elles, est une surface gauche qui suit la loi des positions des marches; sa rencontre avec les murs de la cage est mise en projection verticale en *mpn* (*fig.* 58), par le moyen des horizontales de la surface; les longueurs de leurs projections sont prises sur la *fig.* 57.

La seule pièce qui présente quelques difficultés dans l'exécution d'un escalier, c'est la courbe rampante qui est la partie du limon répondant au quartier tournant qui reçoit les assemblages de toutes les marches tournantes. Nous reviendrons sur cet objet un peu plus loin.

Volute du limon et première marche.

Pour ne point rendre confuse la construction que nous avons à décrire, nous l'avons faite à part (*fig.* 59) sur une échelle double.

La première marche d'un escalier est ordinairement en pierre dure, surtout lorsque la cage est pavée de dalles ou en carreaux de pierres dures.

Cette première marche qui fait partie du patin de l'escalier et lui sert d'empattement, et pour ainsi dire de fondation, reçoit l'établissement de la volute, qui marque la naissance du limon, qui en est comme la souche, et l'appuie avec assez de grâce sur cette espèce de socle. Une spirale continue, telle que la spirale d'Archimède, ou la spirale développante du cercle, conviendrait à cette volute; mais comme il faudrait la tracer par points, construits d'après les propriétés de celle qu'on aurait choisie, on préfère former la volute de la réunion de plusieurs arcs de cercle, moyen qui est applicable à l'imitation d'un grand nombre de courbes. Celle qu'on se propose d'imiter est la développante du cercle.

On opère comme dans la construction de la volute employée pour les chapiteaux de l'ordre ionique qui est une courbe de cette espèce; mais, attendu que plus le nombre des arcs de cercle employés dans une révolution entière est grand, plus la courbe est gracieuse, et plus elle se rapproche de celle qu'on veut imiter, au lieu de tracer notre volute par quatre arcs de cercle décrits de quatre centres, nous la composons de six arcs de cercle décrits de six centres. Pour que la volute rentre sur elle-même, il faut que son contour extérieur rencontre son contour intérieur tangentiellement dans le point où il se termine. Ainsi la courbe cyclo-spirale *mabcdefg* doit rencontrer celle *ng* tangentiellement en *g*, après une révolution entière commençant au point *m*.

Cette courbe cyclo-spirale devant être composée de six arcs de cercle de 60 degrés, il faut encore, pour que le raccourcissement des rayons soit régulier, que les six centres soient pris aux angles d'un hexagone, et que ses rayons décroissent uniformément d'une quantité constante, après que chaque arc de 60 degrés est tracé; et comme la différence du premier au dernier rayon doit être égale à *ag* ou à *mn*, il s'ensuit que le décroissement du rayon, pour chaque arc,

est égal au sixième de *ag*, et que le côté de l'hexagone 1-2-3-4-5-6,
aux angles duquel doivent être les centres, est égal à ce sixième. Cet
hexagone étant construit, on l'établit arbitrairement dans la place
que l'on juge convenable pour la grosseur que l'on veut donner à la
volute, ayant soin toutefois que la ligne *no* fasse un angle de 60 degrés avec la direction des marches, ou de 30 degrés avec celle du
limon.

Dans la *fig.* 59, la ligne *no* est tracée pour qu'elle coupe la direction de la troisième marche en *o*, de façon que *no = mn*; et ayant
décrit les arcs *ma*, *ng*, qui forment une partie de la volute, le
point 1 de l'hexagone a été établi en faisant *g-2* égal au quart
de *go*.

L'hexagone 1-2-3-4-5-6 ayant été tracé, et ses côtés prolongés, l'arc de cercle *ab* a été décrit du point 2, l'arc *bc* du point 3,
l'arc *cd* du point 4, l'arc *de* du point 5, l'arc *ef* du point 6, et l'arc *fg*
du point 7. Il est évident que chaque rayon diminuant d'un sixième
de la largeur *ag* du limon, le dernier arc de cercle doit nécessairement passer par le point *g*. Il est encore évident que cette courbe
cyclo-spirale serait obtenue par un fil qui serait enveloppé sur
l'hexagone 1-2-3-4-5-6 ou sur un prisme qui aurait cet hexagone
pour base, et dont un bout tracerait successivement des arcs de
cercle à mesure qu'il se développerait, de la même manière qu'on
trace la développante du cercle : les arcs *ma*, *ng* ne servent ici que
de raccordement pour attacher la volute au limon.

Pour terminer la deuxième marche, on la contourne par un arc de
cercle de 60 degrés tangent à cette marche et à la ligne *ag*, et dont le
centre est en *p*.

À l'égard de la première marche, sa forme est subordonnée à la situation de l'escalier ; ici on veut que la courbe cyclo-spirale qui doit
en tracer le contour soit tangente à la ligne qui marque l'emplacement
de cette première marche, et au limon dans le même point où commence la courbure intérieure de la volute. Du point 2 et avec le
rayon 2*r*, ayant décrit l'arc *rs*, on porte sur le rayon 2-*s*, de 2 en *f'*
la quantité 2*f' = no*. La longueur *s-f'* est divisée en cinq parties,
à chacune desquelles est égal le côté d'un hexagone 2-2'-3'-4'-5'-6'
construit dans l'angle 2 du premier; les points 2', 3', 4' sont les
centres des arcs de cercle *st*, *tu*, *uv* avec les rayons décroissants,
égaux à 2-*t'*, 2-*u'*, 2-*v'*; le dernier arc *vn* est décrit du centre *i*, au
lieu de l'être du centre 5', afin que cet arc soit tangent au limon dans
le point *n*, parce que le point *i* étant pris sur la ligne *mn*, autant à
gauche à l'égard du point 5', que le point *v* se trouve à droite par
rapport au point 6', on compense une irrégularité indispensable,
vu qu'il y a impossibilité de satisfaire en même temps aux conditions
de tangence dans le point *n*, et de la position de tous les centres aux
angles d'un hexagone.

Nous n'avons donné ici le tracé de la première marche que parce
que, bien qu'elle soit en pierre, c'est au charpentier qui compose
l'escalier à en prescrire la forme. On peut aussi tracer la première
marche comme elle est ponctuée (*fig.* 59); il faut qu'elle fasse socle
autour de la volute.

Le dessus de la volute doit se raccorder avec celui du limon, sans jarret sensible. Pour obtenir ce résultat, on construit (*fig.* 62), sur la même échelle que la *fig.* 59, un développement de la surface interne du limon, dont le prolongement est la surface externe de la volute ; *ab* (*fig.* 62) est la pente du limon ; les points *a* et *b* répondent aux deuxième et troisième marches ; *a′ d′* est le développement de l'arc *al* de la *fig* 59. Le point *d* (*fig.* 62) est déterminé par la verticale *d′d*, et l'horizontale *de* marque le niveau du dessus de la volute au-dessus du niveau de la première marche *xy*. Cette ligne *de* est prise égale au développement de l'arc *le* (*fig.* 59) ; de plus, on a pris *do* = *de*. L'arc *eo*, dont le centre est en *g*, sur la verticale *eg*, sert de raccordement entre le dessus du limon et le dessus de la volute ; on suppose qu'une droite horizontale se meut en s'appuyant sur cette courbe, et se maintient parallèle aux rayons des arcs de cercle qui ont servi à tracer la volute.

Projection d'une courbe rampante.

6′-1′-16·11-11′ (*fig.* 69, *Pl. XXIX*) est la projection horizontale de la moitié d'une révolution du limon d'un escalier qui serait entièrement circulaire. La division des marches a été faite sur le cercle de la foulée ; elles sont égales, et elles sont représentées dans cette même projection par les droites répondant aux points 1, 2, 3, 4, 5, 6, 7, 8, 9, 10 et 11 qui tendent au centre C du jour circulaire de l'escalier. Les largeurs des marches, à leurs collets, étant égales, ainsi que leurs hauteurs, la courbe qui passe par les points où leurs bords entrent dans le limon est une hélice, qui est une ligne droite sur la surface du limon développée ; les arêtes du limon sont également des hélices.

Soit dans la projection verticale (*fig.* 68) la ligne *oo* au niveau du dessus de la marche immédiatement inférieure à celle cotée 1. Les horizontales 1-1, 2-2, 3-3, 4-4, etc., marquent les niveaux des marches comprises dans la projection horizontale, sous les mêmes numéros.

Les lignes 1′-1′, 2′-2′, 3′-3′, 4′-4′, …, 11′-11′, sont les niveaux des points du limon, élevés d'une quantité constante au-dessus des bords des marches ; en rapportant par des verticales les points 1, 2, 3, 4, etc., de la projection horizontale (*fig.* 69), sur les horizontales des mêmes numéros primes, on détermine les points 1″-2″-3″-4″-5″, etc. (*fig.* 68), qui appartiennent à l'arête supérieure du limon du coté des marches.

En rapportant de même les points 1′, 2′, 3′, 4′, 5′, etc., de la projection horizontale du limon (*fig.* 69) sur les mêmes horizontales, on détermine les points qui appartiennent à la deuxième arête du limon répondant à l'intérieur ou au jour de l'escalier. Il suffit de coter trois de ces points 1‴-6″-11‴ pour faire reconnaître la courbe.

La hauteur du limon ayant été fixée comme nous l'avons indiqué sur la *fig.* 61 de la *Pl. XXVIII*, on construira les deux arêtes inférieures du limon par des courbes égales aux précédentes, mais qui sont plus basses qu'elles de toute la hauteur du limon ; on obtient par conséquent leurs points en portant au-dessous des premiers cette hauteur du limon sur les mêmes verticales qui ont servi à la construction des arêtes supérieures. Ces deux arêtes inférieures du limon sont marquées, sur la projection verticale des nombres 1^{IV}-$6'''$-11^{IV}, 1^V-$6'''$-11^V. Les deux projections du limon étant terminées, il s'agit de projeter les joints par lesquels il est tronçonné et qui servent à l'assemblage de ses divers tronçons, que l'on appelle *courbes rampantes*. Dans la supposition que nous avons faite, que ce limon appartient à un escalier circulaire, il est d'usage de diviser en parties égales la circonférence du limon dans sa projection horizontale. Cependant on est quelquefois forcé de s'écarter de cette régularité lorsqu'il y a des paliers distribués à différents étages sur le développement du limon.

Pour l'exemple qui nous occupe, nous supposerons, vu que le diamètre du jour est fort restreint, une division en quatre parties égales de la révolution entière du limon, ce qui place le milieu de chacun des deux joints que comprend la projection horizontale sur les lignes cz, cz'. Pour mettre les joints des parties de courbes rampantes en projection sur la *fig.* 68 qui doit présenter une élévation complète de la courbe rampante, il est nécessaire de faire une projection auxiliaire sur un plan vertical perpendiculaire à celui qui contient la ligne de milieu du joint.

La *fig.* 70 est une projection verticale auxiliaire pour le joint qui a, sur la projection horizontale, la ligne cz pour ligne de milieu ; cette projection est faite sur un plan vertical perpendiculaire à cette même ligne.

La partie df de la verticale est la hauteur du limon, et les quatre courbes marquées sur cette projection sont ses quatre arêtes ; ces courbes sont exactement égales à celles qui passent par les points $6''$ et $6'''$ de la *fig.* 68, la partie vx du joint $uvxy$ est parallèle à la tangente de l'hélice moyenne qui passerait par le centre du rectangle générateur du limon. Il n'est pas nécessaire de construire cette courbe pour tracer sa tangente ; il suffit de construire sa sous-tangente.

Traçant donc l'horizontale mt (*fig.* 68) par le centre c du rectangle $1''$-$1'''$-1^V-1^{IV}, générateur du limon, point par lequel passe l'hélice dont on veut avoir une tangente, cette horizontale est la trace verticale du plan horizontal passant par ce point. En développant sur cette droite le quart de cercle rz (*fig.* 69), son développement mt sera la sous-tangente et bt la tangente. Le triangle bmt (*fig.* 68) étant rapporté en $bm''t''$ (*fig.* 70), la ligne bt'' est la tangente cherchée. On porte de b en v et en x deux parties égales de $0,27$ à $0,041$; elles fixent l'étendue de la joue qui forme le joint. Les deux abouts uv, xy, sont tracés parallèlement à la normale bs, et les deux assemblages à tenons et mortaises, mis en joint, sont tracés comme ils sont ponctués. Ils sont mis en projection horizontale (*fig.* 69) par des lignes verticales qui les abaissent en u, u, y', y' sur les arcs de cercle aaxquels les hélices correspondent ; et pour les mettre en projection verticale sur la *fig.* 68, après avoir tracé la ligne KK', sur cette figure, au même niveau que la ligne KK' de la *fig.* 70, qui est au-dessous du point b de la *fig.* 68 de la hauteur de deux marches et demie, on porte, à partir de cette horizontale (*fig.* 68), sur les verticales élevées par les points de la projection horizontale, des hauteurs prises à partir de la même ligne KK' de la *fig.* 70.

Il faut remarquer que ces points donnant les projections des intersections de la joue *ox* avec les deux abouts parallèles, ces deux lignes sont parallèles, et elles sont projetées au plan horizontal par deux lignes parallèles, tandis que les joints résultant des intersections des abouts avec la surface supérieure et la surface inférieure du limon, sont des courbes uu', yy'. A l'égard des tenons et mortaises, ils sont formés par des parallélipipèdes dont les arêtes sont parallèles au plan tangent à la courbe moyenne du limon, dont la ligne bt' (*fig.* 69) est la trace en même temps qu'elle est la projection de la tangente.

Quoique les joints soient des lignes courbes sur les surfaces rampantes du limon, leur courbure est si faible, qu'ils se confondent avec des lignes droites. Dans tous les cas, pour vérifier si l'on a opéré avec exactitude des deux côtés, on trace par les projections horizontales des points extrêmes de ces joints les lignes uu', $u'u''$, yy', $y'y''$, et leurs prolongements doivent se couper sur l'axe CP, c'est-à-dire yy' et $u'u''$ au point g, et uu' et $y'y''$ au point g'.

Nous avons haché, dans ces deux assemblages sur la projection horizontale (*fig.* 69), les plans des abouts, pour qu'on puisse les distinguer des joues de l'assemblage; nous avons aussi ombré la projection verticale de la courbe rampante (*fig.* 68), afin de rendre sa forme plus apparente.

Exécution de la courbe rampante.

Lorsque la projection verticale est complète et qu'elle est faite avec précision, on peut procéder à l'exécution de la courbe rampante. La pièce de bois de laquelle on doit la tirer, doit être un parallélipipède rectangulaire dressé sur toutes ses faces d'équerre avec la plus grande précision. Le parallélipipède qui doit contenir la courbe rampante étant projeté dans la situation qu'il doit avoir pour la renfermer, a deux de ses faces verticales, elles sont projetées horizontalement par leurs traces AB', ED' (*fig.* 69). Les faces rampantes du parallélipipède projetées horizontalement entre ces mêmes lignes, sont perpendiculaires au plan de projection verticale et projetées verticalement sur leurs traces verticales EE', DD' (*fig.* 68), et ses extrémités perpendiculaires à ses arêtes sont projetées verticalement sur ED, E'D' et horizontalement par les rectangles AB DE, A'B'D'E'.

Pour tirer par le travail de l'outil la courbe rampante de la pièce de bois que nous venons de définir par ses projections, on doit d'abord considérer quelles sont les positions des surfaces qui définissent cette courbe à l'égard des faces de la pièce de bois, et fixer l'ordre de l'exécution des surfaces. Les surfaces cylindriques sont les plus faciles à exécuter, elles sont aussi celles pour lesquelles les lignes qui doivent guider l'outil, sont plus faciles à tracer sur les faces de la pièce de bois; par conséquent, elles doivent être exécutées les premières, et ces surfaces cylindriques étant exécutées avec précision, il est aisé d'y tracer les arêtes qui guideront l'outil pour l'exécution des surfaces gauches du dessus et du dessous du limon.

Pour cela, il suffira de construire les différents panneaux et développements nécessaires pour ligner et tracer sur le bois.

La *fig.* 65 représente le développement des faces du bloc de bois,
sur lesquelles on a tracé les différents arcs d'ellipses résultant de
leurs rencontres par les surfaces cylindriques du limon.

Pour tracer ces arcs d'ellipse, il faut déterminer les ellipses au
moyen de leurs axes, ce qui est aisé, puisque les grands axes ab, $a'b'$
(*fig.* 65) des deux ellipses adb, $a'd'b'$ sont déterminés par la rencontre en E, E', H, H' (*fig.* 68) de la trace verticale de la face supérieure du bloc, par les génératrices des surfaces cylindriques répondant aux points 1, 1', 11, 11' de la projection horizontale (*fig.* 69) ;
et que leurs petits axes od, od' sont égaux aux rayons C-6, C-6' de
la projection horizontale, et sont perpendiculaires à l'arête EE' dans
le point r, où elle est coupée par l'axe CP ; les grands axes ab, $a'b'$,
qui sont sur une même ligne, sont parallèles à l'arête EE' et en sont
éloignés de la quantité or égale à Cr' (*fig.* 66 et 69).

Les ellipses chK, $c'h'$K' de la surface inférieure sont égales à
celles de la face supérieure, et leurs petits axes qh, qh' sont perpendiculaires à l'arête DD', dans le point c où elle est coupée par l'axe
CP des surfaces cylindriques ; leurs grands axes ck, $c'k'$ sont parallèles à l'arête DD' et en sont éloignés de la même quantité cq égale à
Cr' (*fig.* 66 et 69).

On détermine encore par la même méthode les arcs d'ellipses
qui résultent des intersections des surfaces cylindriques avec les plans
des bouts de la pièce de bois ; nous avons ponctué les ellipses auxquelles ils appartiennent en $a''n''b''$ $a'''n'''b'''$ (*fig.* 66). Les éléments
des ellipses ainsi déterminés, les ellipses sont tracées sur des panneaux et découpées pour être appliquées sur les faces auxquelles elles
conviennent, et suivant les lignes de repère qui sont les cordes et les
petits axes qui doivent se confondre, pour la face supérieure, avec les
arêtes de la pièce de bois et pour les faces perpendiculaires avec les
lignes rd et ch.

On trace les arcs elliptiques avec la pierre noire en suivant le contour des panneaux, et si l'on a eu soin de ligner sur les quatre principales faces de la pièce les intersections d'une suite de plans parallèles à
l'axe des surfaces cylindriques et perpendiculaires au plan de l'ételon,
celles de ces lignes appartenant à un même plan, et qu'on a marquées d'un même numéro d'ordre, déterminent pendant le travail
les positions des génératrices des surfaces cylindriques, et par conséquent les positions qu'il faut donner à une règle pour diriger l'outil pendant qu'on taille et recale ces surfaces.

Lorsque les surfaces cylindriques sont terminées, et qu'on s'est
assuré de leur précision, on rétablit avec la plus scrupuleuse exactitude, tant dans la surface concave que sur la surface convexe, la
projection de la ligne rc, ainsi que le point b, milieu de cette ligne ; il
est entendu que les portions des lignes telles que celles mn qui n'ont
point été enlevées par la taille du bois, sont restées sur les faces de la
pièce. On construit ordinairement sur du carton le développement des
surfaces cylindriques et des arêtes du limon.

La ligne GQ (*fig.* 67, *Pl. XXIX*) est la projection de l'axe du cylindre; ayant porté à droite et à gauche sur l'horizontale passant par le point G, les développements mGm', nGn' des arcs de cercle 12-*b*-13, 12'-*b'*-13', les lignes verticales me, $m'e'$ marquent l'étendue du développement de la surface cylindrique contenant celle extérieure du limon, et les lignes verticales nh, $n'h'$ marquent l'étendue du développement de celle qui contient la surface concave du limon.

Sur la même ligne me, on fait mb' égal à la hauteur de cinq marches, ce qui répond à un quart de révolution de la courbe rampante; et sur la ligne horizontale mm', on porte les développements mg, mf des quarts de cercle 6-1, 6'-1' (*fig.* 66 ou 68); les lignes $b'f$, $b'g$ (*fig.* 67) sont des parallèles aux tangentes des hélices qui forment les arêtes du limon. Par les points 6, 6', marquant la hauteur du limon, on trace des parallèles aux lignes bg, bf; elles sont les tangentes aux arêtes intérieures et extérieures du limon, et en même temps les développements de ces arêtes, de telle sorte que le parallélogramme 1-1″-11″-11 est le développement de la surface convexe du limon, et que le parallélogramme 1°-1'-11'-11° est le développement de la surface concave.

Ainsi, pour tracer les arêtes du limon sur les surfaces convexes et concaves de la pièce de bois, il suffit d'appliquer sur ces surfaces ces mêmes développements découpés, en ayant soin de faire coïncider très-exactement sur chacune la ligne 6-6' (*fig.* 67) avec la ligne rc (*fig.* 65) et le point b sur le point b.

Ces développements servent alors de règles pour tracer les arêtes du limon; et si l'on a eu soin de marquer en même temps des horizontales de même niveau sur les deux surfaces, par exemple les niveaux des marches, ou les traces de leurs girons prolongés, on aura le moyen de tailler les surfaces gauches, tant du dessus que du dessous du limon, en les conduisant au moyen d'une règle appuyée sur des points déterminés par des lignes de même numéro.

Nous n'avons point marqué toutes ces lignes sur les figures, afin de ne pas les rendre confuses sans utilité; nous avons néanmoins marqué, sur la bande du développement de la surface convexe du limon, les traces des marches suivant lesquelles on doit faire les refouillements pour loger les collets dans leurs assemblages avec le limon.

A l'égard de l'exécution des divers joints des courbes rampantes qui composent le limon d'un escalier tournant, on est dans la nécessité d'en marquer les coupes sur les développements des surfaces cylindriques, afin de pouvoir les tracer en appliquant ces développements sur ces mêmes surfaces, parce qu'il ne serait pas toujours commode d'établir les courbes sur l'ételon pour piquer les assemblages comme pour toute autre pièce.

Pour ce qui concerne les tenons et les mortaises, il n'y a rien à tracer sur les développements, vu qu'ils sont perpendiculaires aux abouts des joints, ainsi qu'aux faces de l'assemblage; leur emplacement, à l'égard de l'épaisseur du limon, se relève au compas de dessus l'épure (*fig.* 69).

Si l'escalier, au lieu d'être entièrement circulaire, était composé, comme celui de la *fig.* 57, de rampes droites et de rampes tournantes, au lieu d'un limon complétement circulaire comme nous l'avons supposé jusqu'ici à l'égard de la *fig.* 69, ce limon serait composé de parties projetées en demi-cercle, comme celles de la *fig.* 69, et de parties droites A et B. La construction serait faite absolument suivant la même méthode, sinon que les marches n'étant plus rayonnantes sur le centre C, mais bien balancées comme elles sont tracées *fig.* 57, la courbe prendrait la forme projetée *fig.* 58, et, au lieu de représenter les arêtes du limon par des lignes droites sur les développements des surfaces cylindriques (*fig.* 67), il faudrait les construire de la même manière que nous avons construit les raccordements du limon et des parties de courbes rampantes (*fig.* 60).

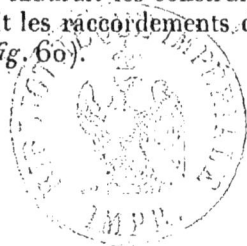

FIN DU PREMIER VOLUME.

TABLE DES MATIÈRES

CONTENUES DANS LE PREMIER VOLUME.

GÉOMÉTRIE ANALYTIQUE.

Lignes du second degré.

Discussion de l'équation générale du second degré.

Transformation des coordonnées appliquées aux courbes du second degré.

Discussion de l'équation générale du second degré à deux variables pour sa simplification au moyen des formules précédentes.

GÉOMÉTRIE DESCRIPTIVE.

Surfaces courbes et plans tangents.

Problèmes sur les plans tangents aux surfaces développables.

STÉRÉOTOMIE OU COUPE DES PIERRES.

CHARPENTE.

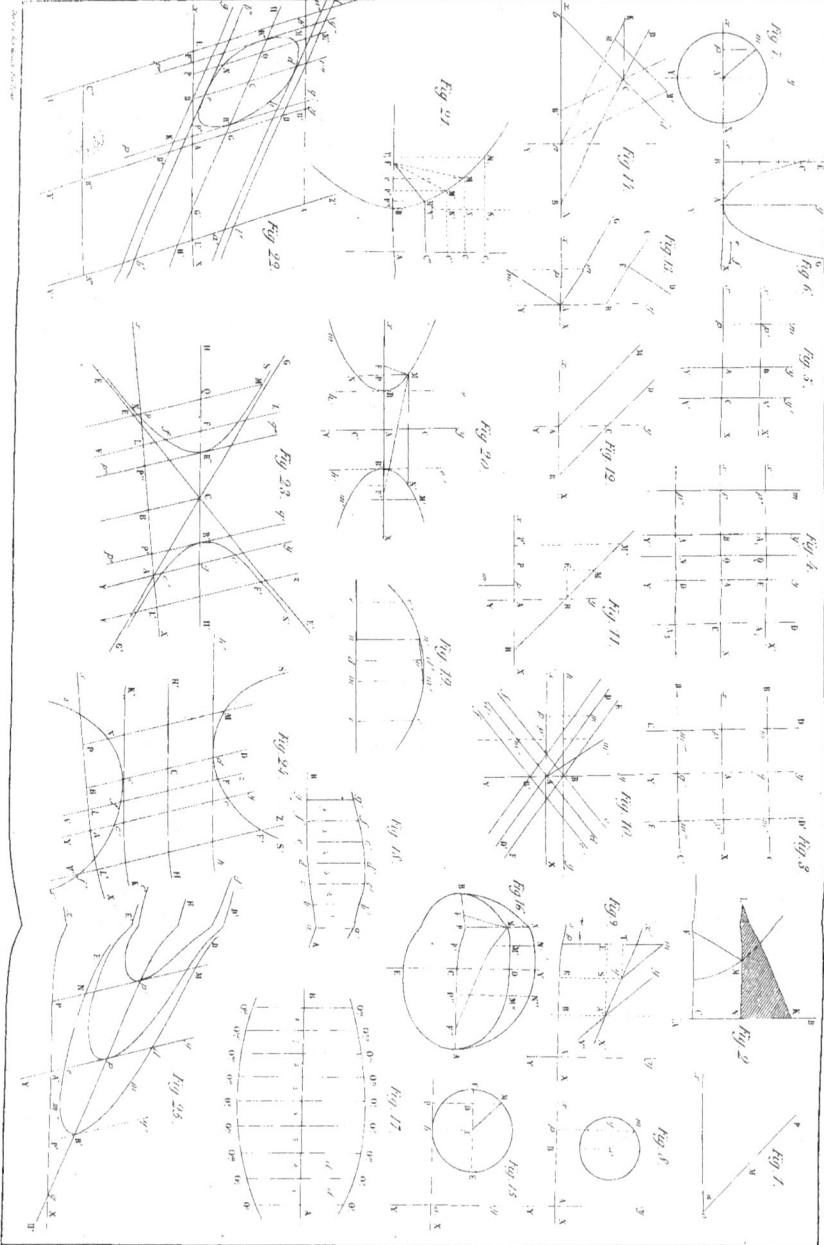

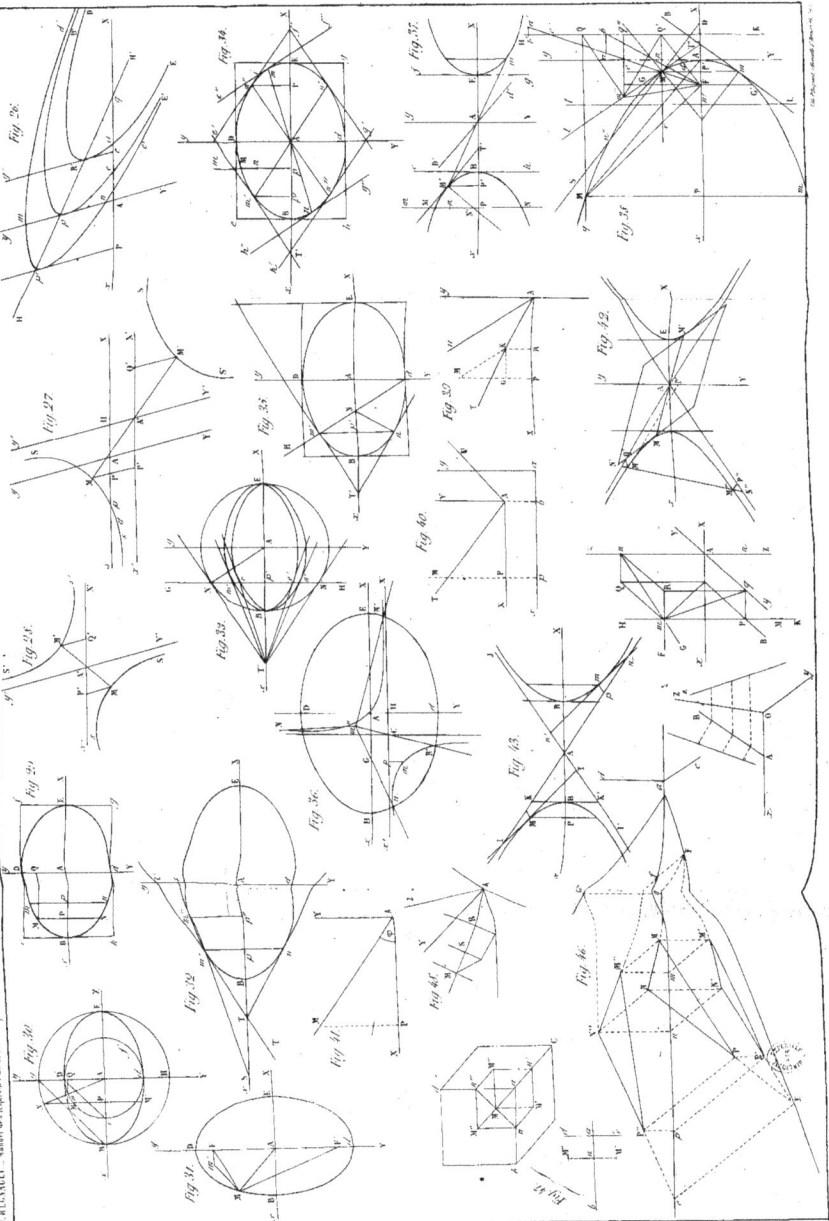

GÉOMÉTRIE ANALYTIQUE.

Planche II.

J. RUGNAULT. — Manuel des Aspirants au Grade d'Ingénieur des Ponts et Chaussées.

Fig. 26.
Fig. 27.
Fig. 28.
Fig. 29.
Fig. 30.
Fig. 31.
Fig. 32.
Fig. 33.
Fig. 34.
Fig. 35.
Fig. 36.
Fig. 37.
Fig. 38.
Fig. 39.
Fig. 40.
Fig. 41.
Fig. 42.
Fig. 43.
Fig. 44.
Fig. 45.
Fig. 46.

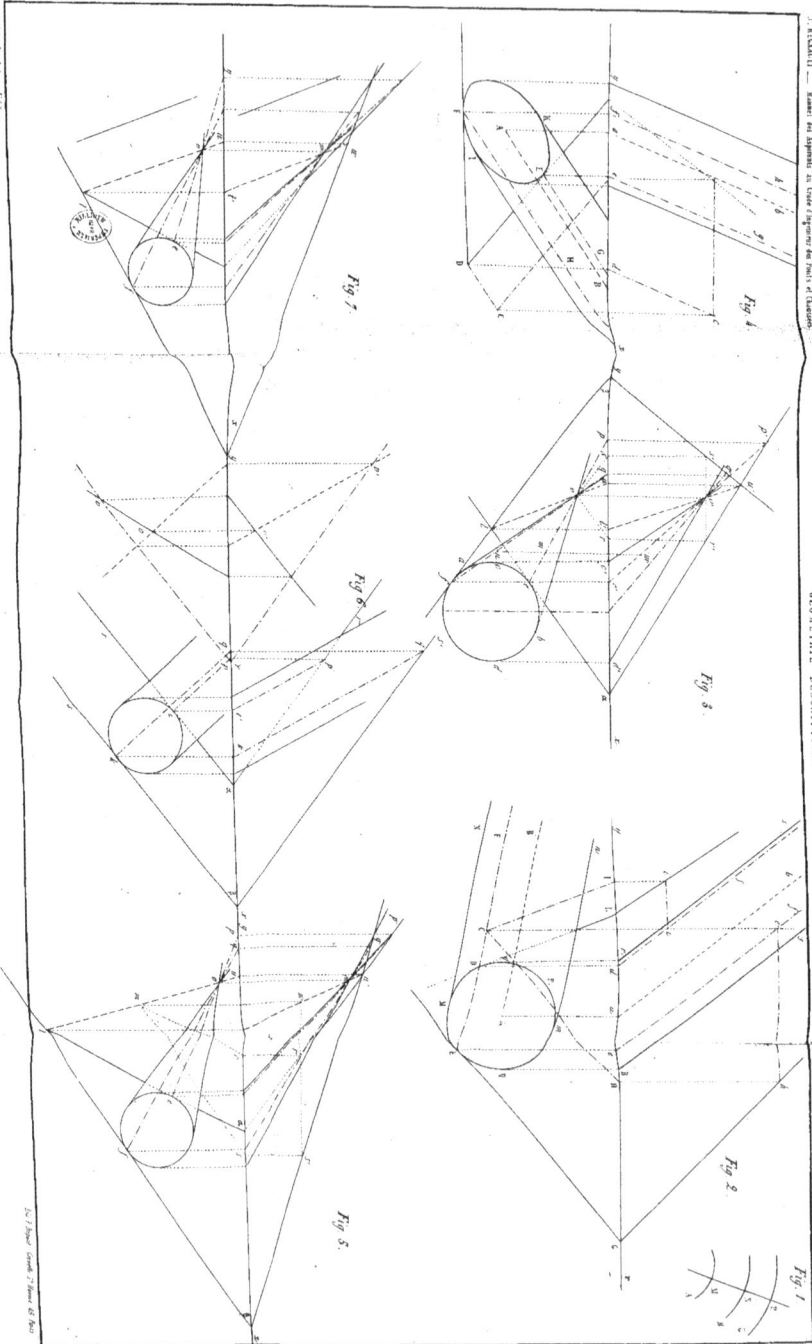

J. RIGAULT — Manuel des Apprentis au Corps d'Ingénieurs des Ponts et Chaussées.

Pl. III.

Fig. 1.

Fig. 2.

Fig. 3.

Fig. 4.

Fig. 5.

Fig. 6.

Millet-Bachelier, Éditeur.

Imp. J. Bineteau, Grenelle, 2.e Thermor. 67 Paris.

Pl. IV

GÉOMÉTRIE DESCRIPTIVE.

J. BRESSE — Manuel des Ingénieurs en Génie à Ingénieurs des Ponts et Chaussées

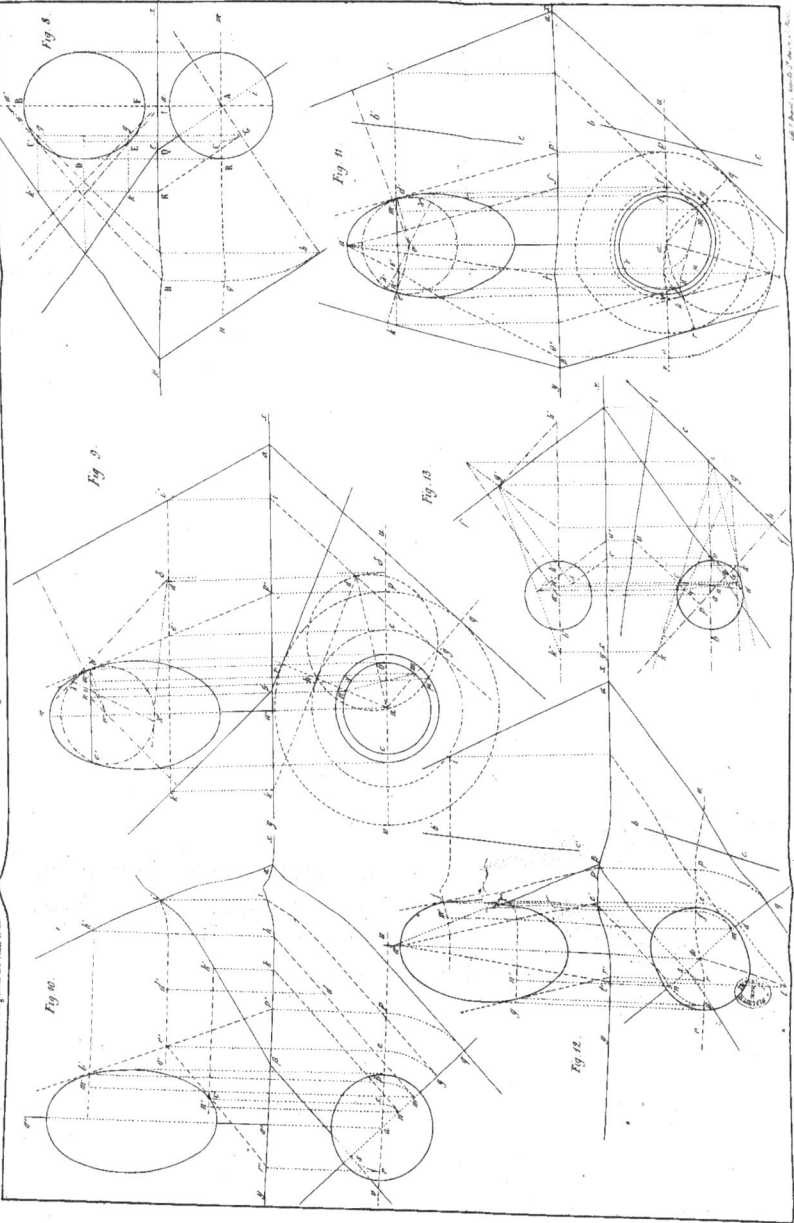

Fig. 8

Fig. 9

Fig. 10

Fig. 11

Fig. 12

Fig. 13

Mallet Bachelier, Éditeur

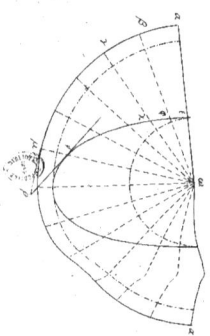

Fig. 17

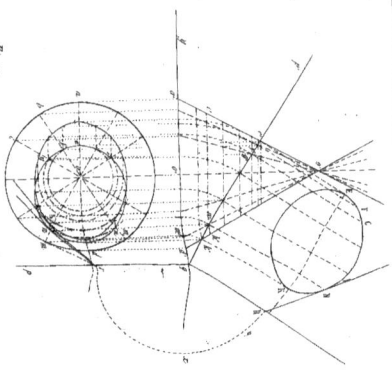

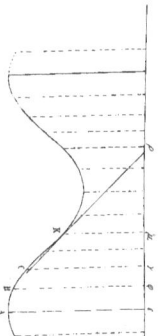

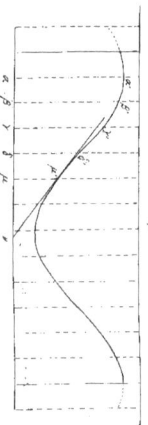

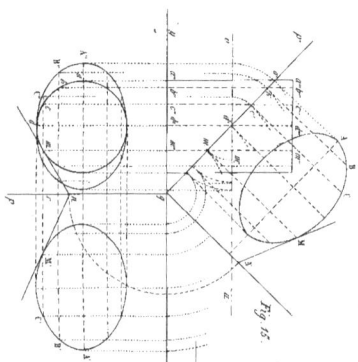

Fig. 15

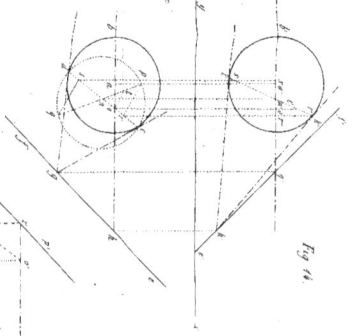

Fig. 16

Fig. 14

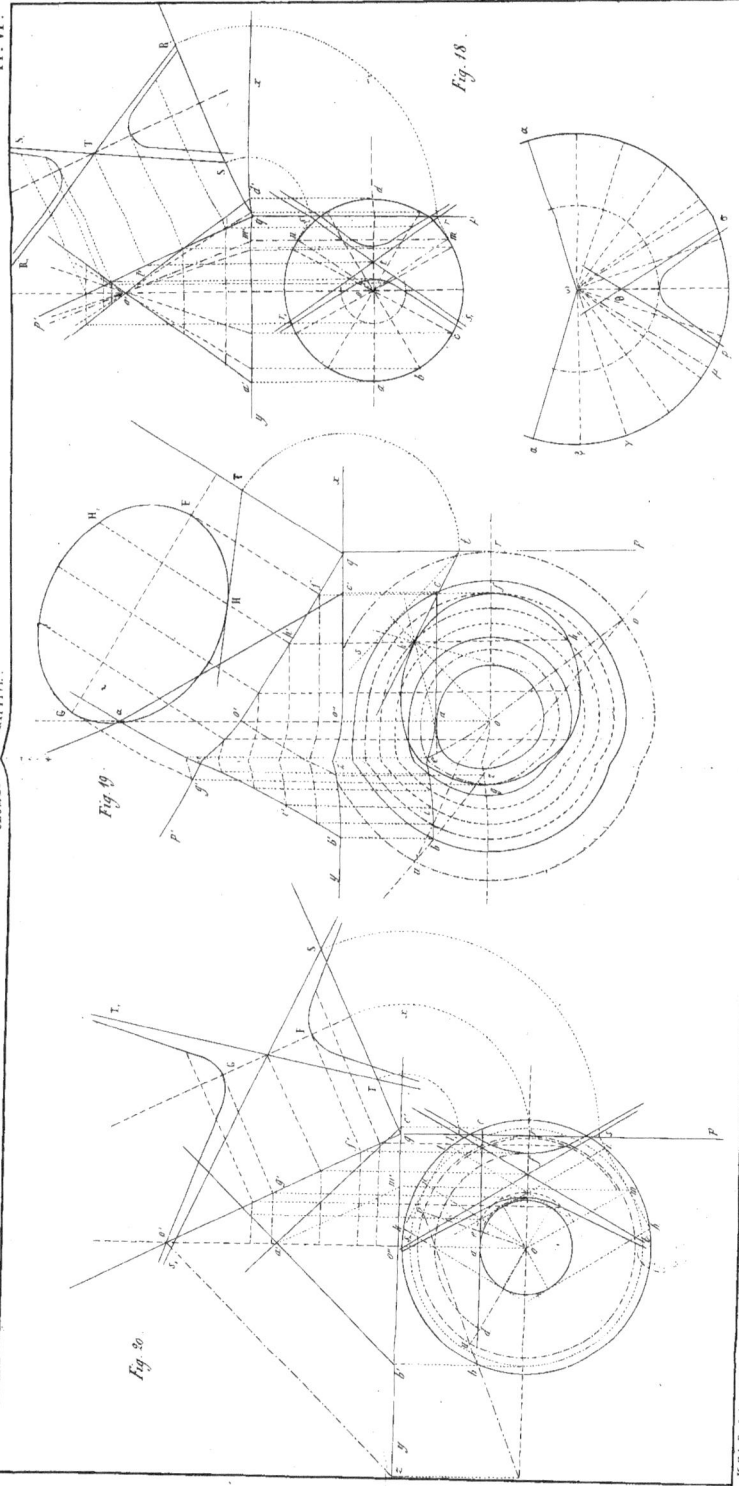

Pl. VI.

J. RÉGNAULT — Manuel des Aspirants au Grade d'Ingénieur des Ponts et Chaussées.

Fig. 18.

Fig. 19.

Fig. 20.

Lith. P. Dupont, Vésinet, S.ᵗ-Honoré, 42, Paris.

Mallet Bachelier, Éditeur.

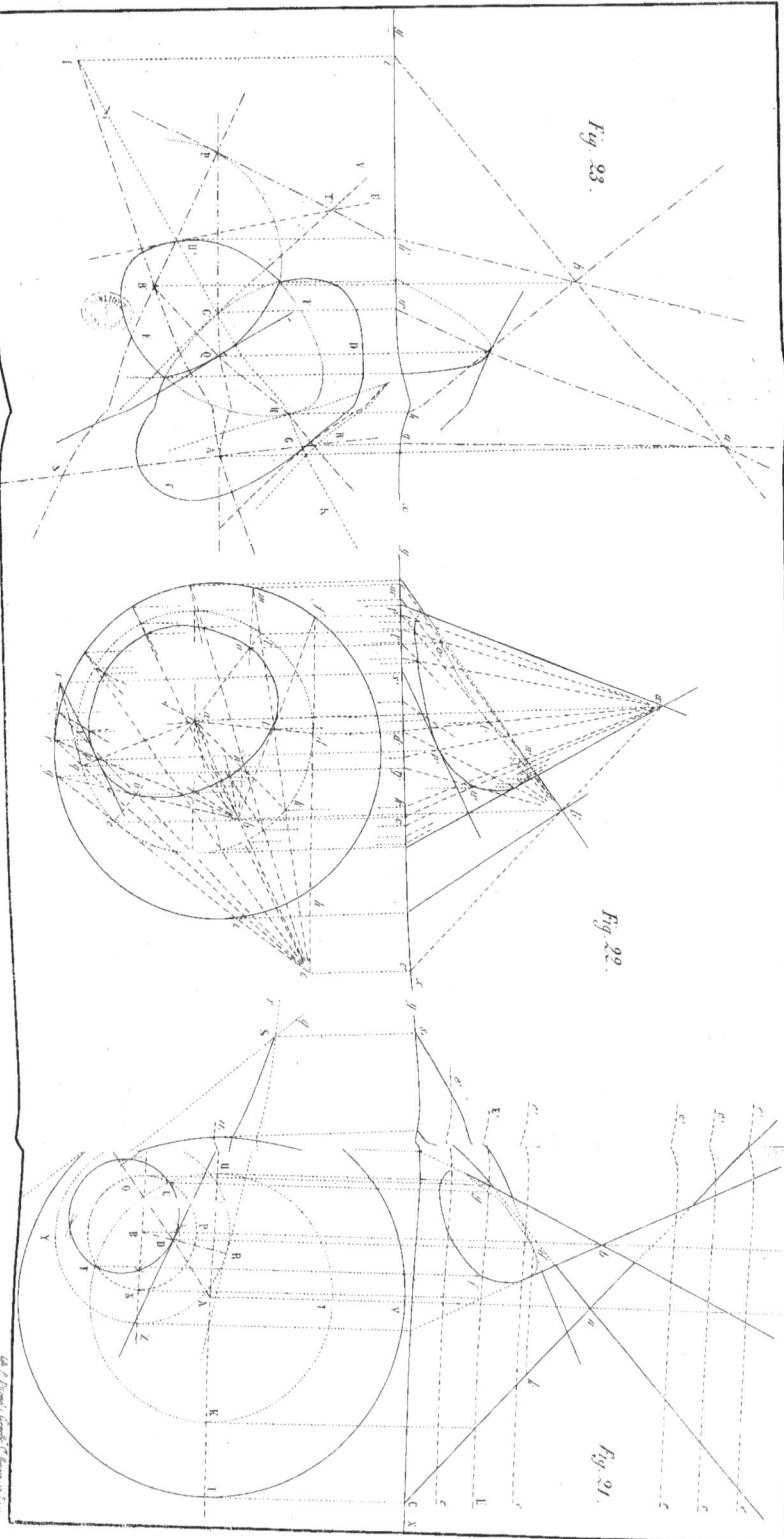

Fig. 23.

Fig. 22.

Fig. 21.

J. REGNAULT.__ Manuel des Aspirants au Grade d'Ingénieur des Ponts et Chaussées.

Fig. 24.

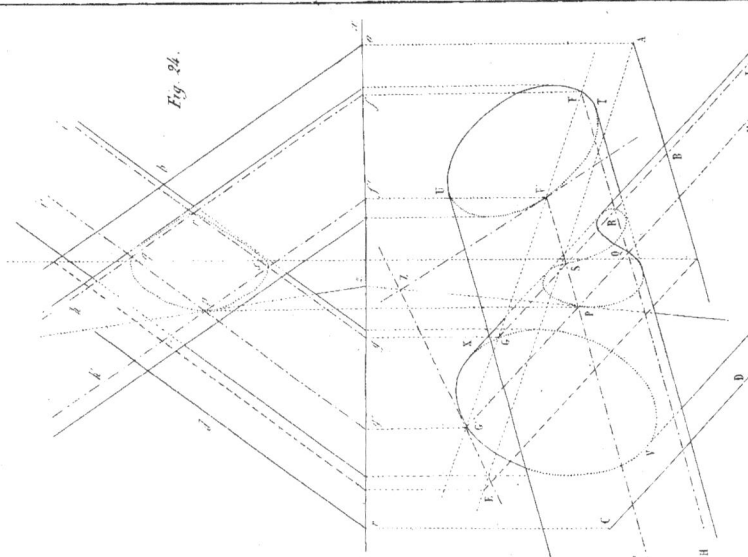

Fig. 25.

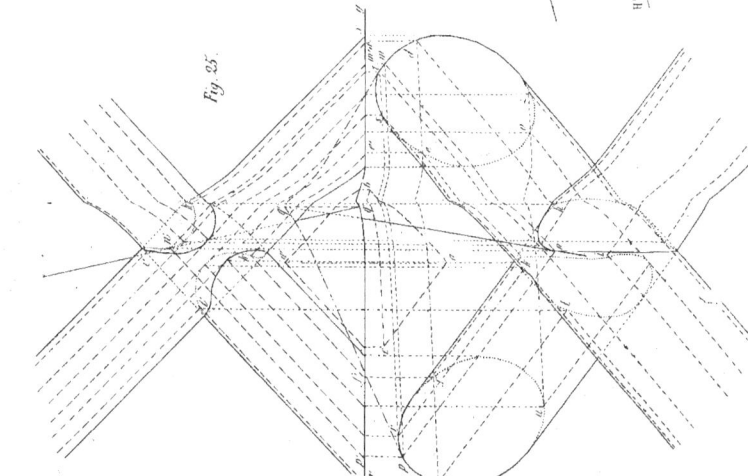

Fig. 26.

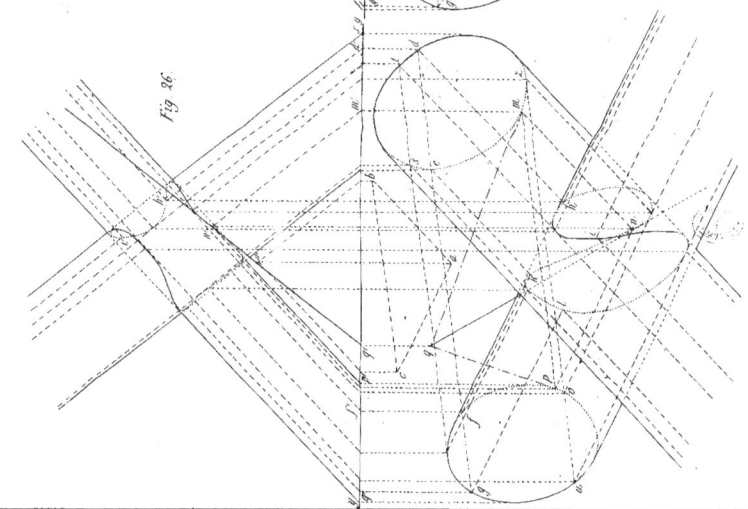

Morlot, Bachelier, Éditeur.

Lith. F. Regnault Paris.

Pl. IX.

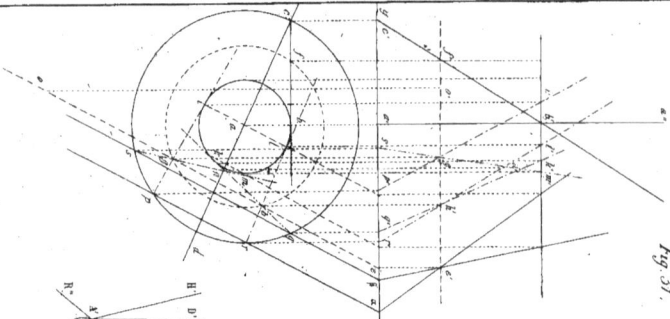

Fig. 31.

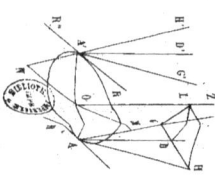

Fig. 29.

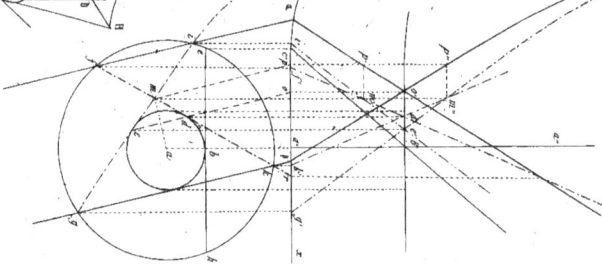

Fig. 30.

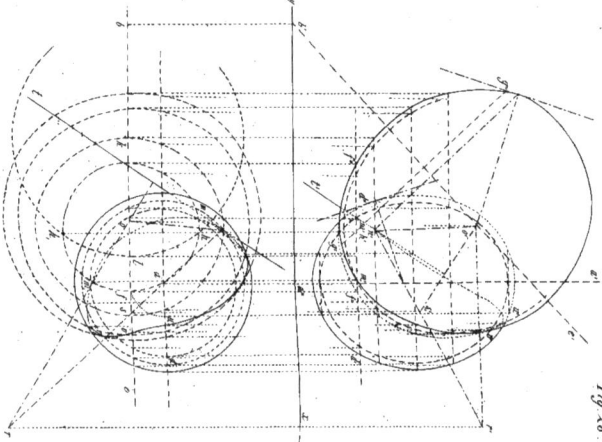

Fig. 28

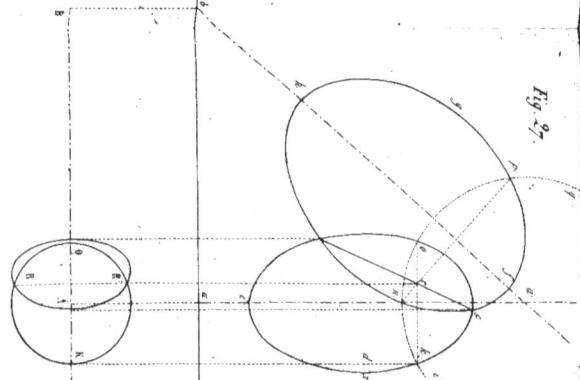

Fig. 27.

Millet Bachelier, Éditeur.

Lith. P. Dupont, Gérard, 7, Rue des Grands Augustins, 45, Paris.

Pl. X.

J. REGNAULT. — Manuel des Aspirants au Grade d'Ingénieur des Ponts et Chaussées.

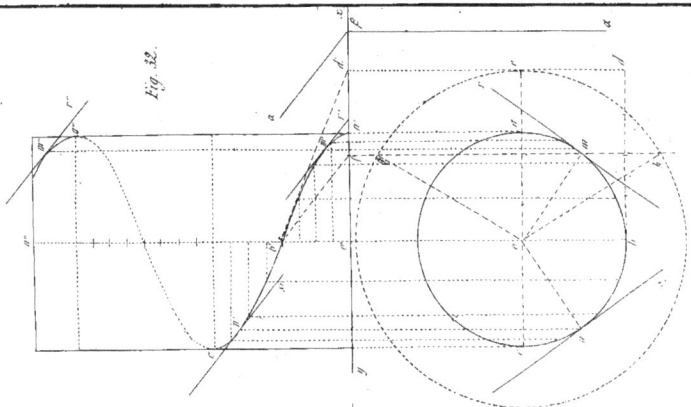

Fig. 32.

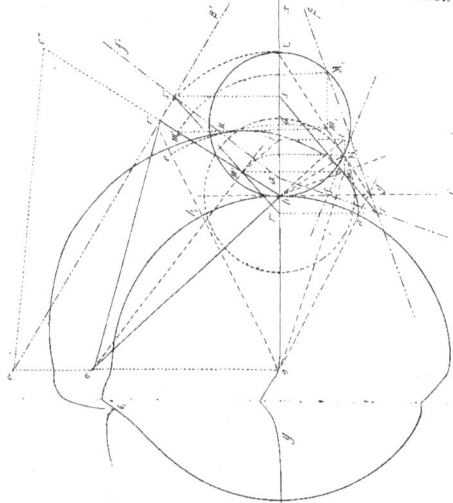

Fig. 33

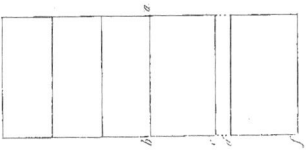

Fig. 1.

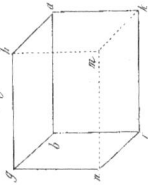

Fig. 2.

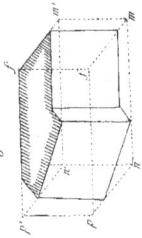

Fig. 6.

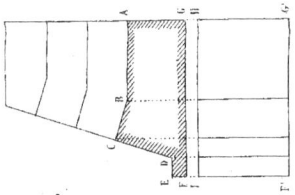

Fig. 3.

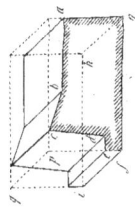

Fig. 4.

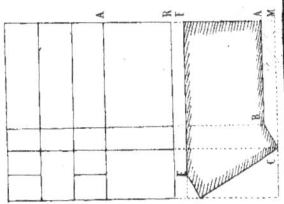

Fig. 5.

Mallet-Bachelier Editeur.

Pl. XI.

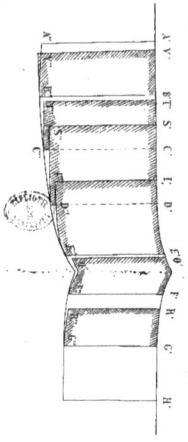

Fig. 13.

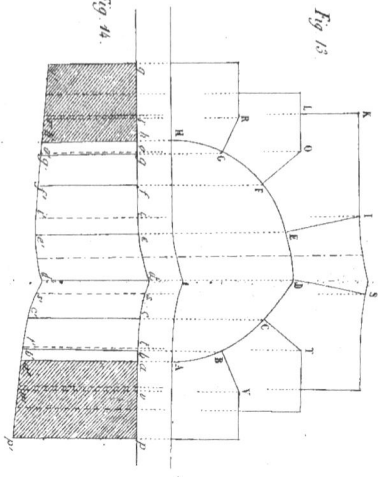

Fig. 14.

Fig. 15.

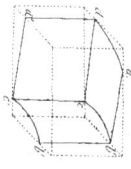

Fig. 12.

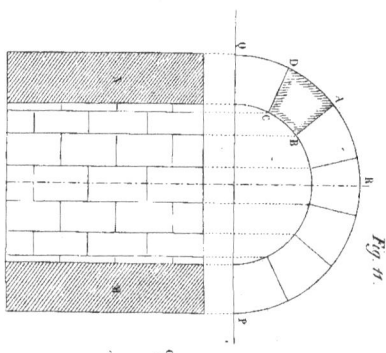

Fig. 11.

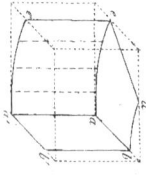

Fig. 10.

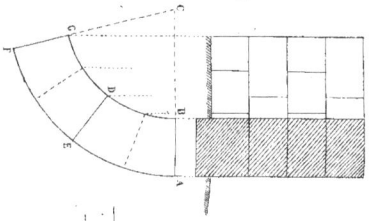

Fig. 9.

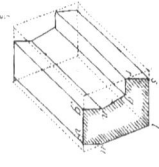

Fig. 8.

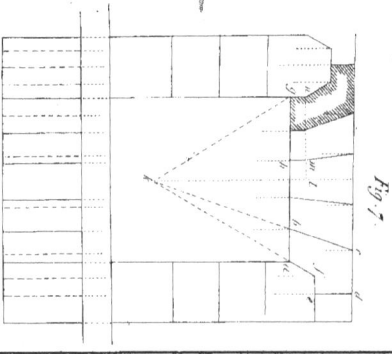

Fig. 7.

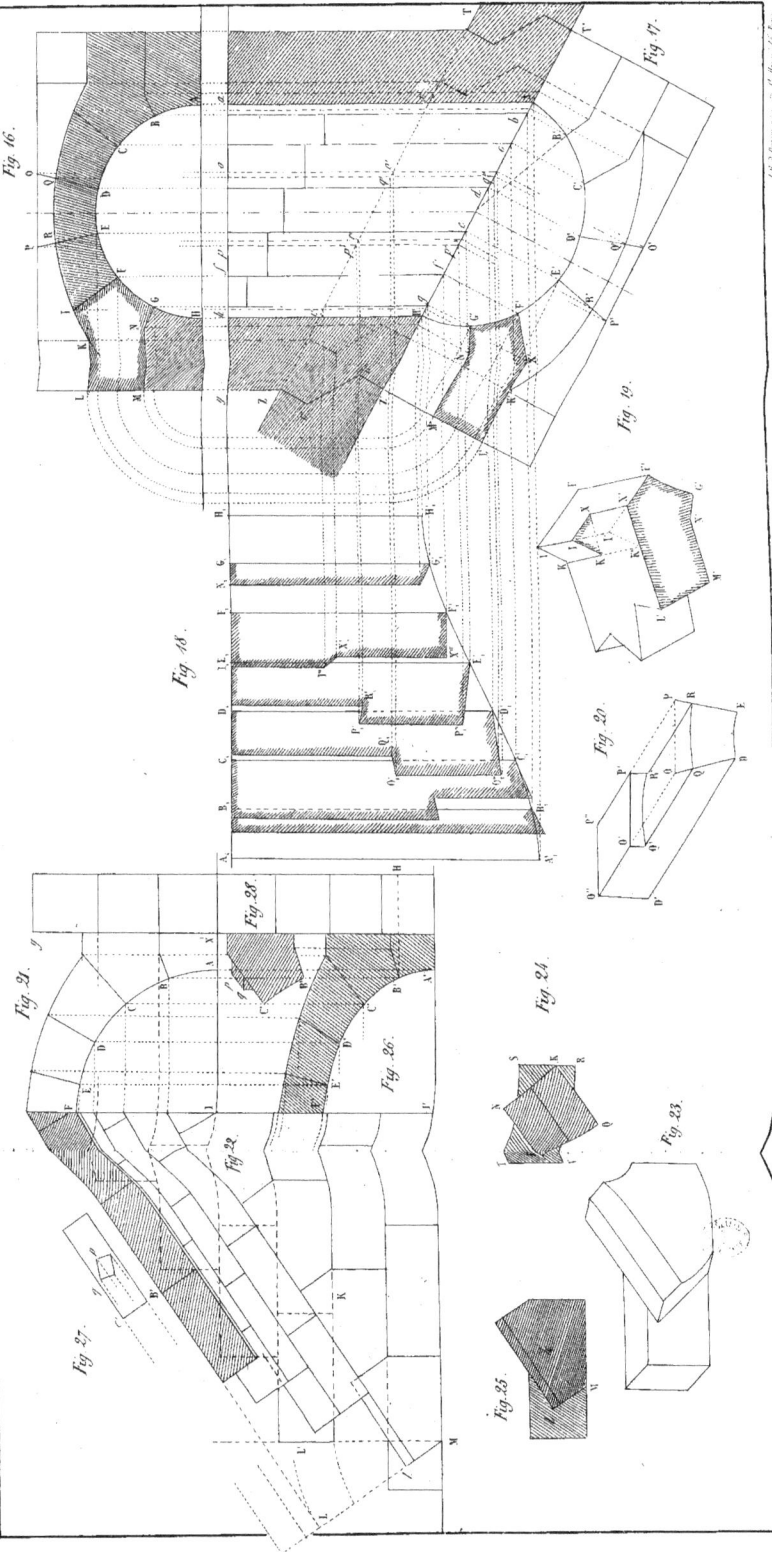

COUPE DES PIERRES.

Fig. 16.

Fig. 17.

Fig. 18.

Fig. 19.

Fig. 20.

Fig. 21.

Fig. 22.

Fig. 23.

Fig. 24.

Fig. 25.

Fig. 26.

Fig. 27.

Fig. 28.

J. RÉGNIER.— Manuel des Aspirants au Grade d'Ingénieurs des Ponts et Chaussées.

Morlet Graveur, Valenci.

Pl. XIII.

Fig. 35.

Fig. 33.

Fig. 29.

Fig. 32.

Fig. 34.

Fig. 31.

Fig. 30.

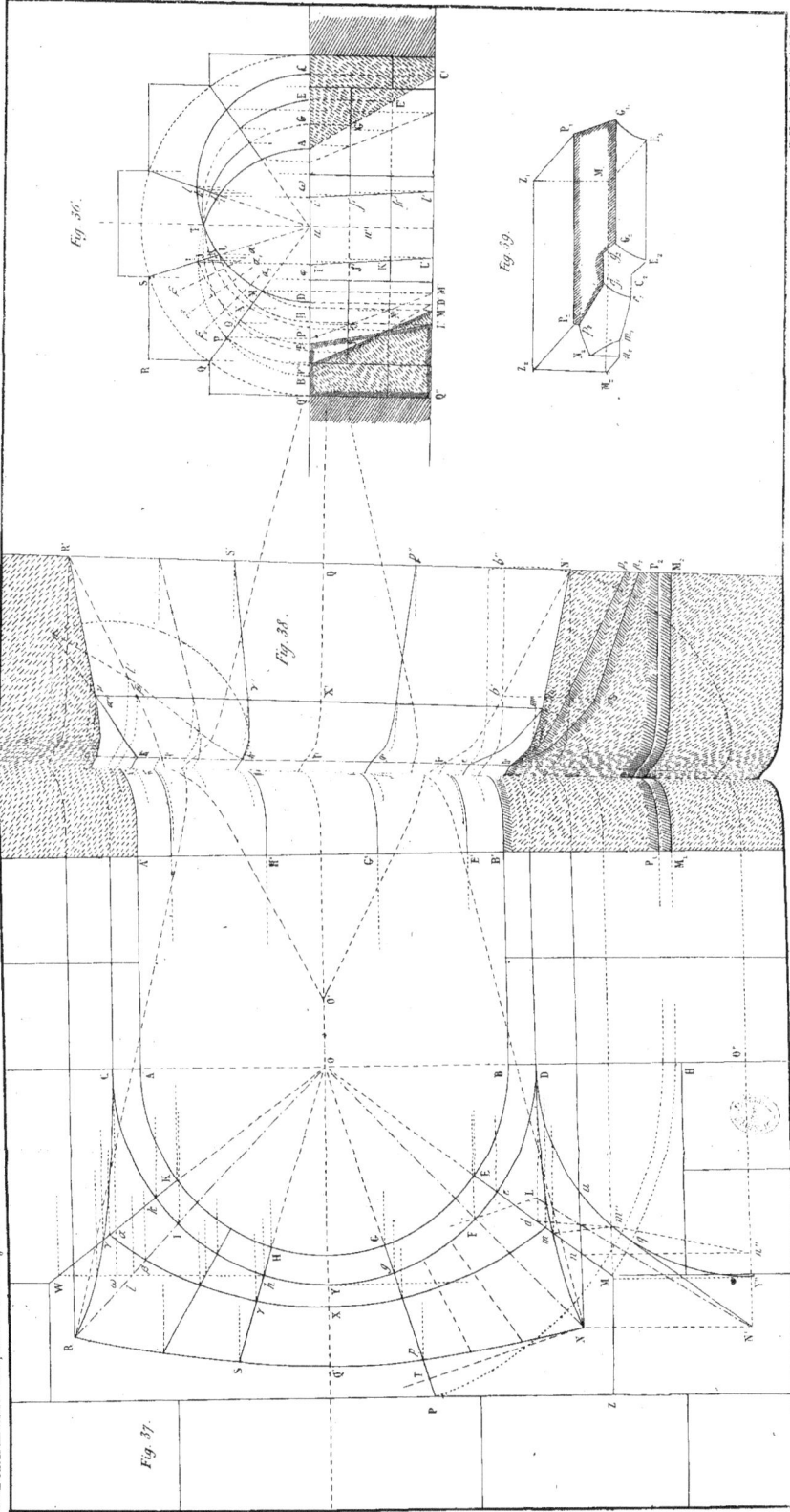

Fig. 36.

Fig. 39.

Fig. 38.

Fig. 37.

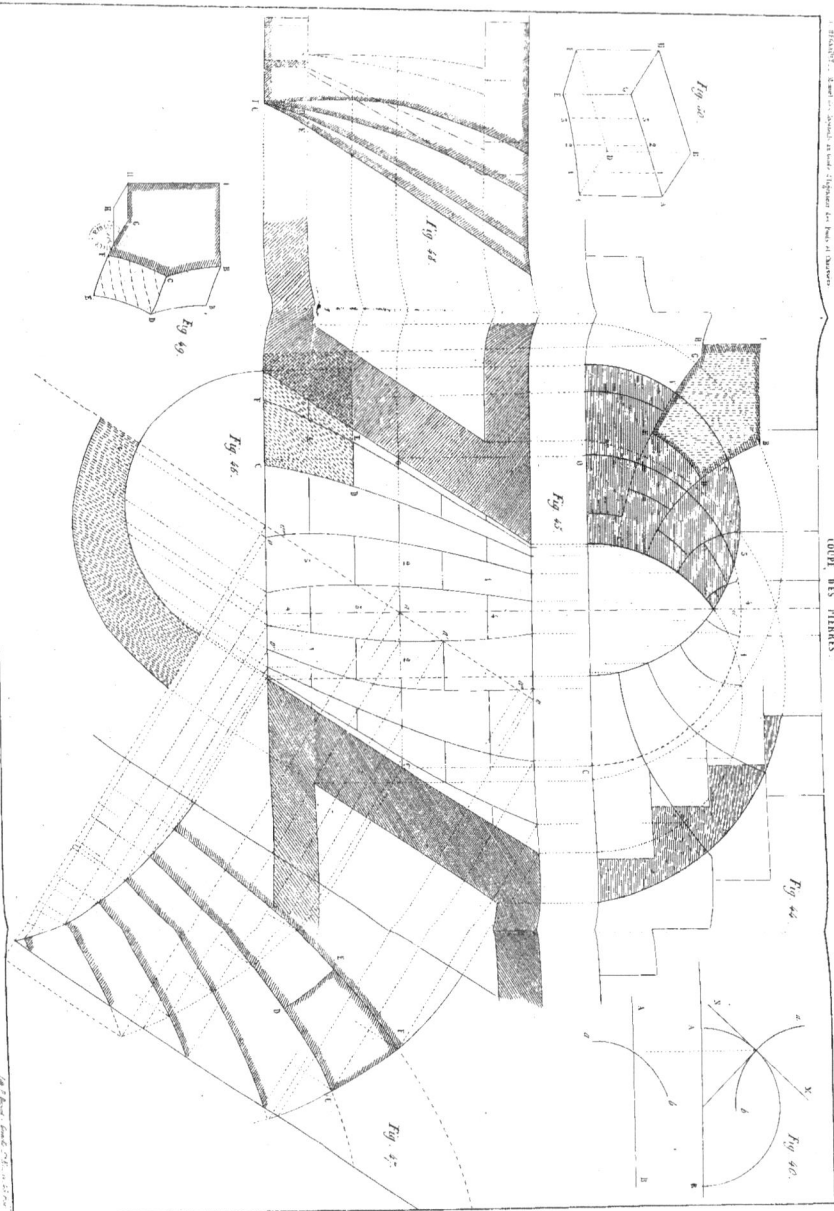

COUPE DES PIERRES

Fig. 50.

Fig. 44.

Fig. 49.

Fig. 46.

Fig. 45.

Fig. 43.

Fig. 48.

Fig. 47.

Fig. 42.

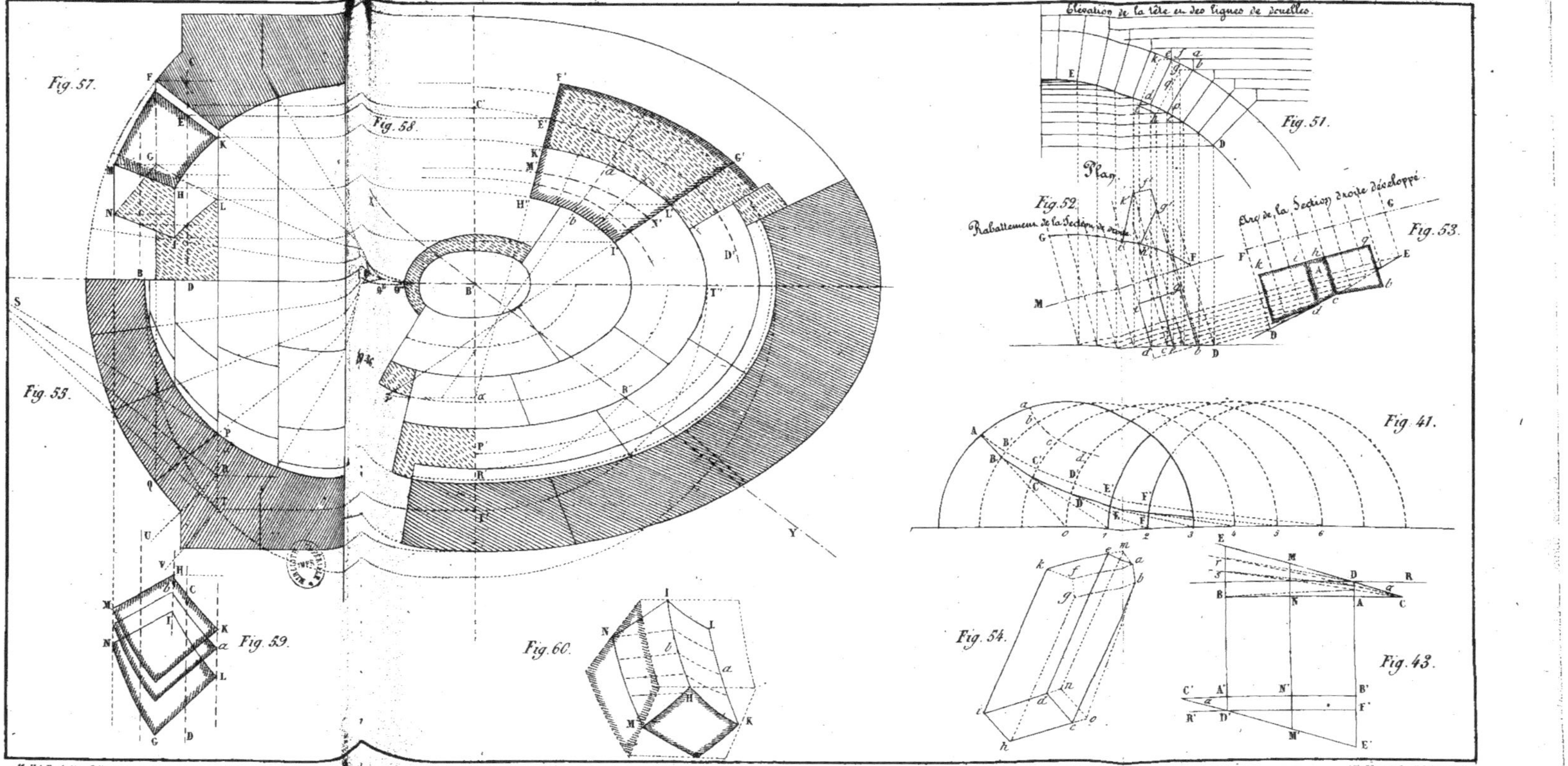

COUPE DES PIERRES.

Fig. 51.

Élévation de la tête ou de la ligne de fouille.

Plan.

Fig. 52.

Relèvement de la face sur ....

Fig. 53.

Base de la Section Droite Développée.

Fig. 41.

Fig. 43.

Fig. 54.

Fig. 60.

Fig. 57.

Fig. 58.

Fig. 59.

Fig. 55.

J. RÉGNAULT.— Manuel des Aspirants au Grade d'Ingénieur des Ponts et C....

Mallet Bachelier, Éditeur.

Lith Dupuis, Grenelle S Germain 62 & 64

COUPE DES PIERRES.

PL. XVII.

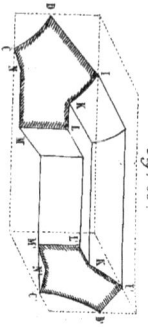

Fig. 65.

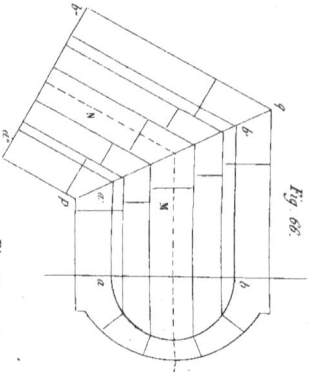

Fig. 66.

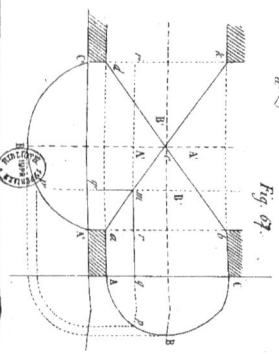

Fig. 67.

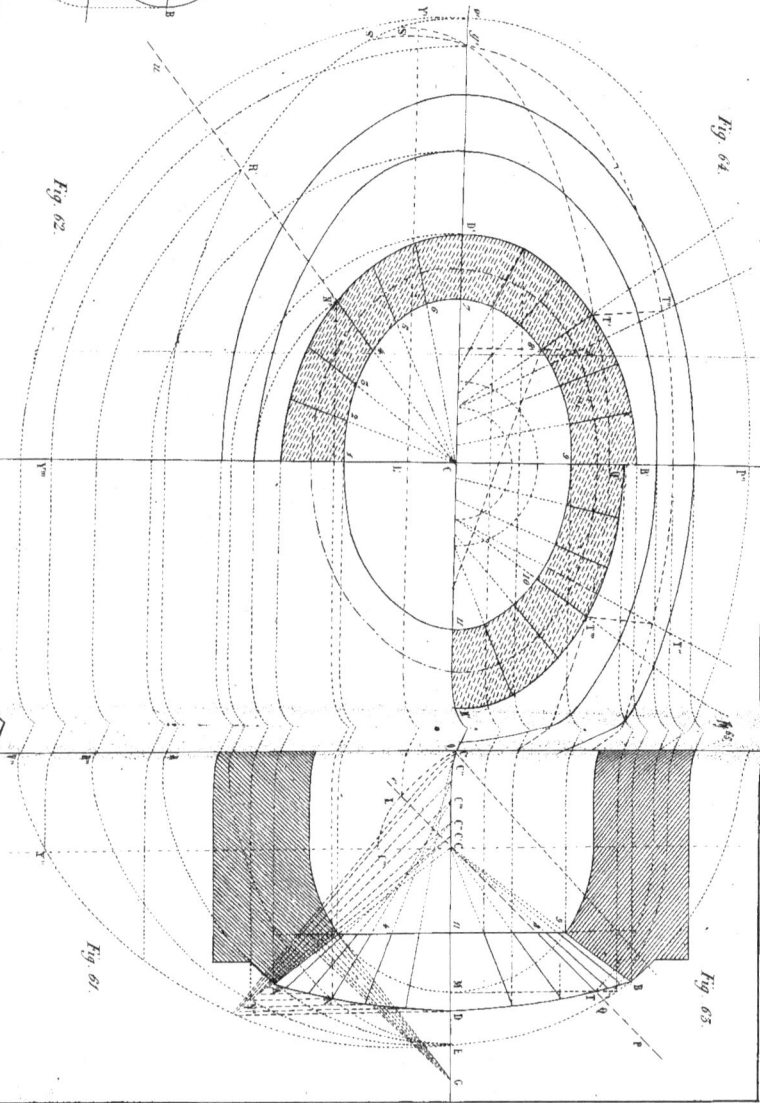

Fig. 64.

Fig. 62.

Fig. 61.

Fig. 63.

COUPE DES PIERRES.

J. RÉSAL. Manuel des Aspirants au Grade d'Ingénieur des Ponts et Chaussées.

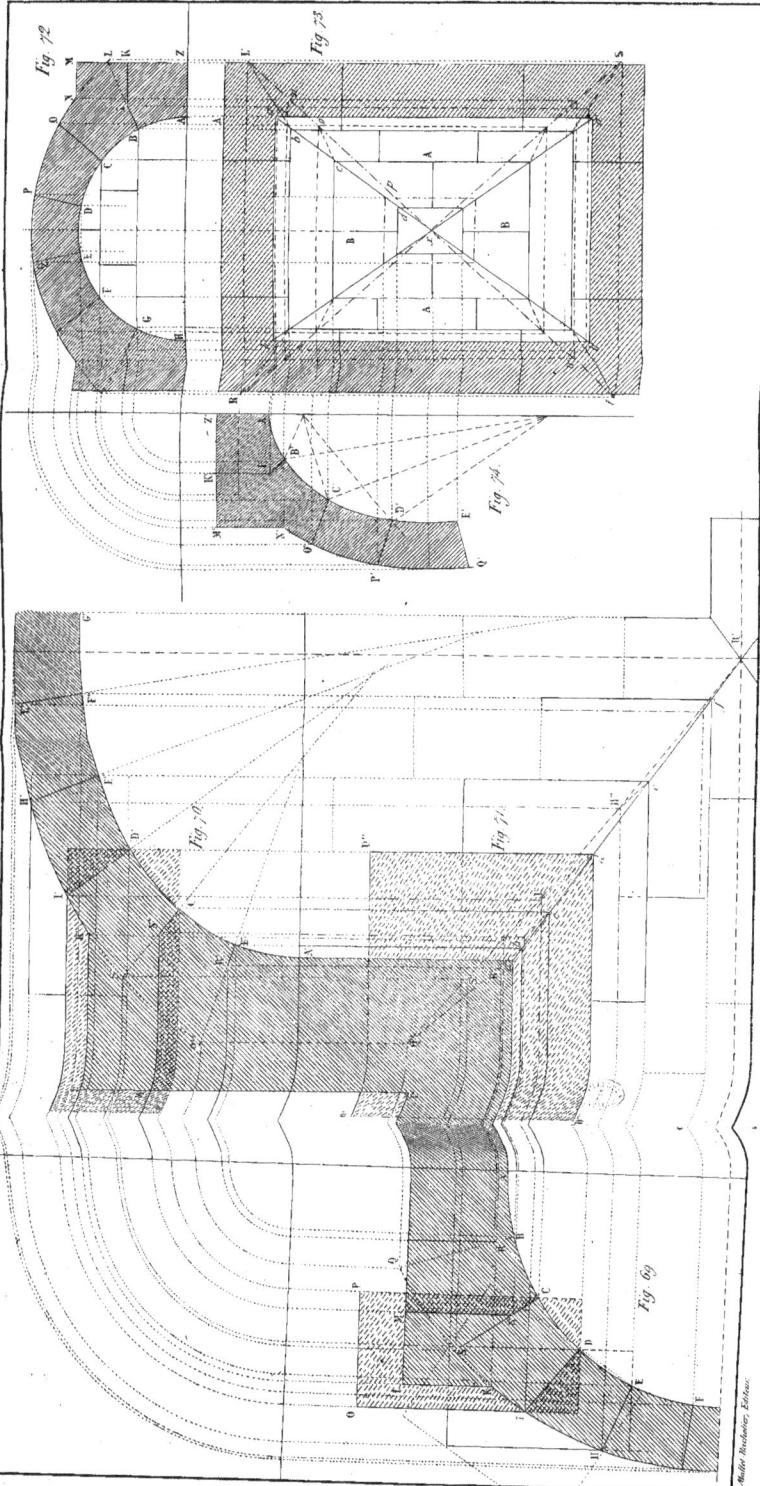

Fig. 72

Fig. 73

Fig. 74

Fig. 70

Fig. 71

Fig. 69

Muller-Rochester, Éditeur.

Lith. Lapierre, E. Froment, l'Illustre du Pont.

Pl. XIV.

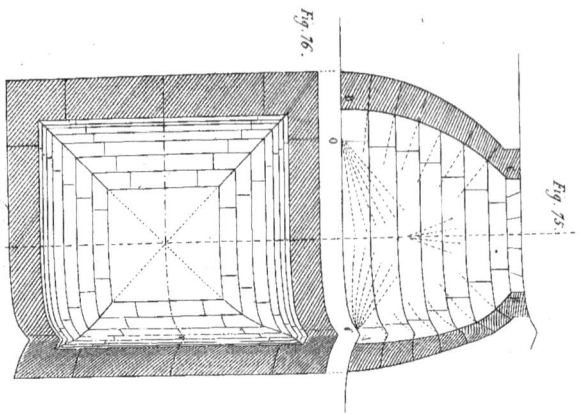

Fig. 76.

Fig. 75.

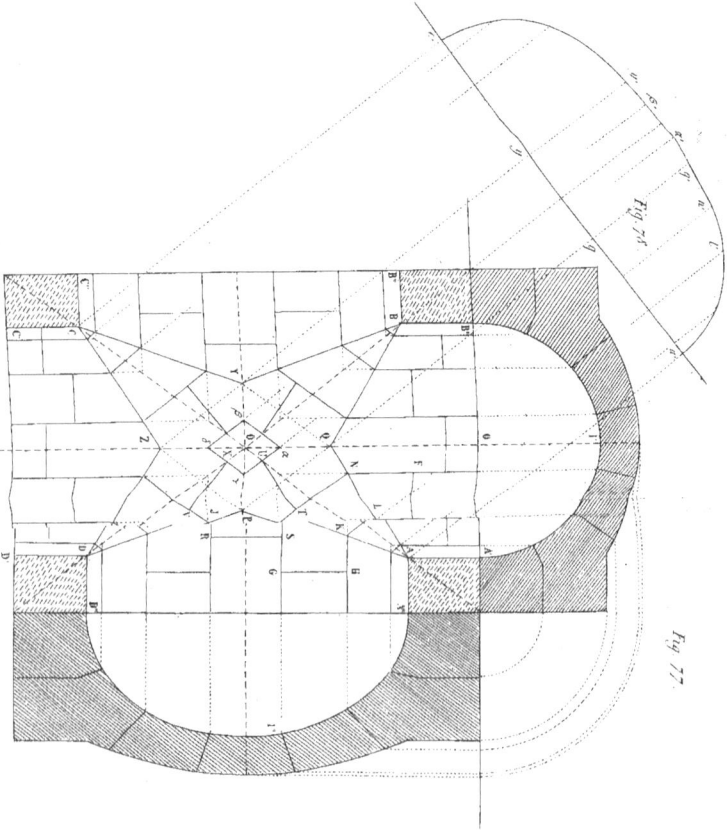

Fig. 74.

Fig. 77.

GÉOMÉTRIE DESCRIPTIVE.

J. BÉGAUL — Manuel des Aspirants au Grade d'Ingénieur des Ponts et Chaussées.

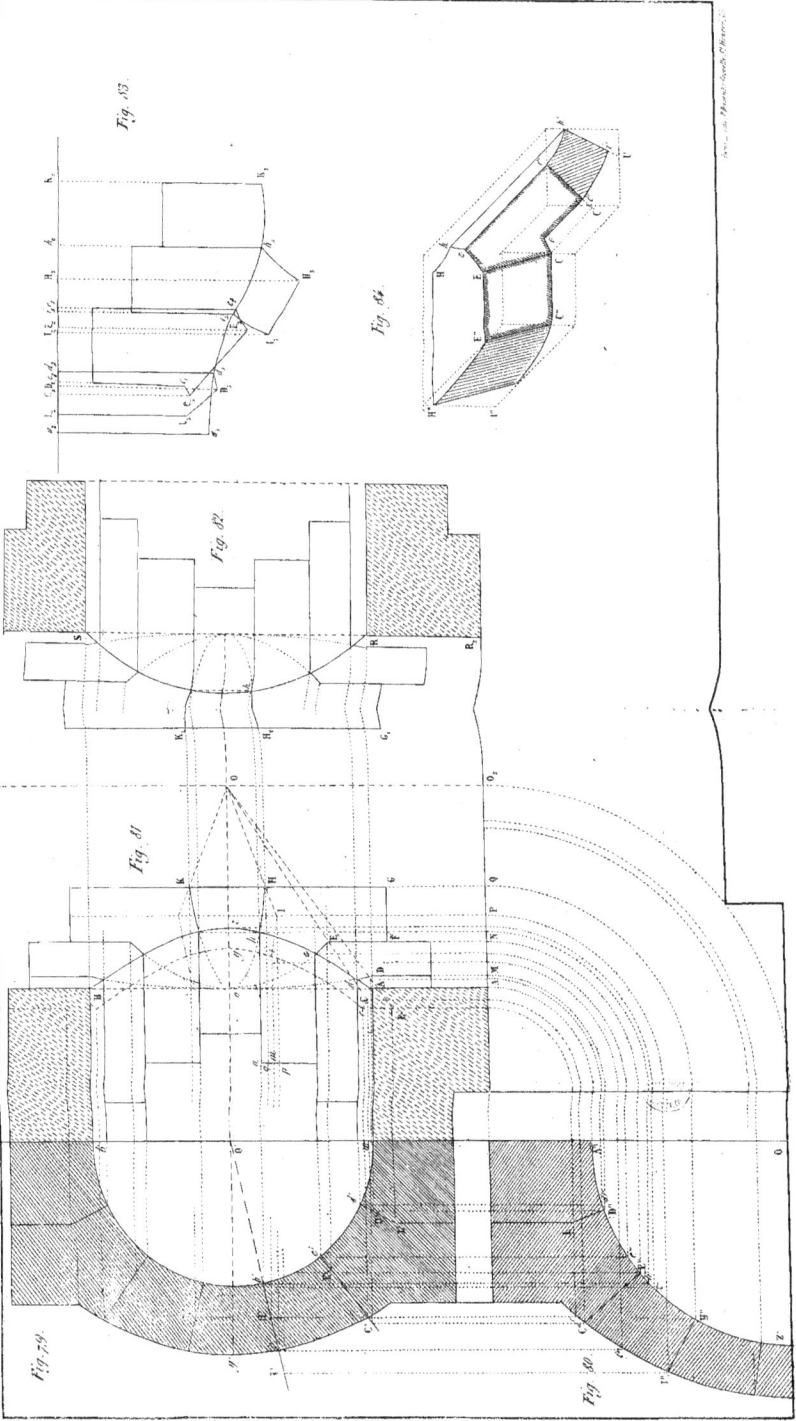

Fig. 79.

Fig. 80.

Fig. 81.

Fig. 82.

Fig. 83.

Fig. 84.

Imp. Lith. Monrocq-Gamble, 3 Rue...

Mallet-Bachelier, Éditeur.

J. REGNAULT. — Manuel des Aspirants au Grade d'Ingénieur des Ponts et Chaussées.

CHAPITRE

Planche XXI.

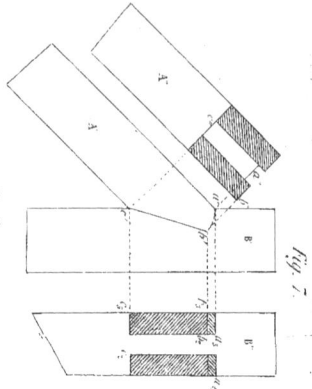

Fig. 1.

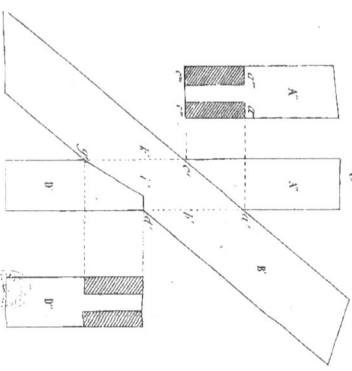

Fig. 8.

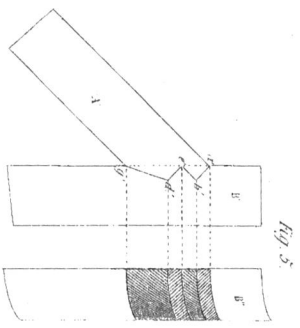

Fig. 7.

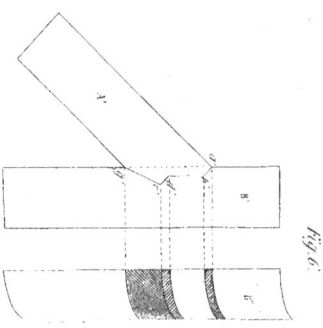

Fig. 5.

Fig. 6.

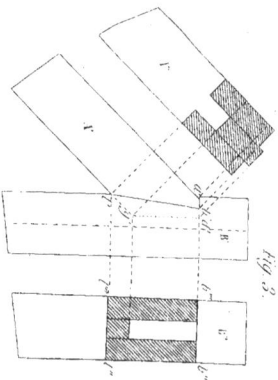

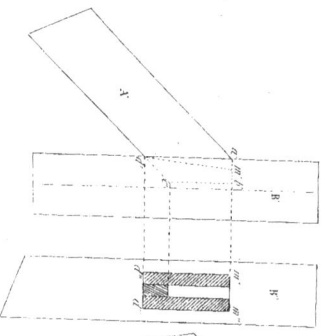

Fig. 4.

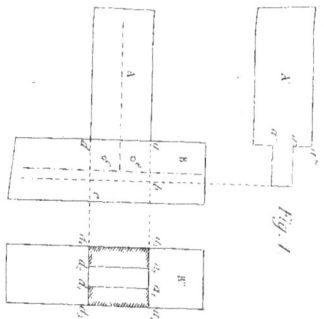

Fig. 1.

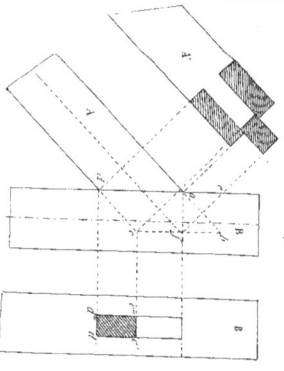

Fig. 2.

Fig. 3.

Imp. Becquet frères, Paris.

J. REGNAULT Manuel des Aspirants au Grade d'Ingénieur des Ponts et Chaussées

Fig. 9.

Fig. 10.

Fig. 11.

Fig. 12.

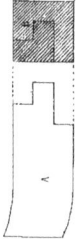

Fig. 13.

Fig. 14.

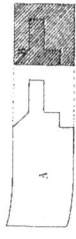

Fig. 15.

Fig. 16.

Fig. 17.

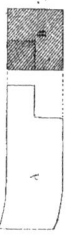

Fig. 18.

Fig. 19.

Fig. 20.

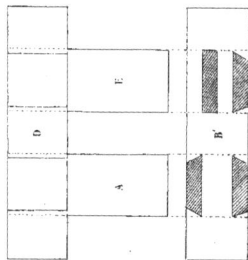

Fig. 21.

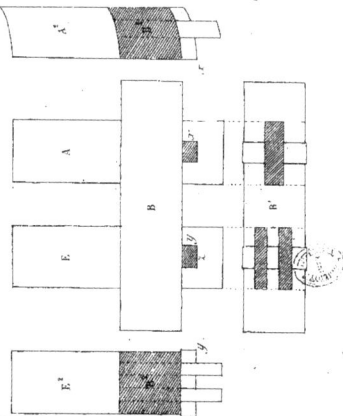

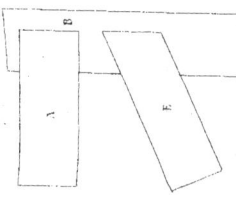

Imp. Becquet, Éditeur.

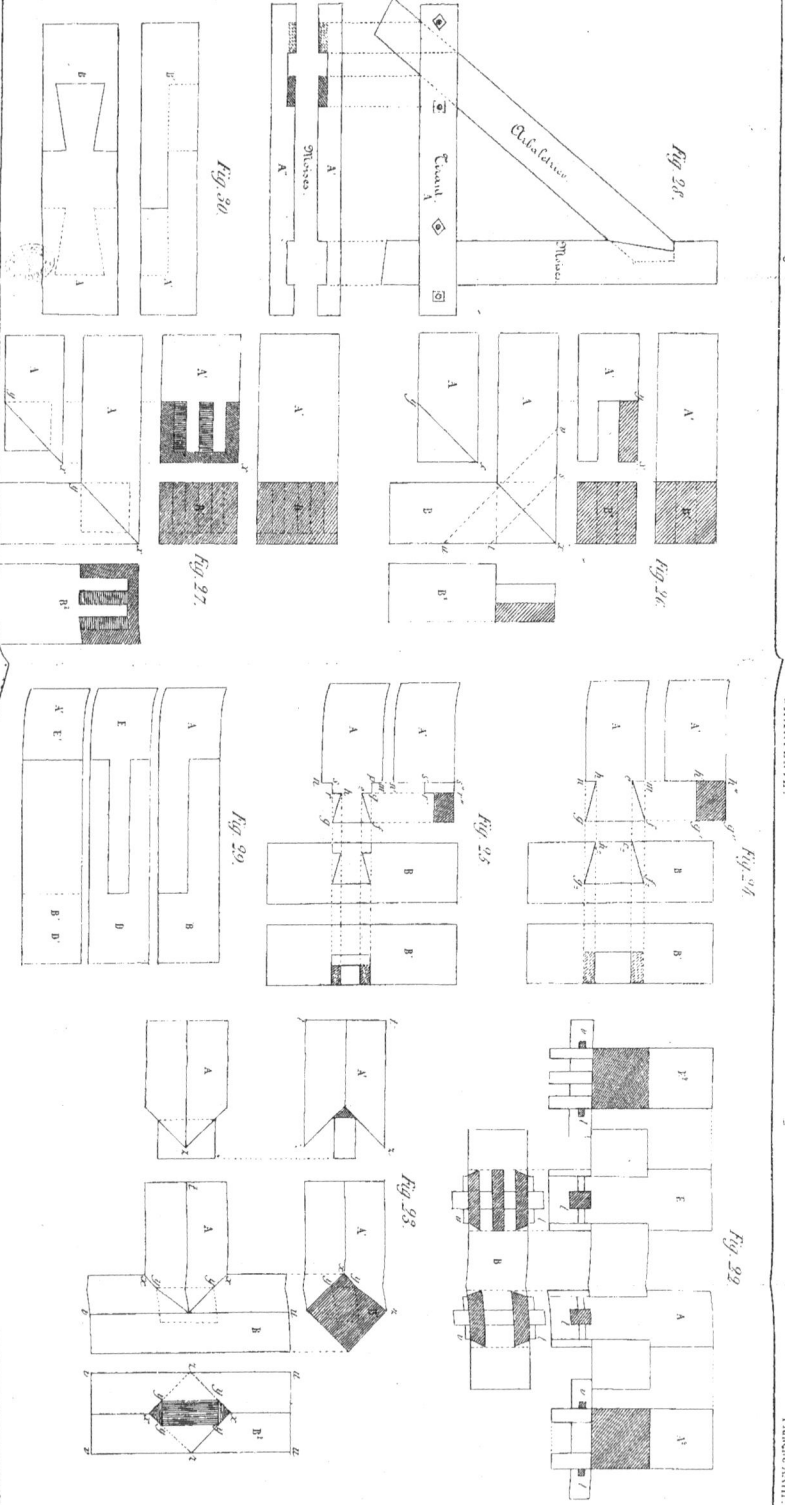

CHARPENTE.

Fig. 26.

Fig. 30.

Fig. 27.

Fig. 26.

Fig. 29.

Fig. 25.

Fig. 24.

Fig. 28.

Fig. 22.

Calcatrice.

Muise.

Grand.

Muise.

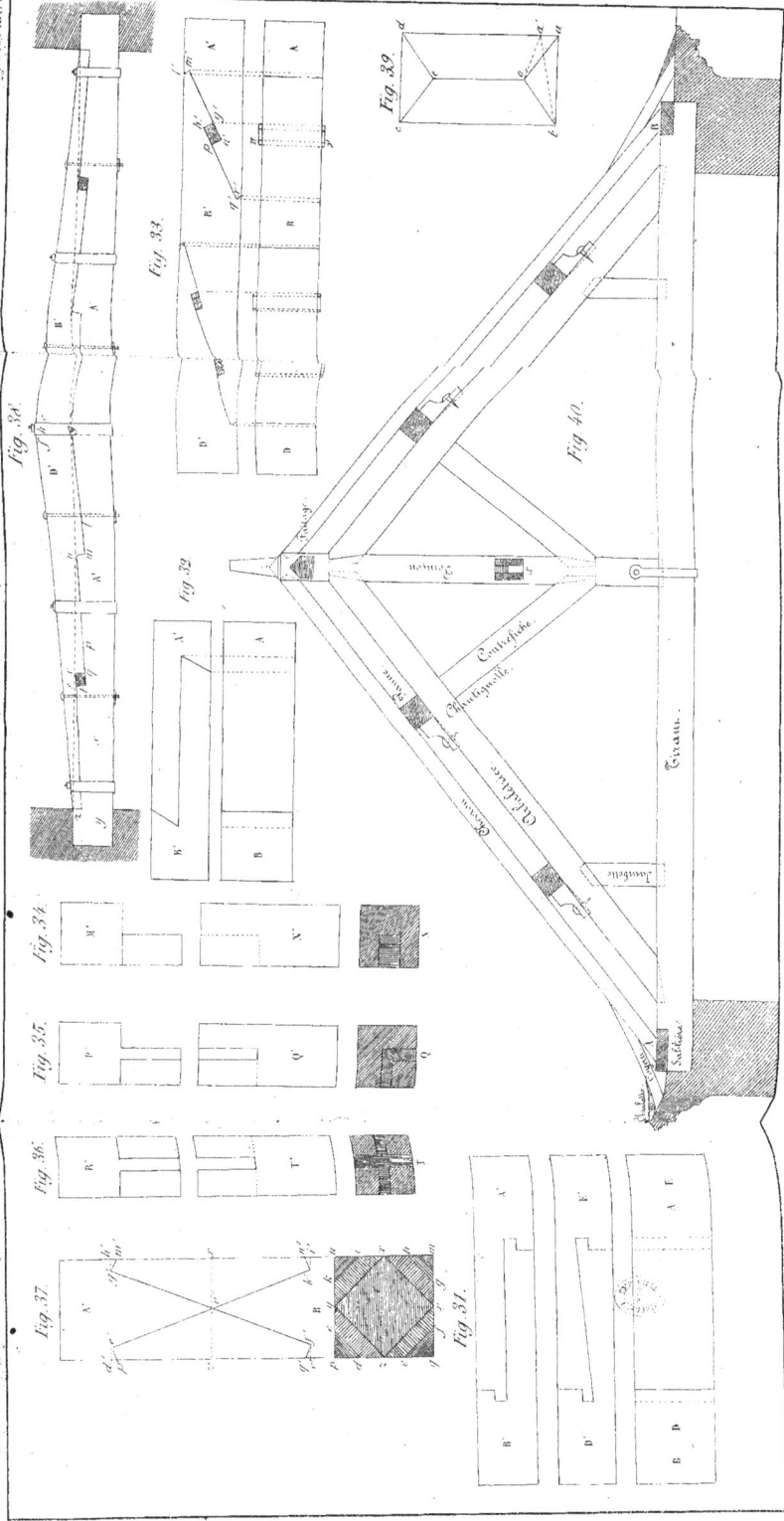

J. PLEGNEUR. — Manuel des Aspirants au Grade d'Ingénieur des Ponts et Chaussées.

Fig. 38.

Fig. 33.

Fig. 39.

Fig. 32.

Fig. 40.

Fig. 34.

Fig. 35.

Fig. 36.

Fig. 37.

Fig. 31.

Mathet Barbelot Editeur.

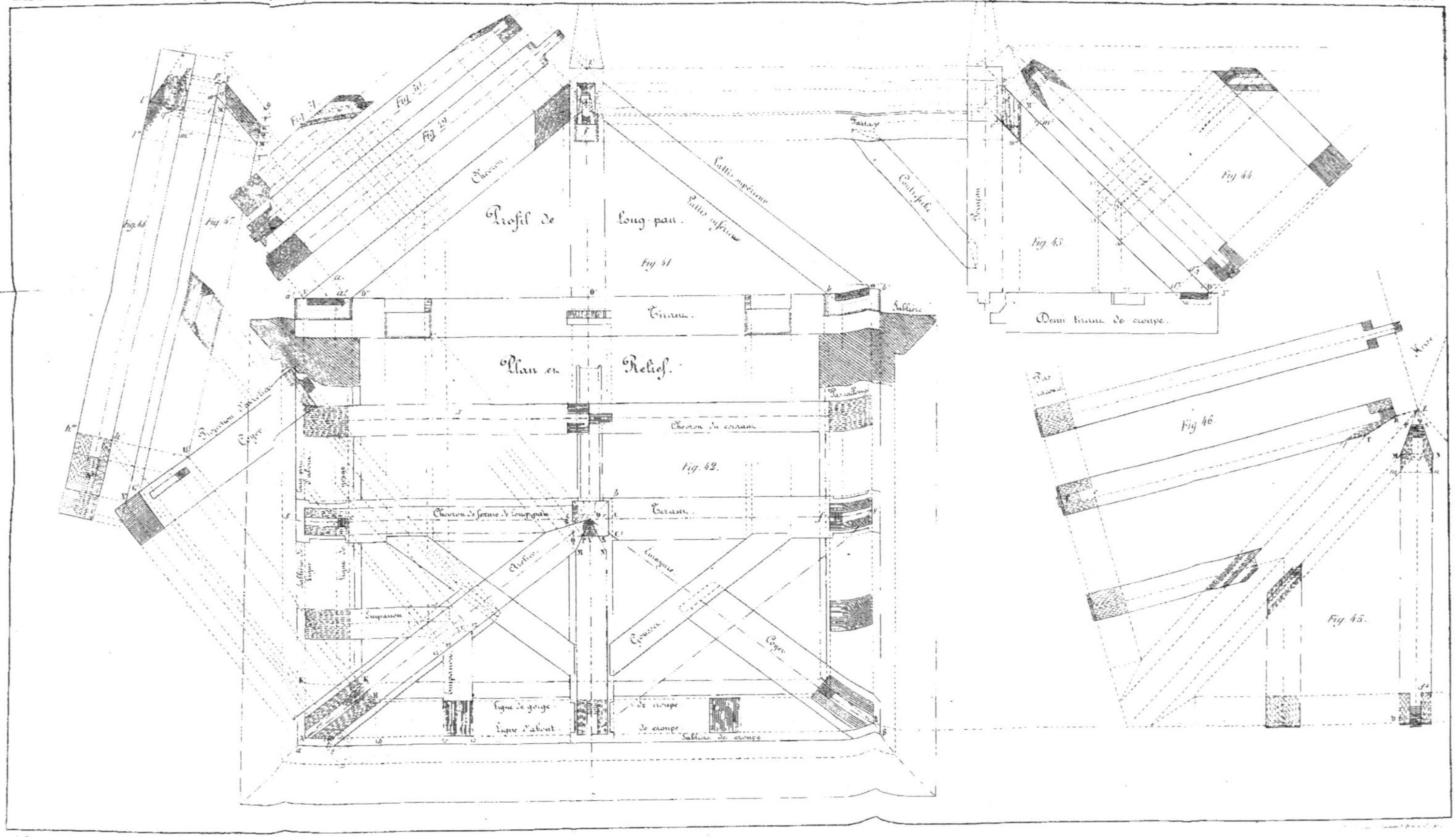

J. RENAUD — Manuel des Ingénieurs et Conducteurs des Ponts et Chaussées.

Plan en Relief.

Profil de

Fig. 41.

Fig. 42.

Fig. 43.

Fig. 44.

Fig. 45.

Fig. 46.

Fig. 47.

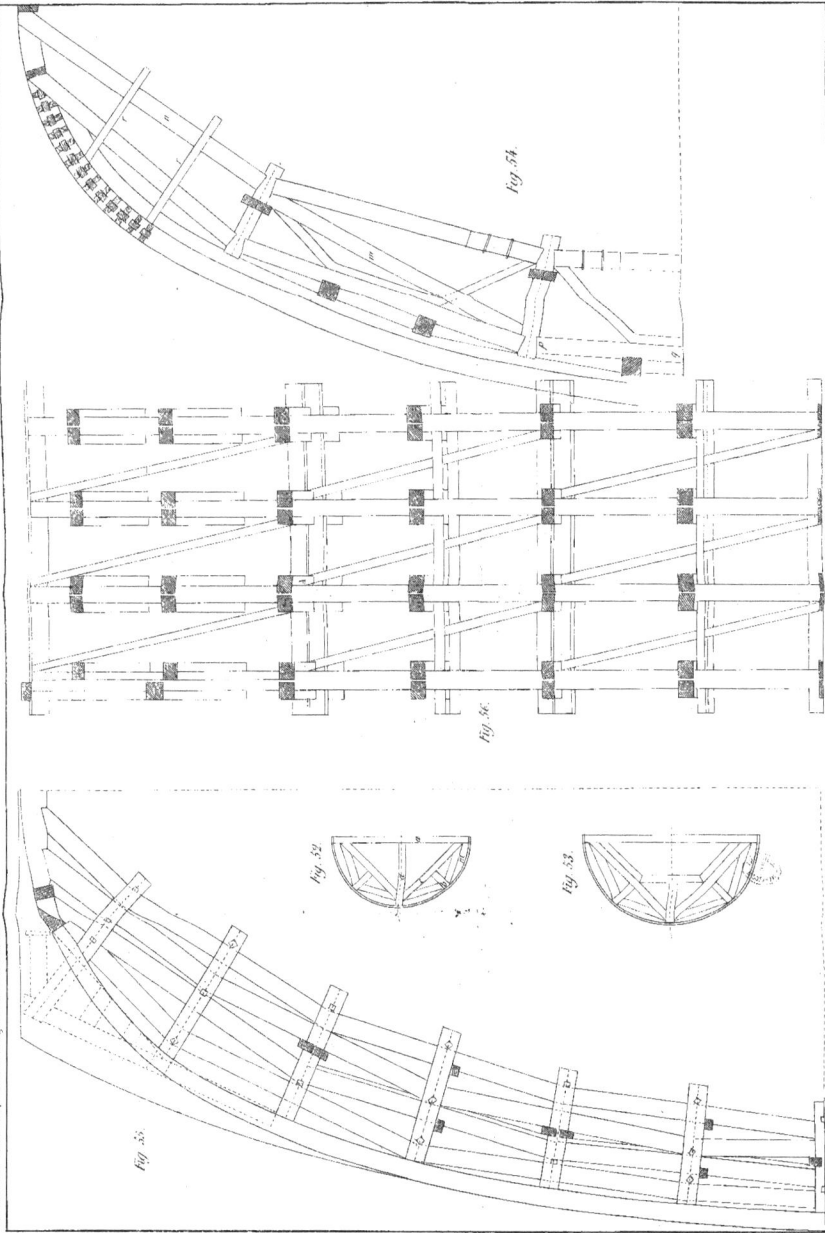

J. REGNAULT. — Manuel des Apprentis au Corps d'Ingénieur des Ponts et Chaussées.

Fig. 54.

Fig. 56.

Fig. 55.

Fig. 52.

Fig. 53.

Imp. Lemercier et Cie Paris.

Alexis Barbedor, Editeur.

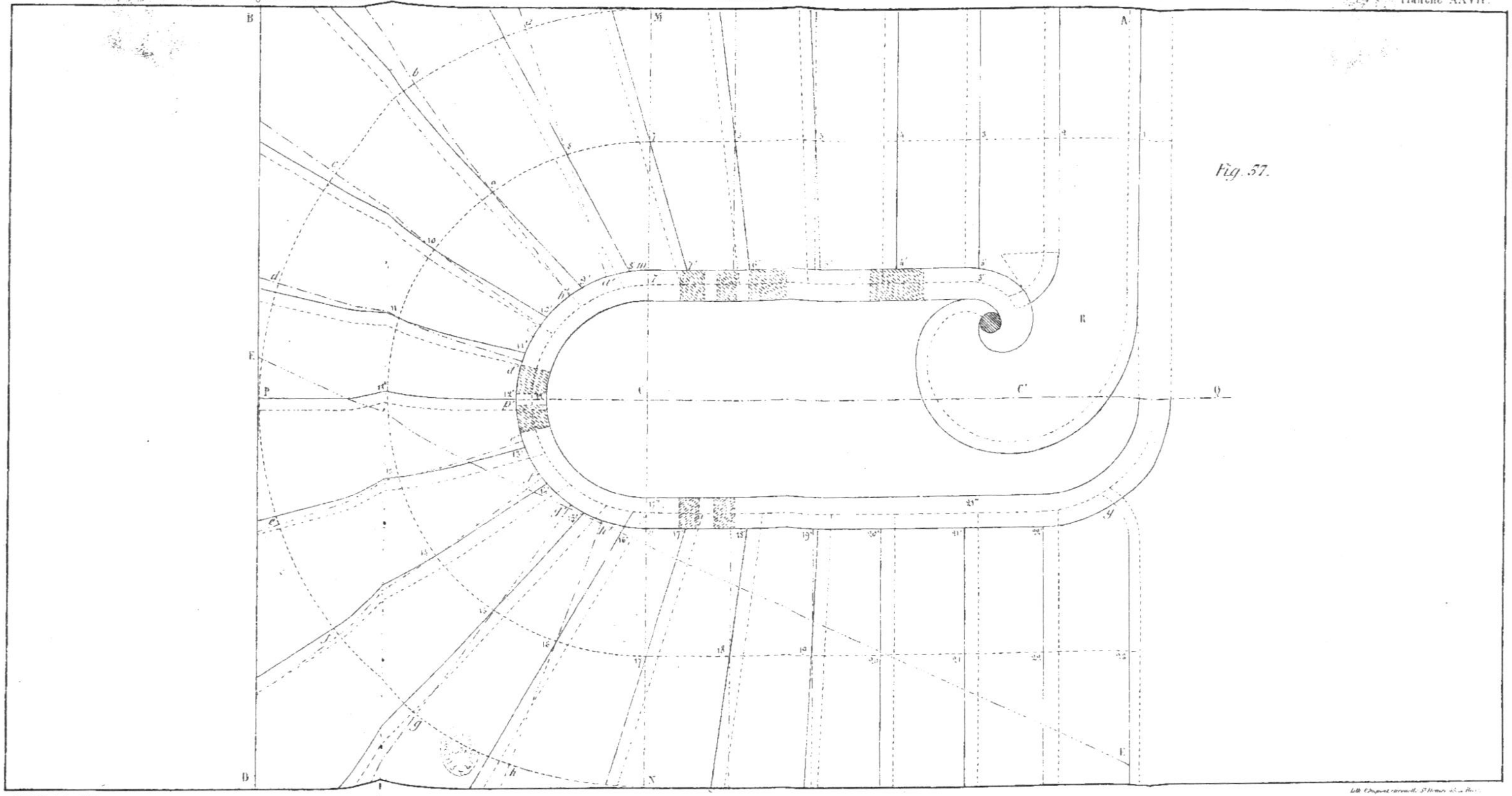

Millet libraire-Éditeur

Lith. Chapuis, rue de l'Abbaye, 13, Paris.

Fig. 57.

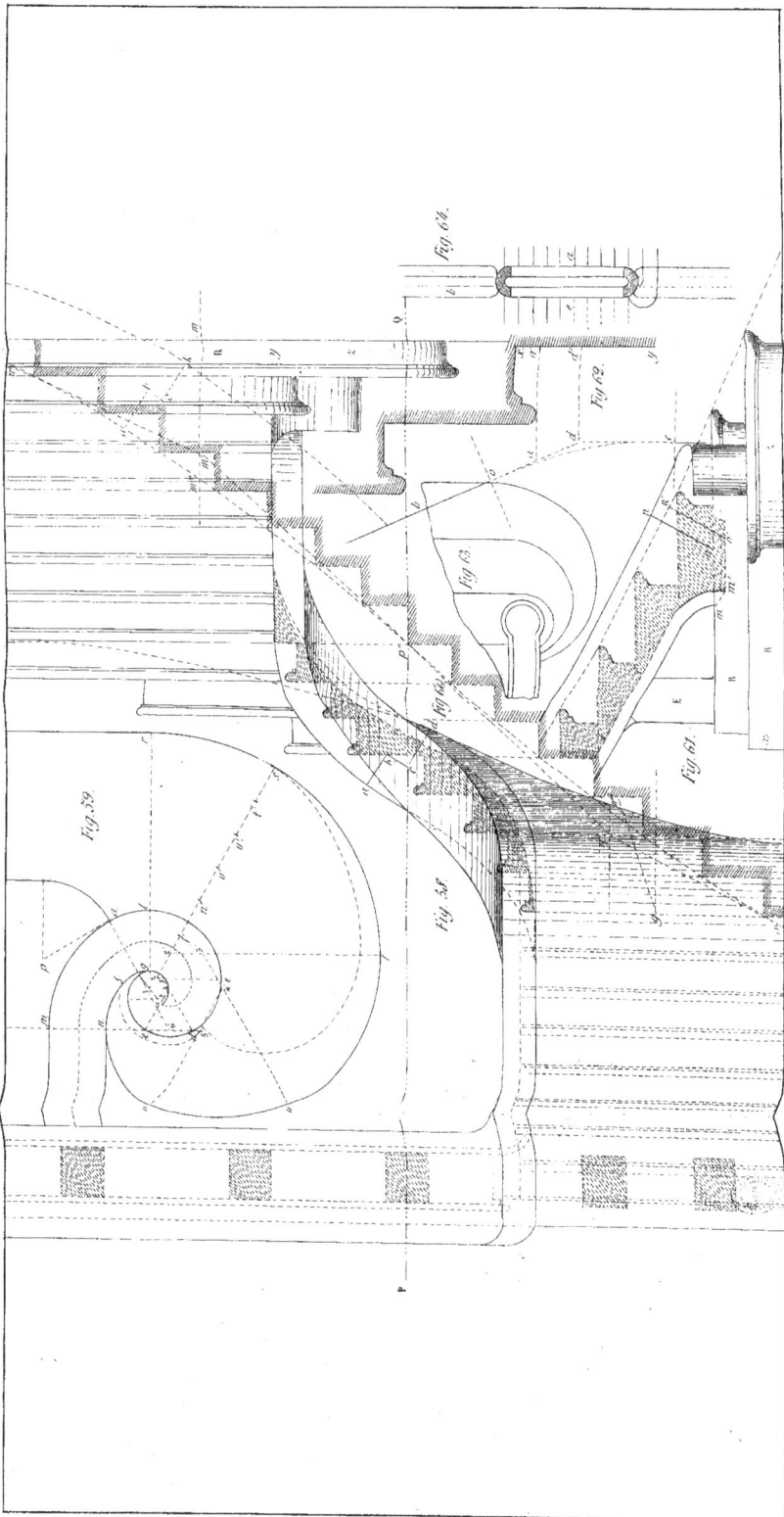

CHARPENTE.

J. REGNAULT. — Manuel des Aspirants au Grade d'Ingénieur des Ponts et Chaussées.

Lith. Regnault, Gravelle, Imprimeur. Paris.

Mathias Rochefort. Éditeur.

Fig. 59.

Fig. 58.

Fig. 64.

Fig. 63.

Fig. 62.

Fig. 61.

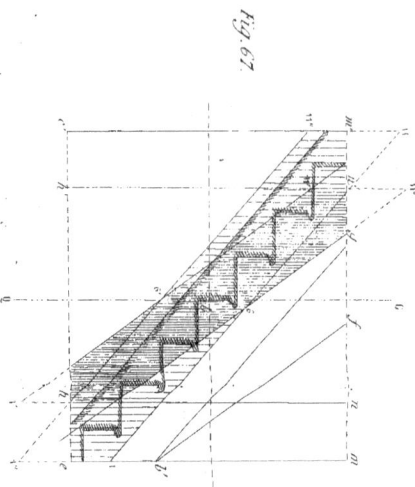

Fig. 67.

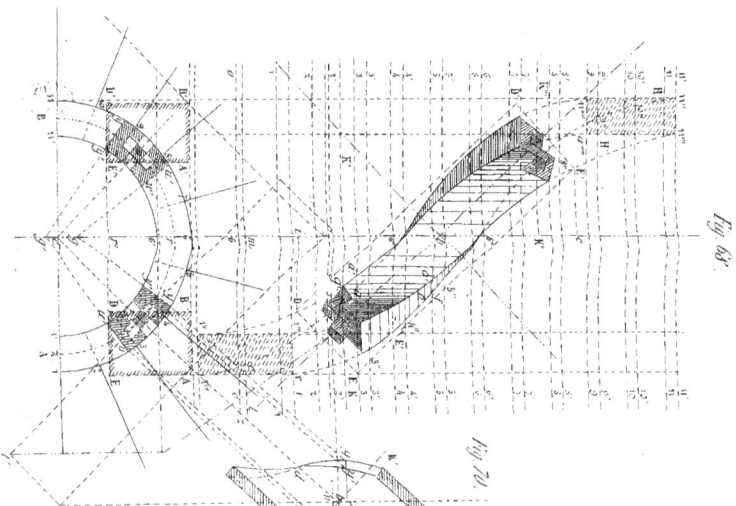

Fig. 69.

Fig. 68.

Fig. 70.

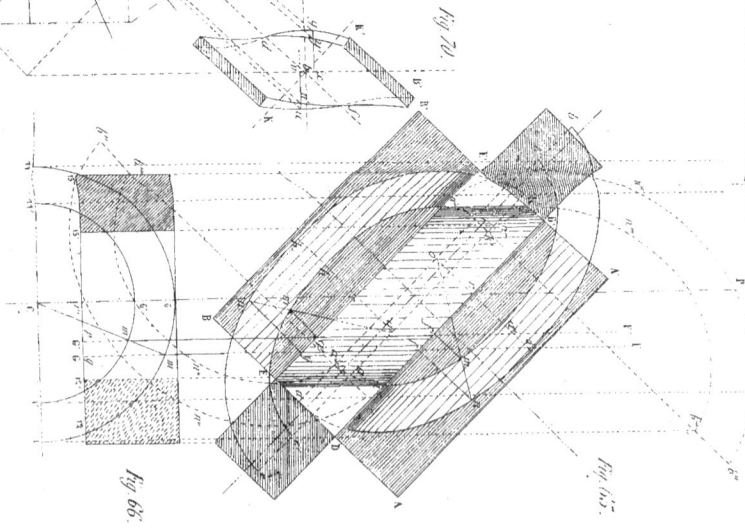

Fig. 66.

Fig. 65.

OUVRAGES DE M. J. REGNAULT,
Professeur de Mathématiques.

TRAITÉ DE GÉOMÉTRIE PRATIQUE, comprenant les **Opérations graphiques** et de nombreuses **Applications aux Travaux d'Art** et de **Construction.** In-8, avec planches.................................... 5 fr.

COURS DE MATHÉMATIQUES THÉORIQUE ET PRATIQUE. — **Manuel à l'usage des Candidats aux emplois de Conducteur des Ponts et Chaussées et d'Agent voyer, et des Lycées et des Écoles professionnelles,** rédigé d'après le *Programme officiel des études mathématiques.* In-8, avec planches; 1853.. 7 fr.

COURS DE GÉOGRAPHIE MATHÉMATIQUE ou COSMOGRAPHIE, à l'usage des Lycées et des Écoles professionnelles. In-8....... 1 fr. 25 c.

GALLET, géomètre à Montdidier. — **Barême trigonométrique ou l'Arpentage rendu facile,** calculé pour tous les angles du quart du cercle, de 5 en 5 minutes, au moyen duquel on obtient, sans aucune difficulté et en un instant, les éléments d'un triangle rectangle dont on connaît l'hypoténuse et l'un des angles aigus; suivi du **Guide indispensable de l'Arpenteur.** In-12, avec pl.; 1844.. 5 fr.

GANOT (**A.**), professeur de Physique. — **Traité élémentaire de Physique** expérimentale appliquée à la **Météorologie.** 3ᵉ édition; in-12, illustré de 455 belles gravures sur bois intercalées dans le texte; 1854............ 7 fr.

CLAIRAUT. — **Éléments de Géométrie,** à l'usage des Écoles élémentaires. Nouvelle édition; in-8°... 2 fr. 50 c.

DELISLE (**A.**), examinateur pour l'admission à l'École Navale, professeur émérite et officier de l'Université, et **GERONO**, professeur de Mathématiques. — Géométrie analytique. In-8°, avec pl.; 1853-1854................. 8 fr.

DELISLE et GERONO. — Éléments de **Trigonométrie rectiligne et sphérique.** 3ᵉ édition; in-8, avec pl.; 1851.......................... 3 fr. 5o c.

DUHAMEL, Membre de l'Institut, Directeur des études à l'École Polytechnique. — **Cours d'Analyse de l'École Polytechnique.** 2ᵉ édition; in-8, avec pl.; 1847.. 10 fr.

DUHAMEL. — **Cours de Mécanique.** 2 vol. in-8, avec pl.; 2ᵉ édit. 1853-1854.. 12 fr.

DUPIN (**Ch.**), membre de l'Institut. — **Développements de Géométrie,** avec des applications à la stabilité des vaisseaux, aux déblais et remblais, au défilement, à l'optique, etc., pour faire suite à la *Géométrie descriptive* et à la *Géométrie analytique* de **Monge.** 1 vol. in-4°, avec planches......... 15 fr.

DUVIGNAU (**V.-J.**), ancien Élève de l'École Polytechnique, Directeur d'une École préparatoire au Baccalauréat ès Sciences et à l'Ecole impériale de Saint-Cyr. — Baccalauréat ès Sciences. — **Problèmes de Mathématiques et de Physique** pour la préparation à la Composition, contenant la plupart des Questions proposées aux différents Concours. In-12, avec figures dans le texte; 1854.. 2 fr.

FRANCŒUR (**L.-B.**). — **Uranographie, ou Traité élémentaire d'Astronomie,** à l'usage des personnes peu versées dans les Mathématiques, des Géographes, des Marins, des Ingénieurs, accompagnée de Planisphères; 6ᵉ édition; in-8, avec planches; 1853.. 10 fr.

GIRARD (**L.-D.**), ingénieur civil. (Prix de Mécanique de l'Institut de France, 1843.) — **Hydraulique appliquée. Nouveau système de locomotion sur les chemins de fer** (Texte, volume in-4). **Chemin de fer hydraulique,** distribution d'eau et irrigations (Carte oblongue sur colombier). **Texte,** volume in-4, et la **Carte coloriée**................................... 7 fr. 5o c.

GIRARD (L.-D.). — **Hydraulique appliquée. Nouveau système de loco-motion sur les chemins de fer.** In-4, avec 1 pl. lithographiée en couleur; 1852 .... 7 fr.

GIRARD (L.-D.). — **Nouveau barrage** dit **Barrage hydropneumatique.** Texte, in-4, et la **Carte** coloriée, 1853 .... 5 fr.

GOSSART (ALEXANDRE), sous-inspecteur des Contributions indirectes. — **Sténarithmie** ou **Abréviation des calculs, complément indispensable de toutes les Arithmétiques.** 2e édition; in-12; 1853 .... 1 fr.

JARIEZ (J.). — **Cours de Géométrie descriptive et ses Applications au dessin des Machines,** à l'usage des élèves des Écoles d'Arts et Métiers. In-8, avec pl.; 1846 .... 5 fr.

JARIEZ (J.), sous-directeur de l'École des Arts et Métiers de Châlons-sur-Marne. — **Notions d'Algèbre et de Trigonométrie,** suivies de quelques appli-cations au Levé des plans, à l'usage des élèves des Écoles d'Arts et Métiers. In-8, avec pl.; 1847 .... 5 fr. 50 c.

JARIEZ (J.). — **Cours élémentaire de Mécanique industrielle,** à l'usage des élèves des Écoles d'Arts et Métiers. 2 vol. in-8 avec Atlas; 1849 ...... 15 fr.

JARIEZ (J.). — **Cours d'Arithmétique,** à l'usage des élèves des Écoles d'Arts et Métiers. 3e édition; in-8; 1853 .... 3 fr. 50 c.

KORALEK, ancien élève de l'École Polytechnique de Vienne. — **Méthode nouvelle pour calculer rapidement les Logarithmes des Nombres et pour trouver les Nombres correspondant aux Logarithmes.** In-8, 1851 .. 2 fr.

LALANDE. — **Tables de Logarithmes pour les nombres et pour les sinus** (à **5** décimales); revues par le baron *Reynaud*. Nouvelle édition, augmentée de **Formules pour la Résolution des Triangles,** par M. *Bailleul.* In-18; 1854 .... 2 fr.

LALANDE. — **Tables de Logarithmes** étendues à **7** décimales, par *Marie;* précédées d'une Instruction dans laquelle on fait connaître les limites des erreurs qui peuvent résulter de l'emploi des Logarithmes des nombres et des lignes trigonométriques, par le baron *Reynaud* Nouvelle édition, aug-mentée de **Formules pour la Résolution des Triangles,** par M. *Bailleul.* In-12 .... 3 fr. 50 c.

PUILLE (d'Amiens), préparateur à l'École centrale des Arts et Manufactures. — **Cours complet d'Arithmétique élémentaire, théorique et pratique,** à l'usage des établissements d'Instruction publique de tous les degrés; contenant les prin-cipes du calcul des nombres entiers et des nombres fractionnaires avec toutes les applications dont ils sont susceptibles; l'exposé complet du Système des nouvelles Mesures; augmenté d'un grand nombre d'exercices et de problèmes, suivis immédiatement de leurs solutions raisonnées, et d'une série d'exercices et problèmes, gradués et variés, à résoudre. In-12, cart.; 1852 .. 1 fr. 50 c.

REYNAUD et **DUHAMEL.** — **Problèmes et Développements sur les di-verses parties des Mathématiques;** in-8, avec 11 planches .... 7 fr.

REYNAUD. — **Arithmétique,** à l'usage des élèves qui se destinent à l'École Polytechnique et à l'École Militaire. 25e édition, augmentée, suivie d'une Table des Logarithmes des nombres entiers, depuis **1** jusqu'à **10000**; 1 vol. in-8; 1851 .... 5 fr.

SERRET (J.-A.). — **Traité de Trigonométrie.** In-8, avec planches. 1850 .... 3 fr. 50 c;

Quartier de réduction et astronomique,
En feuille .... 60 c.
Cartonné .... 1 fr. 25 c.

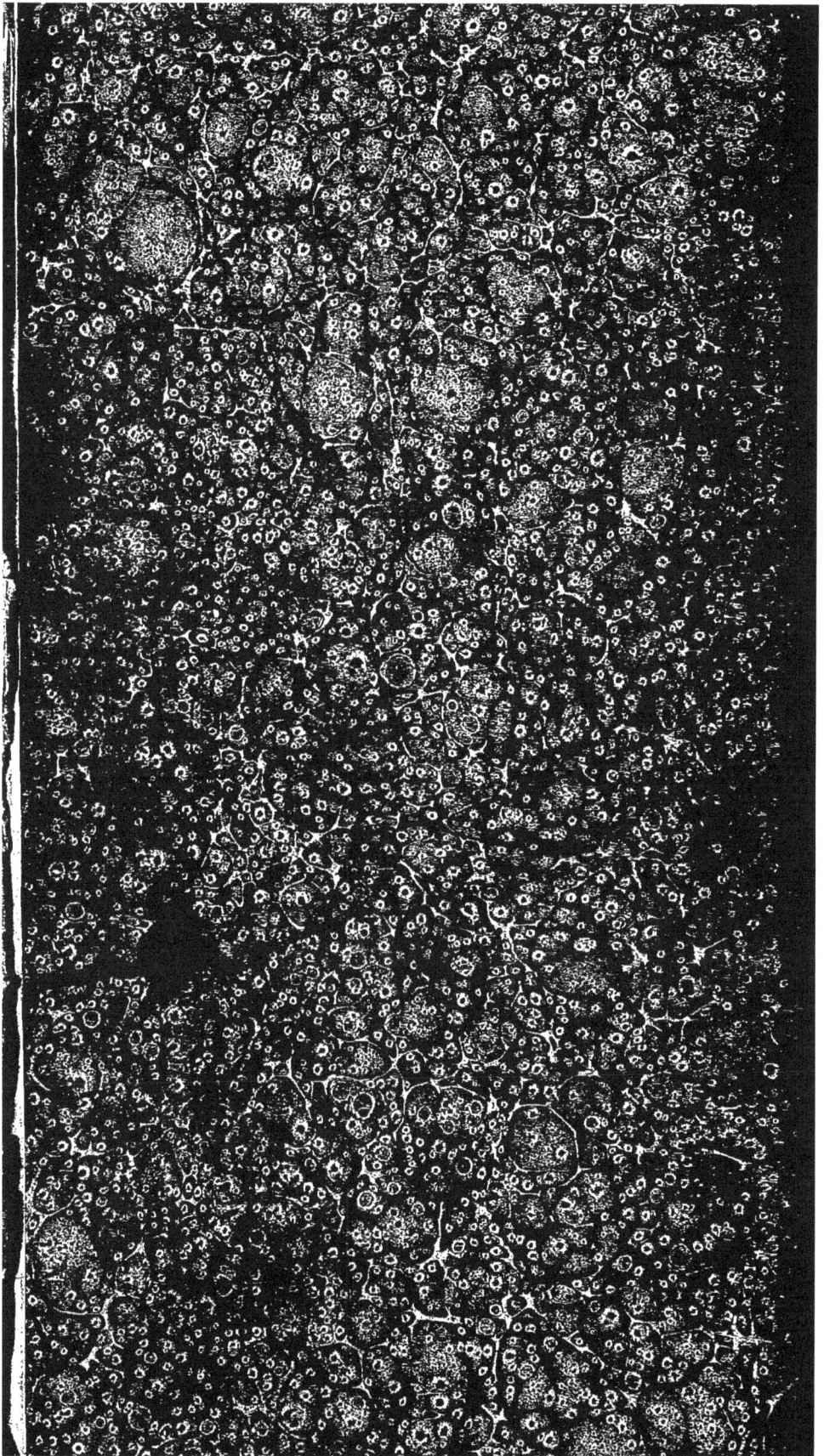

www.ingramcontent.com/pod-product-compliance
Lightning Source LLC
Chambersburg PA
CBHW060135200326
41518CB00008B/1035